新世纪普通高等教育电气工程及其自动化类课程规划教材

（第三版）

电力电子技术

DIANLI DIANZI JISHU

主　编　尹常永　田卫华

副主编　杨秀敏　宛　波

主　审　孙建忠

U0244356

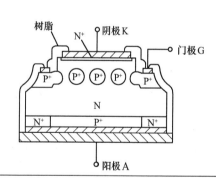

微课

微课配套资源

大连理工大学出版社

图书在版编目(CIP)数据

电力电子技术 / 尹常永,田卫华主编. -- 3 版. -- 大连 : 大连理工大学出版社,2021.8(2025.3 重印)
新世纪普通高等教育电气工程及其自动化类课程规划教材
ISBN 978-7-5685-3139-9

Ⅰ. ①电…Ⅱ. ①尹…②田…Ⅲ. ①电力电子技术—高等学校—教材Ⅳ. ①TM76

中国版本图书馆 CIP 数据核字(2021)第 158429 号

大连理工大学出版社出版

地址:大连市软件园路 80 号   邮政编码:116023
营销中心:0411-84707410 84708842   邮购及零售:0411-84706041
E-mail:dutp@dutp.cn   URL:https://www.dutp.cn
大连雪莲彩印有限公司印刷   大连理工大学出版社发行

幅面尺寸:185mm×260mm   印张:20   字数:487 千字
2012 年 2 月第 1 版   2021 年 8 月第 3 版
2025 年 3 月第 5 次印刷

责任编辑:王晓历   责任校对:陈稳旭
封面设计:张 莹

ISBN 978-7-5685-3139-9   定 价:51.80 元

本书如有印装质量问题,请与我社营销中心联系更换。

前　言

　　《电力电子技术》(第三版)是新世纪普通高等教育教材编审委员会组编的电气工程及其自动化类课程规划教材之一。

　　电力电子技术是在电力、电子与控制技术基础上发展起来的一门新兴交叉学科。近些年来,电力电子技术已经渗透到国民经济各领域,并取得了迅速的发展。作为电气工程及其自动化、工业自动化及相关专业的一门重要专业基础课,其主要讲述电力电子器件、电力电子电路及交流技术的基础理论、基本概念和基本分析方法,为后续专业课程的学习和电力电子技术的研究与应用打下良好的基础。为适应新时期对应用型人才的培养要求,编者结合多年的教学经验、教研成果和科研积累编写了本教材。

　　本教材体现了电力电子技术的系统性、完整性和教学所需的循序渐进性。各种变换电路的知识点相对集中,便于学生全面理解和掌握。在编写过程中,注重理论与实际相结合,使学生在学习理论知识的基础上,能将其运用到工程实际中去,从而加强了工程意识。同时在内容上充分考虑了与后续课程的衔接,做到既打好基础,又尽量避免重复。各章节内容既有联系,又相对独立,便于学生自学。因此,在使用本教材时,可根据教学计划要求进行适当的删减。本教材授课学时一般为40~64学时,可根据课程体系需要进行调整,合理安排。为了取得更好的教学成果,章首设有"能力目标""思政目标""学习提示",章后设有"本章小结""思考题及习题",便于巩固复习。

　　本教材主要介绍三个方面的内容:在器件方面,除了传统的晶闸管外,主要介绍全控型自关断器件和新型功率半导体器件,如IGBT、MOSFET等,并针对电力电子开关器件的辅助电路进行介绍。在电路方面,着重分析AC-DC、DC-AC、DC-DC和AC-AC四类基本变换电路的拓扑结构、基本工作原理、分析方法和工程设计方法,并专门讨论了PWM控制技术和软开关技术,以适应当前电力电子技术的发展趋势。在应用方面,主要介绍典型电力电子装置在电气工程中的应用,并就电力电子技术在新能源发电系统中的应用做了初步探讨。

　　本教材既可作为高等院校电气工程及其自动化、工业自动化及相关专业的教材,也可作为从事电力电子技术应用领域的科研工作人员的参考用书。

新世纪

　　本教材在 2012 年正式出版后,作为高等教育电气工程及其自动化类课程规划教材之一,在许多高校得以应用,再加上电力电子技术是一门发展迅速、应用广泛的技术学科,这就对本教材提出了更高的要求。为进一步提高本教材的质量,编者对教材内容进行了认真的疏理、完善。本次修订的主要目的是在保留原有架构及核心内容的基础上,修改并完善理论概念,以及根据新发展对原有技术应用进行扩展,进而反映电力电子技术在电力领域的发展现状。

　　本教材随文提供视频微课供学生即时扫描二维码进行观看,实现了教材的数字化、信息化、立体化,增强了学生学习的自主性与自由性,将课堂教学与课下学习紧密结合,力图为广大读者提供更为全面并且多样化的教材配套服务。

　　本次修订的主要内容包括:绪论部分及第 1 章主要对理论知识进行完善,添加相关文字解释和图片信息;第 2 章补充了驱动电路实例,并完善了半控型器件的过电压、过电流保护电路;第 3 章至第 6 章替换并补充部分例题与作业题,修改相关公式;第 7 章主要修改第 7.2 节、第 7.3 节相关内容并补充应用实例;第 9 章第 9.6 节更新了可再生能源发展现状,并补充了电力电子技术在新能源发电系统中的新应用。同时,为推进全员、全过程、全方位育人,在编写过程中嵌入育人要素,通过在专业知识讲解过程中融入思政元素,达到课程思政的育人目的。本次修订还对教材中存在的疏漏等细节问题做了进一步的修改与完善。

　　教材编写团队深入推进党的二十大精神融入教材,充分认识党的二十大报告提出的"实施科教兴国战略,强化现代人才建设支撑"精神,落实"加强教材建设和管理"新要求,在教材中加入思政元素,紧扣二十大精神,围绕专业育人目标,结合课程特点,注重知识传授、能力培养与价值塑造的统一。

　　本教材由沈阳工程学院尹常永、田卫华任主编,沈阳工程学院杨秀敏、宛波任副主编,沈阳工程学院包妍、赵伟伦和王森参加了部分章节的编写和教学实验的验证工作。具体编写分工如下:第 1 章、第 9 章由尹常永编写;第 2 章、教学实验由宛波编写;第 3 章、第 4 章、第 5 章、第 6 章由田卫华编写;第 7 章、第 8 章由杨秀敏编写;全书由尹常永负责统稿并定稿。大连理工大学孙建忠审阅了书稿并提出许多宝贵意见,在此仅致谢忱。

　　在编写本教材的过程中,编者参考、引用和改编了国内外出版物中的相关资料以及网络资源,在此表示深深的谢意!相关著作权人看到本教材后,请与出版社联系,出版社将按照相关法律的规定支付稿酬。

　　尽管我们在教材特色的建设方面做了许多努力,但由于编者水平有限,教材中难免存在疏漏与不妥之处,恳请各教学单位和读者多提宝贵意见,以便下次修订时改进。

编　者

2021 年 8 月

所有意见和建议请发往:dutpbk@163.com

欢迎访问高教数字化服务平台:http://hep.dutpbook.com

联系电话:0411-84708445　84708462

目　录

绪　论

0.1 电力电子技术概述

0.1.1 电力电子技术的定义

简单地说,电力电子技术就是以电子器件为开关,把能得到的电源变换为所需要的电源的一门科学应用技术。它是电子工程、电力工程和控制工程相结合的一门技术,以控制理论为基础、以微电子器件或微计算机为工具、以电子开关器件为执行机构实现对电能的有效变换。2000 年,IEEE(Institute of Electrical and Electronics Engineers,国际电气和电子工程师协会)终身会士、美国电力电子学会前主席 Thomas G. Wilson 总结了电力电子技术半个多世纪的发展,给出了一个更贴切的定义:电力电子技术是通过静止的手段对电能进行有效的转换、控制和调节,从而把能得到的输入电源形式变成所希望得到的输出电源形式的科学应用技术(Power electronics is the technology associated with the efficient conversion, control and conditioning of electric power by static means from its available input form into the desired electrical output form)。

概括起来说,电力电子技术就是变换电源的技术。它借助于数学、软件等各种分析工具,通过合理选择、使用电气电子元器件和相关拓扑变流电路,应用各种控制理论和专门设计技术,高效、实用、可靠地把能得到的电源变为所需要的电源,以满足不同的负载要求,同时以追求电源变换装置的体积小、重量轻和成本低为目标。电力电子技术的基本工作框图如图 0-1 所示。

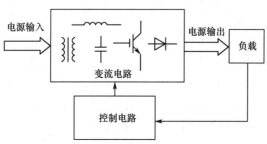

图 0-1　电力电子技术的基本工作框图

0.1.2 电力电子技术的组成及研究任务

1. 电力电子技术的组成

电力电子技术包括电力电子器件、变流电路和控制技术三部分,其中电力电子器件是基础,变流电路是电力电子技术的核心。电力电子技术是目前发展最为迅速的一门多学科互相渗透的综合性技术学科,也是各电类专业必修的一门专业课程。

2. 电力电子技术的研究任务

电力电子技术研究以下三方面内容:

(1)电力电子器件的应用;

(2)电力电子电路的电能变换原理;

(3)控制技术以及电力电子装置的开发与应用。

0.2 电力电子器件的发展

电力电子技术的发展取决于电力电子器件的研制与应用。电力电子器件是电力电子技术的基础,也是电力电子技术发展的动力。电力电子技术的每一次飞跃都是以新器件的出现为契机的。

20 世纪 50 年代第一个晶闸管诞生后,在其后近 50 年里,电力电子器件如雨后春笋般发展起来。以器件为核心的电力电子技术的发展可分为两个阶段:1957~1980 年称为传统电力电子技术阶段;1980 年至今称为现代电力电子技术阶段。

0.2.1 传统电力电子器件

晶闸管出现以后,由于它的功率变换能力的突破,使电子技术步入了功率领域,在工业上引起了一场技术革命。晶闸管发展的特点是派生器件越来越多,功率越来越大,性能越来越好。截至 1980 年,传统的电力电子器件就已由普通晶闸管衍生出了双向晶闸管(TRIAC)、快速晶闸管(FST)、逆导晶闸管(RCT)和不对称晶闸管等,形成了一个晶闸管大家族。同时,各类晶闸管的电压、电流、电压变化率、电流变化率等参数定额均有很大提高,开关特性也有很大改善。

传统的电力电子器件已发展到相当成熟的地步,但在实际应用上存在着两个制约其继续发展的因素。一是控制功能上的欠缺,它通过门极只能控制开通而不能控制关断,所以称之为半控型器件。要想关断必须另加用电感、电容和辅助开关器件组成的强迫换流电路,这样将使整机体积增大、重量增加、效率降低。二是因为立足于分立元器件结构,工作频率难以提高,一般情况下难以高于 400 Hz,因而大大地限制了它的应用范围。由于上述两种原因,以半控型器件晶闸管为代表的传统电力电子器件的发展受到极大的限制。与此同时,直流传动、机车牵引、电化电源在应用方面成为当时的三大支柱,这些以晶闸管为核心的变流电路几乎使用了半个世纪,至今也没有多大改进。由于这些电路的功率因数低、网侧及负载谐波严重,因此阻碍了它们的继续发展。新一代电力电子器件的迅速发展为电力电子变流电路带来了新的转机。

另一方面,晶闸管系列器件的价格相对低廉,在大电流、高电压的发展空间依然较大,尤其在特大功率应用场合,其他器件尚不易替代。在我国,以晶闸管为核心的应用设备仍有许多在生产现场使用,所以晶闸管及其相关的知识目前仍是初学者的必学知识。

0.2.2 现代电力电子器件

20 世纪 80 年代以来,微电子技术与电力电子技术相结合而产生了一代高频化、全控型的电力集成器件,从而使电力电子技术由传统的电力电子技术跨入了现代电力电子技术的新时代。

现代电力电子器件是指全控型的电力半导体器件。这类器件分为双极型、单极型和混合型三类。

1. 双极型器件

双极型器件是指在器件内部电子和空穴两种载流子都参与导电过程的半导体器件。这类器件通态压降低、阻断电压高、电流容量大,适合于中大容量的变流装置。常见的有门极可关断晶闸管(GTO)、电力晶体管(GTR)、静电感应晶闸管(SITH)。其中 SITH 也称场控晶闸管,是近几年逐步趋向成熟的器件。它是一种在栅极上加反向偏压即成为阻断状态,除去反向偏压即成为导通状态的常开器件,属于双极型半控器件。SITH 是目前开发的开关速度最快的晶闸管,它的应用范围很宽,在交直流调速系统、高频加热装置和开关电源等领域均有广泛应用。但 SITH 的制造工艺较复杂,因此更广泛应用仍需要一定时间。

2. 单极型器件

单极型器件是指在器件内部只有一种载流子(多数载流子)参与导电过程的半导体器件。这类器件的典型产品有电力场效应晶体管(电力 MOSFET)和静电感应晶体管(SIT)。单极型器件由多数载流子导电,无少子存储效应,因而开关时间短,一般在几十纳秒以下,所以工作频率高。例如,电力 MOSFET 的工作频率可达 100 kHz 以上,现已商品化的 SIT 截止频率可达 30～50 MHz。此外,它们还具有输入阻抗高、属于电压控制型器件、控制较为方便及抗干扰能力强等特点。

3. 混合型器件

所谓混合型是指双极型器件与单极型器件的集成混合。它是用 GTR、GTO 以及 SCR(晶闸管)作为主导器件,用 MOSFET(场效应晶体管)作为控制器件混合集成之后产生的器件。这种器件既具有 GTR、GTO 及 SCR 等双极型器件电流密度高、导通压降低的优点,又具有 MOSFET 等单极型器件输入阻抗高、响应速度快的优点。因此,这种新型的混合型器件已引起了人们的高度重视。目前已开发的混合型器件有肖特基注入 MOS 门极晶体管(SINFET)、绝缘栅极双极型晶体管(IGBT)、MOS 门极晶体管(MGT)、MOS 控制晶闸管(MCT)等。

IGBT 被认为是最有发展前途的混合型器件之一,IGBT 早已做到 1800 V/800 A,10 kHz;1200 V/600 A,20 kHz 的商品化,600 V/100 A 的硬开关工作频率可达 150 kHz。高压 IGBT 已有 3300 V/1200 A 和 4500 V/900 A 的器件。它们的出现为工业应用领域高频化开辟了广阔的天地。根据美国的预测,IGBT 有取代 GTR 和 MOSFET 的趋势,而 MCT 有取代 SCR 及 GTO 的趋势,至少在比较广泛的应用范围内是这样。这两种器件都可以应用于中高频感应加热、高精度变频调速、UPS 开关电源、高频逆变式整流焊机、超声电源、高频 X 射线机电源、高频调制整流电源以及各种高性能、低损耗和低噪声的场合。

随着集成工艺的提高和突破,电力集成电路(PIC)智能功率模块(IPM)也得到了进一步发展。这些器件实现了电力器件与电路的总体集成,使微电子技术与电力电子技术相辅相成,把信息科学融入了电力变换。器件实现了多功能化,不但具有开关功能,还增加了保护、监测和驱动功能,有的器件还有放大、调制、振荡及逻辑运算功能,使强电和弱电的结合更趋于完美,应用电路更为简化,应用范围进一步拓宽。

电力集成电路又分为高压电力集成电路(HVIC)和智能电力集成电路(SPIC),IPM 则是 IGBT 的智能化模块。电力集成电路目前的发展非常迅速,在中小功率场合的应用已有许多,如汽车电子化和家电领域,工作电压和工作电流分别在 50～1000 V 和 1～100 A,实际传送功率可达数千瓦。

从总体看,现代电力电子器件的主要特点是集成化、高频化、多功能化和全控化。

0.3　电力电子变流电路及其控制技术的发展

变流电路是以电力半导体器件为核心,通过不同的电路和控制方法实现电能的转换和控制。它的基本功能是使交流(AC)和直流(DC)电能互相转换,分为以下几种类型:

(1)可控整流器(AC-DC)。把交流电压变换成固定或可调的直流电压,多应用于直流电动机调压调速和电解、电镀设备中。

(2)有源逆变器(DC-AC)。把直流电压变换成频率固定或可调的交流电压,多应用于直流输电及牵引机车制动时的电能回馈等。

(3)交流调压器(AC-AC)。把固定或变化的交流电压变换成可调或固定的交流电压,多应用于灯光控制、温度控制等。

(4)无源逆变器(AC-DC-AC)。把频率固定或变化的交流电变换成频率可调或恒定的交流电,多应用于变频电源、UPS、变频调速等设备。

(5)直流斩波器(DC-DC)。把固定或变化的直流电压变换成可调或固定的直流电压,多应用于电气机车、城市电车牵引等设备。

无触点电力静态开关可接通或切断交流或直流电流通路,用于取代接触器或继电器。

控制技术是改进变流电路性能和效率不可缺少的关键技术之一。对于晶闸管,控制方法是调整器件的导通角,即控制触发脉冲与主电路之间的相移角,称之为相控技术。全控型器件组成的变流电路中多采用脉宽调制(PWM)技术。由于 PWM 技术可以有效地抑制谐波,动态响应速度快,因而使变流电路的性能大大提高。全控型器件的问世,使变流电路与控制技术发生了巨大的变化。除了整流电路之外,其他几种变流电路的性能指标都远远超过晶闸管变流电路。由于外信号能控制全控型器件的关断,所以还可以实现 DC-DC 变换,起到直流变压器的作用。

无论是控制技术还是 PWM 技术,都在应用中不断完善、改进,并涌现出许多专用集成触发(驱动)电路,给实际应用电路带来了简便、工作稳定和体积小等特点。与此同时,变流电路的控制技术正朝着数字化的方向发展。

由电力半导体器件构成的变流电路,伴随着电力半导体的优点而呈现许多优势。这些优势是:体积小、重量轻、耐磨损、无噪声及维修方便,功率增益高、控制灵活,控制动态性能好、响应快(毫秒级或微秒级)、动态时间短,效率高、节省能源。

伴随着电力半导体本身特性的不足,变流电路的缺点也不可避免,如过载能力(过电压、过电流)低,某些工作条件下功率因数低,对电网有"公害"等。

电力电子技术的应用范围十分广泛,在交通运输、电力系统、通信系统、计算机系统、新能源系统及在照明、空调等家电领域均发挥着重要作用。

电力电子装置提供给负载的是各种不同的直流电源、恒频交流电源和变频电源,所以说,电力电子技术研究的也就是电源技术。

0.4　本课程的教学要求和学习方法

电力电子技术是一门专业性强而且与生产应用实际结合紧密的课程,是高校自动化、电气工程及其相关专业的主干课程之一。学习本课程时,要着重物理概念与基本分析方法,理论联系实际,尽量做到器件、电路、系统(包括控制技术)应用三者结合。在学习方法上要特别注意电路的波形与相位分析,抓住电力电子器件在电路中导通与截止的变化过程,通过波形分析进一步理解电路的工作情况,同时要注意培养读图与分析,器件参数选择,电路参数计算与测量、调整以及故障分析等方面的实践能力。

通过本课程的学习应达到以下要求:

(1)掌握晶闸管、电力 MOSFET、IGBT 等电力电子器件的结构、工作原理、特性和使用方法。

(2)掌握整流电路、直流变换电路、逆变电路、交流变换电路的结构、工作原理、控制和波形分析方法。

(3)掌握 PWM 技术的工作原理和控制特性,了解软开关技术的基本原理。

(4)掌握基本电力电子装置的实验和调试方法。

(5)了解电力电子技术的应用范围和发展动向。

电力电子器件、变流电路、控制技术都在不断发展与不断更新，所涉及的知识面广，内容丰富（图0-2）。在本课程的学习中还应注意与电工基础、电子技术基础、电机与拖动基础等知识的联系，在讲授和学习中注重概念、重视实验、注重识图等应用能力的培养。

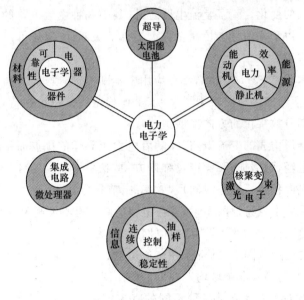

图 0-2　电力电子学领域

第1章
电力电子器件

【能力目标】 通过本章的学习,掌握晶闸管、电力 MOSFET、IGBT 等电力电子器件的结构、工作原理、特性和使用方法。

【思政目标】 电力电子技术的发展史是以电力电子器件的发展史为纲,通过讲述电力电子器件的种类和发展历史,介绍我国电力电子器件产业发展现状与面临的问题,引导学生开展"部分国家对我国高科技出口管制"的思考,触发学生的爱国情怀;加强对学生自主创新意识的引导,使其在学习电力电子专业知识的同时,形成"立足国际、勇攀高峰"的探索精神和"心怀使命、科技报国"的担当精神。

【学习提示】 电力电子器件可以有多种分类方法。(1)按器件的开关控制特性,可将电力电子器件分为不可控型器件、半控型器件和全控型器件等。(2)按控制信号的性质,可将其分为电流控制型器件和电压控制型器件。(3)按器件内部电子和空穴两种载流子参与导电的情况,可将其分为单极型器件、双极型器件和混合型器件。

1.1 电力电子器件概述

电力电子器件是电力电子技术及其应用系统的基础。

电力电子电路中能实现电能的变换和控制的半导体电子器件称为电力电子器件(Power Electronic Device)。广义上,电力电子器件可分为电真空器件和半导体器件两类,本书涉及的器件都是半导体电力电子器件。

在对电能的变换和控制过程中,电力电子器件可以抽象为理想开关模型,它工作在"通态"和"断态"两种情况。在通态时电阻为零,断态时电阻为无穷大。电力电子器件一般都工作在开关状态,它的开关状态由外电路(驱动电路)控制,工作中器件的功率损耗(通态、断态、开关损耗)很大。为保证不致因损耗散发的热量导致器件温度过高而损坏,工作时一般都要安装散热器。

电力电子器件按器件的开关控制特性可以分为以下三类:不可控型器件,如电力二极管(Power Diode);半控型器件,如普通晶闸管(Thyristor)及其大部分派生器件;全控型器件,如门极可关断晶闸管(Gate Turn Off Thyristor)、功率场效应管(Power MOSFET)和绝缘栅极双极型晶体管(Insulated-Gate Bipolar Transistor)等。

电力电子器件按控制信号的性质又可分为两种:电流控制型器件,如晶闸管、门极可关断晶闸管、电力晶体管、集成门极换流晶闸管（IGCT）等；电压控制型器件，代表性器件为MOSFET 和 IGBT。

此外，同处理信息的电子器件类似，电力电子器件还可以按器件内部电子和空穴两种载流子参与导电的情况分为单极型器件、双极型器件和混合型器件三类。由一种载流子参与导电的器件称为单极型器件，也称为多子器件；由电子和空穴两种载流子参与导电的器件称为双极型器件，也称为少子器件；由单极型器件和双极型器件集成混合而成的器件称为混合型器件，也称为复合型器件。

按照器件内部电子和空穴两种载流子参与导电的情况，属于单极型电力电子器件的有肖特基二极管、电力 MOSFET 和静电感应晶体管（SIT）等；属于双极型电力电子器件的有基于 PN 结的电力二极管、晶闸管、GTO 和 GTR、SITH 等；属于复合型电力电子器件的有IGBT 和 MCT 等。

本章介绍电力二极管、普通晶闸管、双向晶闸管等派生器件晶闸管。普通晶闸管应用最广泛，简称为晶闸管。若不作特别说明，本书中的晶闸管均指普通晶闸管。图 1-1 给出了电力电子器件按照这种分类形成的"树"。

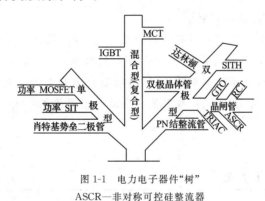

图 1-1　电力电子器件"树"

ASCR—非对称可控硅整流器

1.2 电力二极管

电力二极管（Power Diode）也称为半导体整流器（Semiconductor Rectifier，简称 SR），属于不可控型电力电子器件，是 20 世纪最早获得应用的电力电子器件。电力二极管在中高频整流和逆变以及低压高频整流的场合发挥着积极的作用，具有不可替代的地位。

电力二极管与小功率二极管的结构、工作原理和伏安特性相似，但它的主要参数的规定、选择原则等不尽相同，使用时应当注意。

1. 基本结构和工作原理

电力二极管的基本结构和工作原理与小功率电子电路中的二极管一样，以半导体 PN 结为基础，如图 1-2 所示。它由一个面积较大的 PN 结和两端引线以及封装组成。

由于电力二极管功耗较大，从外形上看，主要有螺栓型和平板型两种。螺栓型电力二极管的阳极紧拴在散热器上。平板型电力二极管又分为风冷式和水冷式，它的阳极 A 和阴极

K 分别由两个彼此绝缘的散热器紧紧夹住,如图 1-2 所示。

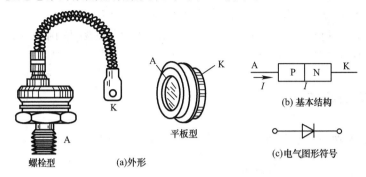

螺栓型　　(a)外形　　平板型　　(b) 基本结构　　(c)电气图形符号

图 1-2　电力二极管的外形、基本结构和电气图形符号

2. 伏安特性

电力二极管的伏安特性曲线如图 1-3 所示。当电力二极管承受的正向电压大到一定值(门槛电压 U_{TO})时,正向电流才开始明显增加,处于稳定导通状态。与正向电流 I_F 对应的电力二极管两端的电压 U_F 即为正向压降。

当电力二极管承受反向电压时,只有很小的反向漏电流流过,电力二极管反向截止,呈现"高阻态"。如果增加反向电压,当增大到超过某一临界电压值 U_B(称为击穿电压)时,反向电流急剧增大,电力二极管反向击穿,可导致器件损坏。

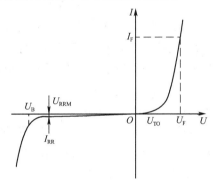

图 1-3　电力二极管的伏安特性曲线

1.3 晶闸管的结构与工作原理

晶闸管(Thyristor)是硅晶体闸流管的简称,又称可控硅整流器 SCR(Silicon Controlled Rectifier),以前又简称可控硅。在电力二极管开始得到应用后不久,1956 年美国贝尔实验室(Bell Laboratories)发明了世界上第一个实验用晶闸管,它标志了电力电子技术的开端。1957 年美国通用电气公司(General Electric Company)首次研究成功工业用晶闸管,由于其开通时刻可以控制,因此大大扩展了半导体器件功率控制的范围。其后,以晶闸管为核心形成对电力处理的电力电子技术,其发展特点是晶闸管的派生器件越来越多,功率越来越大,

性能越来越好,已形成了一个晶闸管大家族。包括普通晶闸管(Conventional Thyristor)、快速晶闸管(Fast Switching Thyristor)、逆导晶闸管(Reverse Conducting Thyristor)、双向晶闸管(Bidirection Thyristor 或 Triode AC Switch)、可关断晶闸管(Gate Turn Off Thyristor)和光控晶闸管(Light Triggered Thyristor)。

1.3.1 晶闸管的结构

目前常用的大功率的晶闸管,外形结构有螺栓型和平板型两种,如图 1-4 所示。

(a) 螺栓型　　　　(b) 平板型

图 1-4　晶闸管的外形

每种形式的晶闸管从外部看都有三个引出电极,即阳极 A、阴极 K 和门极 G。

螺栓型晶闸管的螺栓是阳极 A,粗辫子线是阴极 K,细辫子线是门极 G。螺栓型晶闸管的阳极是紧拴在散热器上的,其特点是安装和更换容易,但由于仅靠阳极散热器散热,散热效果较差,一般只适用于额定电流小于 200 A 的晶闸管。

平板型晶闸管又分为凸台形和凹台形,对于凹台形的晶闸管,夹在两台面中间的金属引出端为门极 G,距离门极近的台面是阴极 K,距离门极远的台面是阳极 A。平板型的阴极和阳极都带散热器,将晶闸管夹在中间,其散热效果好,但更换麻烦,一般用于额定电流 200 A以上的晶闸管。

晶闸管的内部结构示意图和电气图形符号如图 1-5 所示,它是 PNPN 四层半导体结构,分别标为 P_1、N_1、P_2、N_2 四个区,具有 J_1、J_2、J_3 三个 PN 结。因此晶闸管可以用三个二极管串联电路来等效,如图 1-6(a)所示。另外,为方便分析晶闸管的工作原理,还可将晶闸管的四层结构中的 N_1 层和 P_2 层分成两部分,则晶体管可用一个 PNP($P_1N_1P_2$)管和一个 NPN($N_1P_2N_2$)管来等效,如图 1-6(b)所示。

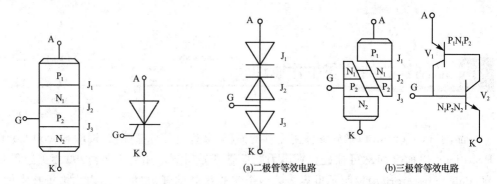

(a)二极管等效电路　　　(b)三极管等效电路

图 1-5　晶闸管的内部结构示意图和电气图形符号　　　图 1-6　晶闸管的等效电路

1.3.2 晶闸管的单向可控导电性

晶闸管的导电特性可用实验说明,实验电路如图 1-7 所示。

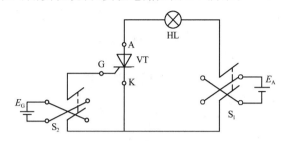

图 1-7　晶闸管导电特性实验电路

图 1-7 中由电源 E_A、双掷开关 S_1、灯泡和晶闸管的阳极、阴极组成了晶闸管的主回路;而电源 E_G、双掷开关 S_2 经由晶闸管的门极和阴极形成了晶闸管的触发电路。

当晶闸管的阳极、阴极加反向电压(S_1 合向左边)时,即晶闸管阳极为负、阴极为正时,不管门极如何(断开、负电压、正电压),灯泡都不会亮,即晶闸管均不导通。

当晶闸管的阳极、阴极加正向电压(S_1 合向右边)时,即晶闸管阳极为正、阴极为负时,若晶闸管门极不加电压(S_2 断开)或加反向电压(S_2 合向右边),灯泡也不会亮,晶闸管还是不导通。但若此时门极也加正向电压(S_2 合向左边),则灯泡就会亮了,表明晶闸管已导通。

一旦晶闸管导通后,再去掉门极电压,灯泡仍然会亮,这说明此时门极已失去作用了。只有将 S_1 合向左边或断开,灯才会灭,即晶闸管才会关断。

上面这个实验说明,晶闸管具有单向导电性,这一点与二极管相同;同时它还具有可控性,就是说只有正向的阳极电压还不行,还必须有正向的门极电压,才会令晶闸管导通。

由此,我们可以知道晶闸管的导通条件是:(1)要有适当的正向阳极电压;(2)还要有适当的正向门极电压,且晶闸管一旦导通,门极将失去作用。

而要使导通的晶闸管关断,只能利用外加电压和外电路的作用使流过晶闸管的电流降到接近于零的某一数值(称为维持电流)以下,因此可以采取去掉晶闸管的阳极电压,或者给晶闸管阳极加反向电压,或者降低正向阳极电压等方式来使晶闸管关断。

1.3.3 晶闸管的工作原理

晶闸管导通的工作原理可以用一对互补三极管代替晶闸管的等效电路来解释,如图 1-6(b)所示。

按照上述等效原则,将图 1-7 改画为图 1-8 的形式。图中用 V_1 和 V_2 管代替了图 1-7 中的晶闸管 VT。在晶闸管承受反向阳极电压时,V_1 和 V_2 处于反压状态,是无法工作的,所以无论有没有门极电压,晶闸管都不能导通。只有在晶闸管承受正向阳极电压时,V_1 和 V_2 才能得到正确接法的工作电源,同时为使晶闸管导通,必须使承受反压的 PN 结失去阻

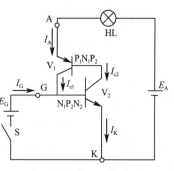

图 1-8　晶闸管的工作原理图

挡作用。由图 1-8 可清楚地看出,在门极未导通的条件下,每个晶体管的集电极电流同时又是另一个晶体管的基极电流,即有 $I_{b1}=I_{c2}$,$(I_G)+I_{c1}=I_{b2}$。在满足上述条件的前提下,再合上开关 S,于是门极就流入触发电流 I_G,并在管子内部形成了强烈的正反馈过程:

$$I_G \uparrow \rightarrow I_{b2} \uparrow \rightarrow I_{c2}(=\beta_2 I_{b2}) \uparrow \rightarrow I_{b1} \rightarrow I_{c1}(=\beta_1 I_{b1}) \uparrow \rightarrow I_{b2} \uparrow$$

从而使 V_1、V_2 迅速饱和,即晶闸管导通。而对于已导通的晶闸管,若去掉门极触发电流,由于晶闸管内部已完成了强烈的正反馈,所以它仍会维持导通。

若把 V_1、V_2 两管看成广义节点,且设 α_1 和 α_2 分别是两管的共基极电流增益,I_{CBO1} 和 I_{CBO2} 分别是 V_1 和 V_2 的共基极漏电流,晶闸管的阳极电流为 I_A,阴极电流为 I_K,则可根据节点电流方程,列出如下电流方程

$$I_A = I_{c1} + I_{c2} \tag{1-1}$$

$$I_K = I_A + I_G \tag{1-2}$$

$$I_{c1} = \alpha_1 I_A + I_{CBO1} \tag{1-3}$$

$$I_{c2} = \alpha_2 I_K + I_{CBO2} \tag{1-4}$$

由上面式(1-1)～式(1-4)可以推出

$$I_A = \frac{\alpha_2 I_G + I_{CBO1} + I_{CBO2}}{1-(\alpha_1+\alpha_2)} \tag{1-5}$$

晶体管的电流放大系数 α 随着管子发射极电流的增大而增大,我们可以由此来说明晶闸管的几种状态。

(1)正向阻断

当晶闸管加正向电压 E_A 且其值不超过晶闸管的额定电压时,在门极未加电压的情况下,$I_G=0$,此时正向漏电流 I_{CBO1} 和 I_{CBO2} 很小,所以 $(\alpha_1+\alpha_2) \ll 1$,上式中的 $I_A \approx I_{CBO1}+I_{CBO2}$。

(2)触发导通

在加正向阳极电压 E_A 的同时加正向门极电压 E_G,当门极电流 I_G 增大到一定程度,发射极电流也增大,$(\alpha_1+\alpha_2)$ 增大到接近于 1 时,I_A 将急剧增大,晶闸管处于导通状态,I_A 的值由外接负载限制。

(3)硬开通

若给晶闸管加正向阳极电压 E_A,但不加门极电压 E_G。此时若增大正向阳极电压 E_A,则正向漏电流 I_{CBO1} 和 I_{CBO2} 也会随着 E_A 的增大而增大,当增大到一定程度时,$(\alpha_1+\alpha_2)$ 接近于 1,晶闸管也会导通。这种使晶闸管导通的方式称为硬开通。多次硬开通会造成管子永久性损坏。

(4)晶闸管关断

当流过晶闸管的电流 I_A 降低至小于维持电流 I_H,α_1 和 α_2 迅速下降,使 $(\alpha_1+\alpha_2) \ll 1$,式(1-5)中 $I_A \approx I_{CBO1}+I_{CBO2}$,晶闸管恢复阻断状态。

(5)反向阻断

当晶闸管加反向阳极电压时,由于 V_1、V_2 处于反压状态不能工作,所以无论有无门极电压,晶闸管都不会导通。

另外,还有几种情况可以使晶闸管导通,如温度较高,晶闸管承受的阳极电压上升率 du/dt 过高,光的作用即光直接照射在硅片上等,都会使晶闸管导通。但所有使晶闸管导通的情况中除光触发可用于光控晶闸管外,只有门极触发是精确、迅速、可靠的控制手段,而其

他情况均属非正常导通情况。

1.3.4 晶闸管的阳极伏安特性

晶闸管的阳极和阴极间的电压与晶闸管的阳极电流之间的关系,称为晶闸管的阳极伏安特性,简称伏安特性曲线,如图1-9所示。

第 I 象限为晶闸管的正向特性,第 III 象限为晶闸管的反向特性。当门极断开 $I_G=0$ 时,若在晶闸管两端施加正向阳极电压,由于 J_2 结受反压阻挡,则晶闸管处于正向阻断状态,只有很小的正向漏电流流过。随着正向阳极电压的增大,漏电流也相应增大,当至正向电压的极限即正向转折电压 U_{BO} 时,漏电流急剧增大,特性由高阻区到达低阻区,晶闸管立即由阻断状态转入导通状态。导通状态时的晶闸管特性和二极管的正向特性相似,即通过较大的阳极电流,而晶闸管本身的压降却很小。

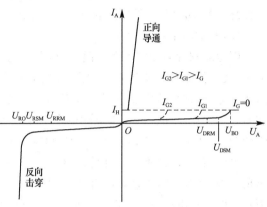

图1-9   晶闸管的伏安特性曲线

正常工作时,不允许把正向阳极电压加到正向转折电压 U_{BO},而是给门极加上正向电压,即 $I_G>0$,则晶闸管的正向转折电压就会降低。I_G 越大,所需转折电压就会越低。当 I_G 增至足够大时,晶闸管的正向转折电压就很小了。此时其特性可以看成与整流二极管一样。

导通后的晶闸管其通态压降很小,在1V左右。若导通期间的门极电流为零,则当阳极电流降至维持电流 I_H 以下时,晶闸管就又回到正向阻断状态。

晶闸管加反向阳极电压(第 III 象限特性)时,晶闸管的反向特性与一般二极管的伏安特性相似。由于此时晶闸管的 J_1、J_3 结均为反向偏置,因此只有很小的反向漏电流通过,晶闸管处于反向阻断状态。但当反压增大到一定程度,超过反向转折电压 U_{RO} 后,则会由于反向漏电流的急剧增大而导致器件的发热损坏。

1.3.5 晶闸管的主要参数

要想正确使用晶闸管,不仅要了解晶闸管的工作原理和特性,更重要的是要理解晶闸管的主要参数所代表的意义。下面我们将介绍几种晶闸管的主要参数。

1. 晶闸管的电压定额

(1)断态重复峰值电压 U_{DRM}

在图1-9所示的晶闸管阳极伏安特性中,我们规定,当门极断开、器件处在额定结温时,允许重复加在器件上的正向峰值电压为晶闸管的断态重复峰值电压,用 U_{DRM} 表示。它是由伏安特性中的正向转折电压 U_{BO} 减去一定数值,即留出一定裕量,成为晶闸管的断态不重复峰值电压 U_{DSM},然后再乘以90%而得到的。至于断态不重复峰值电压 U_{DSM} 与正向转折电压 U_{BO} 的差值,则由生产厂家自定。这里需说明的是晶闸管正向工作时,有通态和断态两种状态。参数名称中提到的断态或通态,一定是指正向的,因此,"正向"两字可以省去。

(2)反向重复峰值电压 U_{RRM}

相似的,我们规定,当门极断开、器件处在额定结温时,允许重复加在器件上的反向峰值电压为晶闸管的反向重复峰值电压,用 U_{RRM} 表示。它是由伏安特性中的反向转折电压 U_{RO} 减去一定数值,即留出一定裕量,成为晶闸管的反向不重复峰值电压 U_{RSM},然后再乘以 90% 而得到的。至于反向不重复峰值电压 U_{RSM} 与反向转折电压 U_{RO} 的差值,则由生产厂家自定。在正常情况下,晶闸管承受反向电压时一定是阻断的,因此参数名称中"阻断"两字可以省去。

(3)额定电压 U_{Tn}

因为晶闸管的额定电压是瞬时值,若晶闸管工作时外加正向电压的峰值超过正向转折电压,就会使晶闸管硬开通,多次硬开通会造成管子的损坏;而外加反向电压的峰值超过反向转折电压,则会造成晶闸管永久损坏。因此,所谓晶闸管的额定电压 U_{Tn} 通常是指 U_{DRM} 和 U_{RRM} 中的较小值,再取相应的标准电压等级中偏小的电压值。例如,若测得并计算晶闸管的 U_{DRM} 为 835 V,U_{RRM} 为 976 V,则额定电压应定义为 800 V,即 8 级。

另外,若是散热不良或环境温度升高,均能使正、反向转折电压降低,而且在使用中还会出现一些异常电压,因此,在实际选用晶闸管器件时,其额定电压要留有一定的裕量,一般选用器件的额定电压应为实际工作时晶闸管所承受的峰值电压的 2~3 倍,并按表 1-1 选取相应的电压等级。注意此时选晶闸管时要选标准等级中大的值。

表 1-1　　　　　　　　晶闸管的正、反向重复峰值电压标准等级

级　别	正、反向重复峰值电压/V	级　别	正、反向重复峰值电压/V	级　别	正、反向重复峰值电压/V
1	100	8	800	20	2000
2	200	9	900	22	2200
3	300	10	1000	24	2400
4	400	12	1200	26	2600
5	500	14	1400	28	2800
6	600	16	1600	30	3000
7	700	18	1800		

(4)通态峰值电压 U_{TM}

U_{TM} 是晶闸管通以 π 倍或规定倍数额定通态平均电流值时的瞬态峰值电压。从减小损耗和器件发热的观点出发,应该选择 U_{TM} 较小的晶闸管。

(5)通态平均电压(管压降)$U_{T(AV)}$

当器件流过正弦半波的额定通态平均电流值且处于稳定的额定结温时,器件阳极和阴极之间电压降的平均值称为晶闸管的通态平均电压 $U_{T(AV)}$,即正向通态平均电压,简称管压降 $U_{T(AV)}$。表 1-2 列出了晶闸管正向通态平均电压的组别及对应范围。

表 1-2　　　　　　　　晶闸管正向通态平均电压的组别及对应范围

正向通态平均电压/V	$U_{T(AV)} \leqslant 0.4$	$0.4 < U_{T(AV)} \leqslant 0.5$	$0.5 < U_{T(AV)} \leqslant 0.6$	$0.6 < U_{T(AV)} \leqslant 0.7$	$0.7 < U_{T(AV)} \leqslant 0.8$
组别代号	A	B	C	D	E
正向通态平均电压/V	$0.8 < U_{T(AV)} \leqslant 0.9$	$0.9 < U_{T(AV)} \leqslant 1.0$	$1.0 < U_{T(AV)} \leqslant 1.1$	$1.1 < U_{T(AV)} \leqslant 1.2$	
组别代号	F	G	H	I	

2. 晶闸管的电流定额

(1)额定通态平均电流 $I_{\text{T(AV)}}$

在环境温度为 +40 ℃和规定的冷却条件下,晶闸管在电阻性负载的单相工频正弦半波、导通角不小于170°的电路中,当结温不超过额定结温且稳定时,晶闸管所允许通过的最大电流的平均值,称为晶闸管的额定通态平均电流(简称通态平均电流),用 $I_{\text{T(AV)}}$ 表示。将此电流按晶闸管标准电流系列取相应的电流等级,称为器件的额定电流。

在这里需要特别说明的是,晶闸管允许流过的电流大小主要取决于器件的结温,而在规定的室温和冷却条件下,结温的高低仅与发热有关。从晶闸管管芯发热的角度来考虑,若认为器件导通时的管芯电阻不变,则其发热就由其电流有效值决定。而在实际应用中流过晶闸管的电流的波形是多种多样的,但对于同一个晶闸管而言,在流过不同波形的电流时,所允许的电流的有效值是相同的。因此,在使用时应按照工作中流过晶闸管的电流与额定情况下的通态平均电流的发热效应相等的原则,即有效值相等的原则来选取晶闸管的额定电流。

在不同电路中,不同负载情况下,流过晶闸管的电流的波形各不相同,但各种有直流分量的电流都有一个平均值和一个有效值。为方便理解和计算,我们定义一个电流的有效值与其平均值之比为这个电流的波形系数,用 K_{f} 表示,即

$$K_{\text{f}} = \frac{I}{I_{\text{d}}} \tag{1-6}$$

其中,I 为此电流的有效值;I_{d} 为此电流的平均值。

那么对于晶闸管额定情况下的电流的波形系数是多少呢?由晶闸管额定电流的定义可知,额定情况下流过器件的电流的波形是正弦半波,如图1-10所示。而我们定义的额定电流就是正弦半波电流的平均值,设电流波形的峰值为 I_{m},则有下列关系

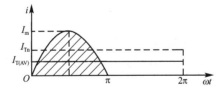

图1-10 额定情况下晶闸管各电流的关系

$$I_{\text{d}} = I_{\text{T(AV)}} = \frac{1}{2\pi}\int_0^{\pi} I_{\text{m}}\sin\omega t \, \mathrm{d}(\omega t) = \frac{I_{\text{m}}}{\pi} \tag{1-7}$$

$$I = I_{\text{Tn}} = \sqrt{\frac{1}{2\pi}\int_0^{\pi}(I_{\text{m}}\sin\omega t)^2 \, \mathrm{d}(\omega t)} = \frac{I_{\text{m}}}{2} \tag{1-8}$$

$$K_{\text{f}} = \frac{I}{I_{\text{d}}} = \frac{I_{\text{Tn}}}{I_{\text{T(AV)}}} = \frac{\pi}{2} = 1.57 \tag{1-9}$$

即额定情况下电流的波形系数为1.57。

由式(1-9)可知,晶闸管额定情况下的有效值 I_{Tn} 为 $1.57I_{\text{T(AV)}}$。例如,对于一个额定电流 $I_{\text{T(AV)}} = 100$ A 的晶闸管,可知其允许的电流有效值应为157 A。但在选择时,还要留出 $1.5\sim2$ 倍的安全裕量,所以,选择晶闸管额定电流 $I_{\text{T(AV)}}$ 的原则是:所选晶闸管的额定电流有效值 I_{Tn} 大于等于器件在电路中可能流过的最大电流有效值 I_{TM} 的 $1.5\sim2$ 倍,即

$$I_{\text{Tn}} = 1.57I_{\text{T(AV)}} = (1.5\sim2)I_{\text{TM}} = (1.5\sim2)K_{\text{f}}I_{\text{d}} \tag{1-10}$$

$$I_{T(AV)} = \frac{(1.5 \sim 2)I_{TM}}{1.57} \tag{1-11}$$

再取相应额定电流的标准系列值。

(2)维持电流 I_H

维持电流 I_H 是指在室温下门极断开时,晶闸管器件从较大的通态电流降至刚好能保持导通所必需的最小阳极电流,一般为几十到几百毫安。I_H 与结温有关,结温越高,则 I_H 越小。

(3)擎住电流 I_L

擎住电流 I_L 是指晶闸管加上触发电压,当器件从断态刚转入通态就去除触发信号,此时要维持器件导通所需要的最小阳极电流。对同一晶闸管来说,通常 I_L 约为 I_H 的 $2 \sim 4$ 倍。

(4)断态重复峰值电流 I_{DRM} 和反向重复峰值电流 I_{RRM}

断态重复峰值电流 I_{DRM} 和反向重复峰值电流 I_{RRM} 分别是对应于晶闸管承受断态重复峰值电压 U_{DRM} 和反向重复峰值电压 U_{RRM} 时的峰值电流。

(5)浪涌电流 I_{TSM}

浪涌电流 I_{TSM} 是一种由于电路异常情况引起的使结温超过额定结温的不重复性最大正向过载电流,用峰值表示。它是用来设计保护电路的。

按标准,普通晶闸管型号的命名含义如图 1-11 所示。

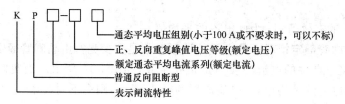

图 1-11　普通晶闸管型号的命名含义

3. 门极触发电流 I_{GT} 和门极触发电压 U_{GT}

门极触发电流 I_{GT} 是在室温下,给晶闸管施加 6 V 正向阳极电压时,使器件由断态转入通态所必需的最小门极电流。

门极触发电压 U_{GT} 是产生门极触发电流所必需的最小门极电压。由于门极伏安特性的分散性,使得同一厂家生产的同一型号的晶闸管,其触发电流和触发电压相差很大,所以只规定其下限值。对于晶闸管的使用者来说,为使触发电路适用于所有同型号的晶闸管,触发电路送出的电压和电流要适当地大于型号规定的标准值。但不应超过门极的可加信号的峰值 I_{GFM} 和 U_{GFM},功率不能超过门极平均功率 P_G 和门极峰值功率 P_{GM}。

4. 动态参数

(1)断态电压临界上升率 du/dt

断态电压临界上升率 du/dt 是在额定结温和门极开路的情况下,不导致晶闸管从断态到通态转换的最大阳极电压上升率。在实际使用时的电压上升率必须低于此规定值。

限制器件正向电压上升率的原因是:在正向阻断状态下,反偏的 J_2 结相当于一个结电容,如果阳极电压突然增大,便会有一充电电流流过 J_2 结,相当于有触发电流。若 du/dt 过大,即充电电流过大,就会造成晶闸管的误导通。所以在使用时,要采取措施,使它不超过规定的值。表 1-3 为晶闸管断态电压临界上升率(du/dt)的等级。

表 1-3　　　　　　　　晶闸管断态电压临界上升率（du/dt）的等级

du/dt /(V/μs)	25	50	100	200	500	800	1000
级别	A	B	C	D	E	F	G

（2）通态电流临界上升率 di/dt

通态电流临界上升率 di/dt 是在规定条件下，晶闸管能承受而无有害影响的最大通态电流上升率。如果电流上升太快，则晶闸管刚一导通，便会有很大的电流集中在门极附近的小区域内，造成 J_2 结局部过热而出现"烧焦点"，从而使器件损坏。因此在实际使用时也要采取措施，使其被限制在允许值内。表 1-4 为晶闸管通态电流临界上升率（di/dt）的等级。

表 1-5 列出了晶闸管的主要参数。

表 1-4　　　　　　　　晶闸管通态电流临界上升率（di/dt）的等级

di/dt /(A/μs)	25	50	100	150	200	300	500
级别	A	B	C	D	E	F	G

表 1-5　　　　　　　　　　　　　　晶闸管的主要参数

型号	通态平均电流/A	通态峰值电压/V	断态正、反向重复峰值电流/mA	断态正、反向重复峰值电压/V	门极触发电流/mA	门极触发电压/V	断态电压临界上升率	推荐用散热器	安装力/kN	冷却方式
KP5A	5	≤2.2	≤8	100~2000	<60	<3		SZ14		自然冷却
KP10A	10	≤2.2	≤10	100~2000	<100	<3	250~800	SZ15		自然冷却
KP20A	20	≤2.2	≤10	100~2000	<150	<3		SZ16		自然冷却
KP30A	30	≤2.4	≤20	100~2400	<200	<3	50~1000	SZ16		强迫风冷水冷
KP50A	50	≤2.4	≤20	100~2400	<250	<3		SL17		强迫风冷水冷
KP100A	100	≤2.6	≤40	100~3000	<250	<3.5		SL17		强迫风冷水冷
KP200A	200	≤2.6	≤0	100~3000	<350	<3.5		SL18	11	强迫风冷水冷
KP300A	300	≤2.6	≤50	100~3000	<350	<3.5		SL18B	15	强迫风冷水冷
KP500A	500	≤2.6	≤60	100~3000	<350	<4	100~1000	SF15	19	强迫风冷水冷
KP800A	800	≤2.6	≤80	100~3000	<350	<4		SF16	24	强迫风冷水冷
KP1000A	1000			100~3000				SS13		
KP1500A	1000	≤2.6	≤80	100~3000	<350	<4		SF16	30	强迫风冷水冷

1.4　晶闸管的派生器件

前面介绍了 KP 普通型晶闸管的结构、原理和主要参数。随着生产实际需求的增加，在普通型晶闸管的基础上又派生出一些特殊型晶闸管,如双向晶闸管(KS)、逆导晶闸管(KN)、快速晶闸管(KK)和光控晶闸管等。

1.4.1　双向晶闸管

1. 双向晶闸管的结构

双向晶闸管是一种五层三端的硅半导体闸流器件。其结构在外观上和普通晶闸管一样,也有螺栓型和平板型结构,其特点与普通晶闸管相同。

双向晶闸管外部也有三个电极,其中两个主电极分别为 T_1 极和 T_2 极,还有一个门极 G,门极是和 T_2 极在同一侧引出的,其外形如图 1-12 所示。

双向晶闸管的内部结构有五层(NPNPN),其核心部分集成在一块单晶片上,相当于两个门极接在一起的普通晶闸管反并联,其等效电路和电气图形符号如图 1-13 所示。

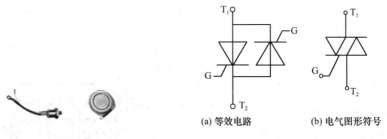

(a) 等效电路　　(b) 电气图形符号

图 1-12　双向晶闸管的外形　　图 1-13　双向晶闸管的等效电路和电气图形符号

2. 双向晶闸管的特性

双向晶闸管的门极可以在主电极正、反两个方向触发晶闸管,关于这一点可以在其伏安特性上清楚地看出来,如图 1-14 所示。双向晶闸管在第 I 和第 III 象限有着对称的伏安特性,这一点是与普通晶闸管不同的。其中,规定双向晶闸管的 T_1 极为正、T_2 极为负时的特性为第 I 象限特性;而 T_1 极为负、T_2 极为正时的特性为第 III 象限特性。

双向晶闸管的门极对 T_2 极加正、负触发信号均能使管子触发导通,所以双向晶闸管有四种触发方式。

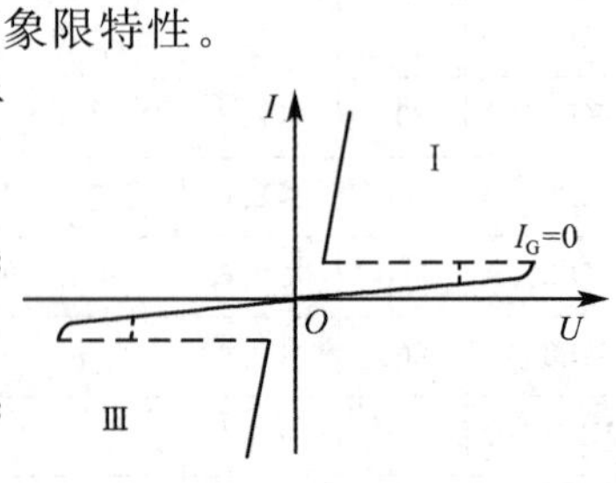

(1) I_+ 触发方式:T_1 极为正,T_2 极为负;门极为正,T_2 极为负。

(2) I_- 触发方式:T_1 极为正,T_2 极为负;门极为负,T_2 极为正。

图 1-14　双向晶闸管的伏安特性

(3) III_+ 触发方式:T_1 极为负,T_2 极为正;门极为正,T_2 极为负。

(4) III_- 触发方式:T_1 极为负,T_2 极为正;门极为负,T_2 极为正。

由于双向晶闸管内部结构的原因,这四种触发方式的灵敏度各不相同,即所需触发电压、电流的大小不同。其中 III_+ 触发方式的灵敏度最低,所需的门极触发功率很大,所以在实际应用中一般不选此种触发方式。双向晶闸管常常用在交流调压等电路,因此触发方式常选(I_+、III_-)或(I_-、III_-)。

3. 双向晶闸管的参数及型号

双向晶闸管的主要参数与普通晶闸管基本一致,此处不再赘述。

根据标准规定,双向晶闸管的型号定义如图 1-15 所示。

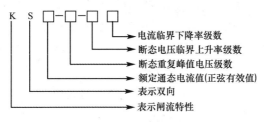

图 1-15 双向晶闸管的型号定义

1.4.2 逆导晶闸管

在逆变电路和直流斩波电路中,常常要将晶闸管和二极管反并联使用,逆导晶闸管就是根据这一要求发展起来的器件。它是将普通晶闸管和整流二极管制作在同一管芯上,且中间有一隔离区的功率集成器件。其等效电路、电气图形符号和伏安特性如图 1-16 所示。

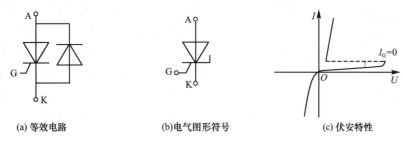

(a) 等效电路   (b)电气图形符号   (c) 伏安特性

图 1-16 逆导晶闸管的等效电路、电气图形符号及伏安特性

逆导晶闸管不具有承受反向电压的能力,一旦承受反压就会导通。与普通晶闸管相比,它具有正向压降小、关断时间短、高温特性好、额定结温高等优点,可用于不需要阻断反向电压的电路。

逆导晶闸管的额定电流用分数表示,分子表示晶闸管电流,分母表示二极管电流,如 300 A/150 A,两者的比值应依据使用要求而定,一般为 1～3。

1.4.3 快速晶闸管

快速晶闸管的外形、电气图形符号和伏安特性与普通晶闸管相同。它包括常规的快速晶闸管和工作在更高频率的高频晶闸管。快速晶闸管的管芯结构和制造工艺与普通晶闸管不同,因而快速晶闸管的开通和关断时间短。例如,普通晶闸管的关断时间为几百微秒,而快速晶闸管为几十微秒,高频晶闸管则为 $10 \ \mu s$ 左右。除此之外,快速晶闸管的 $\mathrm{d}u/\mathrm{d}t$ 和 $\mathrm{d}i/\mathrm{d}t$ 的耐量也有了明显的提高。

快速晶闸管的不足是其电压和电流都不易做高,并且由于工作频率较高,故在选择此类器件时不能忽略其开关损耗。

1.4.4　光控晶闸管

　　光控晶闸管又称光触发晶闸管,是利用一定波长的光照信号来代替电信号对器件进行触发,其电气图形符号如图1-17所示。光控晶闸管的伏安特性和普通晶闸管一样,只是随着光照信号变强其正向转折电压逐渐变低。

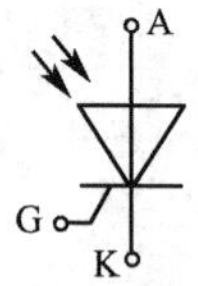

图1-17　光控晶闸管的电气图形符号

　　光控晶闸管由于采用了光触发,保证了主电路和触发电路之间的绝缘,并且还可以避免电磁干扰的影响。

1.5　全控型电力电子器件

　　前面介绍的晶闸管器件,尽管得到了很大的发展,但其在控制功能上还存有欠缺,即它通过门极只能控制开通而不能控制关断,所以称为半控型器件。随着半导体制造技术及变流技术的发展,微电子技术与电力电子技术在各自发展的基础上相结合,产生了一代新型高频化、全控型的功率集成器件,从而使电力电子技术跨入了一个新时代。所谓全控型器件就是导通和关断都可控的电力电子器件,也称自关断器件。这些器件有电力晶体管(GTR)、门极可关断晶闸管(GTO)、功率场效应晶体管(功率 MOSFET)、绝缘栅极双极型晶体管(IGBT)、静电感应晶体管(SIT)、静电感应晶闸管(SITH)、MOS 控制晶闸管(MCT)以及MOS 门极晶体管(MGT)等。

　　一般根据器件中参与导电的载流子的情况,将电力电子器件分为三大类型:双极型、单极型和混合型。

1.5.1　双极型器件

　　双极型器件是指器件内部参与导电的是电子和空穴两种载流子的半导体器件。常见的双极型器件有 GTR、GTO 和 SITH。

1. 电力晶体管 GTR

　　电力晶体管也称巨型晶体管(Giant Transistor,简称 GTR),是一种双极结型晶体管。它具有大功率、高反压、开关时间短、饱和压降低和安全工作区宽等优点。因此被广泛用于交流电动机调速、不停电电源和中频电源等电力变流装置中。

　　电力晶体管的内部结构同小功率晶体管相似,也是三端三层器件,内部有两个 PN 结,也有 NPN 管和 PNP 管之分,大功率 GTR 多为 NPN 型。图 1-18 是 NPN 型电力晶体管的结构示意图和电气图形符号。电力晶体管多数情况下处于功率开关状态,因此对它的要求是要有足够的电压、电流承载能力,适当的增益,较高的工作速度和较低的功率损耗等。然而,随着 GTR 电压、电流容量的增加,基区电导调制效应和扩展效应将使器件的电流增益下降;发射极电流集边效应则使电流分布不均,出现电流局部集中,导致器件热损坏。为此,GTR均采用三重扩散台面型结构制成单管形式,该结构特点是结面积较大,电流分布均匀,易于提高耐压及散热;缺点是电流增益低。为了扩大输出容量和提高电流增益,可采用达林顿结构,它由两个或多个晶体管复合而成。GTR 的缺点是所需驱动功率较大,驱动电路较复杂,且由于其固有的"二次击穿"问题,其安全工作区受各项参数影响而变化,所以 GTR 存在热容量小、过流能力低等缺点。目前,GTR 已经基本被 GTO 取代。

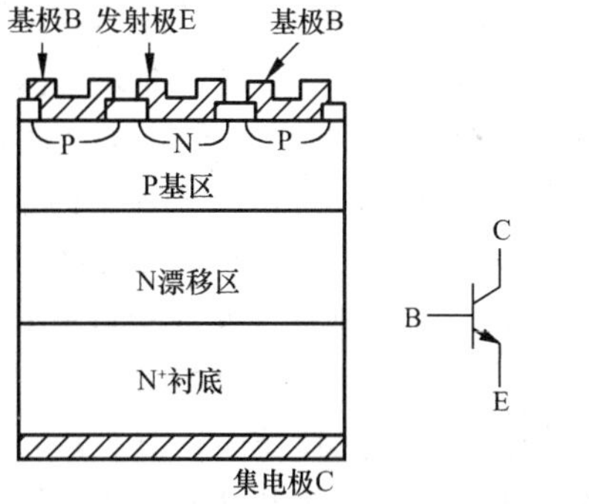

图 1-18　NPN 型电力晶体管的内部结构
示意图和电气图形符号

2. 可关断晶闸管 GTO

可关断晶闸管也称门极可关断晶闸管(Gate Turn Off Thyristor ,简称 GTO),GTO 可通过在门极施加脉冲电流使其开通或关断,所以它是电流控制型器件。前已述及的普通晶闸管,其特点是靠门极正向信号触发之后,撤掉触发信号亦能维持通态。欲使之关断,必须使正向电流低于维持电流 I_H,一般要施加反向电压强迫其关断。这就需要增加换向电路,这样不仅使设备的体积、重量增大,而且会降低效率,产生波形失真和噪声。可关断晶闸管克服了上述缺陷,它既保留了普通晶闸管耐压高、电流大等优点,又具有 GTR 的一些优点,如具有自关断能力、频率高、使用方便等,是理想的高压、大电流开关器件。GTO 的容量及使用寿命均超过电力晶体管(GTR),只是工作频率比 GTR 低。在当前各种自关断器件中,GTO 容量最大,工作频率最低。目前,GTO 已达到 6 kV/6 kA/1 kHz 的容量。大功率可关断晶闸管已广泛用于斩波调速、变频调速、逆变电源等领域,显示出强大的生命力。

可关断晶闸管的主要特点为,既可用门极正向触发信号使其触发导通,又可向门极加负向触发信号使晶闸管关断。

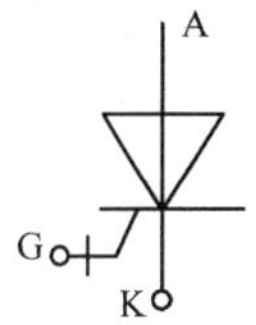

可关断晶闸管与普通晶闸管一样也是 PNPN 四层三端器件,其结构示意图及等效电路与普通晶闸管相同,图 1-19 绘出了 GTO 的电气图形符号。GTO 是多元的功率集成器件,这一点与普通晶闸管不同。它内部包含了数十个甚至数百个共阳极的 GTO 元,这些 GTO 元的阴极和门极则在器件内部并联在一起,且每个 GTO 元阴极和门极的距离很短,有效地减小了横向电阻,因此可以从门极抽出电流而使其关断。

图 1-19　GTO 的电气图形符号

GTO 的触发导通原理与普通晶闸管相似,阳极加正向电压,门极加正向触发信号后,在其内部也会发生正反馈过程,使 GTO 导通。尽管两者的触发导通原理相同,但二者的关断原理及关断方式截然不同。图 1-20 是 GTO 的关断过程等效电路。当要关断 GTO 时,给门极加上负电压,晶体管 $P_1N_1P_2$ 的集电极电流 I_{c1} 被抽出来,形成门极负电流 $-I_G$。由于 I_{c1} 的抽走使 $N_1P_2N_2$ 晶体管的基极电流减小,进而使其集电极电流 I_{c2} 减小,于是引起 I_{c1} 的进一步下降,形成一个正反馈过程,最后导致 GTO 阳极电流的关断。

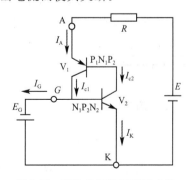

图 1-20　GTO 的关断过程等效电路

那么,为什么普通晶闸管不可以采用这种从门极抽走电流的方式来使其关断呢?这是由于普通晶闸管在导通之后即处于深度饱和状态,$\alpha_1 + \alpha_2$ 比 1 大很多,用此方法根本不可能使其关断。而 GTO 在导通时的放大系数 $\alpha_1 + \alpha_2$ 只是稍大于 1,而近似等于 1,只能达到临界饱和,所以 GTO 门极上加负向触发信号即可关断。还有一点就是在设计时使得 V_2 管的 α_2 较大,这样控制更灵敏,也会使 GTO 易于关断。再就是前面提到的多元结构上的特点,都使 GTO 的可控关断成为可能。

3. 静电感应晶闸管 SITH

静电感应晶闸管(Static Induction Thyristor,简称 SITH)是由日本人于 1972 年研制成功的一种新型双极型电力半导体器件。它吸收了场效应器件和双极型器件的优点,使电力电子器件在高速控制和高电压、大电流方面向前迈了一大步。

静电感应晶闸管的结构和后面介绍的静电感应晶体管 SIT 类似,其结构可以是表面栅型或埋栅型均属于静电感应器件。所谓静电感应器件,其工作的原理是利用电场的作用来开闭电流的通道,使器件导通或关断。因此,SITH 又被称为场控晶闸管(Field Controlled Thyristor—FCT)。图 1-21 绘出了静电感应晶闸管的内部结构示意图及其常用电气图形符号。SITH 对外有三个引出端:阳极 A、阴极 K 和门极 G。从内部结构示意图中可以看出,在 N 型层里隐埋了被 N 隔开的许多 P^+ 小区,这样在两个 P^+ 小区之间的 N 区,就成了电流通道。

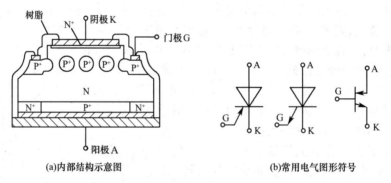

(a)内部结构示意图　　　　　　　　　(b)常用电气图形符号

图 1-21　SITH 的内部结构示意图及其常用电气图形符号

按工作方式,SITH 分为常开型(多数)和常关型两类。对于常开型 SITH,其工作特性为在阳极接正、阴极接负的情况下,当门极偏压为零或有小的正向电压时,所有小的电流通道都是没有阻挡的,由阳极向阴极的电流是畅通无阻的,这时 SITH 为导通状态。如果门极上施加一个足够的负偏压,所有小的电流通道都被 P 层和 N 层之间所形成的空间电荷区阻断,阳极电流被夹断,器件处于阻断状态。此类静电感应器件在电路中的开关作用类似于继电器的常闭触点。

1.5.2　单极型器件

单极型器件是指器件内只有一种载流子即多数载流子参与导电的半导体器件。常见的全控单极型器件有功率场效应晶体管和静电感应晶体管两种器件。

1. 功率场效应晶体管(Power MOSFET)

功率场效应晶体管,也称电力场效应管。同小功率场效应晶体管一样,也分结型和绝缘栅型两种类型,只不过通常的功率场效应晶体管主要指绝缘栅型的 MOS 型,而把结型功率场效应晶体管称作静电感应晶体管。

功率场效应晶体管是一种单极型的电压控制型器件,因此它有驱动电路简单、驱动功率小、无二次击穿问题、安全工作区宽以及开关速度快、工作频率高等显著特点,在开关电源、小功率变频调速等电力电子设备中具有其他电力电子器件所不能取代的地位。

图 1-22 为功率场效应晶体管的内部结构示意图和电气图形符号。功率 MOSFET 的导通机理与小功率 MOS 管相同,都是只有一种载流子参与导电,并根据导电沟道分为 P 沟道和 N 沟道。但二者在结构上却有较大的区别,传统的 MOSFET 结构是把源极、栅极和漏极安装在硅片的同一侧上,因而其电流是横向流动的,电流容量不可能太大。要想获得大的功率处理能力,必须有很大的沟道宽长比,而沟道长度受制版和光刻工艺的限制不可能做得很小,因而只好增加管芯面积,这显然是不经济的,甚至是难以实现的。因此,功率场效应晶体管的制造关键是既要保留沟道结构,又要将横向导电改为垂直导电。在硅片上将漏极改装在栅极、源极的另一面,即垂直安置漏极,不仅充分利用了硅片面积,而且实现了垂直导电,所以获得了较大的电流容量。垂直导电结构组成的功率场效应晶体管称为 VMOSFET(Vertical MOSFET)。根据结构形式的不同,功率 MOSFET 又分为利用 V 形槽实现垂直导电的 VVMOSFET(Vertical V-groove MOSFET)和具有垂直导电双扩散 MOS 结构的 VDMOSFET(Vertical Double-diffused MOSFET)。图 1-22(a)即是 N 沟道增强型 VDMOSFET 中一个单元的截面图。

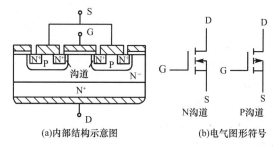

(a)内部结构示意图　　　　(b)电气图形符号

图 1-22　功率 MOSFET 的内部结构示意图和电气图形符号

由于功率 MOSFET 是单极型场效应器件,不像 GTR 那样具有载流子的存储效应,因而通态电阻较大,饱和压降也较高,使导通损耗大。但其开关速度快,工作频率高,可达 100 kHz 以上,是各种电力电子器件中最高的。另外,功率 MOSFET 属电压控制型器件,在静态时几乎不需输入电流,因此它需要的驱动功率最小。

2. 静电感应晶体管 SIT

静电感应晶体管 SIT(Static Induction Transistor,简称 SIT)是在普通结型场效应晶体管基础上发展起来的单极、电压控制型器件,它有源、栅、漏三个电极。其结构可分为平面栅型、埋栅型和准平面型三大类。SIT 与普通的结型场效应晶体管的最大区别就是在沟道中有多子势垒存在,该势垒阻碍着电子从源极向漏极的流动,势垒大小既受栅源电压的控制,也受源漏电压的控制。SIT 器件的工作原理就是通过改变栅极和漏极电压来改变沟道势垒高度,从而控制来自源区的多数载流子的数量,通过静电方式控制沟道内部电位分布,从而实现对沟道电流的控制。它具有输入阻抗高、输出功率大、失真小、开关特性好、热稳定性好等一系列优点。其工作频率与功率 MOSFET 相当,功率容量比功率 MOSFET 大,目前已被用于高频感应加热、雷达通信设备、超声波功率放大等领域。

SIT 在栅极不加信号时是导通的,栅极加负偏压时关断,即是正常导通型。所以栅极驱动电路应做到先加负栅偏压后,主电路再施加漏极电压。其内部结构示意图和电气图形符号如图 1-23 所示。

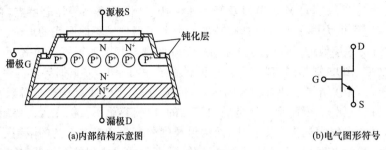

图 1-23　SIT 的内部结构示意图和电气图形符号

正是由于 SIT 是正常导通型的,故使用起来不太方便,而且它的通态电阻较大,使得通态损耗也大,因而还未在大多数电力电子设备中得到应用。

1.5.3　混合型器件

混合型器件也称作复合型器件,它是由双极型器件和单极型器件集成混合而成的。它一般是用普通晶闸管、GTR 以及 GTO 作为主导器件,用 MOSFET 作为控制器件复合而成的,也称 Bi-NOS 器件。这一类器件既具有双极型器件电流密度高、导通压降低的优点,又具有单极型器件输入阻抗高、响应速度快的优点。目前已开发的复合型器件有:绝缘栅极双极型晶体管(IGBT)、MOS 门极晶体管(MGT)、MOS 控制晶闸管(MCT)、集成门极换流晶闸管(IGCT)以及集成功率模块。

1. 绝缘栅极双极型晶体管(IGBT)

绝缘栅极双极型晶体管(Insulated Gate Bipolar Transistor,简称 IGBT)综合了 GTR 和 MOSFET 的优点,既具有输入阻抗高、速度快、热稳定性好、驱动电路简单、驱动电流小等优点,又具有通态压降小、耐压高及承受电流大等优点,是发展最快而且很有前途的一种复合器件。在电动机控制、中频电源、开关电源以及要求速度快、低损耗的领域,IGBT 已逐步取代 GTR 和 MOSFET。IGBT 的不足之处在于高压 IGBT 的导通电阻较大,导致导通损耗大,在高压应用领域,通常需要多个串联,并且过压、过流、抗冲击、抗干扰等承受能力较低。IGBT 自问世以来,其工艺技术和参数不断得到改进和提高,已由低功率 IGBT 发展到了 IGBT 功率模块,其电性能参数日趋完善。

IGBT 的内部结构示意图如图 1-24 所示。由图可知它是在 VDMOSFET 的栅极侧引入一个 PN 结,即在适当厚度的 N^+ 层下又加了一个 P^+ 层发射极,形成一个大面积的 PN 结 J_1。IGBT 导通时由 P^+ 注入区向 N 基区发射少子,从而对漂移区电导率进行调制,使得 IGBT 具有很强的通流能力。

从图 1-24 可以看出,IGBT 相当于一个由 MOSFET 驱动的厚基区 GTR,其简化等效电路如图 1-25(a)所示。IGBT 是以 GTR 为主导器件、以 MOSFET 为驱动器件的达林顿结构的器件。图中电阻 R_N 是 PNP 晶体管基区内的调制电阻。N 沟道的 IGBT 的电气图形符号如图 1-25(b)所示,表示 MOSFET 为 N 沟道的,GTR 为 PNP 型的。对于 P 沟道的 IGBT,其电气图形符号中的箭头方向与 N 沟道的 IGBT 相反。

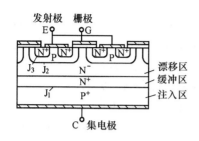

图 1-24　IGBT 的内部结构示意图

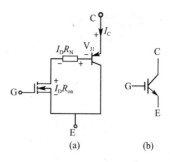

图 1-25　IGBT 的简化等效电路和电气图形符号

图 1-26 是 IGBT 的静态特性,其中图 1-26(a)为其转移特性,与 MOSFET 的转移特性相似,它描述的是集电极电流 I_C 与栅射电压 U_{GE} 之间的关系。当栅射电压小于开启电压 $U_{GE(th)}$ 时,IGBT 处于关断状态。在 IGBT 导通后的大部分漏极电流范围内,I_C 与 U_{GE} 呈线性关系。图 1-26(b)是 IGBT 的伏安特性,它是指以栅射电压 U_{GE} 为参变量时,集电极电流 I_C 和集射电压 U_{CE} 之间的关系。其伏安特性与 GTR 的伏安特性相似,也分三个区,即正向阻断区、有源区和饱和区。此外。当 IGBT 的集射电压为负时,器件处于反向阻断区。IGBT 在电力电子电路中作为开关管,常常在阻断区和饱和区来回转换。

图 1-26　IGBT 的静态特性

2. MOS 控制晶闸管 MCT

MOS 控制晶闸管(MOS Controlled Thyristor,简称 MCT)是美国 GE(通用电气)公司于 1984 年首先提出来的,于 1986 年取得成功的一种新的复合型器件。它是在晶闸管结构中集成了一对 MOSFET,通过 MOSFET 来控制晶闸管的导通和关断。使 MCT 导通的 P 沟道 MOSFET 称为 ON-FET,使其关断的 N 沟道 MOSFET 称为 OFF-FET。图 1-27 为 MCT 的等效电路和电气图形符号。它集中了 MOSFET 和晶闸管的优点,与 GTR、MOSFET、IGBT 和 GTO 等相比,具有电压高、电流大、通态压降小、通态损耗小、开关速度快、开关损耗小以及 $\mathrm{d}u/\mathrm{d}t$ 和 $\mathrm{d}i/\mathrm{d}t$ 耐量高等优点。

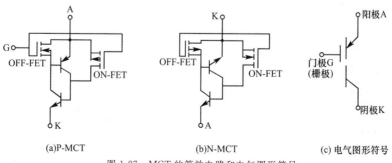

图 1-27　MCT 的等效电路和电气图形符号

3. 集成门极换流晶闸管 IGCT

集成门极换流晶闸管(Integrated Gate-Commutated Thyristor,IGCT)是 20 世纪 90 年代出现的新型器件,它结合了 IGBT 和 GTO 的优点。它在 GTO 的阴极串联一组 N 沟道 MOSFET,在门极上串联一组 P 沟道 MOSFET,当 GTO 需要关断时门极 P 沟道 MOSFET 先开通,主电流从阴极向门极换流,紧接着阴极 N 沟道 MOSFET 关断,全部主电流都通过门极流出,然后门极 P 沟道 MOSFET 关断使 IGCT 全部关断。IGCT 的容量可以与 GTO 相当,开关速度在 10 kHz 左右,并且可以省去 GTO 需要的复杂缓冲电路,不过目前 IGCT 的驱动功率仍很大,IGCT 在高压直流输电(HVCD)、静止式无功补偿(SVG)等装置中将有应用前途。在实际应用中需注意,电压较低时选用 IGBT 较为合算。根据应用和设计的标准不同,在 1800～3300 V,两种器件交叉使用,IGBT 更适于功率较小的装置,而 IGCT 则较适用于功率较大的装置。

4. 集成功率模块

电力电子器件的模块化是器件发展的趋势,早期的模块化仅是将多个电力电子器件封装在一个模块里,例如,整流二极管模块和晶闸管模块是为了缩小装置的体积,给用户提供方便。随着电力电子高频化进程,GTR、IGBT 等电路的模块化就减少了寄生电感,增强了使用的可靠性。现在模块化在经历标准模块、智能模块(Intelligent Power Module,简称 IPM)到被称为是"All In One"的用户专用功率模块(ASPM)的发展,力求将变流电路所有硬件(包括检测、诊断、保护、驱动等功能)尽量以芯片形式封装在模块中,使之不再有额外的连线,可以大大降低成本,减轻重量,缩小体积,并增加可靠性。

1.6　半导体功率器件的选择

在设计电力电子换流器时,尤其重要的是考虑电力半导体器件的可靠性及其特性。怎样选择器件取决于应用的领域。一些器件的特性及其对选择过程的影响有如下几点:

(1)通态压降或导通电阻决定了该器件的传导损失。

(2)开关时间决定了每次转换的能量损失和开关频率能达到多高。

(3)器件的额定电压、额定电流决定了该器件的能量控制能力。

(4)控制电路所需的能量决定了控制该器件的难易程度。

(5)该器件导通阻抗的温度系数决定了它们并联使用的难易程度。

(6)器件的成本也是选择时要考虑的因素。

从系统的角度来设计换流器时,必须考虑电流和电压的需要。另一个要考虑的重要因素是可接受的能量效率、最小的开关频率以及减小滤波器和设备的尺寸、成本等。因此,器件的选择必须确保器件在设备中的功率承受能力和对换流器的要求之间相匹配。

不同应用领域时,一般的要求有如下几点:

(1)因为通常希望能量效率尽可能高,通态压降相对运行电压来说必须很小,因此在分析换流器特性时可以忽略它。

(2)器件开关时间相对操作频率的时间必须很短,因此开关时间可被假设为瞬时的。

（3）相似的，其他器件的特性也能被理想化。

对器件理想化特性的假设大大简化了对换流器的分析，而且并没有很大精确度的损失。然而，在设计换流器时，不仅要考虑、比较各种器件的特性，而且要在器件的可靠性和适用范围的基础上仔细比较换流器的拓扑结构。

本 章 小 结

电力电子技术是电子技术的一个分支，是利用电力电子器件对电能进行变换和控制的学科（技术）。电力电子技术主要研究各种电力电子器件以及由这些电力电子器件所构成的各式各样的电路或装置，以完成对电能的变换和控制。

电力电子技术发展史是以电力电子器件的发展史为纲，大体划分为两个阶段：1957～1980 年：传统电力电子技术阶段；1980 年至今：现代电力电子技术阶段。其中器件的发展对电力电子技术的发展起着决定性的作用。电力电子器件的种类和发展历史如图 1-28 所示。与传统电力电子技术相比，现代电力电子技术有以下特点：集成化、高频化、全控化和数字化。电力电子器件可分为：不可控型、半控型、全控型三大类。电力变换有：交流-直流（AC-DC）、直流-交流（DC-AC）、交流-交流（AC-AC）、直流-直流（DC-DC）四大类。

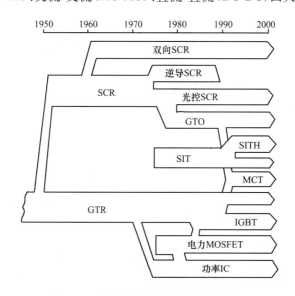

图 1-28　电力电子器件的种类和发展历史

电力电子技术有优化电能使用、改造传统产业和发展机电一体化等新兴产业、使机电设备突破工频传统、向高频化方向发展等作用。其在一般工业、交通运输、电力系统、电子装置电源、家用电器等领域中有着广泛应用。电力电子技术正按照电力电子器件向大功率、易驱动、高频化、全控化和电力电子装置向大功率、高效率、全数字化两大方向发展。

目前电力电子器件已形成了一个庞大的大家族，可以分为多种类型。(1)按器件的开关控制特性，可以将电力电子器件分为不可控型器件，如整流二极管；半控型器件，如晶闸管；全控型器件，如电力晶体管等。(2)按控制信号的性质，可将其分为电流控制型器件和电压控制型器件,其中如果是通过从控制端注入或者抽出电流来控制其导通或关断的器件称为电流控制型器件,也称电流驱动型器件;如果是通过在器件的控制端和公共端之间施加一定的电压信号来实现其导通和关断控制的,称为电压控制型器件,也称电压驱动型器件。(3)按器件内部电子和空穴两种载流子参与导电的情况,可将其分为单极型器件、双极型器件和混合型器件。

晶闸管属于半控、双极、电流控制型电力电子器件,为四层三端结构,具有单向可控导电性。其导通条件是:有正向的阳极电压和正向的门极电压,而且晶闸管一旦导通门极就失去作用。晶闸管的关断条件是:使其阳极电流小于维持电流。其他常用的不可控关断的晶闸管有双向晶闸管、逆导晶闸管、快速晶闸管等。

电力晶体管(GTR)、可关断晶闸管(GTO)、功率场效应晶体管(功率 MOSFET)、绝缘栅极双极型晶体管(IGBT)、静电感应晶体管(SIT)、静电感应晶闸管(SITH)、MOS 控制晶闸管(MCT)以及 MOS 门极晶体管(MGT)等都属全控型器件。目前应用较多的是 GTR、GTO、功率 MOSFET、IGBT 等器件。特别是 IGBT 发展迅速,在兆瓦以下功率的场合已成为首选器件,而在兆瓦以上的大功率场合,GTO 仍是首选。各种电力半导体器件性能比较如图 1-29 所示。

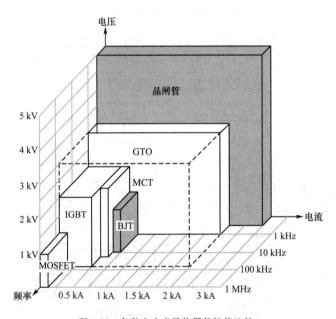

图 1-29　各种电力半导体器件性能比较

电力电子器件在工作过程中的损耗包括静态损耗和动态损耗两部分。静态损耗又分为通态损耗和断态损耗;动态损耗又分为开通损耗和关断损耗。器件工作在低频时,静态损耗是主要矛盾,特别在工频以下时,可以基本上不考虑其动态过程和动态损耗。但在高频时,必须考虑其动态过程和动态损耗。

目前的电力电子器件正朝着高电压、大电流、快速、易驱动、复合化和智能化的方向发展,并将新型半导体材料、工艺技术运用到电力电子器件中来。

思考题及习题

1-1 晶闸管导通的条件是什么？导通后流过晶闸管的电流由哪些因素决定？

1-2 维持晶闸管导通的条件是什么？怎样使晶闸管由导通变为关断？

1-3 型号为 KP100-3、维持电流 $I_H = 4$ mA 的晶闸管使用在图 1-30 所示的各电路中是否合理？为什么（暂不考虑电压、电流裕量）？

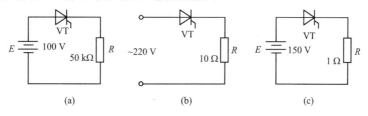

图 1-30　习题 1-3 图

1-4 晶闸管阻断时，其承受的电压大小决定于什么？

1-5 测得某晶闸管器件 $U_{DRM} = 840$ V，$U_{RRM} = 980$ V，则此器件的额定电压是多少？属于哪个电压等级？

1-6 图 1-10 中的阴影部分表示流过晶闸管的电流的波形，波形的峰值为 I_m，试计算该波形的平均值与有效值；若晶闸管的额定通态平均电流为 100 A，问晶闸管在该波形情况下允许流过的平均电流 I_{dT} 为多少？

1-7 有些晶闸管触发导通后，触发脉冲结束时它又关断是什么原因？

1-8 有一单向正弦交流电源，其电压有效值为 220 V，晶闸管和电阻串联相接，试计算晶闸管实际承受的正、反向电压最大值；考虑晶闸管的安全裕量，其额定电压如何选取？

1-9 为什么要考虑断态电压上升率 du/dt 和通态电流上升率 di/dt？

1-10 何谓单极型器件和双极型器件？

1-11 双向晶闸管有哪几种触发方式？常用的是哪几种？

1-12 试说明 GTR、MOSFET、IGBT 和 GTO 各自优点和缺点。

1-13 GTO 和普通晶闸管同为 PNPN 结构，为什么 GTO 能够自关断，而普通晶闸管不能？

1-14 某一双向晶闸管的额定电流为 200 A，它可以代替两个反并联的额定电流为多少的普通晶闸管？

第 2 章

电力电子器件的辅助电路

【能力目标】 熟悉电力电子器件驱动电路的要求及特点,掌握常用驱动电路的工作原理;了解缓冲电路的作用与分类,熟悉缓冲电路的基本结构和工作原理;熟悉电力电子器件的保护方法和措施;掌握电力电子器件的串联与并联技术;了解电力电子器件散热的重要性,熟悉常用的散热方法,掌握电力电子器件的散热设计方法。

【思政目标】 电力电子的辅助电路对电力电子装置具有非常重要的作用。性能优良、设计合理的辅助电路能使开关器件工作在较理想的开关状态,减少开关损耗,提高器件工作可靠性,对设备的运行安全、运行效率和可靠性都有着重要的意义。以直流输电系统为例,由性能良好的辅助电路构成的电力电子装置,能够保证电能输送的安全性、可靠性和电能质量。对国民经济的发展起着不可忽视的作用。通过典型辅助电路的学习,为学生提高电力电子装置设计、运行和维护能力打好基础,培养学生社会责任感,团结协作精神和工程素质,使其成为具有爱国主义、专业情怀、科学思维的工科一流专业人才。

【学习提示】 本章介绍典型电力电子器件晶闸管、GTO、GTR、电力 MOSFET 和 IGBT 的辅助电路,包括门极驱动电路、缓冲电路、保护电路、串联与并联技术等方面的问题,并对电力电子器件的散热问题进行讨论。

2.1 电力电子器件的驱动电路

2.1.1 概述

电力电子器件的驱动电路是电力电子装置的重要环节,是电力电子主电路与控制电路之间的接口,对整个装置的性能有很大的影响。性能良好的驱动电路,可以使电力电子器件工作在较理想的开关状态,缩短开关时间,减小开关损耗,对装置的运行效率、可靠性和安全性都有重要的意义。另外,对电力电子器件或整个装置的一些保护措施也常常设计在驱动电路中,通过驱动电路来实现对器件或装置的保护,这样驱动电路的设计就更加重要。

驱动电路和主电路的电气隔离是很重要的,驱动电路的工作电压比较低,一般在几十伏以下,而主电路的工作电压可以高达数千伏以上,如果没有隔离措施,主电路的高电压会直接危害驱动电路。驱动电路与主电路的隔离一般是采用光隔离或磁隔离。光隔离一般采用光耦合器,磁隔离的元件通常是脉冲变压器。常用的驱动电路与主电路的电气隔离电路如图 2-1 所示。

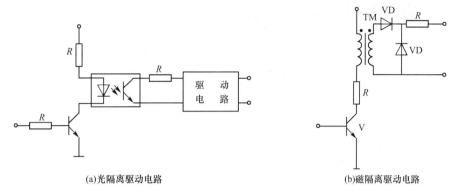

(a)光隔离驱动电路　　　　　　　　　　　(b)磁隔离驱动电路

图 2-1　常用的驱动电路与主电路的电气隔离电路

前已述及,电力电子器件分为半控型器件和全控型器件。半控型器件的驱动电路只完成器件导通的任务,而全控型器件的驱动电路则要具有器件开通和关断的功能,而有些全控型器件的驱动电路中还包括一些保护环节,与半控型器件的驱动电路相比,电路更复杂,功能更齐全。

此外,按照电力电子器件控制信号的性质,电力电子器件分为电流驱动型和电压驱动型。半控型器件晶闸管属于电流驱动型器件,晶闸管的驱动电路常称为触发电路。全控型器件 GTO 和 GTR 也为电流驱动型器件,而电力 MOSFET 和 IGBT 则属于电压驱动型器件。由于各种器件的导通机理不一样,同为电流驱动型或电压驱动型器件,其驱动电路也会有很大的差别。本节对上述典型器件的驱动电路分别讨论。

另外,驱动电路可以是以分立元件或集成芯片为核心构成的电路,但目前的趋势是采用专用集成驱动电路。

2.1.2　晶闸管门极触发电路

晶闸管门极触发电路的作用是产生符合要求的门极触发脉冲,保证晶闸管在需要的时刻由阻断转为导通。通常晶闸管门极触发电路还包括对其触发时刻进行控制的相位控制电路,但这里仅介绍触发信号的放大和输出环节,相位控制将在第3章进行介绍。

晶闸管门极触发电路应满足下列要求:

(1)触发信号通常采用脉冲信号,这样可以减小门极损耗。

(2)触发脉冲要有足够的触发功率。触发脉冲电压、电流要在晶闸管门极特性的可靠触发区域内,并留有一定的裕量。

(3)触发脉冲要有一定的宽度和陡度。触发脉冲宽度要保证触发后的阳极电流能上升到擎住电流以上,一般和负载性质及主电路形式有关。触发脉冲前沿陡度大于 10 V/μs 或 800 mA/μs。

(4)触发电路要具有抗干扰性、温度稳定性及与主电路的电气隔离。

理想的晶闸管门极触发脉冲电流波形如图 2-2 所示。

图 2-3 所示为常见的晶闸管门极触发电路。图 2-3(a)为采用脉冲变压器的磁隔离驱动电路,

图 2-2　理想的晶闸管触发脉冲电流波形

$t_1 \sim t_2$—脉冲前沿上升时间(<1 μs);

$t_2 \sim t_3$—强脉冲宽度;

I_M—强脉冲幅值;

$t_1 \sim t_4$—脉冲宽度;

I—脉冲平顶幅值

它由 V_1、V_2 构成的脉冲放大环节和脉冲变压器 TM 及附属电路构成的脉冲输出环节两部分组成。当 V_1、V_2 导通时,通过脉冲变压器向晶闸管的门极和阴极之间输出触发脉冲。VD_1 和 R_3 是在 V_1、V_2 由导通变为截止时,为脉冲变压器 TM 释放其储存的能量而设计的放电回路。为了获得触发脉冲波形中的强脉冲部分,还需适当设置其他电路环节。图 2-3(b)为光隔离驱动电路,工作原理请读者自行分析。

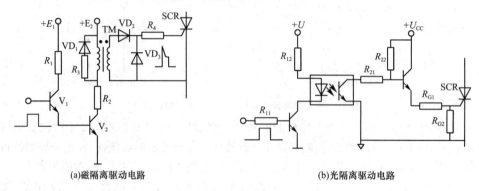

(a)磁隔离驱动电路　　　　　　　　　　　　　(b)光隔离驱动电路

图 2-3　常见的晶闸管门极触发电路

2.1.3　可关断晶闸管(GTO)门极驱动电路

1.GTO 门极驱动电路结构与驱动波形

GTO 的触发导通过程与普通晶闸管相似,但关断过程则与普通晶闸管完全不同,这是正确使用 GTO 的关键所在。影响 GTO 关断的因素很多,如阳极电流越大关断越难,电感性负载较电阻性负载难以关断,工作频率越高、结温越高越难以关断。因此,对门极关断技术应给予特别重视。

门极驱动电路包括门极开通电路、门极关断电路和门极反偏电路,结构示意图如图 2-4所示。理想的 GTO 门极驱动信号(电流、电压)波形如图 2-5 所示,其中实线为电流波形,虚线为电压波形。波形分析如下。

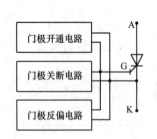

图 2-4　门极驱动电路结构示意图

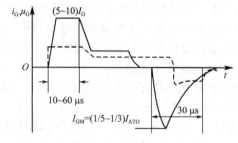

图 2-5　理想的 GTO 门极驱动信号波形

(1)导通触发

GTO 触发导通要求门极电流脉冲应前沿陡、宽度大、幅度高、后沿缓。由于组成整体组件的各 GTO 元的特性难以避免分散性,若门极正向电流上升沿不陡,会造成先导通的 GTO 元电流密度过大。而上升沿陡峭的门极电流脉冲可使所有的 GTO 元几乎同时导通,电流分布趋于均匀。一般要求前沿 $di_G/dt \geqslant 5$ A/μs。若门极电流脉冲幅度和宽度不足,可能会引起部分 GTO 元尚未达到擎住电流时,门极脉冲已经结束,导致部分已导通的 GTO

元承担全部阳极电流而过热损坏。一般要求脉冲幅度为额定直流触发电流 I_G 的 5～10 倍,脉宽为 10～60 μs。另外,脉冲后沿应尽量平缓,后沿过陡容易产生振荡。

　　(2)关断触发

　　对门极关断脉冲波形的要求是前沿较陡、宽度足够、幅度较高、后沿平缓。前沿要求陡可缩短关断时间,减少关断损耗,一般建议 di_G/dt 取 10～50 A/μs。门极关断负电压脉冲宽度应≥30 μs,以保证可靠关断。关断电流脉冲幅度应大于 $(1/5～1/3)I_{ATO}$(I_{ATO} 为最大可关断阳极电流)。关断电压脉冲的后沿应尽量平缓,否则,若坡度太陡,由于结电容效应,可能产生正向门极电流,使 GTO 导通。

2. GTO 门极驱动电路实例

　　图 2-6 为一双电源供电的 GTO 门极驱动电路。该电路由门极导通电路、门极关断电路和门极反偏电路组成,GTO 的额定参数为 200 A、600 V。该电路可用于三相 GTO 逆变器。

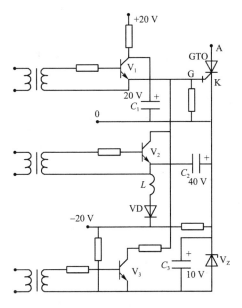

图 2-6　双电源供电的 GTO 门极驱动电路

　　(1)门极导通电路:在无导通信号时,晶体管 V_1 未导通,电容 C_1 被充电到电源电压,约为 20 V。当有导通信号时,V_1 导通,产生门极电流。已充电的电容 C_1 可以加速 V_1 的导通,从而增加门极导通电流的前沿陡度。与此同时,电容 C_2 被充电,充电路径为＋20 V 电源→V_1→GTO 门极→GTO 阴极→C_2→电感 L→二极管 VD→－20 V 电源,充电电压达 40 V。

　　(2)门极关断电路:当有关断信号时,晶体管 V_2 导通,C_2 经 GTO 的阴极、门极、V_2 放电,形成峰值为 90 A、前沿陡度为 20 A/μs、宽度大于 10 μs 的门极关断电流。

　　(3)门极反偏电路:电容 C_3 由－20 V 电源充电、稳压管 V_Z 钳位,其两端得到上正下负、数值为 10 V 的电压。当晶体管 V_3 导通时,此电压作为反偏电压加在 GTO 的门极上。

　　随着 GTO 在大型电力电子设备中的大量应用,目前已开发出新的 GTO 驱动技术,与常规驱动技术相比,采用更强的开通和关断脉冲,即硬驱动,它使用更高的门极工作电压和 di/dt 高达几千安/μs 的脉冲,使 GTO 的开通和关断性能都得到了很大的改善。

2.1.4　电力晶体管基极驱动电路

1. GTR 对基极驱动电路的要求

理想的 GTR 基极驱动电流波形如图 2-7 所示。对 GTR 基极驱动电路的要求一般有如下几条：

（1）控制 GTR 开通时，驱动电流前沿要陡，并有一定的过冲电流（I_{b1}），以缩短开通时间，减少开通损耗。

（2）GTR 导通后，应相应减小驱动电流（I_{b2}），使器件处于临界饱和状态，以降低驱动功率，缩短储存时间。

（3）GTR 关断时，应提供足够大的反向基极电流（I_{b3}），迅速抽取基区的剩余载流子，以缩短关断时间，减少关断损耗。

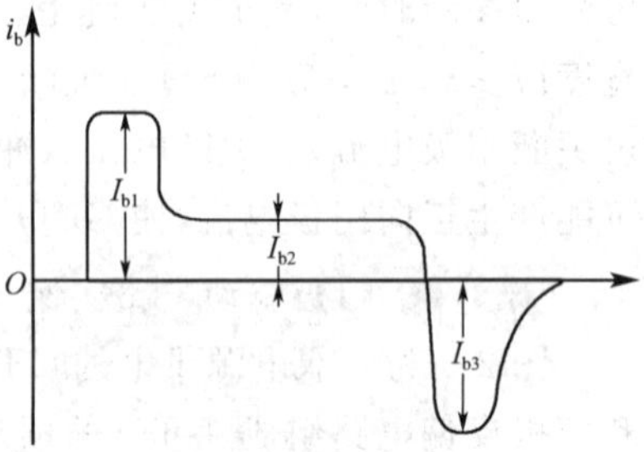

图 2-7　理想的 GTR 基极驱动电流波形

（4）应能实现主电路与驱动电路之间的电气隔离，以保证安全，提高抗干扰能力。

（5）具有一定的保护功能。

2. GTR 基极驱动电路实例

图 2-8 是具有负偏压、能防止过饱和的 GTR 基极驱动电路。当输入的控制信号 u_i 为高电平时，晶体管 V_1、光耦合器 B 及晶体管 V_2 均导通，而晶体管 V_3 截止，V_4 和 V_5 导通，V_6 截止。V_5 的发射极电流流经 R_5、VD_3，驱动 GTR，使其导通，同时给电容 C_2 充上左正右负的电压。C_2 的充电电压值由电源电压 U_{CC} 及 R_4、R_5 的比值决定。当 u_i 为低电平时，V_1、B 及 V_2 均截止，V_3 导通，V_4 与 V_5 截止，V_6 导通。C_2 通过 V_6、GTR 的 E 极和 B 极、VD_4 放电，使 GTR 迅速截止。之后，C_2 经 V_6、V_7、VD_5、VD_4 继续放电，使 GTR 的 B、E 极间承受反偏电压，保证其可靠截止。因此，称 V_6、V_7、VD_5、VD_4 和 C_2 构成的电路为截止反偏电路。电路中，C_2 为加速电容。"加速"的含义是：在 V_5 刚刚导通时，电源 U_{CC} 通过 R_4、V_5、C_2、VD_3 驱动 GTR，R_5 被 C_2 短路，这样，就能实现驱动电流的过冲，且使驱动电流的前沿更陡，从而加速 GTR 的开通。过冲电流的幅度可为额定基极电流的两倍以上。驱动电流的稳态值由 U_{CC}、R_4、R_5 值决定，在选择 R_4 和 R_5 值时，要保证基极电流足够大，以保证 GTR 在最大负载电流时仍能饱和导通。

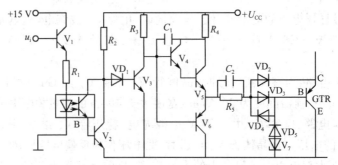

图 2-8　具有负偏压、能防止过饱和的 GTR 基极驱动电路

VD_2（称钳位二极管）、VD_3（称电位补偿二极管）和 GTR 构成了抗饱和电路，可使 GTR

导通时处于临界饱和状态。当 GTR 因过饱和而造成集电极电位低于基极电位时,钳位二极管 VD_2 就会导通,将基极电流分流,从而减小 GTR 的饱和深度,维持 $U_{BC} \approx 0$。而当负载加重 I_C 增加时,集电极电位升高,原来由 VD_2 旁路的电流又会自动回到基极,确保 GTR 不会退出饱和。这样,抗饱和电路可使 GTR 在不同的集电极电流情况下,集电结始终处于零偏置或轻微正向偏置的临界饱和状态,从而缩短存储时间。在不同负载情况下及在应用离散性较大的 GTR 时,存储时间也可趋于一致。应当注意,VD_2 必须是快速恢复二极管,其耐压也应和 GTR 的耐压相当。

驱动 GTR 的集成驱动电路中,法国 THOMSON 公司的 UAA4002 和国产的 HL201、HL202 较为常见。

2.1.5　电力场效应晶体管栅极驱动电路

1. 栅极驱动的特点及要求

电力 MOSFET 是电压控制型器件,控制极栅极的输入阻抗高,静态时几乎不需要输入电流。但由于栅极存在输入电容 C_i,在开通和关断过程中需要对输入电容充、放电,因而需要驱动电路提供一定的驱动电流。充、放电时间常数直接影响着电路的工作速度。设 R_i 为输入回路电阻,栅极电压上升时间 t_γ 可表示为

$$t_\gamma = 2.2 R_i C_i \tag{2-1}$$

设 C_i 在 t_γ 时间内充电电流近似为线性,则开通过程中的驱动电流 I_G 可用下式估算

$$I_G = \frac{C_i U_{GS}}{t_\gamma} \tag{2-2}$$

关断过程的驱动电流也可仿照上式估算。一般来说,功率大的 MOSFET 输入电容也较大,因而需要的驱动功率也较大。

对电力 MOSFET 栅极驱动电路的主要要求是:

(1)触发脉冲的前、后沿要陡。

(2)栅极电容充、放电回路的电阻值应尽量小,以提高电力 MOSFET 的开关速度。

(3)触发脉冲电压幅值应高于电力 MOSFET 的开启电压 $U_{GS(th)}$,以保证其可靠开通,但应小于其栅源击穿电压 $U_{(BR)GS}$(通常为 ±20 V)。

(4)为了防止电力 MOSFET 截止时误导通,应在其截止时提供负的栅源电压,该电压还应小于 $U_{(BR)GS}$。

2. 栅极驱动电路实例

电力 MOSFET 的栅极驱动电路有多种形式,通常可分为普通驱动电路和使用专用集成电路组成的专用驱动电路两类。

由 TTL 电路组成的普通驱动电路如图 2-9 所示。当 TTL 输出低电平时,电力 MOSFET 的输入电容经由二极管 VD 接地,使器件可靠关断;当 TTL 输出高电平时,电力 MOSFET 栅极经驱动管 V 向输入电容充电。由于 V 具有放大作用,故而可提高充电能力,加快开通速度。

图 2-10 为另一种普通驱动电路——隔离式栅极驱动电

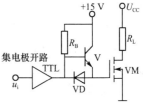

图 2-9　TTL 驱动电路

路。其中图 2-10(a)为变压器隔离驱动电路,图中 VD 为续流二极管,并联于脉冲变压器一次侧,用以限制加在驱动晶体管 V 上的过电压,电阻 R_1 用来限制栅极电流,R_2 用来防止栅极开路。图 2-10(b)为光隔离驱动电路。当光耦合器 B 导通时,V_3 随之导通,并向 V_1 提供基极电流,使之导通,V_2 截止,电源 U_{CC1} 经电阻 R_5 向电力 MOSFET 的栅极输入电容充电,使电力 MOSFET 开通。当光耦合器 B 截止时,V_3 截止,V_1 截止,V_2 导通,使电力 MOSFET 的栅极经 V_2 接地,迫使其关断。这里电容 C 与二极管 VD_3 为加速网络,三极管 V_1、二极管 VD_1、VD_2 构成贝克钳位电路。

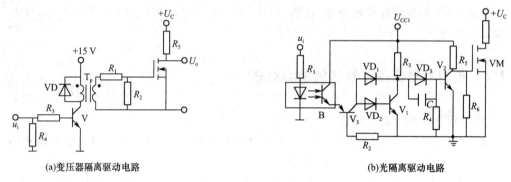

(a)变压器隔离驱动电路   (b)光隔离驱动电路

图 2-10   隔离式栅极驱动电路

目前,较常用的驱动电力 MOSFET 的专用集成电路是美国国际整流公司(IR 公司)生产的 IR2110、IR2130 芯片和日本富士电机公司的 FA5310、FA5311 等。

2.1.6   绝缘栅极双极型晶体管(IGBT)栅极驱动电路

IGBT 是以 GTR 为主导组件、MOSFET 为驱动组件的复合结构器件,因此其栅极驱动电路与电力 MOSFET 的栅极驱动电路有相似之处。

1. 对 IGBT 栅极驱动电路的要求

(1)IGBT 的输入极为绝缘栅极,对电荷积聚很敏感,因此驱动电路必须可靠,要有一个低阻抗的放电回路,驱动电路与 IGBT 的连线应尽量短。

(2)要用内阻小的驱动源对栅极电容充、放电,以保证栅极控制电压 U_{GE} 的前后沿足够陡峭,减少 IGBT 的开关损耗。栅极驱动源的功率也应足够大,以使 IGBT 的开、关可靠,并避免在开通期间因退饱和而损坏。

(3)要提供大小适当的正、反向驱动电压(U_{GE}、$-U_{GE}$)。正向偏压 U_{GE} 增大时,IGBT 通态压降和开通损耗均下降,但若 U_{GE} 过大,则负载短路时其 I_C 随 U_{GE} 的增大而增大,使 IGBT 能承受短路电流的时间减小,不利于其本身的安全,为此,U_{GE} 也不宜选得过大,一般选 U_{GE} 为 12~15 V。对 IGBT 施加负向偏压($-U_{GE}$),可防止因关断时浪涌电流过大而使 IGBT 误导通,但其值又受 C、E 间最大反向耐压限制,一般取 -10~-5 V。

(4)要提供合适的开关时间。快速开通和关断有利于提高工作频率,减小开关损耗,但在大电感负载情况下,开关时间过短会产生很高的尖峰电压,造成元器件击穿。

(5)要有较强的抗干扰能力及对 IGBT 的保护功能。

(6)驱动电路与信号控制电路在电位上应严格隔离。

2. IGBT 栅极驱动电路实例

IGBT 的驱动多数采用专用的混合集成驱动器,目前,已研制出许多专用的 IGBT 集成驱动电路,这些集成化模块抗干扰能力强、速度快、保护功能完善,可实现 IGBT 的最优驱动。目前,国内应用较多的有日本富士公司生产的 EXB 系列集成电路,日本三菱公司生产的 M57959L～M57962L 集成电路和中国西安生产的 HL402 系列集成电路等。表 2-1 列举了部分国内外研制的 IGBT 栅极驱动专用集成电路。这里只介绍日本富士公司的部分 EXB 系列集成驱动电路。

表 2-1　　　　　　　　　　部分 IGBT 栅极驱动专用集成电路

驱动电路产地		日本富士	日本三菱	日本英达	中国西安	美国 Unitrode
驱动电路系列		EXB841	M57959L～ M57962L	HR065	HL402A～ HL402B	UC1727/UC2727/ UC3727
主要参数	隔离方式	光耦合器	光耦合器	光耦合器	光耦合器	变压器
	附加电压/V	+20	+18,−15	+25	+25(Vcc=15V, VEE=−10V)	+16.5,−5.5
	输出高电平/V	+14.5	+14	+16	≥+14	<+16
	输出低电平/V	−4.5	−9	−8	≥9	−5
	工作频限/ kHz	40	20	20	40	—
	隔离电压/V	2500	2500	2500	2500	—
	输出电流/A	4	5	2.5	2	4
	开通延时/μs	<1.5	1	0.4～0.8	<1	—
	关断延时/μs	<1.5	1	0.07～0.4	<1	—

EXB 系列集成驱动电路分标准型和高速型两种,EXB850、EXB851 为标准型,最大开关频率为 10 kHz;EXB840、EXB841 为高速型,最大开关频率为 40 kHz。图 2-11 为 EXB841 的功能原理框图。

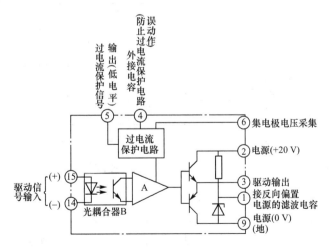

图 2-11　EXB841 的功能原理框图

EXB841 为厚膜集成电路矩形扁片状封装,单列直插,端子功能见表 2-2。

表 2-2　　　　　　　　　　　　　　　　　**EXB840/841 的端子功能**

端子	功　能	端子	功　能
1	与用于反向偏置电源的滤波电容相连接	6	集电极电压采集
2	供电电源(+20 V)	7、8、10、11	为空端
3	驱动输出	9	电源地
4	用于外接电容,以防止过电流保护电路误动作 (绝大部分场合不需要此电容)	14	驱动信号输入(一)
5	为过电流保护信号输出	15	驱动信号输入(+)

图 2-12 所示为 EXB841 电路原理图。由图可见,EXB841 的结构可分为隔离放大、过电流保护和基准电源三部分。隔离放大部分由光耦合器 B、晶体管 V_2、V_4、V_5 和阻容组件 R_1、C_1、R_2、R_9 组成。光耦合器 B 的隔离电压可达交流 50/60 Hz、2500 V。V_2 为中间放大级,V_4、V_5 组成互补式推挽输出,可为 IGBT 栅极提供导通和关断电压。晶体管 V_1、V_3 和稳压管 V_6 以及阻容组件 $R_3 \sim R_8$、$C_2 \sim C_4$ 组成过电流保护部分,实现过电流检测和延时保护。芯片的 6 脚经快速二极管 VD_2 连接 IGBT 的集电极 C,通过检测 U_{CE} 的大小来判断是否发生短路或集电极电流过大。芯片的 5 脚为过电流保护信号输出端,输出信号供控制电路使用。电阻 R_{10} 与稳压管 V_7 和 C_5 构成 5 V 基准电源,为 IGBT 的关断提供 -5 V 反偏电压,同时也为光耦合器提供工作电源。

图 2-12 所示电路的工作原理如下:

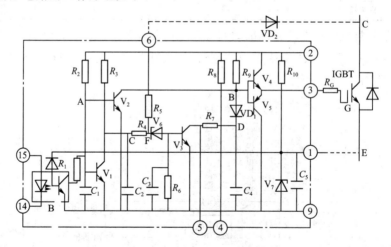

图 2-12　EXB841 电路原理图

(1)IGBT 的开通

当 14 与 15 两脚间有开通信号时,光耦合器 B 导通,图中 A 点电位下降使 V_1、V_2 截止。V_2 截止导致 B 点电位升高,V_4 导通,V_5 截止。EXB841 通过 V_4 和栅极电阻 R_G 向 IGBT 提供电流,使之迅速导通。

(2)IGBT 的关断

当 14 与 15 两脚间为关断信号时,光耦合器 B 截止,V_1、V_2 导通,使 B 点电位下降,V_4

截止,V_5 导通。IGBT 栅极电荷经 V_5 迅速放电,使 3 脚电位降至 0 V,比 1 脚电位低 5 V。因而 $U_{GS}=-5$ V,此反偏电压可使 IGBT 可靠关断。

(3)过电流保护

保护信号采自 IGBT 的集射极压降 U_{CE}。当 IGBT 正常导通时,U_{CE} 较小,隔离二极管 VD_2 导通,稳压管 V_6 不被击穿,V_3 截止,C_4 被充电,使 D 点电位为电源电压值(20 V)并保持不变。如果此时发生过电流或短路,IGBT 因承受大电流而退饱和,导致 U_{CE} 上升,VD_2 截止,C 点和 F 点电位上升,V_6 被击穿使 V_3 导通,C_4 经 R_7 和 V_3 放电,D 点及 B 点电位逐渐下降,V_4 截止,V_5 导通,使 IGBT 被慢慢关断,从而得到保护。与此同时,5 脚输出低电平,将过电流保护信号送出。

使用 IGBT 专用集成驱动电路时应注意以下事项:

(1)驱动电路与 IGBT 栅射极接线长度应小于 1 m,并使用双绞线以提高抗干扰能力。

(2)若集电极上有大的电压尖脉冲产生,可增加栅极串联电阻 R_G,使尖脉冲减小。

(3)可外接电容 C 来吸收由电源接线阻抗变化引起的电源电压波动。外接电容的连接方法、电容值和栅极串联电阻 R_G 值的选择可参考有关工程手册。

2.2 电力电子器件的缓冲电路

2.2.1 缓冲电路的作用与分类

电力电子器件大多工作在开关状态,开关过程中电压、电流变化率大,容易造成过电压、过电流。尤其在开关频率较高时,开关损耗也是一个不可忽视的问题。

缓冲电路又称吸收电路,就是为避免器件流过过大的电流和在其两端出现过高的电压,或为错开同时出现的电压、电流的峰值区而设置的。现以 GTR 为例说明电力电子器件的开关缓冲电路的作用。

图 2-13 所示为 GTR 在电感性负载电路中 u_{CE} 和 i_C 的开关轨迹,其中轨迹 1 和 2 是

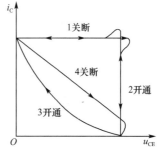

图 2-13　GTR 在电感性负载电路中 u_{CE} 和 i_C 的开关轨迹

没有缓冲电路时的情况,加上缓冲电路后 GTR 的开通和关断轨迹如 3 和 4 所示。可以看出,没有缓冲电路时,集电极电压和电流的最大值会同时出现,在这种情况下瞬时功耗很大,极易产生局部热点,并导致二次击穿使器件损坏。增加缓冲电路以后,集电极电压和电流不会同时达到最大值,大大降低了开关损耗,从而能够最大限度地利用 GTR 的电气性能。由此可知,缓冲电路的主要作用是:

(1)减少开关过程应力,即抑制 du/dt、di/dt;

（2）改变器件的开关轨迹，使器件工作于安全工作区内，避免过电压、过电流损坏；

（3）减少器件的开关损耗。

缓冲电路可分为开通缓冲电路和关断缓冲电路。开通缓冲电路又称为 di/dt 抑制电路，用于抑制器件开通时的电流过冲和 di/dt，减少器件的开通损耗。关断缓冲电路又称为 du/dt 抑制电路，用于吸收器件的关断过电压和换相过电压，减少关断损耗。可将开通缓冲电路和关断缓冲电路结合在一起，称为复合缓冲电路。另外，缓冲电路中储能元件的能量如果消耗在其吸收电阻上，则称为耗能式缓冲电路；如果缓冲电路将其储能元件的能量回馈给负载或电源，则称其为馈能式缓冲电路。

2.2.2　缓冲电路的基本结构

缓冲电路通常由电阻、电容、电感及二极管组成。下面以 GTR 为例讨论几种典型的缓冲电路，同样也适用于其他电力电子器件。

（1）开通缓冲电路

开通缓冲电路如图 2-14 所示。将电感 L_S 串联在 GTR 集电极电路中，二极管 VD_S 与 L_S 并联，利用电感电流不能突变的原理来抑制 GTR 的电流上升率。在 GTR 开通过程中，电感 L_S 限制了集电极电流的上升率 di/dt；在 GTR 关断时，电感 L_S 中的储能通过二极管 VD_S 的续流作用消耗在 VD_S 和电感本身的电阻上。二极管 VD_F 为负载 Z_L 提供续流通路。

（2）关断缓冲电路

关断缓冲电路如图 2-15 所示，它是将电容并联于 GTR 两端，利用电容两端电压不能突变的原理来减小 GTR 的电压变化率 du/dt，抑制尖峰电压。GTR 关断时，电源经负载 Z_L、二极管 VD_S 向电容 C_S 充电，电容端电压缓慢上升；GTR 开通时，电容 C_S 通过电阻 R_S 放电，R_S 可限制 GTR 中的尖峰电流。

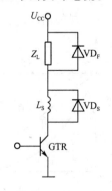

图 2-14　开通缓冲电路

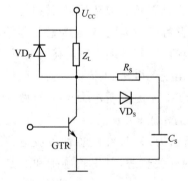

图 2-15　关断缓冲电路

（3）复合缓冲电路

将开通缓冲电路与关断缓冲电路结合在一起，称为复合缓冲电路，在实际中应用较多。图 2-16 为两种复合缓冲电路实例。图 2-16(a) 中，当 GTR 关断时，负载电流经 L_S、VD_S 向电容 C_S 充电，GTR 两端电压平缓上升；当 GTR 开通时，L_S 限制电流变化率，同时，C_S 上储

存的能量经 R_S、L_S、GTR 放电,能量消耗在 R_S 上,减少了 GTR 承受的电流上升率 $\mathrm{d}i/\mathrm{d}t$。这种电路称为耗能式复合缓冲电路。

图 2-16(b)所示电路是将缓冲电路的能量以适当的方式回馈给负载,故称为馈能式复合缓冲电路。当 GTR 开通时,L_S 限制电流上升率 $\mathrm{d}i/\mathrm{d}t$,并在 L_S 中储存部分能量,同时电容 C_S 经 VD_0、C_0、L_S 和 GTR 回路放电,将 C_S 上储存的能量转移至 C_0 上;当 GTR 关断时,电容 C_0 和电感 L_S 并联运行向负载放电,将本身储存的能量馈送给负载。

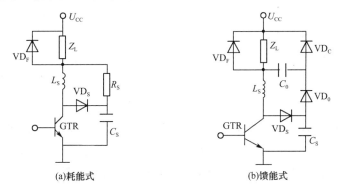

图 2-16   两种复合缓冲电路实例

不同的电力电子器件,缓冲电路的功能会有所区别。IGBT 在电力变换电路中始终工作于开关状态,其工作频率高达 $20\sim50$ kHz,很小的电路电感就可能引起很大的感应电动势,从而危及 IGBT 的安全,因此,IGBT 的缓冲电路功能更侧重于开关过程中过电压的吸收与抑制。图 2-17 给出了三种用于 IGBT 逆变器中的典型缓冲电路。其中图 2-17(a)是最简单的单电容电路,适用于 50 A 以下的小容量 IGBT 模块,由于该电路无阻尼组件,易产生 LC 振荡,故应选择无感电容或串入阻尼电阻 R_S;图 2-17(b)是将 RCD 缓冲电路用于双桥臂的 IGBT 模块上,适用于 200 A 以下的中等容量 IGBT;在图 2-17(c)中,将两个 RCD 缓冲电路分别用在两个桥臂上,该电路将电容上过冲的能量部分送回电源,因此损耗较小,广泛应用于 200 A 以上的大容量 IGBT。

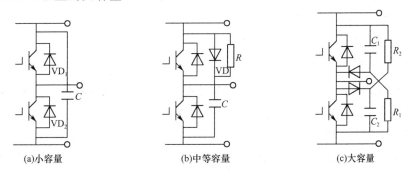

图 2-17   IGBT 桥臂模块的缓冲电路

若电力 MOSFET 器件带有电感性负载,当器件关断时,漏极电流的突变会产生很高的漏极尖峰电压使器件击穿。为此要在电感性负载两端并接钳位二极管。另外,为防止因电路存在杂散电感 L_S 而产生的瞬时过电压,还应在漏源两端采用 RCD 或 RC 缓冲电路,如图 2-18 所示。

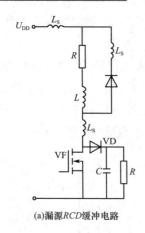 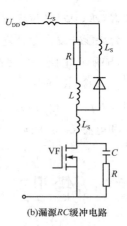

(a)漏源RCD缓冲电路　　　　　　　(b)漏源RC缓冲电路

图 2-18　漏源过电压的保护

晶闸管一般在较低的开关频率下工作。因此,与全控型器件相比,其缓冲电路要简单得多。为了限制 di/dt,往往在主电路中串接进线电感或桥臂电感。对关断过电压 du/dt 的抑制,一般在晶闸管的两端并联 RC 网络,以此来满足工作的需要。

2.3　电力电子器件的保护电路

2.3.1　概述

与其他类型的电器元件相比,电力电子器件承受过电压、过电流的能力较差。在实际应用时,由于各种原因,总可能会发生过电压、过电流甚至短路等现象,若无保护措施,势必会损坏电力电子器件,或者损坏电路。因此,为了避免器件及线路出现损坏,除元器件的选择必须合理外,还需要采取必要的保护措施。

1.过电压保护

电力电子器件对电压非常敏感,一旦外加电压超过器件所允许的最大额定值,器件将立即损坏。因此,应分析产生过电压的原因,予以抑制。

(1)过电压产生的原因

①操作过电压　由于变换器交流侧电器开关分闸、合闸,直流快速断路器的切断等经常性操作中的电磁过程引起的过电压。

②浪涌过电压　由雷击或电网等偶然原因引起,从电网进入变换器的过电压,其幅值远远高于工作电压。

③电力电子器件关断过电压　电力电子器件关断时,在电力电子器件上产生的过电压。

④能量回馈过电压　在电力电子变换器-电动机调速系统中,由于电动机回馈制动造成

直流侧直流电压过高而产生的过电压,也称泵升电压。

⑤ 直流输出或交流输出过电压　电力电子变换器,由于驱动电路或具有稳压环节的电压检测电路故障,导致变换器的直流输出或交流输出过电压。

(2)过电压的保护方法

电力电子器件各种过电压保护措施及配置位置如图 2-19 所示,各种电力电子装置可根据具体情况采用。

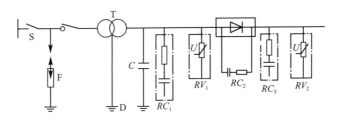

图 2-19　过电压保护措施及配置位置

F—避雷器;D—变压器静电屏蔽层;C—静电感应过电压抑制电容;RC_1—交流侧浪涌过电压抑制电路

RC_2—器件换相过电压抑制电路;RC_3—直流侧过电压抑制电路;RV_1、RV_2—压敏电阻

①雷击过电压可在变压器初级安装避雷器加以保护。

②变压器附加屏蔽层接地或在副边绕组上适当并联接地电容,以避免合闸瞬间变压器原、副边绕组分布电容产生的过电压。

③阻容保护　利用电容吸收电感释放的能量,电阻限制电容电流。电阻和电容的参数计算可以参照有关工程手册。

④非线性器件保护　常用非线性器件有雪崩二极管、金属氧化物压敏电阻、硒堆和转折二极管等,这些器件在正常电压时有高阻值,在过电压时,器件被击穿,来限制或吸收过电压,过电压消失后,能恢复阻断能力,可以反复使用。整流装置的直流侧,一般采用阻容和压敏电阻保护。

⑤电力电子器件关断过电压保护　晶闸管电路可以在晶闸管两端并联 RC 吸收电路,全控型器件则采用缓冲电路。

⑥泵升电压保护　通常采用开关电路将能量消耗在电阻上,或通过电路将能量回馈给交流电网。

⑦ 直流输出或交流输出过电压保护　通常经检测电路将电压信号送比较器比较,当超过设定电压时,比较器输出驱动继电器动作,切断主电路的断路器进行保护,同时发出封锁信号。

2.过电流保护

由于电力电子器件抗浪涌电流能力差,所以当发生短路或过载故障,器件中流过大于额定值的电流时,极易使器件管芯结温迅速升高,导致器件烧坏。实践表明,过电流是电力电子电路中经常发生的故障和器件损坏主要的原因之一。因此,过电流保护应当认真考虑。电力电子器件各种过电流保护措施及配置位置如图 2-20 所示。

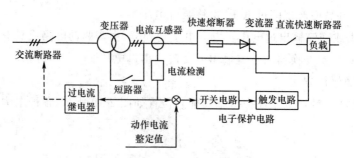

图 2-20　过电流保护措施及配置位置

(1)电器保护

电器保护主要用于半控型器件(如晶闸管)的过电流保护,也常用于其他类型电力电子电路中作为部分过电流(如 GTO)、过载保护和后备保护。其中交流断路器、过电流继电器、直流快速断路器和快速熔断器是较为常用的措施。

①交流断路器　通常接在装置交流输入侧,作为后备保护。

②过电流继电器　继电器的过电流信号一般取自交流侧电流互感器的二次侧回路,动作时间为 0.1～0.2 s,通常接在触发电路中,过电流时切断触发信号。小功率装置过电流信号可以直接通过主电路获得。

③直流快速断路器　分断时间小于 30 ms,用于大容量、多故障的整流装置中,切断直流侧故障,保护开关器件。

④快速熔断器　短路动作时间小于 20 ms,既可用于器件保护,也可用于电路保护。

(2)电子保护

电子保护不仅可以用于半控型器件的过电流保护,更主要用于全控型器件的过电流保护。由于全控型器件开关频率高,允许过载时间短,必须采用电子方式快速检测过电流故障,关闭输入极控制信号,完成过电流保护。在进行过电流保护时,可以使器件控制电路关闭,器件输出被切断,称为切断式保护;也可以使控制脉冲宽度变窄,输出电压下降,维持输出电流在限流范围内,这种称为限流式保护。

一般电力电子装置均同时采用几种过电流保护措施,以提高保护的可靠性和合理性。在选择各种保护措施时,应注意相互协调。通常电子电路作为第一保护措施,快速熔断器仅作为短时的部分区段的保护,直流快速断路器整定在电子电路之后进行保护,过电流继电器整定在过载时动作。

电力电子器件均在一定形式的电路中使用,故障原因及保护措施有一定的相似之处。而不同的器件,由于本身结构的差异,其失效机理又各有其特点,所以,需要将器件特点与电路结构综合考虑,进行保护设计。下面对常用典型电力电子器件的保护分别进行介绍。

2.3.2　半控型器件的保护

晶闸管是一种半控型器件,与全控型器件相比具有抗浪涌电流能力强的特点,允许浪涌电流可达通态平均电流的 10 倍。关断时,是在阳极正向电流减小到维持电流以下时关断。

因此,只存在恢复反向阻断能力时产生的换向过电压,该电压远小于全控型器件快速关断大电流产生的关断过电压。所以,晶闸管故障保护比全控型器件要求低。

1. 过电压保护

(1)交流侧过电压及保护

交流侧过电压,是指在接通或断开晶闸管整流电路的交流侧相关电路时,所产生的过电压,也称为交流侧操作过电压。

交流侧操作过电压都是瞬时的尖峰电压,一般来说,抑制这种过电压最有效的方法是并联阻容吸收电路,接法如图 2-21 所示。其中图 2-21(d)是整流式阻容吸收电路,与其他三相电路相比,这种电路只用了一个电容,而且电容只承受直流电压,故可采用体积小得多的电解电容。在晶闸管导通时,电容的放电电流也不流过晶闸管。

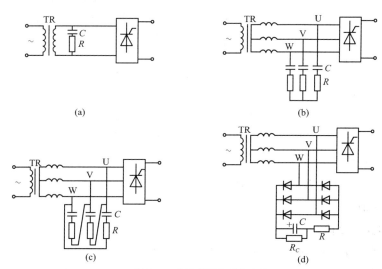

图 2-21　交流侧阻容吸收电路

阻容吸收电路抑制浪涌过电压的效果较差。因此,一般可采用阀型避雷器或具有稳压特性的非线性电阻器件(如硒堆、压敏电阻)来抑制浪涌过电压。具体连接电路为将图 2-21(a)、(b)、(c)电路中的阻容器件换成非线性电阻器件。

(2)直流侧过电压及保护

整流电路直流侧发生切除负载、快速熔断器熔断、正在导通的晶闸管烧坏或开路等情况时,若直流侧为大电感负载,或者切断时的电流值大,就会在直流侧产生较大的过电压。抑制的办法是在整流输出端并联压敏电阻。

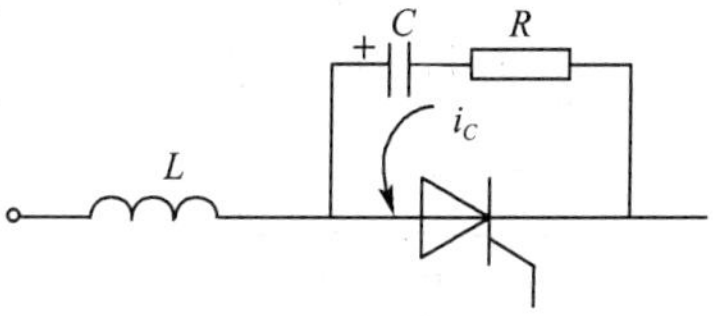

(3)关断过电压

晶闸管的关断过电压也称为换相过电压。常用的保护措施是在晶闸管两端并联 RC 电路,如图 2-22 所示。

图 2-22　晶闸管阻容吸收电路

(4)直流输出或交流输出过电压保护

图 2-23 (a) 与图 2-23 (b) 分别用于直流输出过电压和交流输出过电压的保护。其中,封锁信号用来封锁系统中的控制脉冲,且都假设封锁脉冲信号高电平有效。

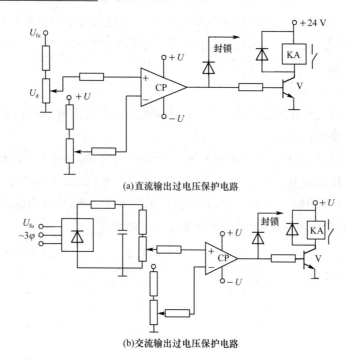

(a)直流输出过电压保护电路

(b)交流输出过电压保护电路

图 2-23　直流输出或交流输出过电压保护电路

2．过电流保护

晶闸管的过电流通常采用电器保护，以快速熔断器的应用最为有效和广泛。电子保护用来作为辅助保护。

（1）快速熔断器保护

快速熔断器一般有图 2-24 所示的三种接法。图 2-24（a）中快速熔断器串接于桥臂，保护效果最好，但使用的熔断器较多。图 2-24（b）中快速熔断器接在交流一侧，图 2-24（c）中接在直流一侧，均比图 2-24（a）中使用的快速熔断器个数少，但保护效果较差。快速熔断器一旦熔断，则需更换，造价较高，因此，在多种过电流保护措施同时使用的大容量电力变流系统中，快速熔断器一般都作为最后一道保护来使用。

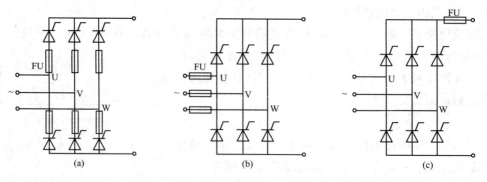

图 2-24　快速熔断器的接法

（2）直流快速断路器保护

直流快速断路器能对直流额定电压 600～1500 V 电路中直流电动机、整流机组和直流馈线等进行分闸、合闸操作,并在短路、过载、逆流(反向)时起保护跳闸作用。这种方法主要用于干线和城市直流牵引供电系统。但其价格昂贵,结构复杂。

（3）进线电抗限制保护

在交流侧串接交流进线电抗器,或采用漏感较大的整流变压器来限制短路电流。此法具有限流效果,但大负载时交流压降大,为此,一般以额定电压 3% 的压降来设计进线电抗值。

（4）电子保护

利用电子线路组成的保护电路所实施的过电流保护称为电子保护,晶闸管的电子保护属于限流式保护。这种保护电路一般由检测、比较和执行等环节组成。其保护的途径一种为脉冲移相保护,如果出现过电流,保护电路发出信号,使触发脉冲快速后移或瞬时使触发器停止发出脉冲,从而使晶闸管立即阻断去抑制过电流;另一种是继电保护,当出现过电流时,检测电路发出信号,使交流侧的断路器跳开切断电源,限制过电流。这种方法适合短路电流不大的场合。图 2-25 为输出或输入过电流保护,其中封锁信号用来封锁控制电路中的触发或驱动脉冲,电路是按高电平封锁信号有效设计的。

图 2-25 中的 CP 为比较器,V 为晶体管,继电器 KA 为故障保护后,主电路的执行器件。图 2-25（a）中的电流检测多使用高速霍尔电流传感器。

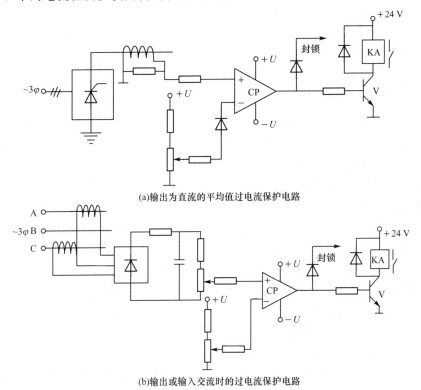

(a)输出为直流的平均值过电流保护电路

(b)输出或输入交流时的过电流保护电路

图 2-25　输出或输入过电流保护电路

2.3.3　全控型器件的保护

1. 过电压保护

全控型器件在较高的开关频率下工作,器件开关过程中电压、电流的变化率极大,容易产生过电压,通常使用缓冲电路来抑制。其他方面的过电压保护,在前面已经介绍,具体电路形式,可以参照晶闸管过电压保护电路。下面以电力 MOSFET 为例,对电压型控制器件的静电保护和工作保护进行介绍。

(1)电力 MOSFET 的静电保护

电力 MOSFET 和 IGBT 属于栅极控制型器件,输入阻抗极高,且其栅极绝缘层很薄,在静电较强的场合,极易引起静电击穿,造成栅源短路;另外,其栅极和源极都是由金属化薄膜铝条引出的,很容易被静电击穿电流熔断,造成栅极或源极断路。为此,必须采取以下措施防止静电击穿:

①应该用抗静电包装袋、导电材料包装袋或金属容器存放电力 MOSFET 器件,不能用普通塑料袋存放。

②取用电力 MOSFET 器件时,工作人员必须使用接地良好的抗静电腕带,并且应拿器件的管壳,不要拿器件的引线。

③安装时,工作台、电烙铁应良好接地。

④测试时,工作台与测试仪器都必须良好接地。必须将电力 MOSFET 的三个电极全部接入测试仪器后,才可加电。改换测试时,电压和电流要先恢复到零。

(2)电力 MOSFET 的工作保护

栅源过电压保护　漏极电压的突变会通过极间电容耦合到栅极,若栅源间阻抗过高,则会产生过高的栅源尖峰电压,将栅源氧化层击穿,造成器件损坏。当耦合到栅极的电压为正时,还可能引起器件误导通。防止栅源过电压的方法有:适当降低栅极驱动电路的阻抗,在栅源间并接阻尼电阻,或并接约 20 V 的齐纳二极管(栅极不得开路)。

漏源过电压保护在缓冲电路中已经介绍,此处不再重述。

2. 过电流保护

值得注意的是,在图 2-25 所示的过电流、短路保护电路,用于功率器件为全控型器件(如 IGBT,MOSFET,IGCT 等)的电力电子设备时,仅可用作功率器件被击穿后,防止事故扩大的保护;要保护功率电力电子器件在瞬态过电流或短路情况下,不致器件损坏是来不及的。因此,全控型器件的过电流保护以电子保护为主,电器保护为后备保护。

(1)GTO 的过电流保护

GTO 正偏时,与晶闸管特性相同,反偏时,有最大可关断阳极电流限制。超过此电流时关断,会因电流局部集中而烧坏器件或根本无法关断。

对于中小容量的 GTO,当出现故障电流时,可以靠其自关断能力,通过驱动电路发出关断脉冲信号关闭 GTO,切断过电流。过电流可以直接通过传感器检测,也可以通过检测通态压降间接检测。

对于大容量的 GTO,由于其非重复可关断电流比中小容量的小,因此,大容量设备中GTO 过电流保护不能采用门极脉冲强迫关断的方法,而采取使 GTO 全开通,再用快速熔

断器或其他开关电器保护的方法。图 2-26 为该方法的原理图,其保护过程为:短路过电流
→电抗器限流→VT 分流→GTO 全开通→快速熔断器断流或断路器跳闸。由于 VT 的分
流作用,该方法又称撬杠保护法。

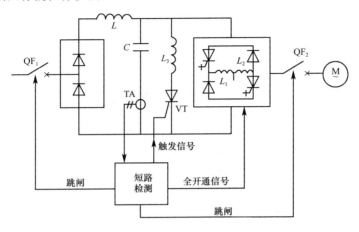

图 2-26　GTO 撬杠保护法原理图

为避免 GTO 损坏后高电压引入门极,造成门极电路损坏,还应在门极驱动电路中采取
措施:

①在门极电路的输出端接快速熔断器进行过电流保护,保障在 GTO 发生故障时,门极
电路与 GTO 门极端子断开。

②在门极电路的输出端接齐纳二极管,使门极电路钳位在安全电压范围之内。

(2)IGBT 的过电流保护

IGBT 的过电流保护措施,主要是检测出过电流信号后,迅速切断栅极控制信号来关断
IGBT。实际使用中,当出现负载电路接地、输出短路、桥臂某组件损坏、驱动电路故障等情
况时,都可能使一桥臂的两个 IGBT 同时导通,使主电路短路,集电极电流过大,器件功耗增
大。为此,就要求在检测到过电流后,通过控制电路产生负的栅极驱动信号来关断 IGBT。
尽管检测和切断过电流需要一定的时间延迟,但只要 IGBT 的额定参数选择合理,$10~\mu s$ 内
的过电流一般不会使之损坏。

IGBT 的过电流信号可以通过集电极电压和发射极电流进行识别,构成相应的保护电
路。前者在 IGBT 驱动电路部分已经介绍,下面介绍一种检测发射极电流的过电流保护
电路。

图 2-27 为检测发射极过电流的保护电路。在 IGBT 的发射极电流未超过限流阈值时,
比较器 LM311 的同相端电位低于反相端电位,其输出为低电平,V_1 截止,VD_1 导通,将 V_3
关断。此时,IGBT 的导通与关断仅受驱动信号控制:当驱动信号为高电平时,V_2 导通,驱
动信号使 IGBT 导通;当驱动信号变为低电平时,V_2 管的寄生二极管导通,驱动信号将
IGBT 关断。

当 IGBT 的发射极电流超过限流阈值时,电流互感器 TA 二次侧在电阻 R_5 上产生的电
压降经 R_4 送到比较器 LM311 的同相端,使该端电位高于反相端,比较器输出翻转为高电
平。VD_1 截止,V_1 导通。一方面,导通的 V_1 迅速泄放掉 V_2 上的栅极电荷,使 V_2 迅速关
断,驱动信号不能传送到 IGBT 的栅极;另一方面,导通的 V_1 还驱动 V_3 迅速导通,将 IGBT

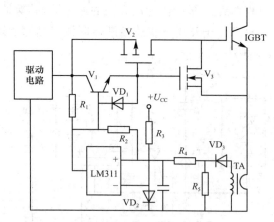

图 2-27　检测发射极过电流的保护电路

的栅极电荷迅速泄放,使 IGBT 关断。为了确保关断的 IGBT 在本次开关周期内不再导通,比较器加有正反馈电阻 R_2,这样,在 IGBT 的过电流被关断后比较器仍保持输出高电平。然后,当驱动信号由高变低时,比较器输出端随之变低,同相端电位亦随之下降并低于反相端电位。此时整个过电流保护电路已重新复位,IGBT 又仅受驱动信号控制:驱动信号再次变高(或变低)时,仍可驱动 IGBT 导通(或关断)。如果 IGBT 射极电流未超限值,过电流保护电路不动作;如果超过限值,过电流保护电路再次关断 IGBT。可见,过电流保护电路实施的是逐个脉冲电流限制。实施了逐个脉冲电流限制,可将电流限值设置在最大工作电流以上(比如,设为最大工作电流的 1.2 倍),这样,既可保证在任何负载状态下甚至是短路状态下都将电流限制在允许值之内,又不会影响电路的正常工作。电流限值可通过调整电阻 R_5 来设置。

2.4　电力电子器件的串联与并联

　　虽然电力电子器件的电压等级和电流容量在不断提高,但是在高电压和大电流场合下,单个器件的电压定额和电流定额仍然不能满足要求,需要采用电力电子器件或装置的串联或并联技术,提高它们的电压等级和电流容量,完成相应的电力变换。

2.4.1　晶闸管的串并联

1.晶闸管的串联

　　晶闸管串联时,为了使串联的各个晶闸管可靠地工作,必须解决其均压问题,均压包括静态均压和动态均压两种。

　　(1)静态均压

　　理想的串联希望各器件承受的电压相等。串联工作时,当晶闸管在阻断状态,由于各器件特性的分散性,而在电路中却流过相等的漏电流,因此,各器件所承受的电压是不同的,晶闸管串联后的反向电压如图 2-28 所示。

为了使各晶闸管承受的电压相互接近,首先应选用参数和特性尽量一致的器件,还应给每个晶闸管并联均压电阻 R_j,如图 2-29 所示。图中与晶闸管并联的电阻 R_j 为静态均压电阻,R_j 的阻值应比任何一个晶闸管阻断时的正、反向电阻小得多,才能使晶闸管在阻断时每个晶闸管分担的电压决定于均压电阻的分压。

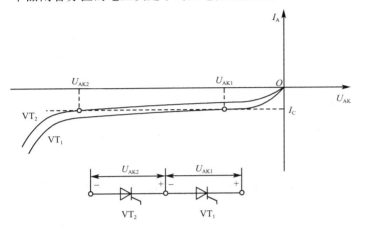

图 2-28 晶闸管串联后的反向电压

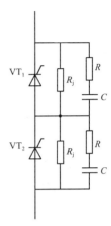

图 2-29 晶闸管串联均压电路

(2)动态均压

晶闸管串联工作时,在开通和关断的过程中,由于各器件的开通时间和关断时间等参数的差异,会出现动态的电压分配不均衡的问题。图 2-27 中的电容 C 和电阻 R 的串联支路,并接在晶闸管上,即为动态均压的措施。它是利用电容电压不能突变的特性减慢电压的上升速度。电阻 R 的作用是为了减少电容 C 对晶闸管放电造成过大的电流上升率(di/dt)。

晶闸管串联连接时,除了要求晶闸管的参数比较接近,对门极触发脉冲的要求也比较高,即触发脉冲的前沿要陡,触发脉冲的电流要大,以缩短晶闸管的开通时间。

器件串联后,必须降低晶闸管电压的额定值,串联后选择晶闸管的额定电压为

$$U_{TN} = (2.2 \sim 3.8)\frac{U_m}{n_s} \tag{2-3}$$

式中 U_m——作用于串联器件上的峰值电压;

      n_s——串联器件个数。

随着晶闸管制造工艺的改进,器件的电压等级会不断提高,晶闸管串联连接的情况会逐步减少。但是,在高电压大电流场合,晶闸管的串并联技术还是必不可少的。

2. 晶闸管的并联

虽然各并联器件具有相等的电压,但由于并联的各个晶闸管在导通状态时的伏安特性的差异,因而通过并联器件的电流是不相等的,晶闸管并联时的电流分配如图 2-30 所示。

为了使并联器件的电流均匀分配,除了选用特性比较一致的器件进行并联外,还可采用串联电阻和串联电感等均流措施。晶闸管并联均流电路如图 2-31 所示。

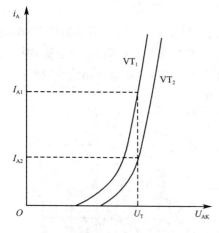

图 2-30 晶闸管并联时的电流分配

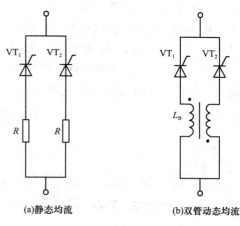

图 2-31 晶闸管并联均流电路

(1)串联电阻法

在并联的晶闸管支路内串联电阻后,相当于加大器件的内阻,起到均流的作用。但串入电阻不宜太大,否则损耗将大大增加。

(2)串联电抗法

用一个均流电抗器(铁芯上带有两个相同的线圈)接在两个并联的晶闸管电路中,当两个线圈内电流相等时,铁芯内励磁磁动势相抵消;如果电流不相等时,就会产生一个电动势形成环流,此环流恰好使电流小的器件支路电流增大,电流大的器件支路电流减小,达到均流的目的。

在多个晶闸管并联时,一般是用各自串联电抗器的方法来均流。一般都采用空心电抗器,采用各自串联均流电抗器后,不仅可起到均流作用,而且可限制 $\mathrm{d}i/\mathrm{d}t$ 和 $\mathrm{d}u/\mathrm{d}t$。

器件并联后,必须降低晶闸管电流的额定值,并联后选择晶闸管的额定电流为

$$I_{\mathrm{TN}} = (1.7 \sim 2.5)\frac{I}{n_{\mathrm{p}}} \tag{2-4}$$

式中 I——允许过载时流过的总电流平均值;

n_{p}——并联器件数。

晶闸管并联连接时,应选择参数比较接近的晶闸管进行并联,缩小并联的各晶闸管开通延迟时间的差别,门极要采用强脉冲触发,触发脉冲的前沿要陡,触发脉冲的电流要大。

此外,适当增大电感,从而在开通时间差值一定的条件下,可以减少各并联支路动态电流的偏差。在安装时应注意各并联支路的导线长度尽量相同,使各支路的分布电感和导线电阻相近,以减少磁场的影响,在需要同时采取串联和并联晶闸管时,通常采用先串联后并联的方法。

2.4.2 可关断晶闸管的串并联

1. GTO 的串联

GTO 串联时,要解决静态和动态均压问题,典型电路如图 2-32 所示。图中 $R_{11} \sim R_{22}$ 为静态均压电阻,电感 L 为动态均压电感。

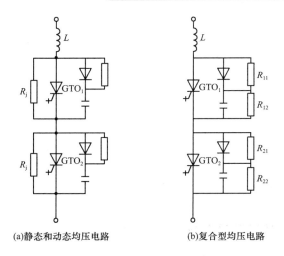

(a)静态和动态均压电路　　　　　(b)复合型均压电路

图 2-32　GTO 串联均压电路

（1）静态均压

GTO 在阻断时,各串联器件承受电压的情况与晶闸管情况类似,均压措施也相似,需要并联均压电阻。

（2）动态均压

由于 GTO 的开通时间和关断时间的差异,造成 GTO 串联均压困难。在串联器件中,后开通和先关断的器件会承受较高的工作电压。一般采用并联电容方式抑制过电压。此外,在主电路中串联电感 L,亦抑制开通 GTO 的阳极尖峰过电压。

为了解决 GTO 开通时间和关断时间差异的问题,要精心设计门极控制电路。新研发出的门极硬驱动技术,采用强的正门极脉冲和高达 3 kA/μs 的硬门极负脉冲,使 GTO 开通时间和关断时间的差异大大减少,较好地解决了动态均压问题。

2. GTO 的并联

GTO 并联使用必须解决器件的静态与动态均流问题,关于静态均流,可以使用与晶闸管一样的方法,串联电阻或电抗器等均流措施。

GTO 并联时,更重要的是解决在开通和关断过程中产生的动态不均流问题。以两个 GTO 并联情况进行讨论,如果 GTO$_1$ 比 GTO$_2$ 容易开通而不易关断(当两个 GTO 的维持电流不一样时,往往就会产生这个问题),则 GTO$_1$ 在开通和关断过程中就可能产生很大的过电流。尤其在高频状态工作时,此过电流将产生更大的开关损耗,使 GTO$_1$ 的结温升高。随着结温的上升,开通时间将缩短,关断时间却有延长的趋势,进而加大了并联工作 GTO$_1$ 和 GTO$_2$ 之间的开关时间差异,导致 GTO$_1$ 的开关损耗进一步增大,温度再增高,如此循环下去,GTO$_1$ 的结温会超过极限、烧坏器件。

为了解决上述问题,GTO 门极可以采用直接相连的方法,如图 2-33 所示。试验证明,若 GTO 的门极直接相连,阳极阻抗恒均衡,将它们的阳极及阴极都直接相连就可以得到较好的静态及动态均流。当然选用通态伏安特性和开关时间基本一致的 GTO 进行并联能获得更好的均流效果。

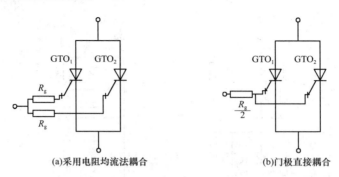

(a)采用电阻均流法耦合   (b)门极直接耦合

图 2-33   GTO 的直接并联及其门极的接法

2.4.3   电力场效应晶体管串并联

1. 电力 MOSFET 的串联

由于电力 MOSFET 经常工作在高频开关电路中,常用的电阻与电容串联方法因分布参数的影响,在解决动态均压时,难以做到十分满意,所以,一般不主张它们串联工作。

2. 电力 MOSFET 的并联

对于稳态均流,由于电力 MOSFET 的通态电阻 R_{on} 具有正的温度系数,它可以自动平衡并联电力 MOSFET 间漏极电流。使用时,应选用 R_{on} 比较接近的电力 MOSFET。并联电力 MOSFET 的散热片相连或安装在同一个散热器上,使其温度一致是非常重要的。

对于动态均流,并联电力 MOSFET 漏极电流的动态平衡也是很重要的,这取决于并联器件的开关特性和主电路的杂散电感,如果不采取任何措施,所产生的问题如图 2-34 所示。

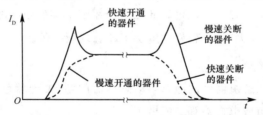

图 2-34   并联电力 MOSFET 在开关期间的漏极电流

鉴于上述问题,建议在栅极上串联电阻,以减少开关时间的差异,并防止振荡。将器件尽可能对称地靠近安装,以达到热平衡,对每个器件提供一致的电路电感,从驱动电路到栅极的驱动控制线应采用双绞线。

2.4.4   绝缘栅极双极型晶体管的串并联

1. IGBT 的串联

与 MOSFET 一样,通常 IGBT 不串联使用。

2. IGBT 的并联

在大功率的电力电子设备中,单个 IGBT 的容量不能满足要求时,可选用 IGBT 的并联技术,并联时应注意以下问题:

(1)当需要并联使用时,使用同一等级 U_{CES} 的模块。

(2)并联时各 IGBT 之间的 I_C 不平衡率小于等于 18%。

(3)并联时各 IGBT 的开启电压应一致,如果开启电压不同,则会产生严重的电流分配不均匀。

此外,也要注意并联时的接线要求。串联栅极电阻 R_G,在各模块的栅极上分别接上各模块推荐值的 R_G,并尽可能使 R_G 值误差要小。由驱动电路到栅极的配线长短及引线电感要相等,否则会引起各模块电流的分配不均,并会造成工作过程中开关损耗的不均匀。主电源到各模块之间的接线长短要均等,引线的电感要相等,如果出现差异,则会引起动态电流不平衡。控制回路应使用双芯线或屏蔽线,以抵抗干扰信号。主电路需采用低电感接线。接线应尽量靠近各模块的引出端,使用铜排,尽可能降低接线的电感量。

2.5　电力电子器件的散热

电力电子器件的散热是非常重要的问题。电力电子器件是大功率半导体器件,都有最高结温的规定,在前面介绍的电力电子器件的技术参数通常都和结温、环境、温度等因素有关。器件在工作时会产生功率损耗并发热,若器件的温度过高,会使器件的性能参数改变,严重时会使器件损坏。只有采用良好的散热方案,才能更好地发挥电力电子器件的效率,保证电力电子器件长期可靠地运行。本节我们介绍电力电子器件的散热方式及散热设计方法。

2.5.1　电力电子器件散热的重要性

由于电力电子器件的性能与温度密切相关,所以散热的重要性表现在以下几个方面:

(1)以 PN 结原理为基本构成单元的电力电子器件,如晶闸管、GTO 和 GTR 等,其导电机理实质上是电子和空穴的相对流动,温度升高会使电子和空穴的运动速度加快,使这类结构的电力电子器件反向漏电流增大,反向耐压能力下降。

(2)MOS 类电力电子器件,其内部是以沟道来阻断电流的,在正常的温度和散热条件下,当不导通时,沟道电阻很大,导通后沟道电阻很小。温度的升高将使导通电阻增大,增加通态损耗。

(3)对于各种半控型和全控型器件,温度升高会使导通门槛电压降低,容易引起误触发或误导通,从而带来很大危害。

(4)温度升高,为保证器件不被过热损坏,迫使电力电子器件降电流或降电压使用。

(5)温度升高会使电力电子器件关断时间变长,造成换流困难。

(6)对于频繁导通或关断的器件,开关损耗会随温度的升高而增大。

(7)在长期较高温度下运行,会使器件的寿命缩短。

上述这些问题,会直接影响电力电子设备的性能。

2.5.2　电力电子器件常用的散热方法

由于电力电子器件在工作中会发热,而且温度过高会使器件的性能下降,因此在使用时要采取有效的散热措施,常用的散热方式有传导、对流及辐射三种。对于大多数的电力电子设备,传导和对流是主要的散热方式。在实际使用时,三种散热方式会同时存在,以提高散热效果。

为了便于散热,电力电子器件一般要加装散热器。器件工作时产生的热量,大部分是通过底座和与其相连接的散热器传到空气中去的。散热器是通过增加对流和辐射的表面积来改善电力电子器件的散热效果。散热器的散热效果(热阻)与散热器的结构、表面颜色、冷却方式及安装位置有关。散热器通常由导热性能好的材料(铝或铜)制成。散热器的类型有叉指型、平板型和型材型等。散热器表面应粗糙化或黑化处理,以提高辐射效果。安装时,在自然对流情况下,由于热气流相对密度轻,气流会向上流动,散热器的散热片应竖直放置,以利于散热。在强迫对流时,散热器的放置方向没有硬性规定,主要是以空气能顺利通过散热器叶片之间的沟道而自由流动为原则。

常用的散热方式有自然对流冷却、风冷、液冷和沸腾冷却四种。

自然对流冷却(自冷)是由空气的自然对流及辐射作用将热量带走的散热方式。采用这种方式的散热器结构简单,噪声少,维护方便,但散热效率低,主要用于 20 A 以下的器件。

风冷是采用强迫通风加强对流的散热方式,风速一般为 2～6 m/s,散热效率一般为自冷方式的 2～4 倍。装置结构相对复杂,噪声大。

液冷是通过用流水或流动的变压器油对发热器件进行冷却。散热效率极高,其对流换热系数可达空气自然散热系数的 150 倍以上,噪声小,但维护量大,设备复杂,投资高,对水质有一定的要求。这种散热方式适合 400 V 以上的中高压设备及低压大电流的装置。

沸腾冷却是利用液体蒸发吸热原理来进行冷却的一种散热方式,目前多采用水作为工作媒质,密封在特制的具有毛细管结构的铜管内。电力电子器件发出的热量传给水,水吸热后汽化为蒸汽,迅速扩散至整个铜管,铜管外部为散热片,蒸汽由管壳经散热片散热后冷却成水,依靠重力作用回流至吸热面。由于液体汽化时吸收大量的热,所以沸腾冷却的热容量大,冷却效率高,结构简单,噪声小,但造价高。

目前,按标准生产的散热器已有多种类型,一般情况下按要求选配相应的成品散热器即可。

2.5.3　电力电子器件的散热设计

电力电子器件在运行中会因导通功耗和开关功耗而发热,需要采用散热器把这些热量散发到外部环境中。如果所选用的散热系统设计不当,将会使电力电子器件结温 T_j 超过允许最大值 T_{jm} 而损坏。同时,合理的散热设计也可以保证器件在允许的结温下工作输出最大功率。

在实际应用中,不管散热条件和负载情况如何不同,电力电子器件的结温都是确定允许负载电流的依据。

当电力电子器件的管芯发热率与散热率相等时,器件达到稳定温升,结温不再升高。热传输遵守热路欧姆定律,即

$$\Delta T = PR_\theta \tag{2-5}$$

$$\Delta T = t_2 - t_1 \tag{2-6}$$

式中　ΔT——温度差(℃);

　　　P——耗散功率,即热流(W);

　　　R_θ——热阻(℃/W);

　　　t_1——工作状态下预期的最不利环境温度(℃);

　　　t_2——器件的结温(℃)。

式(2-5)表明,当某一恒定的功率耗散流过物体,并且温度达到平衡之后,物体两端的温度差 ΔT 与热阻 R_θ 成正比,即热阻越大温度差越大。

电力电子器件的散热设计,就是要对器件在工作时的结温进行计算,在确定了器件耗散功率之后,选择相应的散热器和散热方式,就可以核算出电力电子器件总的热阻 R_θ,然后可以根据有关结温计算公式计算器件工作时的结温,当计算值小于器件最高允许结温并留有一定的余量,散热设计就完成了。

电力电子器件的结温计算和负载情况有关,负载分为连续负载、等幅短脉冲负载和不等幅脉冲负载等多种形式,情况比较复杂。在此仅对较常用的连续负载和等幅短脉冲负载情况下的器件结温计算进行讨论。

连续负载情况下,器件的结温计算按式(2-5)进行。

等幅短脉冲负载情况时,考虑到有缓冲电路,所以器件的稳定结温会低于连续负载情况时的温度,因此,工程上可以参照连续负载情况下的方法,对器件的结温进行近似估算。其他类型负载时,器件的结温计算可以参照有关工程手册。

电力电子器件的散热设计按以下步骤进行:

(1)计算器件的耗散功率;

(2)选择合适的散热器及散热方式,并对器件散热时的热阻进行计算和核定;

(3)计算器件结温。

如果器件结温计算结果不能满足要求,则需重新进行第二步,即重新选择散热器及散热方式,核定总热阻后,再进行结温计算,直到满足要求为止。

本 章 小 结

本章集中讨论了电力电子器件的驱动、缓冲、保护、串并联使用和散热问题,以使读者可以较好地使用电力电子器件。本章的要点如下:

(1)电力电子器件驱动电路的基本要求以及典型驱动电路的基本原理。

(2)电力电子器件缓冲电路的概念、分类、典型电路及基本原理。

(3)电力电子器件过电压产生的原因和过电压保护的主要方法及原理。

(4)电力电子器件过电流保护的主要方法及原理。

(5)电力电子器件串联和并联使用的目的、基本要求以及具体注意事项。

(6)电力电子器件散热的重要性、常用的散热方法及散热设计。

思考题及习题

2-1   说明典型电力电子器件晶闸管、GTO、GTR、电力 MOSFET 和 IGBT 对触发信号有哪些要求。

2-2   GTO 门极驱动电路包括哪几部分?

2-3   分析图 2-8 中具有负偏压、能防止过饱和的 GTR 基极驱动电路的工作原理及图中二极管 VD_2 的作用。

2-4   分析教材图 2-12 中 IGBT 栅极驱动电路 EXB841 的工作原理,分析图中二极管 VD_2 的作用。

2-5   说明电力电子器件缓冲电路的作用,比较晶闸管与其他全控型器件缓冲电路的区别,说明原因。

2-6   说明常用电力电子器件晶闸管、GTO、GTR、电力 MOSFET 和 IGBT 采用哪种过电压保护措施,采用哪种过流保护措施。

2-7   分析 GTO 的过电流保护方法与其他电力电子器件相比有什么不同,为什么?

2-8   分析图 2-12 和图 2-27 所示电路的工作原理,说明这两种 IGBT 驱动电路的过电流保护方法有何不同。

2-9   阐述电力电子器件在串联、并联使用中应注意哪些问题。以晶闸管为例,说明这些问题可能会带来什么损害,为避免这些情况的出现常采用哪些措施。

2-10   说明 IGBT 在并联使用中的注意事项有哪些。

2-11   说明电力电子器件的散热方式、散热器的形式及各有哪些特点。

2-12   说明电力电子器件散热设计的步骤有哪些。

第3章

AC-DC 变换技术

【能力目标】 通过本章的学习,要求掌握整流电路的基本结构,能够根据电路中电力电子器件的通断状态、负载的性质、交流电源电压波形,分析各元件的电压、电流波形,并在此基础上掌握电路中相关电量的主要数量关系。在掌握相关理论分析的基础上,了解电路的基本设计方法。

【思政目标】 整流电路是电力电子器件最悠久、最经典的应用领域。相控整流技术将半导体器件从弱电领域引入强电领域,推动电能变换技术的革命性突破。引导学生认识学科交叉的重要性,不断培养与提高自身的眼界及知识的广度与深度。

【学习提示】 AC-DC 变换电路又称为整流电路(Rectifier),是最早应用的电力电子电路之一,广泛应用于电化学处理、通用交-直-交电源、新能源发电技术等领域。本章主要介绍了不可控整流电路、相控整流电路的基本结构,分析了它们的工作原理及不同性质负载时电路的电压、电流波形,给出了相关电量的主要数量关系,说明了各种整流电路的特点和应用范围,并通过实际例子介绍了电路的设计方法。

3.1 整流电路概述

所谓整流就是将交流电转变为直流电的过程,而完成整流过程的电力电子电路称为整流电路。

1. 整流电路的应用

整流电路主要应用于以下领域:

(1)电化学处理,例如电镀、金属精炼以及化学气体(氢气、氧气、氯气)的生产等。

(2)可调速的直流传动系统和交流传动系统。

(3)高压直流输电系统。

(4)通用交-直-交电源,包括不间断电源系统。

(5)新能源发电技术,例如,太阳能光伏发电、风力发电、燃料电池等的电能转换电路。

2. 整流电路的分类

整流电路的分类方法有很多种。

(1)根据所采用的器件,可分为不可控整流电路、半控整流电路和全控整流电路。

(2)根据电路结构,可分为半波整流电路和桥式整流电路。

(3)根据整流电路交流输入相数,可分为单相整流电路、三相整流电路和多相整流电路。

(4)根据整流电路输出电压方向、电流方向及功率流向,可分为单象限整流电路、两象限整流电路和四象限整流电路。

(5)根据控制方式,可分为不可控整流电路、相控整流电路和 PWM 整流电路。

3.2 桥式不可控整流电路

通过对电力电子器件的分析可知,电力二极管承受正向电压时导通,承受反向电压时关断。利用电力二极管的这种单向导电性可以实现整流。由于电力二极管的通断只与其承受的电压方向有关,因此由其构成的整流电路的输出电压只与交流输入电压的大小有关,不能控制其数值,故称为不可控整流电路。不可控整流电路是最简单的电力电子电路,本节主要介绍在生产实际中应用最广泛的两种不可控整流电路,即单相桥式不可控整流电路和三相桥式不可控整流电路。

3.2.1 单相桥式不可控整流电路

1.电感性负载时工作情况

所谓单相桥式不可控整流电路,是指整流电路的交流侧接单相电源,而电路是由二极管组成的一个整流电桥。图 3-1(a)所示为单相桥式不可控整流电路原理图,图中变压器 T 称为整流变压器,其作用如下:

(1)变换电压。在一般情况下,整流电路所要求的交流电压与电网电压并不一致,需要进行电压变换。

(2)抑制电网干扰。首先变压器具有一定内阻抗,能减弱网侧电路的谐波电流;其次由于采用变压器,使整流装置采用多相整流方式成为可能。相数越多,电路谐波含量越低,相应地对电网干扰度也越低。

(3)故障隔离。由于变压器的存在,使整流电路与电网间只有磁的联系。一旦整流电路发生故障,不会直接波及电网。

实际电路中是否需要变压器要视具体情况而定。另外,在分析过程中,为了简单起见,假设图 3-1(a)中电感 L(大容量、大功率电感常称为电抗器)的值为无穷大。电感的特点为:对电流变化有抗拒作用,使得流过的电流不能发生突变;在其两端产生感应电动势 $L\mathrm{d}i/\mathrm{d}t$,其极性是阻止电流的变化;在电路的工作过程中,不消耗能量,即吸收多少能量,就释放多少能量。这样,负载电流就被强制为纯直流,也就是说负载电流中所有的谐波均被电感吸收。

单相桥式不可控整流电路工作原理如下:

(1)u_2 正半周时,A 点电位高于 B 点电位,则 VD$_1$、VD$_4$ 承受正向电压而导通,VD$_2$、VD$_3$ 承受反向电压而截止,负载电压 u_d 与 u_2 波形相同,由于电感 L 的平波作用,负载电流 i_d 的波形近似为直线。

(2)u_2 负半周时,B 点电位高于 A 点电位,则 VD$_1$、VD$_4$ 承受反向电压而截止,VD$_2$、VD$_3$ 承受正向电压而导通,负载电压 u_d 与 u_2 波形相反,负载电流 i_d 的方向不变。

根据上述分析,可得单相桥式不可控整流电路带电感性负载时的工作波形,如图 3-1(b)所示。

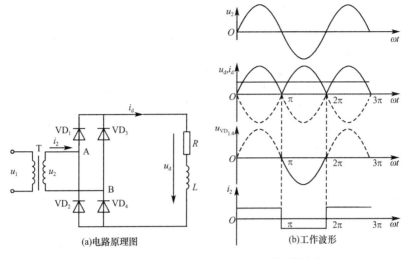

图 3-1　单相桥式不可控整流电路原理图及其工作波形

从图 3-1(b)中可以看到,相电压过零点处(如 $\omega t = \pi$)为电路的换流点,由于不可控整流电路的换流不需外加控制信号,故 $\omega t = (2n+1)\pi(n=0,1,2\cdots)$ 这些点称为 VD_2、VD_3 的自然换流点,$\omega t = 2n\pi(n=0,1,2\cdots)$ 这些点称为 VD_1、VD_4 的自然换流点,统称自然换流点。

直流输出电压平均值为

$$U_d = \frac{1}{\pi}\int_0^{\pi}\sqrt{2}\,U_2\sin\omega t\,\mathrm{d}(\omega t) = \frac{2\sqrt{2}}{\pi}U_2 = 0.9U_2 \tag{3-1}$$

在稳态时,电感 L 在一个电源周期内吸收的能量和释放的能量相等,其电流平均值保持不变,因此电感上的电压平均值 U_L 为零,直流输出电流平均值为

$$I_d = \frac{U_d}{R} \tag{3-2}$$

单相桥式不可控整流电路带电感性负载时,二极管 VD_1、VD_4 两端的电压波形如图 3-1(b)所示。由图可知,二极管承受的最大反向电压为 $\sqrt{2}\,U_2$。

变压器二次侧电流的波形为矩形波,其有效值 $I_2 = I_d$。

2. 带电容滤波时工作情况

带电容滤波的不可控整流电路是一种非常重要的电路结构,多用来为电压源型逆变器、DC-DC 变换器等提供直流电源。图 3-2(a)为带电容滤波的单相桥式不可控整流电路原理图。由于电容两端的电压不能突变,利用电容 C 对整流电压进行滤波,使直流输出电压变平滑。在实际应用中,作为负载的后级电路稳态时消耗的直流平均电流是一定的,因此整流电路的负载可用等效电阻 R 表示。

图 3-2(b)为带电容滤波的单相桥式不可控整流电路的工作波形。同样,在分析该电路时,假设电路已工作于稳态。该电路的基本工作过程如下:

(1)在 u_2 正半周过零点至 $\omega t = 0$ 期间,因为 $u_2 < u_d$,故二极管均不导通,电容 C 向负载 R 放电,提供负载所需电流,同时 u_d 下降。

(2)$\omega t = 0$ 之后,u_2 将要超过 u_d,VD_1、VD_4 承受正向电压而导通,则 $u_d = u_2$,交流电源向电容充电,同时向负载 R 供电;从 u_2 正半周过零点至 $\omega t = 0$ 这段时间所对应的电角度 δ,称为起始导电角。

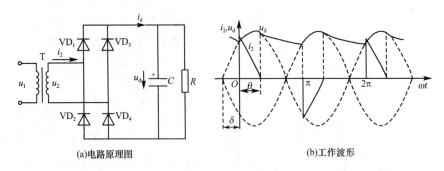

图 3-2　带电容滤波的单相桥式不可控整流电路原理图及其工作波形

（3）电源电压 u_2 越过最大值开始下降，当 $u_d = u_2$（图 3-2 中 $\omega t = \theta$ 时刻）后，VD_1、VD_4 再次关断。此时，电容 C 向 R 放电直至下一次 VD_2、VD_3 导通。二极管导通时间所对应的电角度 θ 称为导通角。

带电容滤波的单相桥式不可控整流电路结构简单，输出电压高，脉动小。但由于滤波电容很大，而整流电路的内阻又很小，在接通电源的瞬间，将产生很大的充电电流，称为"浪涌电流"。实际应用中，为了避免由于"浪涌电流"的冲击而损坏整流电路，在电容最初充电时，经常串联一个电阻来限流，稳态时通过开关旁路该电阻。另外，如果负载电流太大，电容放电的速度加快，会使负载电压变得不够平稳，也就是说该电路的带负载能力较差，所以带电容滤波的单相桥式不可控整流电路只适用于负载电流较小的场合。

整流输出电压平均值 U_d 可根据图 3-2(b) 所示波形及有关计算公式推导得出，但推导过于烦琐。这里仅作定性分析，不作具体的公式推导。当电路空载时（$R = \infty$），电容 C 只储能不放电，此时输出电压最大，$U_d = \sqrt{2}\,U_2$；当电路重载时（R 很小），电容 C 几乎不储能，即趋近于电阻性负载时的特性，$U_d = 0.9 U_2$。

通常在设计时根据负载的情况选择电容 C 值，一般按式(3-3)进行选取。

$$RC \geqslant (3 \sim 5) T/2 \tag{3-3}$$

式中，T 为交流电源的周期。

此时，输出电压 U_d 约为 $1.2 U_2$。

在稳态时，电容 C 在一个电源周期内吸收的能量和释放的能量相等，其电压平均值保持不变，因此流经电容的电流平均值 I_C 为零，故直流输出电流平均值为

$$I_d = I_R = \frac{U_d}{R} \tag{3-4}$$

3.2.2　三相桥式不可控整流电路

当整流负载容量比较大，而且可以提供三相交流电源时，多采用如图 3-3 所示的三相桥式不可控整流电路。图中变压器 T 多采用 △/Y 连接，这样为 3 次（包括 3 的倍数）谐波电流提供流通路径，以减少谐波对交流电源的影响。当然，变压器的需要与否与实际情况有关。图中二极管 VD_1、VD_3、VD_5 的阴极连接在一起，称为共阴极组；VD_4、VD_6、VD_2 的阳极连接在一起，称为共阳极组。显然，共阴极组在电源正半周时导通，共阳极组在电源负半周时导通。

为了便于分析,假设共阴极组、共阳极组所带负载完全相同,将图 3-3 变形为如图 3-4 所示,并且把一个电源周期等分为 6 段,具体分段方法如图 3-5 所示。

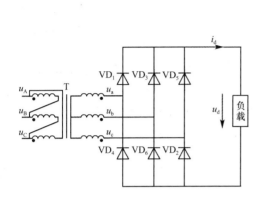

图 3-3　三相桥式不可控整流电路原理图

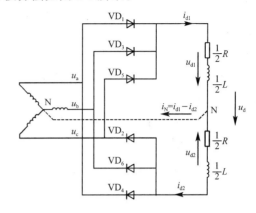

图 3-4　三相桥式不可控整流电路变形后的原理图

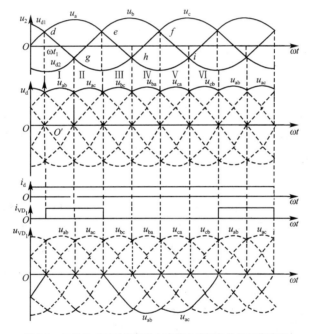

图 3-5　三相桥式不可控整流电路带电感性负载的工作波形

在第 Ⅰ 段期间,a 相电位最高,共阴极组中 VD_1 导通,VD_3、VD_5 承受反向电压截止。b 相电位最低,共阳极组中 VD_6 导通,VD_4、VD_2 承受反向电压截止。因此,中线电流 $i_N = i_{d1} - i_{d2} = 0$,负载电压 $u_d = u_{d1} - u_{d2} = u_a - u_b = u_{ab}$。

经过 $\pi/3$ 后进入第 Ⅱ 段期间,a 相电位仍然最高,共阴极组中 VD_1 导通,VD_3、VD_5 承受反向电压截止。但此时 c 相电位最低,共阳极组中 VD_2 导通,VD_4、VD_6 承受反向电压截止。因此,中线电流 $i_N = i_{d1} - i_{d2} = 0$,负载电压 $u_d = u_{d1} - u_{d2} = u_a - u_c = u_{ac}$。

依此类推,在第 Ⅲ 段期间,VD_3、VD_2 导通,$u_d = u_{bc}$。在第 Ⅳ 段期间,VD_3、VD_4 导通,$u_d = u_{ba}$。在第 Ⅴ 段期间,VD_5、VD_4 导通,$u_d = u_{ca}$。在第 Ⅵ 段期间,VD_5、VD_6 导通,$u_d = u_{cb}$。

通过上述分析可以看出,中线电流 i_N 为零,因此可以将中线去掉。另外,通过上述分析还可以看出以下几点:

（1）任一时刻，均有两个二极管同时导通，其中电位最高相的共阴极组的二极管和电位最低相的共阳极组的二极管导通，每个二极管导通 $2\pi/3$。

（2）6 个二极管的导通顺序为 $VD_1 \rightarrow VD_2 \rightarrow VD_3 \rightarrow VD_4 \rightarrow VD_5 \rightarrow VD_6$。共阴极组换流顺序为 $VD_1 \rightarrow VD_3 \rightarrow VD_5 \rightarrow VD_1$，自然换流点为图 3-5 中的 d、e、f 等点；共阳极组换流顺序为 VD_2、VD_4、VD_6，自然换流点为图 3-5 中的 g、h、i 等点。

（3）三相桥式不可控整流电路输出电压为变压器二次侧线电压，波形是变压器二次侧线电压的包络线，如图 3-5 所示。

（4）为了计算简便，以线电压过零点作为计算的起点（如图 3-5 中的 O' 点，通常称以 O' 为坐标原点的坐标为计算坐标），计算整流电路直流输出电压平均值 U_d。

$$U_d = \frac{1}{\frac{\pi}{3}} \int_{\frac{\pi}{3}}^{\frac{2\pi}{3}} \sqrt{3}\,(\sqrt{2}U_2\sin\omega t)\,\mathrm{d}(\omega t) = 2.34U_2 \tag{3-5}$$

直流输出电流平均值为

$$I_d = \frac{U_d}{R} \tag{3-6}$$

显然每个二极管承受的最大反向电压为线电压的峰值 $\sqrt{6}U_2$。

3.3 单相相控整流电路

在 3.2 节中介绍了不可控整流电路，该电路的主要缺点是直流输出电压平均值不能调节、控制。然而，在整流电路应用的许多方面，还需要可调节、可控制的直流电压，例如直流电动机的调速、直流稳压电源等。利用晶闸管的单向导电性以及其可以控制导通的特性，可以构成直流输出电压平均值可调、可控的整流电路，由于其直流输出平均电压的极性、大小的可调可控是通过控制晶闸管门极触发脉冲与输入电压的相位来实现的，故称为相控整流电路。前面已经介绍晶闸管的导通是由其两端的电压和门极触发信号共同决定的，但当晶闸管导通后，它的关断与其门极触发脉冲无关。一般而言，不管采用何种方法使晶闸管的阳极电流小于临界维持电流时，它自然由通态变为断态。与不可控整流一样，相控整流中晶闸管的换流也是借助于电网电压实现的。

3.3.1 单相半波相控整流电路

单相半波相控整流电路在工程实际中很少应用，但该电路结构最简单，对它的分析方法可以推广到所有的相控电路。

1. 电阻性负载

（1）工作原理

生产实际中，如电阻加热炉、电解、电镀和电焊等都属于电阻性负载，它的特点是电流与电压的波形形状相同。

　　图 3-6 所示为单相半波相控整流电路带电阻性负载原理图及其工作波形。如图 3-6(b)所示,在 u_2 的正半周内,晶闸管承受正向电压,如果在该区间门极有触发信号,则晶闸管导通;在 u_2 的负半周内,晶闸管承受反向电压,无论有无触发信号,晶闸管均阻断。假设在 $\omega t = \alpha$ 处施加触发脉冲,如图 3-6(c)所示,此时晶闸管承受正向电压,故立即导通,则 $u_{VT} = 0$,电源电压 u_2 加于负载电阻 R 两端,其电压 $u_d = u_2$,直至 $\omega t = \pi$ 为止。在 $\omega t = \pi$ 以后,电源电压 u_2 变负,晶闸管承受反向电压由导通变为阻断,则 $u_{VT} = u_2$,$u_d = 0$,这种状态直至下一个电源周期 $\omega t = \pi + \alpha$ 时刻再次施加触发脉冲时为止。$\omega t = \pi + \alpha$ 时刻再次施加触发脉冲,晶闸管承受正向电压再次导通,如此不断循环下去。负载电压 u_d 的波形如图 3-6(d)所示,根据欧姆定律可知,负载电流 i_d 与负载电压波形相同,只是大小差一比例系数 R。

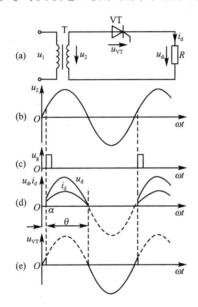

图 3-6　单相半波相控整流电路带电阻性负载原理图及其工作波形

　　改变触发脉冲出现的时刻,也就改变了负载电压波形,显然,整流输出电压的平均值也随之改变。

　　结合上述电路工作原理,介绍几个名词术语和概念。

　　①半波整流。整流输出电压 u_d 为脉动直流,波形只在 u_2 正半周内出现,故将上述电路称为半波整流。

　　②相控方式。这种通过控制触发脉冲与输入电压的相位来控制直流输出电压大小的方式称为相位控制方式,简称相控方式。

　　③控制角 α。如果将电路中的晶闸管换为二极管,不难看出,在 u_2 由负过零的时刻为自然换流点。从自然换流点开始到触发脉冲出现这段时间对应的电角度称为控制角,也称触发角或延迟角,在图 3-6 中以 α 表示。

　　④导通角 θ。晶闸管在交流电源一个周期中处于通态的时间所对应的电角度,在图 3-6 中以 θ 表示。

　　⑤移相范围。改变控制角 α,便可以改变输出电压 u_d 的大小,能使输出电压平均值从最大值降到最小值的控制角的变化范围称为移相范围。

⑥同步。要使整流输出电压稳定,则要求每个周期中控制角 α 都相同,所以要求触发脉冲信号与电源电压在频率和相位上要协调配合,这种相互协调配合的关系称为同步。

(2)主要数量关系

显然在带电阻性负载时,导通角 $\theta=\pi-\alpha$。选择如图 3-6 所示的坐标系,可以计算直流输出电压平均值 U_d。

$$U_d = \frac{1}{2\pi}\int_0^\pi \sqrt{2}U_2\sin\omega t\,\mathrm{d}(\omega t) = 0.45U_2\frac{1+\cos\alpha}{2} \tag{3-7}$$

由式(3-7)可知,直流输出电压平均值 U_d 是控制角 α 的函数。当 $\alpha=0$ 时,$U_d=0.45U_2$,当 $\alpha=\pi$ 时,$U_d=0$,即单相半波相控整流电路带电阻性负载时控制角 α 的移相范围是 π。

同样,可以计算出输出电压有效值 U 为

$$U = \sqrt{\frac{1}{2\pi}\int_\alpha^\pi (\sqrt{2}U_2\sin\omega t)^2\,\mathrm{d}(\omega t)} = U_2\sqrt{\frac{1}{4\pi}\sin 2\alpha + \frac{\pi-\alpha}{2\pi}} \tag{3-8}$$

直流输出电流平均值 I_d 和有效值 I 分别为

$$I_d = \frac{U_d}{R} = 0.45\frac{U_2}{R}\cdot\frac{1+\cos\alpha}{2} \tag{3-9}$$

$$I = \frac{U}{R} = \frac{U_2}{R}\sqrt{\frac{1}{4\pi}\sin 2\alpha + \frac{\pi-\alpha}{2\pi}} \tag{3-10}$$

流过晶闸管的电流等于负载电流,因此晶闸管电流平均值 I_{dT} 和有效值 I_T 分别为

$$I_{dT} = I_d = 0.45\frac{U_2}{R}\cdot\frac{1+\cos\alpha}{2} \tag{3-11}$$

$$I_T = I = \frac{U_2}{R}\sqrt{\frac{1}{4\pi}\sin 2\alpha + \frac{\pi-\alpha}{2\pi}} \tag{3-12}$$

变压器二次侧电流有效值 I_2 与晶闸管电流有效值相等,即

$$I_2 = I_T = \frac{U_2}{R}\sqrt{\frac{1}{4\pi}\sin 2\alpha + \frac{\pi-\alpha}{2\pi}} \tag{3-13}$$

由图 3-6(e)可见,晶闸管承受的最大正反向电压均为 $\sqrt{2}U_2$。

2.电感性负载

在生产实践中,更常见的是电感性负载,如各种电动机的励磁绕组、电磁铁线圈、经大电抗器滤波的负载等。电感性负载是指串联的电阻和电感组成的负载,其中电抗值远大于电阻值,即负载阻抗角 $\varphi=\arctan(\omega L/R)$ 很大,因此负载电流变化缓慢,接近于一条直线。

图 3-7 所示为单相半波相控整流电路带电感性负载原理图及其工作波形。当电源电压 u_2 在正半周中的 ωt_1 时刻触发晶闸管,在负载侧就立即出现直流电压,此时 $u_d=u_2$。由于电感的作用,所以负载电流 i_d 只能从零逐渐增加,如图 3-7(e)所示。在 i_d 增加的过程中,电感 L 两端产生感应电动势,其极性为上正下负,它力图阻止电流增加。显然这时交流电网除供给电阻 R 所消耗的能量外,还需供给电感 L 所吸收的磁场能量。当 u_2 过零变负时,电流 i_d 已处于逐步减小的过程中,在电感 L 两端感应出一个上负下正的电动势,它力图阻止电流 i_d 的减小。只要这个感应电动势比 u_2 值大,晶闸管上便仍承受正向电压,继续维持导通,此时 $u_d=u_2$。电感 L 释放出先前储存的能量,它除供给电阻 R 消耗外,还需供给变压器二次绕组吸收的能量,并通过一次绕组把能量反送至电网;直到电感 L 中的电流降为零时,L 中的磁场能量释放完毕,晶闸管关断并且立即承受反向电压,如图 3-7(e)所示。从图中还可看

出,由于存在电感,延迟了晶闸管关断的时刻,使 u_d 波形上出现负值,因而使直流输出电压的平均值和电阻性负载相比,有所下降。

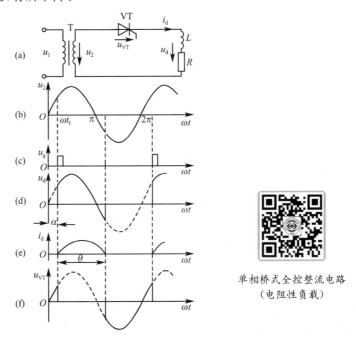

单相桥式全控整流电路
（电阻性负载）

图 3-7　单相半波相控整流电路带电感性负载原理图及其工作波形

直流输出电压平均值 U_d 为

$$U_d = \frac{1}{2\pi} \int_{\alpha}^{\alpha+\theta} \sqrt{2} U_2 \sin\omega t \, d(\omega t) = \frac{\sqrt{2} U_2}{2\pi} \left[\cos\alpha - \cos(\alpha+\theta) \right] \tag{3-14}$$

当负载阻抗角 φ 或触发角 α 不同时,晶闸管的导通角也不同。若 φ 为定值,α 越大,在 u_2 正半周电感 L 储能越少,维持导电的能力就越弱,θ 越小。若 α 为定值,φ 越大,则 L 储能越多,θ 越大,且 φ 越大,在 u_2 负半周 L 维持晶闸管导通的时间就越接近晶闸管在 u_2 正半周导通的时间,u_d 中负的部分越接近正的部分,其平均值 U_d 越接近零,输出的直流电流平均值也越小。

为解决上述矛盾,在整流电路的负载两端并联一个二极管,称为续流二极管,用 VD_R 表示,如图 3-8(a)所示。图 3-8(b)～(g)是该电路的典型工作波形。

与没有续流二极管时的情况相比,在 u_2 正半周时两者工作情况是一样的。当 u_2 过零变负时,VD_R 导通,u_d 为零。此时为负的 u_2 通过 VD_R 向 VT 施加反压使其关断,L 储存的能量保证了电流 i_d 在 $L-R-VD_R$ 回路中流通,此过程通常称为续流。u_d 波形如图 3-8(c)所示,如果忽略二极管的通态电压,则在续流期间 u_d 为 0,u_d 中不再出现负的部分,这与电阻性负载时基本相同。但与电阻性负载时相比,i_d 的波形是不一样的。若 L 足够大,$\omega L \gg R$,即负载为电感性负载,在 VT 关断期间,VD_R 可持续导通,使 i_d 连续,且 i_d 波形接近一条水平线,如图 3-8(d)所示。在一个周期内,$\omega t = \alpha \sim \pi$ 期间,VT 导通,其导通角为 $\pi-\alpha$,i_d 流过 VT,晶闸管电流 i_{VT} 的波形如图 3-8(e)所示,其余时间 i_d 流过 VD_R,续流二极管电流 i_{VD_R} 波形如图 3-8(f)所示,VD_R 的导通角为 $\pi+\alpha$。若近似认为 i_d 为一条水平线,恒为 I_d,则流过晶闸管的电流平均值 I_{dT} 和有效值 I_T 分别为

$$I_{dT} = \frac{\pi - \alpha}{2\pi} I_d \qquad (3\text{-}15)$$

$$I_T = \sqrt{\frac{1}{2\pi} \int_\alpha^\pi I_d^2 \mathrm{d}(\omega t)} = \sqrt{\frac{\pi - \alpha}{2\pi}} I_d \qquad (3\text{-}16)$$

续流二极管的电流平均值 I_{dD} 和有效值 I_D 分别为

$$I_{dD} = \frac{\pi + \alpha}{2\pi} I_d \qquad (3\text{-}17)$$

$$I_D = \sqrt{\frac{1}{2\pi} \int_\pi^{2\pi + \alpha} I_d^2 \mathrm{d}(\omega t)} = \sqrt{\frac{\pi + \alpha}{2\pi}} I_d \qquad (3\text{-}18)$$

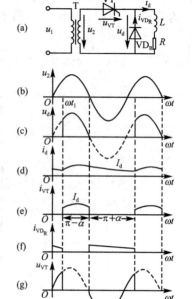

图 3-8　单相半波带电感性负载有续流
二极管的电路原理图及其工作波形

晶闸管两端电压波形 u_{VT} 如图 3-8(g)所示,其移相范围为 $180°$,其承受的最大正反向电压均为 u_2 的峰值即 $\sqrt{2}U_2$。续流二极管承受的电压为 $-u_d$,其最大反向电压为 $\sqrt{2}U_2$,亦为 u_2 的峰值。

单相半波相控整流电路的优点是只采用一个晶闸管,线路简单,控制方便,成本低。缺点是由于只有半周工作,所以输出脉动大;由于变压器二次侧电压只输出单方向的电流,所以二次侧含有直流成分电流,从而使变压器铁芯直流磁化,造成变压器饱和。为了消除饱和就需要增大铁芯面积,增大变压器体积。

3.3.2　单相桥式相控整流电路

单相桥式相控整流电路克服了单相半波相控整流电路的缺点,电流脉动减小,消除了变压器的直流分量,并提高了变压器利用率,广泛应用于中、小容量的晶闸管整流装置中。

1. 电阻性负载

(1)工作原理

图 3-9(a)所示为单相桥式相控整流电路带电阻性负载原理图。当整流变压器二次侧电压 u_2 进入正半周时,A 点电位高于 B 点电位,晶闸管 VT_1、VT_4 同时承受正向电压,晶闸管 VT_2、VT_3 同时承受反向电压。在 $\omega t = 0 \sim \alpha$ 期间,VT_1 和 VT_4 由于门极没有施加触发脉冲仍处于正向阻断状态,VT_1 和 VT_4 承受正向电压,各分担 $u_2/2$。VT_2 和 VT_3 承受反向电压,各分担 $u_2/2$。直流输出电压 $u_d = 0$。在 $\omega t = \alpha \sim \pi$ 期间,VT_1 和 VT_4 由于门极施加触发脉冲 u_g 而触发导通,u_2 经 VT_1 和 VT_4 施加在负载 R 上,直流输出电压 $u_d = u_2$,负载电流 $i_d = u_d/R$,方向如图 3-9(a)所示。VT_2 和 VT_3 承受反向电压,均为 u_2。当 $\omega t = \pi$ 时,u_2 过零,输出电流 i_d 降为零,VT_1 和 VT_4 自然地关断。

当整流变压器二次侧电压 u_2 进入负半周时,B 点电位高于 A 点电位,晶闸管 VT_1、VT_4 同时承受反向电压,晶闸管 VT_2、VT_3 同时承受正向电压。在 $\omega t = \pi \sim \pi + \alpha$ 期间,VT_2 和 VT_3 由于门极没有施加触发脉冲仍处于正向阻断状态,VT_2 和 VT_3 承受正向电压,各分担 $u_2/2$。VT_1 和 VT_4 承受反向电压,各分担 $u_2/2$。直流输出电压 $u_d = 0$。在 $\omega t = \pi + \alpha \sim 2\pi$ 期间,VT_2 和 VT_3 由于门极施加触发脉冲 u_g 而触发导通,u_2 经 VT_2 和 VT_3 施加在负载 R

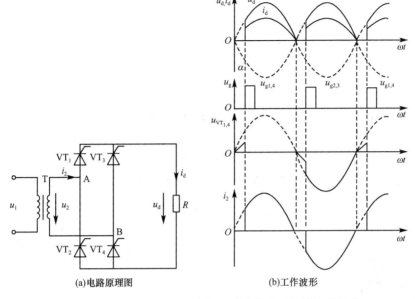

(a)电路原理图　　　　　　　(b)工作波形

图 3-9　单相桥式相控整流电路带电阻性负载原理图及其工作波形

上,直流输出电压 $u_d = -u_2$,负载电流 $i_d = u_d/R$,方向保持不变。VT_1 和 VT_4 承受反向电压,均为 u_2。当 $\omega t = 2\pi$ 时,u_2 过零,输出电流 i_d 降为零,VT_2 和 VT_3 自然地关断。

很显然,上述两组触发脉冲在相位上相差 π,以后又是 VT_1、VT_4 导通,如此循环工作。直流输出电压、电流的波形、晶闸管 VT_1、VT_4 上承受的电压波形、变压器二次侧电流波形如图 3-9(b)所示。根据上述波形可以计算相关数量关系。

(2)主要数量关系

直流输出电压平均值 U_d

$$U_d = \frac{1}{\pi}\int_{\alpha}^{\pi}\sqrt{2}U_2\sin\omega t\, \mathrm{d}(\omega t) = \frac{\sqrt{2}U_2}{\pi}(1+\cos\alpha) = 0.9U_2\frac{1+\cos\alpha}{2} \tag{3-19}$$

当 $\alpha = 0$ 时,晶闸管全导通,相当于单相桥式不可控整流,此时直流输出电压平均值 U_d 为 $0.9U_2$;当 $\alpha = \pi$ 时,直流输出电压平均值 U_d 为零。因此,单相桥式相控整流电路带电阻性负载时,控制角的移相范围是 π。

直流输出电流平均值 I_d 和有效值 I 分别为

$$I_d = \frac{U_d}{R} = \frac{2\sqrt{2}U_2}{\pi R}\cdot\frac{1+\cos\alpha}{2} = 0.9\frac{U_2}{R}\cdot\frac{1+\cos\alpha}{2} \tag{3-20}$$

$$I = \sqrt{\frac{1}{\pi}\int_{\alpha}^{\pi}\left(\frac{\sqrt{2}U_2}{R}\sin\omega t\right)^2\mathrm{d}(\omega t)} = \frac{U_2}{R}\sqrt{\frac{1}{2\pi}\sin2\alpha + \frac{\pi-\alpha}{\pi}} \tag{3-21}$$

两组晶闸管 VT_1、VT_4 和 VT_2、VT_3 在一个电源周期内轮流导通,因此流过每个晶闸管的电流平均值为直流输出电流平均值 I_d 的一半,即

$$I_{dT} = \frac{1}{2}I_d = 0.45\frac{U_2}{R}\cdot\frac{1+\cos\alpha}{2} \tag{3-22}$$

流过晶闸管的电流有效值为

$$I_{T}=\sqrt{\frac{1}{2\pi}\int_{\alpha}^{\pi}\left(\frac{\sqrt{2}U_2}{R}\sin\omega t\right)^2 \mathrm{d}(\omega t)}=\frac{U_2}{\sqrt{2}R}\sqrt{\frac{1}{2\pi}\sin2\alpha+\frac{\pi-\alpha}{\pi}} \tag{3-23}$$

变压器二次绕组正负半周均流过电流,其有效值 I_2 与直流输出电流有效值 I 相等,即

$$I_2=I=\frac{U_2}{R}\sqrt{\frac{1}{2\pi}\sin2\alpha+\frac{\pi-\alpha}{\pi}} \tag{3-24}$$

晶闸管承受的最大反向电压为 $\sqrt{2}U_2$,晶闸管可能承受的最大正向电压为 $\sqrt{2}U_2/2$。

2. 电感性负载

(1)工作原理

图 3-10(a)所示为单相桥式相控整流电路带电感性负载原理图。

单相桥式全控整流电路
(阻感性负载)

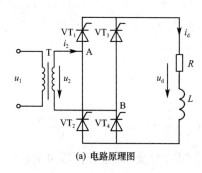

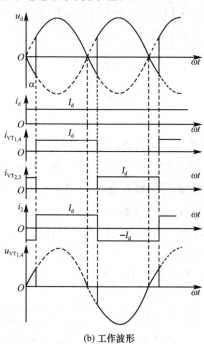

(a) 电路原理图   (b) 工作波形

图 3-10 单相桥式相控整流电路带电感性负载原理图及其工作波形

同样,假设负载电感值为无穷大,则负载电流 i_d 连续且波形近似为直线。当整流变压器二次侧电压 u_2 进入正半周时,晶闸管 VT_1、VT_4 同时承受正向电压,在 $\omega t=\alpha$ 时刻,触发 VT_1、VT_4 使其导通,u_2 经 VT_1、VT_4 施加在负载上,直流输出电压 $u_d=u_2$。直至 $\omega t=\pi$,u_2 过零变负时,由于电感 L 上产生感应电动势使 VT_1、VT_4 仍承受正向电压而继续导通,或者可以说由于电感 L 阻止电流变化,因此晶闸管 VT_1 和 VT_1 中仍流过电流 i_d 而继续导通。此时 $u_d=u_2$,因此直流输出电压 u_d 波形中出现负值部分。在 $\omega t=\pi\sim\pi+\alpha$ 期间,VT_2、VT_3 虽已承受正向电压,但由于未施加触发脉冲,故均不导通,处于正向阻断状态。在 $\omega t=\pi+\alpha$ 时刻,触发 VT_2、VT_3,因 VT_2、VT_3 本已承受正向电压,故两管导通,而 VT_1、VT_4 立刻承受反向电压,故两管关断。u_2 经 VT_2 和 VT_3 施加在负载上,直流输出电压 $u_d=-u_2$。当 $\omega t=2\pi$、u_2 过零变正时,由于电感的作用晶闸管 VT_2、VT_3 并不关断,直至 VT_1、VT_4 触发导通。如此循环下去,其波形如图 3-10(b)所示。

（2）主要数量关系

直流输出电压平均值 U_d

$$U_d = \frac{1}{\pi}\int_\alpha^{\pi+\alpha} \sqrt{2}U_2\sin\omega t\,\mathrm{d}(\omega t) = \frac{2\sqrt{2}}{\pi}U_2\cos\alpha = 0.9U_2\cos\alpha \qquad (3\text{-}25)$$

当 $\alpha=0$ 时，与电阻性负载时情况相同，此时直流输出电压平均值 $U_{d0}=0.9U_2$；当 $\alpha=\pi/2$ 时，直流输出电压平均值为零。因此单相桥式相控整流电路带电感性负载时，控制角的移相范围是 $\pi/2$。

直流输出电流平均值 I_d 和有效值 I 分别为

$$I_d = \frac{U_d}{R} \qquad (3\text{-}26)$$

$$I = \sqrt{\frac{1}{\pi}\int_\alpha^{\pi+\alpha} I_d^2\,\mathrm{d}(\omega t)} = I_d \qquad (3\text{-}27)$$

如图 3-10(b) 所示，流过晶闸管的电流为宽度为 π 的单方向矩形波，则晶闸管电流平均值 I_{dT} 和有效值 I_T 为

$$I_{dT} = \frac{1}{2}I_d \qquad (3\text{-}28)$$

$$I_T = \sqrt{\frac{1}{2\pi}\int_\alpha^{\pi+\alpha} I_d^2\,\mathrm{d}(\omega t)} = \frac{I_d}{\sqrt{2}} \qquad (3\text{-}29)$$

变压器二次侧电流为宽度为 π 的正负矩形波，其有效值 I_2 为

$$I_2 = \sqrt{\frac{1}{\pi}\int_\alpha^{\pi+\alpha} I_d^2\,\mathrm{d}(\omega t)} = I_d \qquad (3\text{-}30)$$

晶闸管承受的最大正反向电压均为 $\sqrt{2}U_2$。

为了扩大移相范围，且去掉输出电压的负值，提高 U_d 的值，也可以在负载两端并联续流二极管，如图 3-11 所示。接了续流二极管后，α 的移相范围可以扩大到 $0\sim180°$。下面通过一个例题来说明桥式相控整流电路接了续流二极管后的数量关系。

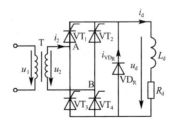

图 3-11　单相桥式相控整流电路带电感性负载并联续流二极管

【例 3-1】　带续流二极管的单相桥式全控整流电路如图 3-11 所示，$U_2=100\text{ V}$，$R_d=10\ \Omega$，假设 L_d 足够大，$\alpha=60°$，求：

输出电压平均值 U_d、输出电流平均值 I_d、变压器二次侧电流有效值 I_2 及其二次侧容量 S；

考虑 2 倍安全裕量，计算晶闸管的额定电压和额定电流；

画出 u_d、i_d、i_2、u_{VT1} 的波形。

解:(1) $U_d = 0.9U_2 \dfrac{1 + \cos\alpha}{2} = 67.5$ V

$I_d = \dfrac{U_d}{R_d} = 6.75$ A

变压器二次侧电流有效值为 $I_2 = \sqrt{\dfrac{\pi - \alpha}{\pi}} I_d = 5.5$ A

变压器二次侧容量 $S = U_2 I_2 = 550$ V·A

(2)晶闸管承受的最大反向电压为 $\sqrt{2} U_2 = 141.4$ V

流过每个晶闸管的电流有效值为 $I_{VT} = \sqrt{\dfrac{\pi - \alpha}{2\pi}} I_d = 3.9$ A

故晶闸管的额定电压为 $U_N = 2 \times \sqrt{2} U_2 = 283$ V

晶闸管的额定电流为 $I_N = \dfrac{2 \times I_{VT}}{1.57} = \dfrac{2 \times 3.9}{1.57} = 5$ A

(3)u_d、i_d、i_2、u_{VT1} 的波形如图 3-12 所示。

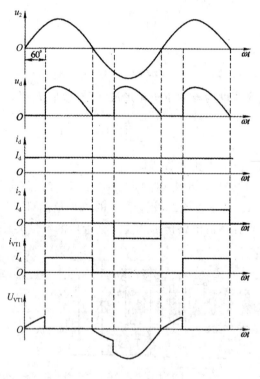

图 3-12 例 3-1 波形图

单相桥式全控整流电路
（反电动势负载）

3.反电动势负载

在生产实际中,像蓄电池、直流电动机等这类负载本身就是一个直流电源,当相控整流电路为上述负载供电时,这些负载的反电动势均有阻止负载电流的作用,故称这类负载为反电动势负载,可以用电动势 E 及其内阻 R 等效表示。图 3-13(a)所示为单相桥式相控整流电路带反电动势负载原理图。

（1）工作原理

从图 3-13（b）中可以看出，只有当变压器二次侧电压 u_2 的瞬时值大于反电动势 E 时，晶闸管才承受正向电压，才有可能触发导通。当 $u_2 < E$ 时，晶闸管承受反向电压而处于反向阻断状态。在 $\omega t = \alpha$ 时，施加触发脉冲，晶闸管导通，在 $\omega t = \alpha \sim \alpha + \theta$ 期间，整流输出电压 $u_d = u_2 = E + i_d R$；在 $\omega t = \alpha + \theta$ 时，$u_2 = E$，$i_d = (u_d - E)/R = 0$，晶闸管关断；$\omega t = \alpha + \theta \sim \pi + \alpha$ 期间，晶闸管承受反向电压 $(u_2 - E)/2$，处于反向阻断状态，此时 $u_d = E$。

与电阻性负载时相比，晶闸管提前了电角度 δ 停止导电，δ 称为停止导电角。

$$\delta = \arcsin \frac{E}{\sqrt{2} U_2} \tag{3-31}$$

（2）主要数量关系

直流输出电压平均值 U_d

$$U_d = E + \frac{1}{\pi} \int_{\alpha}^{\pi - \delta} (\sqrt{2} U_2 \sin \omega t - E) \mathrm{d}(\omega t)$$

$$= 0.45 U_2 (\cos \delta + \cos \alpha) + \frac{\delta + \alpha}{\pi} E \tag{3-32}$$

如果 $\alpha < \delta$，为了保证晶闸管可靠导通，要求触发脉冲有足够的宽度，保证当 $\omega t = \delta$ 时触发脉冲仍然存在。此时，式（3-32）积分下限为 δ。

直流输出电流平均值 I_d

$$I_d = \frac{U_d - E}{R} \tag{3-33}$$

如果负载是直流电动机，由于晶闸管导通角小，电流断流，因此电动机的机械特性将很软。另外，由于直流电动机电枢绕组的电阻很小，在输出同样的平均电流时，峰值电流很大，因而电流有效值将比平均值大许多倍。这样，将使直流电动机换向电流加大，容易产生火花。同时，对于交流电源则由于电流有效值大，要求电源的容量大，而使电源功率因数降低。为了克服以上的缺点，常常在主回路直流输出侧串联一平波电抗器 L_d，电路原理图如图 3-14（a）所示。利用电感平稳电流的作用来减少负载电流的脉动并延长晶闸管的导通时间。只要电感足够大，负载电流就会连续，直流输出电压和电流的波形与电感性负载时一样，U_d 的计算公式也与电感性负载时一样，但直流输出电流 I_d 为

$$I_d = \frac{U_d - E}{R} \tag{3-34}$$

引入电感以后，只要电流连续，其工作情况与电感性负载电流连续的情况相同。

图 3-14（b）给出了电流临界连续时的电压、电流波形。一般平波电抗器电感量是按低速轻载时保证电流连续来选择的。这里不作推导，只给出计算公式

$$L \geqslant 2.87 \times 10^{-3} \frac{U_2}{I_{d\min}} \tag{3-35}$$

式中，L 为回路总电感，它包括平波电抗器电感、电枢电感以及变压器漏感等（单位：H）；U_2 为相电压有效值（单位：V）；$I_{d\min}$ 为最小负载电流（单位：A），通常取电动机额定电流的 $5\% \sim 10\%$。

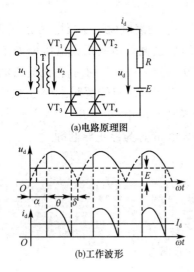

(a)电路原理图

(b)工作波形

图 3-13 单相桥式相控整流电路带反电动势
负载原理图及其工作波形

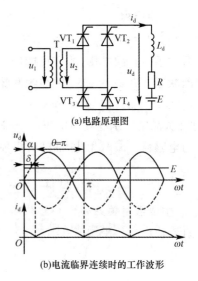

(a)电路原理图

(b)电流临界连续时的工作波形

图 3-14 单相桥式相控整流电路带反电动势
负载串平波电抗器原理图及其工作波形

3.3.3 单相全波可控整流电路

单相全波可控整流电路(Single Phase Full Wave Controlled Rectifier)也是一种实用的单相可控整流电路,又称单相双半波可控整流电路。其带电阻性负载时的电路原理图如图 3-15(a)所示。

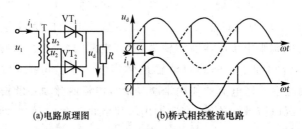

(a)电路原理图   (b)桥式相控整流电路

图 3-15 单相全波可控整流电路原理图及工作波形

单相全波可控整流电路中,变压器 T 带中心抽头,在 u_2 正半周,VT₁ 工作,变压器二次绕组上半部分流过电流;在 u_2 负半周,VT₂ 工作,变压器二次绕组下半部分流过反方向的电流。图 3-15(b)给出了 u_d 和变压器一次侧的电流 i_1 的波形。由波形可知,单相全波可控整流电路的 u_d 波形与单相桥式相控整流电路的一样,交流输入端电流波形一样,变压器也不存在直流磁化的问题。当接其他负载时,也有相同的结论。因此,单相全波可控整流电路与单相桥式相控整流电路从直流输出端或从交流输入端看均是基本一致的。两者的区别在于:

(1)单相全波可控整流电路中变压器的二次绕组带中心抽头,结构较复杂。绕组及铁芯对铜、铁等材料的消耗比单相桥式相控整流电路多,在当今世界有色金属资源有限的情况下,这是不利的。

（2）单相全波可控整流电路中只用 2 个晶闸管,比单相桥式相控整流电路少 2 个,相应的,晶闸管的门极驱动电路也少 2 个;但是在单相全波可控整流电路中,晶闸管承受的最大电压为 $2\sqrt{2}U_2$,是单相桥式相控整流电路的 2 倍。

（3）单相全波可控整流电路中,导电回路只含 1 个晶闸管,比单相桥式相控整流电路少 1 个,因而也少了一个管压降。

从上述（2）、（3）考虑,单相全波可控整流电路适宜在低输出电压的场合应用。

3.3.4　单相桥式半控整流电路

3.3.2 节介绍的单相桥式相控整流电路采用全控桥进行整流,因此也称为单相桥式全控整流电路或单相全控桥整流电路。在单相桥式全控整流电路中,每一个导电回路中有 2 个晶闸管,即用 2 个晶闸管同时导通以控制导电的回路。实际上为了对每个导电回路进行控制,只需 1 个晶闸管就可以了,另 1 个晶闸管可以用二极管代替,从而简化整个电路。把图 3-10(a)中的晶闸管 VT_2、VT_4 换成二极管 VD_2、VD_4 即成为图 3-16(a)所示的单相桥式半控整流电路(先不考虑 VD_R)。

半控电路与全控电路在电阻性负载时的工作情况相同,这里无须讨论。以下针对电感性负载进行讨论。

与全控桥时相似,假设负载中电感很大,且电路已工作于稳态。在 u_2 正半周,$\omega t = \alpha$ 时刻给晶闸管 VT_1 加触发脉冲,u_2 经 VT_1 和 VD_4 向负载供电。u_2 过零变负时,因电感作用使电流连续,VT_1 继续导通。但因 A 点电位低于 B 点电位,使得电流从 VD_4 转移至 VD_2,VD_4 关断,电流不再流经变压器二次绕组,而是由 VT_1 和 VD_2 续流。此阶段,忽略器件的通态压降,则 $u_d = 0$,不像全控桥电路那样出现 u_d 为负的情况。

在 u_2 负半周 $\omega t = \alpha$ 时刻触发 VT_3,VT_3 导通,则向 VT_1 加反压使之关断,u_2 经 VT_3 和 VD_2 向负载供电。u_2 过零变正时,VD_4 导通,VD_2 关断。VT_3 和 VD_4 续流,u_d 又变为零。此后重复以上过程。

该电路使用中需加设续流二极管 VD_R,以避免可能发生的失控现象。实际运行中,若无续流二极管,则当 α 突然增大至 $180°$ 或触发脉冲丢失时,由于电感储能不经变压器二次绕组释放,只是消耗在负载电阻上,会发生一个晶闸管持续导通而两个二极管轮流导通的情况,这将使 u_d 成为正弦半波,即半周期 u_d 为正弦,另外半周期 u_d 为零,其平均值保持恒定,相当于单相半波不可控整流电路时的波形,称为失控。例如,当 VT_1 导通时切断触发电路,则当 u_2 变负时,由于电感的作用,负载电流由 VT_1 和 VD_2 续流,当 u_2 又变为正时,因 VT_1 是导通的,u_2 又经 VT_1 和 VD_4 向负载供电,出现失控现象。

有续流二极管 VD_R 时,续流过程由 VD_R 完成,在续流阶段晶闸管关断,这就避免了某一个晶闸管持续导通从而导致失控的现象。同时,续流期间导电回路中只有一个管压降,少了一个管压降,有利于降低损耗。

有续流二极管时电路中各部分的波形如图 3-16(b)所示。

单相桥式半控整流电路的另一种接法如图 3-17 所示,相当于把图 3-10(a)中的 VT_3 和 VT_4 换为二极管 VD_3 和 VD_4,这样可以省去续流二极管 VD_R,续流由 VD_3 和 VD_4 来实现。这种接法的两个晶闸管阴极电位不同,二者的触发电路需要隔离。

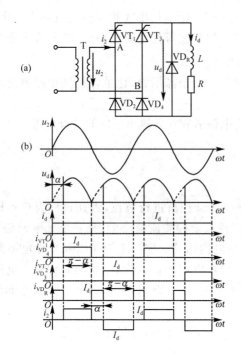

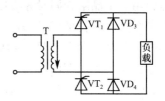

图 3-16　单相桥式半控整流电路,有续流
二极管,电感性负载时的电路原理图及工作波形

图 3-17　单相桥式半控整流
电路的另一种接法

3.4　三相相控整流电路

3.4.1　三相半波相控整流电路

　　单相相控整流电路的整流输出电压脉动大,脉动频率低,而且对三相电网电源来说,仅为其中一相负载,影响三相电网的平衡运行。一般当负载容量较大,要求整流输出电压高且脉动小时,可采用三相整流电路。有些直流电力拖动系统中,容量虽不大但控制的快速性要求较高,也应考虑采用三相相控整流电路。因为三相相控整流电路的三相是平衡的,整流输出电压和电流脉动小,对电网影响小而且控制滞后时间短。因此三相相控整流电路在中、大功率领域中获得了广泛的应用。三相半波(也称三相零式)相控整流电路虽然由于交流侧电流是单方向电流,含有很大直流分量而用得不多,但是广泛应用的各种三相电路均可看做是由三相半波相控整流电路组合而成,因此分析其工作原理和特性对理解各种三相相控整流电路都很有帮助。

1. 电阻性负载

　　图 3-18(a)所示为三相半波相控整流电路带电阻性负载原理图。3 个晶闸管分别接入 a、b、c 三相电源,它们的阴极连接在一起,同不可控整流电路一样,这种接法称之为共阴极

接法。正常工作时,3 个晶闸管的触发脉冲互差 $2\pi/3$,如图 3-18(c)所示。

（1）工作原理

在不可控整流电路的分析中已经知道共阴极组的自然换流点是三相相电压波形正半周的交点,即图 3-18(b)中的 ωt_1、ωt_2、ωt_3 各点,因此 $\alpha=0$,即在 ωt_1、ωt_2、ωt_3 各点分别给 VT_1、VT_2、VT_3 门极施加触发脉冲。在 ωt_1 点,即 $\omega t=\pi/6$ 时刻,a 相电位最高,VT_1 被触发导通,VT_2、VT_3 承受反向电压处于反向阻断状态,输出电压 $u_d=u_a$;在 ωt_2 点,b 相电位最高,VT_2 被触发导通,VT_1 承受反向电压 u_{ab} 而关断,输出电压 $u_d=u_b$;在 ωt_3 点,c 相电位最高,VT_3 被触发导通,VT_2 承受反向电压 u_{bc} 而关断,此时 VT_1 承受反向电压 u_{ac} 而继续保持在反向阻断状态,输出电压 $u_d=u_c$。如此循环,即可得到三相半波相控整流电路带电阻性负载、控制角 $\alpha=0$ 时的相关工作波形,如图 3-18(b)~(f)所示。从图中可以看出,直流输出电压 u_d 波形为三相电源相电压正半周波形的包络线,在一个电源周期内有三次脉动,因此直流输出电压 u_d 的脉动频率是电源频

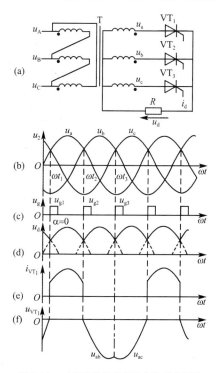

图 3-18　三相半波相控整流电路带电阻性负载原理图及控制角 $\alpha=0$ 时的工作波形

率的三倍。由于是电阻性负载,直流输出电流（负载电流）i_d 的波形与 u_d 的波形完全相同。

图 3-19 所示为三相半波相控整流电路带电阻性负载控制角 $\alpha=\pi/6$ 时的工作波形。当 $\omega t=5\pi/6$ 时,b 相电位虽然高于 a 相电位,但由于此时 VT_2 门极未施加触发脉冲,因而不能导通,处于正向阻断状态。VT_1 仍承受正向电压继续导通。直至 $\omega t=\pi$,VT_2 触发导通,VT_1 关断。从图 3-19 输出电压 u_d 波形可以看出,$\alpha=\pi/6$ 是直流输出电压连续与断续的临界状态,显然直流输出电流也处于连续与断续的临界状态。

图 3-20 所示为三相半波相控整流电路带电阻性负载控制角 $\alpha=2\pi/3$ 时的工作波形。当 $\omega t=5\pi/6$ 时,a、b 相电位均为正,但 VT_1 门极施加触发脉冲,因此 VT_1 导通,VT_2 处于正向阻断状态,VT_3 处于反向阻断状态。至 $\omega t=\pi$ 时,VT_1 中电流降为零而自然关断,VT_2 虽承受正向电压但未施加触发脉冲仍保持正向阻断状态,VT_3 仍处于反向阻断状态。

通过上述分析,还可以发现,当 $\alpha\le\pi/6$ 时,各晶闸管导通角 $\theta=2\pi/3$;当 $\alpha>\pi/6$ 时,随着 α 的增加 θ 越来越小。

（2）主要数量关系

整流输出电压平均值 U_d

当 $\alpha\le\pi/6$ 时,整流输出电压波形连续,U_d 的计算式为

$$U_d=\frac{1}{\frac{2\pi}{3}}\int_{\frac{\pi}{6}+\alpha}^{\frac{5\pi}{6}+\alpha}\sqrt{2}U_2\sin\omega t\,d(\omega t)=\frac{3\sqrt{6}}{2\pi}U_2\cos\alpha=1.17U_2\cos\alpha \tag{3-36}$$

当 $\alpha>\pi/6$ 时,整流输出电压波形断续,U_d 的计算式为

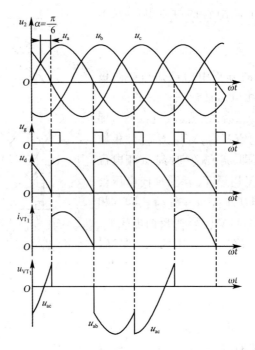

图 3-19　三相半波相控整流电路带电阻性负载控制角 $\alpha=\pi/6$ 时的工作波形

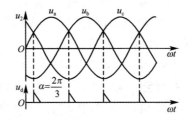

图 3-20　三相半波相控整流电路带电阻性负载控制角 $\alpha=2\pi/3$ 时的工作波形

$$U_{d}=\frac{1}{\frac{2\pi}{3}}\int_{\frac{\pi}{6}+\alpha}^{\pi}\sqrt{2}U_{2}\sin\omega t\,\mathrm{d}(\omega t)=\frac{3\sqrt{2}}{2\pi}U_{2}\left[1+\cos\left(\frac{\pi}{6}+\alpha\right)\right]=0.675U_{2}\left[1+\cos\left(\frac{\pi}{6}+\alpha\right)\right]$$

$$\text{(3-37)}$$

通过波形或者通过式(3-36)、式(3-37)计算均可发现:当 $\alpha=0$ 时,U_{d} 最大,$U_{d0}=1.17U_{2}$;当 $\alpha=5\pi/6$ 时,$U_{d}=0$。因此三相半波相控整流电路带电阻性负载时,控制角的移相范围是 $5\pi/6$。

直流输出电流平均值 I_{d}

$$I_{d}=\frac{U_{d}}{R}\qquad\text{(3-38)}$$

晶闸管电流平均值 I_{dT}

$$I_{dT}=\frac{I_{d}}{3}\qquad\text{(3-39)}$$

晶闸管电流有效值 I_{T}

当 $\alpha\leqslant\pi/6$ 时

$$I_{\mathrm{T}} = \frac{U_2}{R}\sqrt{\frac{1}{\pi}\left(\frac{\pi}{3}+\frac{\sqrt{3}}{4}\cos2\alpha\right)} \tag{3-40}$$

当 $\alpha > \pi/6$ 时

$$I_{\mathrm{T}} = \frac{U_2}{R}\sqrt{\frac{1}{2\pi}\left[\frac{5\pi}{6}-\alpha+\frac{1}{2}\sin\left(\frac{\pi}{3}+2\alpha\right)\right]} \tag{3-41}$$

变压器二次侧电流有效值 I_2

$$I_2 = I_{\mathrm{T}} \tag{3-42}$$

从图 3-18(f)可以看出,晶闸管承受的最大反向电压为变压器二次侧线电压峰值 $\sqrt{6}U_2$。由于晶闸管阴极与零线间的电压即为整流输出电压 u_{d},其最小值为零,而晶闸管阳极与零线间的最高电压等于变压器二次侧相电压的峰值,因此晶闸管可能承受的最大正向电压等于变压器二次侧相电压的峰值 $\sqrt{2}U_2$。

2. 电感性负载

（1）工作原理

图 3-21(a)所示为三相半波相控整流电路带电感性负载原理图。同样,假设负载电感值为无穷大,则负载电流 i_{d} 连续且波形近似为直线。

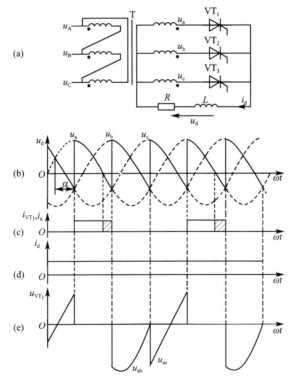

图 3-21　三相半波相控整流电路带电感性负载原理图及控制角 $\alpha=\pi/3$ 时的工作波形

当 $\alpha \leqslant \pi/6$ 时,晶闸管的工作情况与电阻性负载时相同,整流输出电压的波形也相同。

当 $\alpha > \pi/6$ 时,例如 $\alpha=\pi/3$ 时的工作波形如图 3-21(b)～(e)所示。当 VT$_1$ 导通到 $\omega t=\pi$ 时,其阳极电压 u_{d} 已过零开始变负,此时由于电感 L 上感应电动势的作用,使 VT$_1$ 仍承受正向电压而保持导通状态。直至 $\omega t=7\pi/6$ 时刻,VT$_2$ 触发导通,VT$_1$ 承受反向电压关断。这种情况下，u_d 波形中将出现负的部分。

（2）主要数量关系

整流输出电压平均值 U_d

$$U_d = \frac{1}{\frac{2\pi}{3}} \int_{\frac{\pi}{6}+\alpha}^{\frac{5\pi}{6}+\alpha} \sqrt{2} U_2 \sin\omega t\, d(\omega t) = \frac{3\sqrt{6}}{2\pi} U_2 \cos\alpha = 1.17 U_2 \cos\alpha \qquad (3-43)$$

从式（3-43）可以计算出，当 $\alpha=0$ 时，U_d 最大，$U_{d0}=1.17U_2$；当 $\alpha=\pi/2$ 时，$U_d=0$。当然，通过波形也可以知道，当 $\alpha=0$ 时，u_d 波形为变压器二次侧相电压正半周的包络线，其平均值最大；当 $\alpha=\pi/2$ 时，u_d 波形正负面积相同，其平均值为零。因此，三相半波正半周相控整流电路带电感性负载时，控制角 α 的移相范围是 $\pi/2$。

整流输出电流平均值 I_d

$$I_d = \frac{U_d}{R} \qquad (3-44)$$

晶闸管电流平均值 I_{dT} 和有效值 I_T

$$I_{dT} = \frac{I_d}{3} \qquad (3-45)$$

$$I_T = \frac{1}{\sqrt{3}} I_d = 0.577 I_d \qquad (3-46)$$

变压器二次侧电流有效值 I_2

$$I_2 = I_T \qquad (3-47)$$

通过图 3-21（e）可以发现，三相半波相控整流电路带电感性负载时，晶闸管承受的最大正反向电压均为 $\sqrt{6} U_2$。

以上电路为了扩大移相范围以及使电流 i_d 平稳，也可在负载两端并接续流二极管 VD_R，电路的分析方法同图 3-11 所示的电路一致，这里不再赘述。

【例 3-2】　有一三相半波相控整流电路，带大电感负载，$R_d=4\ \Omega$，变压器二次侧相电压有效值 $U_2=220\ V$，电路工作在 $\alpha=60°$，求电路工作在不接续流二极管和接续流二极管两种情况下的负载电流值 I_d，并选择合适的晶闸管器件。

解　①不接续流二极管时

因为是大电感负载，故有

$$U_d = 1.17 U_2 \cos\alpha = 1.17 \times 220 \times \cos 60° = 128.7\ V$$

$$I_d = \frac{U_d}{R_d} = \frac{128.7}{4} = 32.18\ A$$

流过晶闸管的电流有效值

$$I_T = \frac{1}{\sqrt{3}} I_d = \frac{1}{\sqrt{3}} \times 32.18 = 18.58\ A$$

取 2 倍裕量，则晶闸管的额定电流为

$$I_{T(AV)} \geqslant 2 \times \frac{I_T}{1.57} = 2 \times \frac{18.58}{1.57} = 23.67\ A$$

晶闸管的额定电压也取 2 倍裕量为

$$U_{Tn} = 2U_{TM} = 2\sqrt{6} U_2 = 2\sqrt{6} \times 220 = 1077.78\ V$$

因此,不接续流二极管时可选 30 A、1200 V 的晶闸管。

②接续流二极管时

$$U_d = 0.675U_2\left[1+\cos\left(\frac{\pi}{6}+\alpha\right)\right] = 0.675\times220\times[1+\cos(30°+60°)] = 148.5 \text{ V}$$

$$I_d = \frac{U_d}{R_d} = \frac{148.5}{4} = 37.13 \text{ A}$$

$$I_T = \sqrt{\frac{\frac{5\pi}{6}-\alpha}{2\pi}}I_d = \sqrt{\frac{150°-60°}{360°}}\times37.13 = 18.57 \text{ A}$$

同上
$$I_{T(AV)} \geqslant 2\times\frac{I_T}{1.57} = 2\times\frac{18.57}{1.57} = 23.66 \text{ A}$$

晶闸管的额定电压仍为

$$U_{Tn} = 2U_{TM} = 2\sqrt{6}U_2 = 2\times\sqrt{6}\times220 = 1077.78 \text{ V}$$

接续流二极管时也可选 30 A、1200 V 的晶闸管。

3. 反电动势负载

图 3-22(a)是三相半波相控整流电路带直流电动机电枢即反电动势负载时的电路原理图,它与单相电路一样,为了能使电流平稳连续,一般也要在负载回路串接电感量足够大的平波电抗器 L_d,此时电路的分析同电感性负载时一致,工作波形如图 3-22(b)所示。它与图 3-21(b)~(e)相似,电路分析以及各电量的计算也都一致,只是负载上的直流电流平均值的计算为

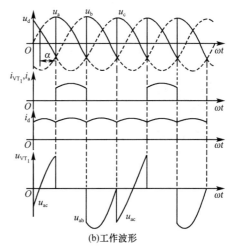

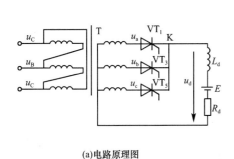

(a)电路原理图   (b)工作波形

图 3-22　三相半波相控整流电路带反电动势负载串接平波电抗器

$$I_d = \frac{U_d - E}{R_d}$$

另外,若是所串平波电抗器 L_d 的电感量不够大或负载电流过小,则电流会出现断续的情况,注意在电流断续的区间,负载两端的电压是其本身的电动势 E。

三相半波相控整流电路还有另外一种接法,即把 3 个晶闸管的阳极连接在一起,而 3 个阴极分别接入电源的 a、b、c 相,也就是共阳极接法。由于螺栓型晶闸管的阳极接散热器,因此共阳极接法可以将散热器连成一体,使装置结构简化。但由于晶闸管阴极没有公共端,因

此 3 个晶闸管的触发电路之间需要隔离,故应用较少。图 3-23 所示为共阳极接法原理图。由于晶闸管只有在承受正向电压时才可能导通,因此共阳极接法时晶闸管只能在相电压的负半周工作,换流总是换到阴极电位更低的那一相去。其工作情况、波形及数量关系与共阴极接法时相同,仅输出极性相反,故不再赘述。

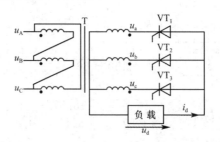

图 3-23   三相半波相控整流电路共阳极接法原理图

三相桥式全控整流电路
的工作特点

3.4.2   三相桥式相控整流电路

与单相相控整流电路相比,三相半波相控整流电路具有电压脉动小、输出功率大、三相平衡等优点。但三相半波相控整流电路的缺点也很明显,主要表现在变压器二次侧电流含有直流分量,而且每个电源周期每相绕组只有 1/3 时间有电流流过,变压器利用率比较低。为克服以上缺点,在生产实际中应用最广泛的是三相桥式相控整流电路。

1. 电阻性负载

(1)工作原理

图 3-24 所示为三相桥式相控整流电路带电阻性负载原理图。

三相桥式全控整流电路
(电阻性负载)

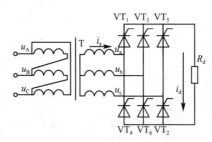

图 3-24   三相桥式相控整流电路带电阻性负载原理图

首先分析控制角 $\alpha=0$ 时电路的工作情况。此时相当于将图 3-24 中的晶闸管换成电力二极管,此时电路的工作情况与三相桥式不可控整流电路完全一样。任一时刻,均有 2 个晶闸管同时导通,其中电位最高相的共阴极组的晶闸管和电位最低相的共阳极组的晶闸管导通;6 个晶闸管的导通顺序为 $VT_1 \rightarrow VT_2 \rightarrow VT_3 \rightarrow VT_4 \rightarrow VT_5 \rightarrow VT_6$。

同三相桥式不可控整流电路一样,这里也将一个电源周期 6 等分,如图 3-25 所示。

在第 I 段期间,a 相电位最高,b 相电位最低。假设在 $\omega t=\pi/6$ 时,同时给 VT_1、VT_6 施加触发脉冲,则共阴极组中 VT_1 导通,VT_3、VT_5 承受反向电压截止;共阳极组中 VT_6 导通,VT_2、VT_4 承受反向电压截止。电流回路为 a 相→VT_1→电阻性负载 R_d→VT_6→b 相,因此 $u_d=u_{ab}$。

　　经过 $\pi/3$ 后进入第 Ⅱ 段期间，a 相电位仍然最高，共阴极组中 VT_1 继续导通，此时 c 相电位最低，在 $\omega t = \pi/2$ 时给 VT_2 施加触发脉冲，VT_2 导通，VT_4、VT_6 承受反向电压截止。在这段时间，电流回路为 a 相→VT_1→电阻性负载 R_d→VT_2→c 相，因此 $u_d = u_{ac}$

　　再经过 $\pi/3$ 后进入第 Ⅲ 段期间，b 相电位最高，在 $\omega t = 5\pi/6$ 时给 VT_3 施加触发脉冲，VT_3 导通，VT_1、VT_5 承受反向电压截止。此时 c 相电位仍然最低，VT_2 继续导通，VT_4、VT_6 承受反向电压截止。在这段时间，电流回路为 b 相→VT_3→电阻性负载 R_d→VT_2→c 相，因此 $u_d = u_{bc}$。

　　依此类推，在第 Ⅳ 段期间，VT_3、VT_4 导通，$u_d = u_{ba}$。在第 Ⅴ 段期间 VT_5、VT_4 导通，$u_d = u_{ca}$。在第 Ⅵ 段期间，VT_5、VT_6 导通，$u_d = u_{cb}$。

　　根据上述分析，可以得到整流输出电压波形、流经晶闸管的电流波形、变压器二次侧电流波形以及晶闸管承受的电压波形，分别如图 3-25(a)～(e)所示。从图中可以看出，整流输出电压的波形为线电压正半周的包络线；在每个电源周期内，每个晶闸管导通 $2\pi/3$，每相共阴极组晶闸管导通时，变压器相应相的二次侧电流为正，与同时段 u_d 波形相同，共阳极组晶闸管导通时，变压器相应相的二次侧电流仍与同时段 u_d 波形相同，但为负值。

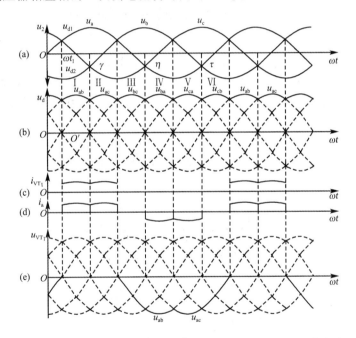

图 3-25　三相桥式相控整流电路带电阻性负载控制角 $\alpha = 0$ 时的工作波形

　　当控制角 α 变化时，电路的工作情况也将发生变化。图 3-26 所示为三相桥式相控整流电路带电阻性负载控制角 $\alpha = \pi/3$ 时的工作波形。从 $\omega t = \pi/2$ 开始，仍将一个电源周期等分为 6 份。晶闸管导通顺序与 $\alpha = 0$ 时相同，导通角 θ 仍为 $2\pi/3$，仅仅是导通时刻推迟了 $\pi/3$，使得 u_d 平均值变小。通过波形可以看到，u_d 出现了为零的点，显然如果继续增大 α，u_d 波形将断续，i_d 波形也将断续，也就是说 $\alpha = \pi/3$ 是三相桥式相控整流电路带电阻性负载电流连续与断续的分界点。需要指出的是，在图 3-26(a)中，在 $\omega t = \pi \sim 7\pi/6$ 期间，u_a 和 u_c 虽然已经进入负半周，但此时 VT_2 处于导通状态，$u_d = u_a - u_c$ 仍大于零，因此 i_d 大于零，故 VT_1

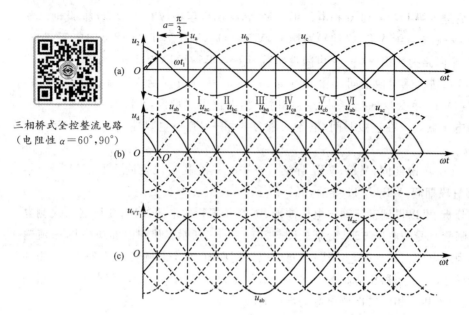

图 3-26　三相桥式相控整流电路带电阻性负载控制角 $\alpha=\pi/3$ 时的工作波形

继续导通，此时 VT_3 已经承受正向电压，但由于没有触发脉冲而处于正向阻断状态。直至 $\omega t=7\pi/6$，VT_3 触发导通，VT_1 承受反向电压而自然关断。

图 3-27 所示为三相桥式相控整流电路带电阻性负载控制角 $\alpha=\pi/2$ 时的工作波形。从图中可以看到，此时整流输出电压 u_d 每 $\pi/3$ 中有 $\pi/6$ 为零。由于是电阻性负载，u_d 为零时

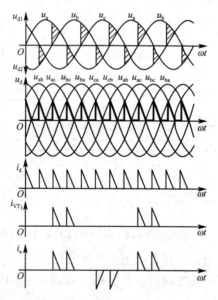

图 3-27　三相桥式相控整流电路带电阻性负载控制角 $\alpha=\pi/2$ 时的工作波形

i_d 也为零，此时所有晶闸管均不导通，晶闸管上承受的电压大小与其所接电源相电压一致。此时晶闸管导通角已减小为 $\pi/3$。

如果继续增大控制角 α 至 $2\pi/3$，整流输出电压波形将全为零，其平均值也将减小为零，因此三相桥式相控整流电路带电阻性负载时控制角的移相范围是 $2\pi/3$。

（2）主要数量关系

同三相桥式不可控整流电路一样，计算坐标选在线电压由负变正的过零点。

直流输出电压平均值 U_d

当 $\alpha \leqslant \pi/3$ 时

$$U_d = \frac{1}{\frac{\pi}{3}} \int_{\frac{\pi}{3}+\alpha}^{\frac{2\pi}{3}+\alpha} \sqrt{6} U_2 \sin\omega t\, \mathrm{d}(\omega t) = 2.34 U_2 \cos\alpha \tag{3-48}$$

当 $\alpha > \pi/3$ 时

$$U_d = \frac{1}{\frac{\pi}{3}} \int_{\frac{\pi}{3}+\alpha}^{\pi} \sqrt{6} U_2 \sin\omega t\, \mathrm{d}(\omega t) = 2.34 U_2 \left[1 + \cos\left(\frac{\pi}{3}+\alpha\right)\right] \tag{3-49}$$

从上述计算式可以得出，当 $\alpha = 0$ 时，U_d 最大，$U_{d0} = 2.34 U_2$；当 $\alpha = 2\pi/3$ 时，$U_d = 0$。由此也可得出，三相桥式相控整流电路带电阻性负载时控制角 α 的移相范围是 $2\pi/3$。

整流输出电流平均值 I_d

$$I_d = \frac{U_d}{R} \tag{3-50}$$

晶闸管电流平均值 I_{dT}

$$I_{dT} = \frac{I_d}{3} \tag{3-51}$$

晶闸管电流有效值 I_T

当 $\alpha \leqslant \pi/3$ 时，

$$I_T = \sqrt{\frac{2}{2\pi} \int_{\frac{\pi}{3}+\alpha}^{\frac{2\pi}{3}+\alpha} \left(\frac{\sqrt{6} U_2}{R} \sin\omega t\right)^2 \mathrm{d}(\omega t)} = \frac{U_2}{R} \sqrt{2 - \frac{3\alpha}{\pi} + \frac{3}{2\pi} \sin\left(\frac{2\pi}{3}+2\alpha\right)} \tag{3-52}$$

变压器二次侧电流有效值 I_2

$$I_2 = \sqrt{2} I_T \tag{3-53}$$

2. 电感性负载

（1）工作原理

三相桥式相控整流电路带电感性负载原理图如图 3-28 所示。这种负载中，由于大电感的存在，负载电流连续且波形近似为直线。下面分析三相桥式相控整流电路带电感性负载时的情况。

三相桥式全控整流电路
（阻感性负载）

①当控制角 $\alpha \leqslant \pi/3$ 时，由于带电阻性负载时负载电流也是连续的，因此带电感性负载时电路的工作情况与带电阻性负载时十分相似，除了电流波形以外，整流输出电压波形、晶闸管承受的电压波形以及各晶闸管的通断情况均与带电阻性负载时一致。图 3-29 所示为三相桥式相控整流电路带电感性负载控制角 $\alpha = \pi/6$ 时的工作波形。

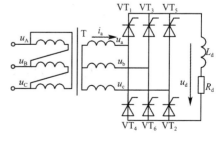

图 3-28　三相桥式相控整流电路带电感性负载原理图

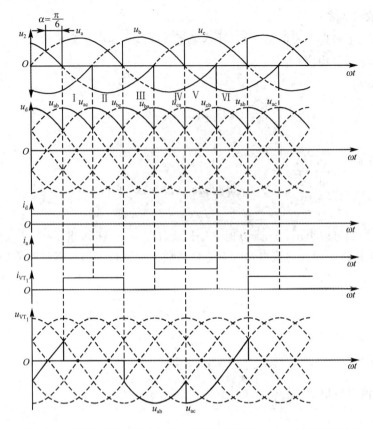

图 3-29　三相桥式相控整流电路带电感性负载控制角 $\alpha = \pi/6$ 时的工作波形

②当控制角 $\alpha > \pi/3$ 以后，带电阻性负载时整流输出电压波形断续，电流断续，但在带电感性负载时，由于电感中反电动势存在，当线电压波形进入负半周后，电感中储存的能量维持电流流通，晶闸管继续导通，直至下一个晶闸管的触发导通才使前一个晶闸管关断。这样，当 $\alpha > \pi/3$ 时，电流仍将连续。当 $\alpha = \pi/2$ 时，整流输出电压的波形正负部分相等，整流输出电压平均值为零。因此三相桥式相控整流电路带电感性负载时控制角的移相范围是 $\pi/2$。图 3-30 所示为三相桥式相控整流电路带电感性负载控制角 $\alpha = \pi/2$ 时的工作波形。

(2)主要数量关系

直流输出电压平均值 U_d

$$U_d = \frac{1}{\frac{\pi}{3}} \int_{\frac{\pi}{3}+\alpha}^{\frac{2\pi}{3}+\alpha} \sqrt{6} U_2 \sin\omega t \, \mathrm{d}(\omega t) = 2.34 U_2 \cos\alpha \qquad (3\text{-}54)$$

直流输出电流平均值 I_d

$$I_d = \frac{U_d}{R} \qquad (3\text{-}55)$$

晶闸管电流平均值 I_{dT} 和有效值 I_T

$$I_{dT} = \frac{I_d}{3} \qquad (3\text{-}56)$$

$$I_T = \frac{I_d}{\sqrt{3}} \qquad (3\text{-}57)$$

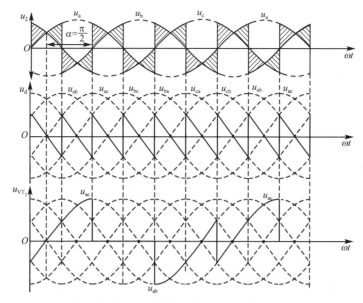

图 3-30　三相桥式相控整流电路带电感性负载控制角 $\alpha = \pi/2$ 时的工作波形

变压器二次侧电流有效值 I_2

$$I_2 = \sqrt{2}\,I_T = \sqrt{\frac{2}{3}}\,I_d \tag{3-58}$$

从波形图中可以看到,晶闸管承受的最大正反向电压均为 $\sqrt{6}\,U_2$。

3. 反电动势负载

三相桥式相控整流电路带反电动势负载时,通常串接保证负载电流连续的平波电抗器,因此电路的工作情况与带电感性负载时相似,电路中各处电压、电流波形均相同,仅在计算 I_d 时有所不同,带反电动势负载时的 I_d 为

$$I_d = \frac{U_d - E}{R} \tag{3-59}$$

三相桥式相控整流电路带反电动势负载时,保证电流连续的电感量可以根据下式计算

$$L \geqslant 0.693 \times 10^{-3}\,\frac{U_2}{I_{dmin}} \tag{3-60}$$

式中,L 为回路总电感,它包括平波电抗器电感、电枢电感以及变压器漏感等(单位:H);U_2 为相电压有效值(单位:V);I_{dmin} 为最小负载电流(单位:A),通常取电动机额定电流的 5%~10%。

【例 3-3】　三相桥式相控整流电路,$U_2 = 220$ V,$\alpha = \pi/3$。①电感性负载,$R = 20\ \Omega$,L 值极大;②反电动势负载,$E = 100$ V,$R = 20\ \Omega$,L 值极大。根据上述情况,计算直流输出电压平均值 U_d、输出电流平均值 I_d、变压器二次侧电流有效值 I_2。

解　①电感性负载时,直流输出电压平均值

$$U_d = 2.34 U_2 \cos\alpha = 2.34 \times 220 \times \cos\frac{\pi}{3} = 257.4\ \text{V}$$

直流输出电流平均值

$$I_d = \frac{U_d}{R} = \frac{257.4}{20} = 12.87\ \text{A}$$

变压器二次侧电流有效值

$$I_2 = \sqrt{\frac{2}{3}} I_d = \sqrt{\frac{2}{3}} \times 12.87 = 10.51 \text{ A}$$

②反电动势负载时,直流输出电压平均值

$$U_d = 2.34 U_2 \cos\alpha = 2.34 \times 220 \times \cos\frac{\pi}{3} = 257.4 \text{ V}$$

直流输出电流平均值

$$I_d = \frac{U_d - E}{R} = \frac{257.4 - 100}{20} = 7.87 \text{ A}$$

变压器二次侧电流有效值

$$I_2 = \sqrt{\frac{2}{3}} I_d = \sqrt{\frac{2}{3}} \times 7.87 = 6.43 \text{ A}$$

综上所述,可以总结三相桥式相控整流电路的特点如下:

(1)在任何时刻都必须有两个晶闸管导通,且不能是同一组的晶闸管,必须是共阴极组的一个和共阳极组的一个,这样才能形成向负载供电的回路。

(2)对触发脉冲的相位则要求按晶闸管的导通顺序 $VT_1 \rightarrow VT_2 \rightarrow VT_3 \rightarrow VT_4 \rightarrow VT_5 \rightarrow VT_6$ 依次送出,相位依次相差 $\pi/3$;对于共阴极组晶闸管 VT_1、VT_3、VT_5,其脉冲依次相差 $2\pi/3$,共阳极组晶闸管 VT_4、VT_6、VT_2 的脉冲也依次相差 $2\pi/3$;但对于接在同一相的晶闸管,如 VT_1 和 VT_4、VT_3 和 VT_6、VT_5 和 VT_2 之间的相位相差 π。

(3)为保证电路能启动工作或在电流断续后能再次导通,要求触发脉冲为单宽脉冲或是双窄脉冲。

(4)整流后的输出电压的波形为相应的变压器二次侧线电压的整流电压,一个周期脉动6次,每次脉动的波形也都一样,故该电路为6脉波整流电路,其基波频率为300 Hz。

(5)电感性负载时晶闸管两端承受的电压的波形同三相半波时是一样的,但其整流后的输出电压的平均值 U_d 是三相半波时的2倍,所以当要求同样的输出电压 U_d 时,三相桥式电路对管子的电压要求降低了一半。

(6)电感性负载时变压器一个周期有 $4\pi/3$ 有电流通过,变压器的利用率高,且由于流过变压器的电流是正负对称的,没有直流分量,所以变压器没有直流磁化现象。

正是由于三相桥式相控整流电路具有上述特点,所以在大功率高电压的场合应用较为广泛,特别对一些要求能进行有源逆变的负载,或中大容量要求可逆调速的直流电动机负载应用较多。但是由于此电路必须用6个晶闸管,触发电路也较复杂,所以,对于一般的电阻性负载或不可逆直流调速系统可以选用三相桥式半控整流电路。

3.4.3　三相桥式半控整流电路

上面小节介绍的三相桥式相控整流电路采用全控桥进行整流,因此也称为三相桥式全控整流电路或三相全控桥整流电路。将三相桥式全控整流电路中共阳极组的三个晶闸管 VT_4、VT_6、VT_2 换成三个二极管 VD_4、VD_6、VD_2,就组成了三相桥式半控整流电路。由于共阳极组的二极管的阴极分别接在三相电源上,因此在任何时候总有一个二极管的阴极电位最低而导通,即 VD_2、VD_4、VD_6 是在自然换流点 2、4、6 点自然换流。其电路原理图及工作波形如图 3-31 所示。此电路的工作原理和分析方法同单相桥式半控整流电路相似,这里不再赘述。

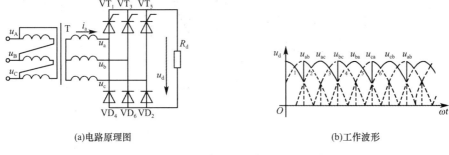

(a)电路原理图　　　　　　　　　　　　　(b)工作波形

图 3-31　三相桥式半控整流电路原理图及工作波形

3.5　交流侧电抗对相控整流电路性能的影响

在前面的分析和计算中,均未考虑包括变压器漏感在内的交流侧电感对电路的影响,即认为换流是瞬间完成的。但实际上,变压器绕组总存在一定的漏感,交流回路中也有一定的电感。为了便于分析和讨论,将所有交流侧电感都折算到变压器二次侧,用一个集中电感 L_B 来表示。由于 L_B 对电流的变化起阻碍作用,使换流过程不可能瞬时完成,这样在换流过程中会出现两条支路同时导通的情况,这势必会影响整流输出电压。

3.5.1　换流过程中的输出电压

下面以三相半波相控整流电路带电感性负载为例,分析交流侧电抗对相控整流电路的影响,所采用的分析方法以及所得的结论可以推广到 m 相。

由于是电感性负载,负载电流 i_d 近似为一条直线。在换流时,由于交流侧电感阻止电流变化,因此流经晶闸管的电流不可能突变,而是一个渐变的过程。例如从 a 相换流到 b 相时,a 相电流从 I_d 逐渐减小到零,而 b 相电流则从零逐渐增大到 I_d,如图 3-32(c)所示。这个过程称为换流过程。换流过程所对应的时间以电角度计算,称为换流重叠角,以 γ 表示。

此电路在一个周期内有三次换流,因每次换流过程情况一样,这里只分析从 a 相换流至 b 相的过程。换流之前 VT_1 导通,流经晶闸管的电流为 I_d,换流开始时刻 VT_2 触发导通。此时由于两相都存在电感,因此 i_a、i_b 均不能突变,即流经 VT_1 的电流不能瞬间降至零,流经 VT_2 的电流不能瞬间升至 I_d。于是 VT_1、VT_2 同时导通,相当于 a、b 两相短路,两相之间电位差瞬时值为 $u_b - u_a$,此电压在换流回路中产生一个假想的环流 i_k,方向如图 3-32(a)所示。因为晶闸管的单向导电性,实际电路中电流不能反向流过,只是相当于在原有电流的基础上叠加一个电流 i_k。所以,a 相电流 $i_a = I_d - i_k$ 逐渐减小;b 相电流 $i_b = i_k$ 逐渐增大。当 i_a 减小至零、i_b 增大至 I_d 时,换流过程结束,VT_1 关断,VT_2 完全开通。

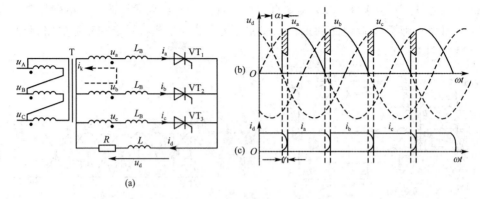

图 3-32　交流侧电抗对相控整流电路整流输出电压、电流波形的影响

在上述换流过程中,同时导通的 a、b 两相回路电压平衡方程式为

$$u_d = u_a + L_B \frac{\mathrm{d}i_k}{\mathrm{d}t} \tag{3-61}$$

$$u_d = u_b - L_B \frac{\mathrm{d}i_k}{\mathrm{d}t} \tag{3-62}$$

由式(3-61)、式(3-62)可得

$$L_B \frac{\mathrm{d}i_k}{\mathrm{d}t} = \frac{u_b - u_a}{2} \tag{3-63}$$

将式(3-63)代入式(3-61)或式(3-62)可得

$$u_d = \frac{u_a + u_b}{2} \tag{3-64}$$

从式(3-64)可以看出,换流过程中加在负载上的电压既不是 a 相电压 u_a,也不是 b 相电压 u_b,而是换流两相相电压的平均值,其电压波形如图 3-32(b)所示。与不考虑交流侧电抗时的整流输出电压波形比较,波形出现缺口,减少了一块如图 3-32(b)中阴影部分的面积,使整流输出电压平均值减小。电压减小的大小用 ΔU_γ 表示,称为换流压降。

根据图 3-32(b)及式(3-62)可得

$$\Delta U_\gamma = \frac{3}{2\pi} \int_\alpha^{\alpha+\gamma} (u_b - u_d) \mathrm{d}(\omega t) = \frac{3}{2\pi} \int_\alpha^{\alpha+\gamma} L_B \frac{\mathrm{d}i_k}{\mathrm{d}t} \mathrm{d}(\omega t)$$
$$= \frac{3}{2\pi} \int_0^{I_d} \omega L_B \mathrm{d}i_k = \frac{3}{2\pi} X_B I_d \tag{3-65}$$

式中,$X_B = \omega L_B$,是交流侧电感 L_B 折算到变压器二次侧的电抗。

如果整流电路为 m 相整流,则换流压降为

$$\Delta U_\gamma = \frac{m}{2\pi} \int_\alpha^{\alpha+\gamma} (u_b - u_d) \mathrm{d}(\omega t) = \frac{m}{2\pi} X_B I_d \tag{3-66}$$

式中,m 为一个电源周期内的换流次数。三相半波电路 $m=3$,三相桥式电路 $m=6$。比较特殊的是单相桥式电路,因为 X_B 在一个电源周期的两次换流中起作用,其电流从 I_d 到 $-I_d$,所以 $m=4$。

对于 X_B 的计算,因为它主要是整流变压器每相绕组折算到二次侧的漏抗,所以可以根据变压器铭牌参数计算

$$X_B = \frac{U_2}{I_2} \cdot \frac{U_k\%}{100} \tag{3-67}$$

式中, U_2 为变压器二次绕组额定相电压; I_2 为变压器二次绕组相电流; $U_k\%$ 为变压器短路电压比。

换流压降可看作是在整流电路直流侧增加了阻值为 $\dfrac{mX_B}{2\pi}$ 的等效电阻后, 负载电流在它上面产生的压降, 它与欧姆电阻的区别在于它不消耗有功功率。

3.5.2　换流重叠角的计算

根据式(3-63)可得

$$\frac{\mathrm{d}i_k}{\mathrm{d}t} = \frac{u_b - u_a}{2L_B} \tag{3-68}$$

以自然换流点 $\alpha = 0$ 作为坐标原点, 则 u_a、u_b 的表达式分别为

$$u_a = \sqrt{2}\,U_2 \cos\left(\omega t + \frac{\pi}{3}\right) \tag{3-69}$$

$$u_b = \sqrt{2}\,U_2 \cos\left(\omega t - \frac{\pi}{3}\right) \tag{3-70}$$

由式(3-69)、式(3-70)可得

$$u_b - u_a = 2\sqrt{2}\,U_2 \sin\frac{\pi}{3}\sin\omega t \tag{3-71}$$

将式(3-71)代入式(3-68)并整理可得

$$\mathrm{d}i_k = \frac{1}{\omega L_B}\sqrt{2}\,U_2 \sin\frac{\pi}{3}\sin\omega t\,\mathrm{d}(\omega t) \tag{3-72}$$

由于换流过程 i_k 由 0 增大至 I_d, 对式(3-72)两边同时积分可得

$$\int_0^{I_d}\mathrm{d}i_k = \int_\alpha^{\alpha+\gamma}\frac{1}{\omega L_B}\sqrt{2}\,U_2\sin\frac{\pi}{3}\sin\omega t\,\mathrm{d}(\omega t)$$

$$I_d = \frac{\sqrt{2}\,U_2\sin\dfrac{\pi}{3}}{X_B}\left[\cos\alpha - \cos(\alpha+\gamma)\right]$$

整理可得

$$\cos\alpha - \cos(\alpha+\gamma) = \frac{I_d X_B}{\sqrt{2}\,U_2\sin\dfrac{\pi}{3}} = \frac{2I_d X_B}{\sqrt{6}\,U_2} \tag{3-73}$$

对于单相桥式相控整流电路, 在换流期间电流由 $-I_d$ 变化为 I_d, 利用上述分析方法, 同样可以得到换流重叠角 γ 的计算公式

$$\cos\alpha - \cos(\alpha+\gamma) = \frac{2I_d X_B}{\sqrt{2}\,U_2\sin\dfrac{\pi}{2}} = \frac{2I_d X_B}{\sqrt{2}\,U_2} \tag{3-74}$$

对于三相桥式相控整流电路, 可以等效为相电压为 $\sqrt{3}\,U_2$ 的六相半波整流电路, 利用上述分析方法, 同样可以得到换流重叠角 γ 的计算公式

$$\cos\alpha - \cos(\alpha + \gamma) = \frac{I_d X_B}{\sqrt{2} \times \sqrt{3} U_2 \sin\dfrac{\pi}{6}} = \frac{2 I_d X_B}{\sqrt{6} U_2} \tag{3-75}$$

为了便于使用,将式(3-73)、式(3-74)、式(3-75)用如下通式表示

$$\cos\alpha - \cos(\alpha + \gamma) = \frac{I_d X_B}{\sqrt{2} U_2 \sin\dfrac{\pi}{m}} \tag{3-76}$$

式中,m 为一个电源周期内的换流次数。单相全波和单相桥式电路 $m=2$,三相半波电路 $m=3$,三相桥式电路 $m=6$。

需要注意的是,单相桥式电路 i_k 由 $-I_d$ 变为 I_d,因此计算时用 $2I_d$ 代替式中的 I_d;三相桥式电路等效为相电压为 $\sqrt{3} U_2$ 的六相半波整流电路,因此计算时用 $\sqrt{3} U_2$ 代替式中的 U_2。

通过上述分析,可得换流重叠角 γ 随其他参数变化的规律:I_d 越大,γ 越大;X_B 越大,γ 越大;当 $\alpha \leqslant \pi/2$ 时,α 越小,则 γ 越大。

【例 3-4】 某直流电源采用三相半波相控整流电路,已知变压器副边电压为 $U_2 = 200$ V,变压器漏感 $L_B = 1\text{mH}$,反电动势负载,$E = 20$ V,$R = 1$ Ω,平波电抗器 L 值足够大,$\alpha = 60°$,求输出电压 U_d、电流 I_d 和换相重叠角 γ。

解:由题意可得

$$U_d = 1.17 U_2 \cos\alpha - \Delta U_d$$

$$\Delta U_d = \frac{3 X_B I_d}{2\pi}$$

$$X_B = 2\pi f L = 2 \times 3.14 \times 50 \times 1 \times 10^{-3} = 0.314 \text{ Ω}$$

$$I_d = \frac{(U_d - E)}{R}$$

即　　$U_d = 1.17 \times 200 \times \cos 60° - \dfrac{3}{2\pi} \times 0.314 I_d$

$$I_d = \frac{U_d - E}{R}$$

联立求解可得:$U_d = 104.4$ V,$I_d = 84.3$ A

又 $\cos\alpha - \cos(\alpha + \gamma) = 2 X_B I_d / (\sqrt{6} U_2)$

$\gamma = 6.9°$

【例 3-5】 三相桥式相控整流电路带电感性负载,$R = 5$ Ω,L 值极大,当 $\alpha = 30°$时,输出直流平均电压 $U_d = 200$ V,求:

(1)变压器漏抗 $X_B = 0$ 时的变压器二次侧相电压有效值 U_2 和相电流有效值 I_2;

(2)变压器漏抗 $X_B = 0.2$ Ω 时的变压器二次侧相电压有效值 U_2 和相电流有效值 I_2 以及换流重叠角 γ。

解:(1)当 $X_B = 0$ 时,由 $U_d = 2.34 U_2 \cos\alpha$ 得

$U_2 = 98.7$ V

$$I_2 = \sqrt{\frac{2}{3}} I_d = \sqrt{\frac{2}{3}} \frac{U_d}{R} = 32.6 \text{ A}$$

当 $X_B = 0.2\ \Omega$ 时，$U_d = 2.34 U_2 \cos\alpha - \Delta U_d$

$\Delta U_d = 3 X_B I_d\ /\ \pi$

$I_d = U_d / R$

解得 $U_2 = 102.47\ \text{V}$

$$I_2 = \sqrt{\frac{2}{3}} I_d = \sqrt{\frac{2}{3}} \frac{U_d}{R} = 32.6\ \text{A}$$

由 $\cos\alpha - \cos(\alpha + \gamma) = 2 X_B I_d\ /\ (\sqrt{6} U_2)$ 得 $\gamma = 6.65°$。

3.6 相控整流电路的谐波和功率因数

作为直流电源装置，相控整流电路广泛应用于电力系统、工业、交通等诸多领域，其主要缺点是会产生谐波，使电网波形畸变，而且功率因数低。因此，必须认真对待，把这些不良影响减至最小。

相控整流电路在工作时基波电流滞后于电网电压，要消耗大量的无功功率，因此功率因数很低，这也会给公用电网带来不利影响。

(1)无功功率会导致电流增大和视在功率增加，从而使发电机、变压器及其他电气设备容量和导线容量增加。同时，电力用户的启动及控制设备、测量仪表的尺寸和规格也要加大。

(2)无功功率增加，会使总电流增加，从而使得设备和线路的损耗增加。

(3)无功功率使线路压降增大，冲击性无功负载还会使电压剧烈波动，导致供电质量严重降低。

3.6.1 谐波和无功功率

1. 谐波

所谓谐波，就是对周期性非正弦电量进行傅立叶级数分解，除了得到频率与工频相同的分量(该分量称为基波)，还得到一系列大于工频的分量，这部分分量称为谐波。

例如，前面几节分析的各种电路的输出电压、变压器二次侧电流等均为周期性非正弦量，而且一般满足狄里赫利条件，可用周期为 $T = 2\pi/\omega$ 的通式 $f(\omega t)$ 表示。$f(\omega t)$ 可分解为如下形式的傅立叶级数

$$f(\omega t) = a_0 + \sum_{n=1}^{\infty} (a_n \cos n\omega t + b_n \sin n\omega t) \tag{3-77}$$

式中

$$a_0 = \frac{1}{2\pi} \int_0^{2\pi} f(\omega t) \mathrm{d}(\omega t)$$

$$a_n = \frac{1}{\pi} \int_0^{2\pi} f(\omega t) \cos n\omega t \, \mathrm{d}(\omega t)$$

$$b_n = \frac{1}{\pi} \int_0^{2\pi} f(\omega t) \sin n\omega t \, \mathrm{d}(\omega t)$$

显然,式(3-77)中 $n=1$ 的分量为基波, $n>1$ 的分量为谐波。谐波频率与基波频率的比值($n=f_n/f_1$)称为谐波次数。

2. 无功功率

在正弦交流电路中,电路的有功功率就是其平均功率,即

$$P = \frac{1}{T} \int_0^T p \, \mathrm{d}t = \frac{1}{2\pi} \int_0^{2\pi} ui \, \mathrm{d}(\omega t) = UI \cos\varphi \tag{3-78}$$

式中, U 、 I 分别为电压、电流的有效值; φ 为电压、电流之间的相位差。

无功功率定义为

$$Q = UI \sin\varphi \tag{3-79}$$

视在功率定义为电压、电流有效值的乘积,即

$$S = UI \tag{3-80}$$

功率因数定义为有功功率 P 和视在功率 S 的比值,即

$$\lambda = \frac{P}{S} = \frac{UI \cos\varphi}{UI} = \cos\varphi \tag{3-81}$$

此时无功功率 Q 与有功功率 P 和视在功率 S 之间有如下关系

$$S^2 = P^2 + Q^2$$

在正弦交流电路中,功率因数是由电压和电流的相位差 φ 决定的,其值为

$$\lambda = \cos\varphi$$

在非正弦交流电路中,有功功率、视在功率和功率因数的定义与正弦交流电路相同。由于公用电网中电压的波形畸变通常很小,可以忽略。设输入电压为无畸变的正弦波,其有效值为 U ,输入电流有效值为 I ,基波电流有效值为 I_1 ,电压与基波电流相位差为 φ_1 。由于谐波电流在一个电源周期内的平均功率为零,只有输入电流的基波电流 I_1 形成有功功率。因此

$$P = UI_1 \cos\varphi_1 \tag{3-82}$$

基波电流产生的无功功率为

$$Q_1 = UI_1 \sin\varphi_1 \tag{3-83}$$

谐波电流产生的无功功率为

$$Q_n = U \sqrt{\sum_{n=2}^{\infty} I_n^2} \tag{3-84}$$

视在功率为

$$S = UI \tag{3-85}$$

功率因数为

$$\lambda = \frac{P}{S} = \frac{UI_1 \cos\varphi_1}{UI} = \frac{I_1 \cos\varphi_1}{I} = v \cos\varphi_1 \tag{3-86}$$

式中, $v = I_1/I$,即基波电流有效值与输入电流有效值之比,称为基波因数; $\cos\varphi_1$ 称为基波功率因数或位移因数。

由式(3-86)可见,非正弦交流电路的功率因数由基波电流相移和电流波形畸变这两个因素共同决定。

3.6.2 直流侧电压和电流的谐波分析

整流电路的输出电压是周期性的非正弦函数,其主要成分是直流,同时包含各种频率的谐波,这些谐波对于负载的工作是不利的。

下面以 m 相半波相控整流电路控制角 $\alpha=0$ 时的输出电压为例进行谐波分析,说明谐波分析的一般方法。至于 $\alpha>0$,甚至考虑换流重叠角 γ 时,m 相整流电压谐波的表达式非常复杂,在此不作介绍。

m 相半波相控整流电路控制角 $\alpha=0$ 时输出电压波形如图 3-33 所示,其表达式可写为

$$u_{\mathrm{d}}=\sqrt{2}U_2\cos\omega t \tag{3-87}$$

图 3-33 中,输出电压波形关于纵轴对称,因此 u_{d} 分解为傅立叶级数时没有正弦项,即

$$u_{\mathrm{d}}=U_{\mathrm{d}0}+\sum_{n=1}^{\infty}a_n\cos n\omega t \tag{3-88}$$

由于 u_{d} 的周期为 $2\pi/m$,因此有

$$\cos n\omega t=\cos n\left(\omega t+\frac{2\pi}{m}\right)=\cos\left(n\omega t+\frac{2n\pi}{m}\right) \tag{3-89}$$

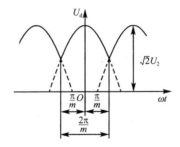

图 3-33 m 相半波相控整流电路控制角 $\alpha=0$ 时的输出电压波形

显然,式(3-89)只有在 $\dfrac{2n\pi}{m}=2k\pi(k=1,2,3\cdots)$ 时才成立,因此有

$$n=mk(k=1,2,3\cdots) \tag{3-90}$$

即在整流输出电压中,谐波次数 n 一定是脉波数 m 的整数倍。

u_{d} 的傅立叶级数表达式中的常数项是整流输出平均电压,即

$$U_{\mathrm{d}0}=\frac{m}{2\pi}\int_{-\frac{\pi}{m}}^{\frac{\pi}{m}}\sqrt{2}U_2\cos\omega t\,\mathrm{d}(\omega t)=\sqrt{2}U_2\frac{m}{\pi}\sin\frac{\pi}{m} \tag{3-91}$$

根据傅立叶级数分析,可求得

$$a_n=\frac{m}{\pi}\int_{-\frac{\pi}{m}}^{\frac{\pi}{m}}\sqrt{2}U_2\cos\omega t\cos n\omega t\,\mathrm{d}(\omega t)=\sqrt{2}U_2\frac{m}{\pi}\sin\frac{\pi}{m}\left(-\frac{2\cos n\pi}{n^2-1}\right) \tag{3-92}$$

式中,$n=mk(k=1,2,3\cdots)$。

将式(3-91)、式(3-92)代入式(3-89),整理后可得

$$u_{\mathrm{d}}=U_{\mathrm{d}0}\left[1-\sum_{n=mk}^{\infty}\frac{2\cos k\pi}{n^2-1}\cos n\omega t\right] \tag{3-93}$$

将 $m=2,3,6$ 分别代入式(3-93)可得到单相桥式相控整流电路、三相半波相控整流电路、三相桥式相控整流电路控制角 $\alpha=0$ 时整流输出电压的傅立叶级数表达式。

$$u_d=\sqrt{2}U_2\frac{2}{\pi}\sin\frac{\pi}{2}\left[1+\frac{2\cos2\omega t}{1\times3}-\frac{2\cos4\omega t}{3\times5}+\frac{2\cos6\omega t}{5\times7}-\cdots\right]$$

$$u_d=\sqrt{2}U_2\frac{3}{\pi}\sin\frac{\pi}{3}\left(1+\frac{2\cos3\omega t}{2\times4}-\frac{2\cos6\omega t}{5\times7}+\frac{2\cos9\omega t}{8\times10}-\cdots\right)$$

$$u_d=\sqrt{2}U_2\frac{6}{\pi}\sin\frac{\pi}{6}\left(1+\frac{2\cos6\omega t}{5\times7}-\frac{2\cos12\omega t}{11\times13}+\frac{2\cos18\omega t}{17\times19}-\cdots\right)$$

负载电流的傅立叶级数可由整流电压的傅立叶级数求得

$$i_d=I_d+\sum_{n=mk}^{\infty}d_n\cos(n\omega t-\varphi_n) \tag{3-94}$$

当负载为 R、L 和反电动势 E 串联时,式(3-94)中

$$I_d=\frac{U_{d0}-E}{R} \tag{3-95}$$

n 次谐波电流的幅值 d_n 为

$$d_n=\frac{a_n}{z_n}=\frac{a_n}{\sqrt{R^2+(n\omega L)^2}} \tag{3-96}$$

n 次谐波电流的滞后角为

$$\varphi_n=\arctan\frac{n\omega L}{R} \tag{3-97}$$

通过上述分析可得,控制角 $\alpha=0$ 时相控整流电路整流电压、电流中的谐波有如下规律:

(1)m 脉波整流电压 u_d 的谐波次数为 $mk(k=1,2,3\cdots)$ 次,即 m 的倍数次;整流电流的谐波由整流电压的谐波决定,也为 mk 次。

(2)当 m 一定时,随谐波次数增大,谐波幅值迅速减小,表明最低次(m 次)谐波是最主要的,其他次数的谐波相对较少;当负载中有电感时,负载电流谐波幅值 d_n 的减小更为迅速。

(3)m 增加时,最低次谐波次数增大,且幅值迅速减小。

由此可见,增加整流电路的相数可以减少谐波。另外,将三相整流变压器连接组别接成 △/Y 或 Y/△,可以抑制 3 的倍数次谐波;或者可在整流变压器二次侧针对某次谐波设置滤波电路。

3.6.3 交流侧的谐波和功率因数分析

对于相控整流电路,流过整流变压器二次侧的是周期性变化的非正弦电流,它包含有谐波分量,这些谐波电流在电源回路中引起阻抗压降,使得电源电压也含有高次谐波。因此,相控整流电路对电源来说是一个谐波源。下面以三相桥式相控整流电路带电感性负载为例,忽略换流过程和电流脉动,说明交流侧的谐波和功率因数分析的一般方法。

通过 3.4 节的分析可知,此时二次侧相电流为正负半周各为 $2\pi/3$ 的方波,其有效值与整流输出电流的关系为

$$I=\sqrt{\frac{2}{3}}I_d \tag{3-98}$$

以 a 相电流为例,将电流正负半波的中点作为时间零点,对 i_a 进行傅立叶级数分解,可得

$$
\begin{aligned}
i_a &= \frac{2\sqrt{3}}{\pi} I_d \left(\sin\omega t - \frac{1}{5}\sin5\omega t - \frac{1}{7}\sin7\omega t + \frac{1}{11}\sin11\omega t + \frac{1}{13}\sin13\omega t - \cdots \right) \\
&= \frac{2\sqrt{3}}{\pi} I_d \sin\omega t + \frac{2\sqrt{3}}{\pi} I_d \sum_{\substack{n=6k\pm1 \\ k=1,2,3\cdots}}^{\infty} (-1)^k \frac{1}{n}\sin n\omega t \\
&= \sqrt{2} I_1 \sin\omega t + \sum_{\substack{n=6k\pm1 \\ k=1,2,3\cdots}}^{\infty} (-1)^k \sqrt{2} I_n \sin n\omega t
\end{aligned}
$$

$$(3\text{-}99)$$

则电流基波和各次谐波的有效值分别为

$$
\begin{cases}
I_1 = \dfrac{\sqrt{6}}{\pi} I_d \\[2mm]
I_n = \dfrac{\sqrt{6}}{n\pi} I_d
\end{cases}
\qquad (n=6k\pm1, k=1,2,3\cdots)
\qquad (3\text{-}100)
$$

从上式可以看出,电流中仅含 $6k\pm1$(k 为正整数)次谐波,各次谐波有效值与谐波次数成反比,且与基波有效值的比值为谐波次数的倒数。

由式(3-98)和式(3-100)可得基波因数

$$
v = \frac{I_1}{I} = \frac{3}{\pi} \approx 0.955
\qquad (3\text{-}101)
$$

由图 3-29 可以明显看出,电流基波与电压的相位差为 α,因此位移因数为

$$
\lambda_1 = \cos\varphi_1 = \cos\alpha
\qquad (3\text{-}102)
$$

由此可得交流侧功率因数

$$
\lambda = v\lambda_1 = \frac{I_1}{I}\cos\varphi_1 = \frac{3}{\pi}\cos\alpha \approx 0.955\cos\alpha
\qquad (3\text{-}103)
$$

由此可见,相控整流电路交流侧功率因数与整流相数和控制角有关。因此,可通过增加整流相数或减小控制角来提高相控整流电路的功率因数。

3.7　大功率相控整流电路

在前面分析的相控整流电路中,虽然能够得到可调的脉动直流电源,但仍满足不了一些特定场合的生产要求。例如,在电解、电镀等工业中,常常使用低电压大电流(例如几十伏,几千至几万安)可调直流电源;一些大型生产机械,如用于轧钢机的传动系统、矿井提升机的拖动系统等功率可达数千千瓦。为了满足大电流或大功率的特殊需要,减轻电路工作对电网的干扰,通常采用多相相控整流电路和多重化相控整流电路。

3.7.1　双反星形相控整流电路

1.直接输出的三相双半波相控整流电路

在电解、电镀、电焊等工业应用中，要求的直流电压仅几伏到几十伏，直流电流可达几千至几万安。如果采用桥式整流，那么电流的每个通路要经过两个晶闸管，有两倍管压降，对于这种输出电压不高而输出电流很大的电源来说损耗很大，很不经济。另外，由于电流大，每个桥臂常常需要多个元件并联，这又带来了均流和保护等一系列问题。所以在这种情况下，多采用三相半波相控整流电路并联运行。

直接输出的三相双半波相控整流电路原理图如图 3-34 所示。该电路也称为双反星形相控整流电路，因为电路中整流变压器二次侧六个匝数相同的绕组接成两个星形，但两组星形绕组接线的极性相反，两者电压相位差为 π。两组星形绕组绕在同一铁芯上，目的是使变压器中的直流磁动势为零，消除铁芯的直流磁化。

在Ⅰ组、Ⅱ组各自的自然换流点施加触发脉冲，即控制角 $\alpha=0$，如图 3-35 所示。当给 VT_1 施加触发脉冲 u_{g1} 时，b_2 相所接 VT_6 正处于导通状态，$u_d=u_{KO}=u_2$。从波形图看出，此时 VT_1 阳极电位 u_{a1} 低于公共点电位 $u_K=u_{b2}$，因而 VT_1 承受反向电压不会被触发导通。若 u_{g1} 的脉宽大于 $\pi/6$，即过了 ωt_1 点时 u_{g1} 仍然存在，则由于此时 $u_{a1}>u_{b2}$，VT_1 承受正向电压可以被触发导通。VT_1 导通以后，$u_d=u_{KO}=u_{a1}$，原导通的 VT_6 承受反向电压立即被强迫关断，这时由于 u_{a1} 电位最高，其他 5 个晶闸管均承受反向电压不会导通。因而两组电路不可能同时工作并向负载供电。继续施加触发脉冲 u_{g2}、u_{g3}、u_{g4}、u_{g5}、u_{g6} 时换流情况与上述过程类似。

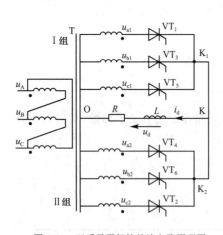

图 3-34　双反星形相控整流电路原理图

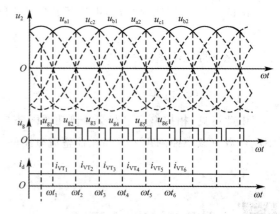

图 3-35　双反星形相控整流电路带电感性
负载控制角 $\alpha=0$ 时的工作波形

通过上述分析可以得到以下结论：

(1)每个电源周期每个晶闸管只导通 $\pi/3$，输出电压有 6 个由相电压波形组成的波头，因此双反星形相控整流电路也称六相半波相控整流电路。

(2)任一时刻只有一个晶闸管导通，每个晶闸管在导通期间要承受全部负载电流。而流过晶闸管的平均电流仅为负载电流的 1/6，晶闸管得不到充分利用。这是双反星形相控整流电路应用较少的原因之一。

（3）整流变压器二次侧每相绕组中的电流等于它所接元件中的电流，也是幅值为 I_d、宽度为 $\pi/3$ 的方波。由此可以看出，每相绕组的工作时间短，变压器的利用率很低，这是双反星形相控整流电路应用较少的另一主要原因。

2. 带平衡电抗器的双反星形相控整流电路

两个直流电源并联时，只有当输出电压平均值和瞬时值均相等时，才能使负载均流。

通过前述分析可以看到，双反星形相控整流电路中，两组整流电路整流电压平均值相等，但瞬时值不相等，因此任一时刻双反星形相控整流电路只有一组工作。也就是说，一组晶闸管承受正向电压被触发导通，另一组晶闸管必然承受反向电压被强迫关断。因此，双反星形相控整流电路并未达到并联的目的。

为了使两组整流电路能够并联运行，接入平衡电抗器 L_p，如图 3-36 所示。L_p 是一个带有中心抽头的电抗器，它将电抗器分成两部分 L_{p1}、L_{p2}，并且 $L_{p1}=L_{p2}$。若电抗器的任一个线圈通过交变电流时，在 L_{p1} 与 L_{p2} 上都可产生大小相等、极性一致的感应电动势。它的作用是使两组整流电路的整流输出电压在平均值相等的情况下，保证其瞬时值也相等。这样才能使负载电流在两组整流电路中平均分配。

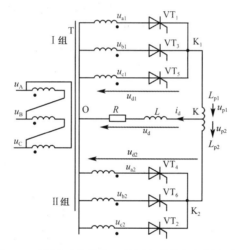

图 3-36　带平衡电抗器的双反星形相控整流电路原理图

仍设 $\alpha=0$，首先分析 L_p 在使两组晶闸管同时工作时的作用。在图 3-37（a）中，$\omega t_1 \sim \omega t_2$ 期间，u_{a1} 相电压最高，VT_1 导通。i_{a1} 电流经 a_1 相绕组 $\to VT_1 \to L_{p1}$ 负载 $\to O$ 点 $\to a_1$ 相绕组。i_{a1} 增大，i_{a1} 在 L_{p1} 中感应出电动势，其极性为上负下正。L_{p2} 中感应电动势的极性和大小也与 L_{p1} 中的相同。在此期间，$u_{a1}>u_{c2}$，只有 a_1 相的 VT_1 与 c_2 相的 VT_2 有可能导通。感应电动势 u_p 的一半 u_{p1} 要减弱 u_{a1} 电压，u_p 的另一半 u_{p2} 要增强 u_{c2}，使得晶闸管 VT_1 与 VT_2 同时承受相同的正向电压，VT_1 与 VT_2 同时导通。由于 $u_{a1}>u_{c2}$，所以 VT_2 导通后，不会关断 VT_1。这里，如果没有电抗器 L_p，则每时每刻只能有一个晶闸管导通。L_p 在两相的晶闸管导通中起平衡作用，故称为平衡电抗器。

在 $\omega t_2 \sim \omega t_3$ 期间，$u_{a1}<u_{c2}$。此时 i_{a1} 正在减小，L_p 产生感应电动势，抑制 i_{a1} 的减小，其极性正好与前段时间相反。由于 $u_{a1}<u_{c2}$，感应电动势 u_p 增加了 VT_1 的阳极电压，减小了 VT_2 的阳极电压，迫使 VT_1 与 VT_2 同时导通。这就使导通的晶闸管由不加 L_p 时导通 $\pi/3$ 而变为导通 $2\pi/3$。以后的导通情况与上述类似。

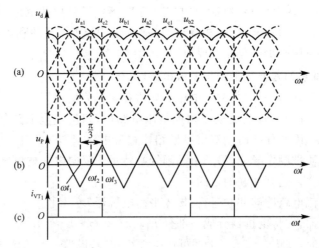

图 3-37　带平衡电抗器的双反星形相控整流电路 $\alpha = 0$ 时的工作波形

由以上分析可见，平衡电抗器 L_p 是维持两个晶闸管同时导通的重要器件。它使每个晶闸管导通 $2\pi/3$，并且每隔 $\pi/3$ 换流一次；同时使负载电流由两组整流电路共同承担，在输出同样大小的负载电流时，可使晶闸管容量相应减小。

平衡电抗器使一组整流电路的电压增加，同时使另一组整流电路的电压减小。在图 3-36 中，把电路以负载为界分成上下两部分，则

从 Ⅰ 组看：

$$u_d = u_{d1} - \frac{1}{2}u_p \tag{1}$$

从 Ⅱ 组看：

$$u_d = u_{d2} + \frac{1}{2}u_p \tag{2}$$

上面两式相加，可得负载电压 $u_d = (u_{d1} + u_{d2})/2$；上面两式相减，可得电抗器电压 $u_p = u_{d1} - u_{d2}$，u_p 波形如图 3-37(b)所示。u_p 加在 L_p 上，产生电流 i_p，它通过两组星形电路自成回路，不流到负载中去，称为环流或平衡电流。当负载电流很小且与环流电流相等时，工作电流与环流电流方向相反的那个晶闸管，因流过电流小于维持电流而关断，并联运行遭到破坏。电感的作用是为了使两组电流尽可能平均分配，一般使 L_p 值足够大，以便限制环流在负载额定电流的 $\pm 1\% \sim \pm 2\%$ 以内。

图 3-38 所示是带平衡电抗器的双反星形相控整流电路控制角 $\alpha = \pi/6$、$\pi/3$、$\pi/2$ 时整流输出电压 u_d 的波形。由于该电路是两组三相半波相控整流电路的并联，故整流输出电压平均值 U_d 与一组三相半波相控整流电路的整流输出电压平均值相等。

$$U_d = 1.17U_2\cos\alpha \tag{3-104}$$

3. 带平衡电抗器的 12 脉波相控整流电路

双反星形相控整流电路是两个三相半波整流电路并联，当负载更大且要求电压脉动更小时，多采用两个三相桥式整流电路并联，构成带平衡电抗器的 12 脉波相控整流电路，如图 3-39 所示。整流变压器采用三相三绕组变压器，一次绕组采用 △ 接，二次绕组一组 a_1、b_1、c_1 采用 Y 接，另一组 a_2、b_2、c_2 采用 △ 接。如果同名端如图 3-39 所示，变压器 Ⅰ 组为 △/Y11 接法，Ⅱ 组为 △/△12 接法，因而二次侧线电压 u_{a1b1} 比 u_{a2b2} 超前 $\pi/6$。每组桥均输出具有相位差为 $\pi/3$ 的 6 个波头的输出电压，由于两组桥的波头在相位上差 $\pi/6$，从而得到有 12 个

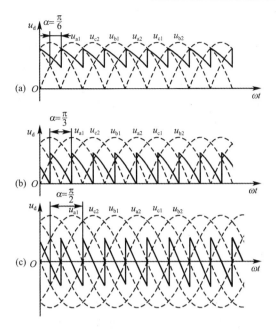

图 3-38　带平衡电抗器的双反星形相控整流电路控制角 $\alpha=\pi/6$、$\pi/3$、$\pi/2$ 时整流输出电压 u_d 的波形

波头的输出电压。为了使两组整流桥的输出电压相等，要求两组交流电源的线电压相等，因此△接绕组线电压比 Y 接绕组相电压大 $\sqrt{3}$ 倍。

　　不接入平衡电抗器 L_p 时，同双反星形相控整流电路一样，两组桥不能同时向负载供电，而只能交替地向负载供电，不过交替导通的间隔是 $\pi/6$。接入平衡电抗器 L_p 后，当 I 组桥的瞬时线电压高，有整流电流输出时，在平衡电抗器的两端就产生感应电动势，其一半减小 I 组桥的电动势，另一半则增加 II 组桥的电动势，维持两组桥各自正常的三相桥式整流状态。当 I 组桥的瞬时线电压等于 II 组桥的瞬时线电压时，两桥并联运行，此时在平衡电抗器上产生的感应电动势为零，之后当 II 组桥的瞬时线电压大于 I 组桥的瞬时线电压时，则平衡电抗器上产生的感应电动势极性相反，继续维持两桥正常导通。图 3-40 所示为带平衡电抗器的 12 脉波相控整流电路控制角 $\alpha=0$ 时的整流输出电压波形。

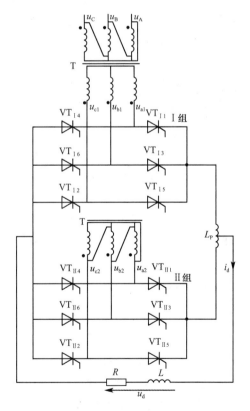

图 3-39　带平衡电抗器的 12 脉波相控整流电路原理图

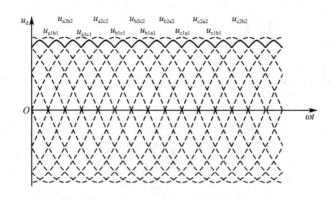

图 3-40   带平衡电抗器的 12 脉波相控整流电路控制角 $\alpha = 0$ 时的整流输出电压波形

3.7.2 多重化相控整流电路

从上一节的分析可以看出,整流输出电压的脉波数越多,输出电压的脉动将得到显著改善,同时可以减少变压器一次侧线电流中的谐波,可以降低整流电路对元件的耐压要求,减少元件的串、并联数,有利于提高电路的效率和功率因数。因此在更大功率的整流电路中,为了减轻对公用电网的谐波及无功功率干扰,可以采用若干相位彼此错开的多个整流电路串联或并联,以构成更多脉波整流电路,如通过桥式电路带平衡电抗器作并联运行或者桥式电路串联运行,以降低交流侧输入电流谐波,这种方法称之为移相多重连接;也可以对串联多重连接电路采用顺序控制的方法来提高功率因数。这种由多个基本单元电路按照一定的方法多重连接而复合使用,以构成更多脉波输出的方法称之为相控整流电路的多重化。

1. 移相多重连接

整流电路的多重连接有并联多重连接和串联多重连接两种。前面已经分析了带平衡电抗器的 12 脉波相控整流电路,该电路为并联多重连接的一种接法。本节主要分析串联多重连接。

图 3-41 所示为移相 $\pi/6$ 构成的串联 2 重连接电路原理图。图中变压器 T 与带平衡电抗器的 12 脉波相控整流电路中变压器的接法相同,因此该电路也是 12 脉波相控整流电路。

由于两组整流电路所对应的线电压相位差为 $\pi/6$,故此电路的整流输出电压瞬时值及平均值可分别表示为

$$u_d = u_{d1} + u_{d2} = \sqrt{6}U_2\sin\omega t + \sqrt{6}U_2\sin\left(\omega t + \frac{\pi}{6}\right) = 2\sqrt{6}U_2\cos\frac{\pi}{12}\sin\left(\omega t + \frac{\pi}{12}\right) \quad (3\text{-}105)$$

$$U_d = \frac{1}{2\pi/12}\int_{\frac{\pi}{3}+\alpha}^{\frac{\pi}{2}+\alpha} 2\sqrt{6}U_2\cos\frac{\pi}{12}\sin\left(\omega t + \frac{\pi}{12}\right)\mathrm{d}(\omega t) = 4.68U_2\cos\alpha \quad (3\text{-}106)$$

两组整流电路顺极性相加,因此输出电压是一组整流电路的两倍。该电路适宜于负载要求高电压、高供电质量的场合。

采用多重连接的方法并不能提高位移因数,但可使输入电流谐波幅度减小,从而也可以在一定程度上提高功率因数。

为了提高整流输出电压,还可采用更多重串联连接,获得更高相的相控整流电路。例

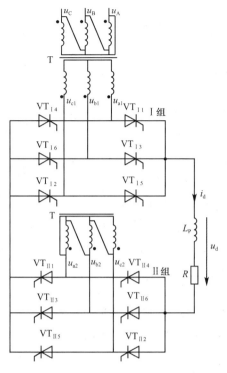

图 3-41　移相 $\pi/6$ 构成的串联 2 重连接电路原理图

如,利用变压器二次侧的曲折接法,如图 3-42 所示,使线电压互相错开 $\pi/9$,可将 3 组三相桥式电路构成串联 3 重连接电路,即 18 脉波整流电路。

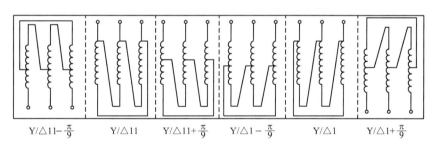

图 3-42　18 脉波相控整流电路整流变压器接线图

2. 串联多重连接电路的顺序控制

前面介绍的串联多重连接电路中,为使电路正常工作,通常对其进行对称及并行控制,即控制角 α 在 $0 \sim \pi$ 的整个范围内,每隔 $\pi/6$(对 12 脉波电路而言)相继触发各晶闸管。采用这种并行控制方式,随着 α 趋于 $\pi/2$,将使电网的位移因数恶化。为了改善位移因数,只对一个桥的控制角 α 进行控制,其余各桥的工作状态则根据需要输出的整流电压而定,或者不工作而使该桥输出直流电压为零,或者令 $\alpha = 0$ 而使该桥输出电压最大。根据所需总直流输出电压从低到高的变化,按顺序依次对各桥进行控制,因而被称为顺序控制。这种控制方式虽然不能降低输入电流谐波,还会导致偶次谐波的出现,但是各组桥中只有一组在进行相位控制,其余各组或不工作或位移因数为 1,因此总功率因数得以提高。

　　图 3-43 所示为应用于电气机车牵引中,采用顺序控制的单相 3 重串联连接相控整流电路的实例。

　　对该电路采用如下顺序控制方式:当需要的输出电压低于 1/3 的最高电压时,只对 I 组的控制角 $\alpha = 0$ 进行控制,连续触发 VT_{23}、VT_{24}、VT_{33}、VT_{34} 使其导通,使 II、III 组工作在续流状态,这样 II、III 组的输出电压就为零;当需要的输出电压达到 1/3 的最高电压时,I 组的 $\alpha = 0$;当需要的输出电压为 1/3~2/3 的最高电压时,I 组的 α 固定为 0,III 组的 VT_{33} 和 VT_{34} 维持导通,使 III 组工作在续流状态,其输出电压为零,仅对 II 组的 u_d 进行控制;当需要的输出电压为 2/3 的最高电压以上时,I、II 组的 α 固定为 0,仅对 III 组的 α 进行控制。由此可得该电路输出电压 u_d 及整流变压器一次侧电流 i 的波形,如图 3-44 所示。从 i 的波形可以看出,虽然波形并未改善,但其基波分量比电压的滞后少,因而位移因数高,从而提高了总的功率因数。

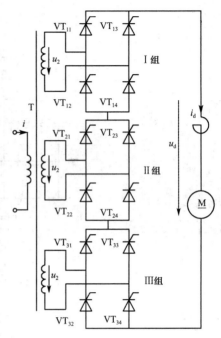

图 3-43　采用顺序控制的单相 3 重串联连接
相控整流电路实例

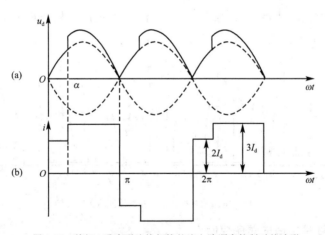

图 3-44　单相 3 重串联连接相控整流电路顺序控制时的波形

3.8　相控电路的驱动控制

　　本章讲述的晶闸管可控整流电路是通过控制触发角 α 的大小,即控制触发脉冲起始相位来控制输出电压大小,称为相控电路。此外,第 6 章将要讲述的交流电力控制电路和交-交变频电路,当采用晶闸管相位控制方式时,也为相控电路。

为保证相控电路的正常工作,很重要的一点是保证按触发角 α 的大小在正确的时刻向电路中的晶闸管施加有效的触发脉冲,这就是本节要讲述的相控电路的驱动控制。对于相控电路这样使用晶闸管的场合,驱动控制也习惯称为触发控制,相应的电路习惯称为触发电路。

在第 2 章讲述晶闸管的触发电路时已经简单介绍了触发电路应满足的要求、晶闸管触发脉冲的放大等内容。但所讲述的内容是孤立的,未与晶闸管所处的主电路相结合,而将触发脉冲与主电路融合正是本节要讲述的主要内容。

大、中功率的变流器,对触发电路的精度要求较高,对输出的触发功率要求较大,故广泛应用的是晶体管触发电路,其中以同步信号为锯齿波的触发电路应用最多。同步信号为正弦波的触发电路也有较多应用,但限于篇幅,不作介绍。

3.8.1　同步信号为锯齿波的触发电路

图 3-45 是同步信号为锯齿波的触发电路原理图。此电路输出可为单窄脉冲,也可为双窄脉冲,以适用于有两个晶闸管同时导通的电路,例如三相全控桥。电路可分为三个基本环节:脉冲的形成与放大、锯齿波的形成和脉冲移相、同步环节。此外,电路中还有强触发和双窄脉冲形成环节。u_{co} 为控制电压,各点输出波形如图 3-46 所示,读者可自行分析。

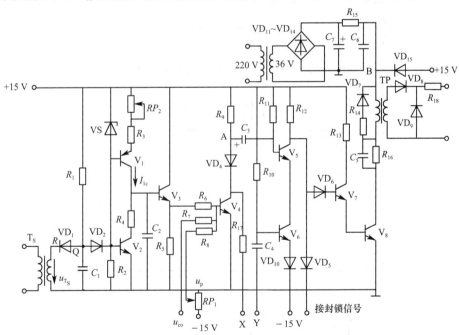

图 3-45　同步信号为锯齿波的触发电路原理图

本方案是采用性能价格比优越的、每个触发单元的一个周期内输出两个间隔 $60°$ 的脉冲的电路,称内双脉冲电路。

图 3-47 给出了由 6 块触发板组成的三相全控桥触发电路实现双脉冲的连接方法。这种连接只适用于三相电源 A、B、C 为正相序,6 个晶闸管的触发顺序为 $VT_1 \rightarrow VT_2 \rightarrow VT_3 \rightarrow VT_4 \rightarrow VT_5 \rightarrow VT_6$,彼此间隔 $60°$ 的触发方式。在安装使用这种触发电路的晶闸管装置时,应先测定电源的相序,再正确连接。如果电源相序相反,装置将不会正常工作。

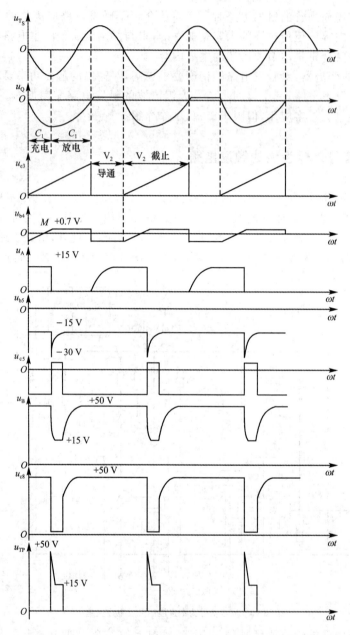

图 3-46 同步信号为锯齿波的触发电路的工作波形

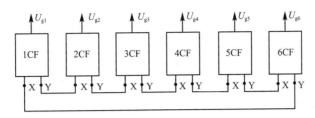

图 3-47　三相全控桥触发电路实现双脉冲的连接方法

3.8.2　集成触发器

集成电路可靠性高,技术性能好,体积小,功耗低,调试方便。随着集成电路制作技术的提高,晶闸管触发电路的集成化已逐渐普及,现已逐步取代分立式电路。目前国内常用的有 KJ 系列和 KC 系列,两者生产厂家不同,但很相似。下面以 KJ 系列为例简单介绍三相全控桥的集成触发器组成。

图 3-48 为 KJ004 电路原理图,其中点画线框内为集成电路部分。从图中可以看出,它与分立元件的锯齿波移相触发电路相似,可分为同步、锯齿波形成、移相、脉冲形成、脉冲分选及脉冲放大几个环节。由 1 个 KJ004 构成的触发单元可输出 2 个相位间隔 $180°$ 的触发脉冲。其工作原理可参照同步信号为锯齿波的触发电路进行分析,或查阅有关的产品手册,此处不再详述。

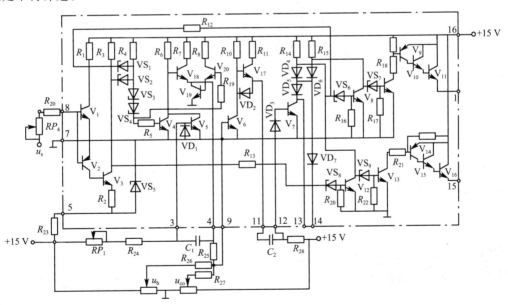

图 3-48　KJ004 电路原理图

只需用 3 个 KJ004 集成块和 1 个 KJ041 集成块即可形成六路双脉冲,再由 6 个晶体管进行脉冲放大,即构成完整的三相全控桥整流电路的集成触发电路,如图 3-49 所示。其中,KJ041 内部实际是由 12 个二极管构成的 6 个或门,其作用是将 6 路单脉冲输入转换为 6 路双脉冲输出。

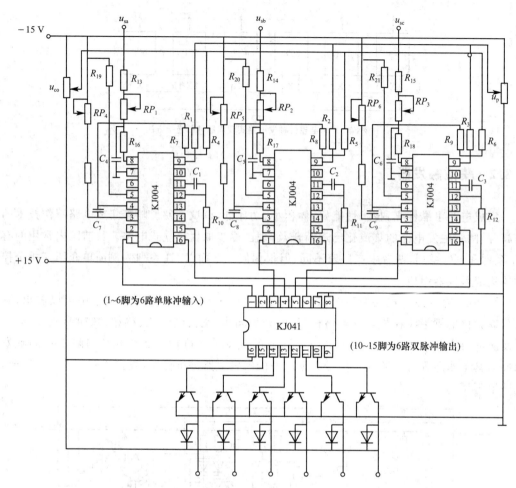

图 3-49　三相全控桥整流电路的集成触发电路

以上触发电路均为模拟量触发电路,其优点是结构简单、可靠,但缺点是易受电网电压影响,触发脉冲的不对称度较高,可达 $3°\sim4°$,精度低。在对精度要求高的大容量变流装置中,越来越多地采用了数字触发电路,可获得很好的触发脉冲对称度,例如基于 8 位单片机的数字触发器,其精度可达 $0.7°\sim1.5°$。

3.9　相控整流电路设计举例

利用相控整流电路构成双闭环直流调速系统,已知直流电动机参数:额定电压 $U_N=220\ V$,额定电流 $I_N=12\ A$,额定转速 $n_N=1500\ r/min$。根据上述条件,设计系统电路。

双闭环直流调速系统主要由主电路、控制电路、触发电路及其负载组成。主电路设计主要包括整流变压器额定参数计算、整流元件的计算与选择、电抗器的参数计算、晶闸管保护电路的计算等。

1. 选择整流电路

整流电路的选择应根据用户的电源情况及装置的容量来决定。一般情况下,装置容量在 4 kW 以下多采用单相桥式整流电路;装置容量在 4 kW 以上、额定直流电压又较高时多采用三相桥式整流电路。

本例双闭环直流调速系统的主电路采用整流变压器、三相桥式相控整流电路和直流侧串接平波电抗器的方案。

2. 整流变压器设计

变压器额定参数计算主要是根据给定的电网相电压有效值、已确定的整流电路形式、负载条件、直流输出电压和功率来计算变压器二次侧相电压、相电流和一次侧相电流,以及变压器二次侧容量和一次侧容量。

(1)变压器二次侧相电压 U_2、相电流 I_2 和一次侧相电流 I_1

在设计中,变压器二次侧相电压可按下式计算

$$U_2 = \frac{U_{dN} + nU_{VT}}{A\beta\left(\cos\alpha_{\min} - c\dfrac{U_k\%}{100} \cdot \dfrac{I_{\max}}{I_N}\right)} \tag{3-107}$$

式中, U_{dN} 为负载要求的额定电压; U_{VT} 为晶闸管正向压降,通常取 1 V; n 为主电路电流回路中晶闸管的个数; A 为理想情况下控制角 $\alpha=0$ 时,整流输出电压 U_d 与变压器二次侧相电压 U_2 之比; c 为线路接线方式系数,单相桥式相控整流电路为 0.707,三相桥式相控整流电路为 0.5; β 为电网电压波动系数,通常取 0.9; $\alpha_{\min}$ 为最小控制角,通常可逆传动系统取 $\alpha_{\min}=\pi/6\sim5\pi/18$,不可逆传动系统取 $\alpha_{\min}=\pi/18\sim\pi/12$,电阻性负载取 $\alpha_{\min}=0\sim\pi/36$; $U_k\%$ 为变压器短路电压比,通常容量在 100 kVA 以下的变压器取 5; $I_{\max}/I_N$ 为负载的过电流倍数。

根据式(3-107)可得 $U_2=127.2$ V,取 $U_2=127$ V。根据式(3-58)可得,变压器二次侧相电流

$$I_2 = 0.816I_d = 0.816I_N = 0.816\times12 = 9.792 \text{ A}。$$

忽略变压器励磁电流,可计算变压器一次侧相电流为

$$I_1 = I_2\frac{U_2}{U_1} = \frac{9.792\times127}{380} = 3.27 \text{ A}$$

若考虑变压器励磁电流,则 I_1 比上式计算值再增加 5%。

(2)变压器二次侧容量 S_2 和一次侧容量 S_1

忽略变压器励磁功率,则三相桥式相控整流电路整流变压器二次侧容量和一次侧容量相等(需要注意的是在零式电路里由于直流分量的存在,导致二者并不相同)。

$$S_2 = S_1 = 3U_2I_2 = 3\times127\times9.792 = 3.73 \text{ kVA}$$

取 $S_2 = S_1 = 3.8$ kVA。

关于变压器铁芯的选择与计算,变压器一、二次绕组匝数计算以及绕组导线线径计算,可参考有关变压器设计的书籍。

3. 开关器件的选用与计算

(1)晶闸管额定电压的选择

由本章 3.4 节的分析已知,晶闸管承受最大可能的正反向电压峰值为 $\sqrt{6}U_2$,考虑一定的安全裕量,则有

$$U_{TN} = (2 \sim 3) \times \sqrt{6} U_2 = 622 \sim 933 \text{ V}$$

取 $U_{TN} = 800$ V。

(2)晶闸管额定电流的选择

按平波电抗器电感量足够大、电流连续且平直考虑,则流过晶闸管的电流有效值 I_T 按式(3-57)计算,并考虑一定的安全裕量有

$$I_{T(AV)} = (1.5 \sim 2) \times \frac{I_d}{1.57\sqrt{3}} = 6.6 \sim 8.8 \text{ A}$$

取 $I_{T(AV)} = 10$ A。

根据上述计算,查阅相关手册,可选择型号为 KP10-8 的晶闸管。

4. 平波电抗器电感量的计算

(1)临界电感量 L_d 的计算

由式(3-60)可计算维持电流连续的电感值,即

$$L_d \geqslant 0.693 \times 10^{-3} \frac{U_2}{I_{dmin}} = 0.693 \times 10^{-3} \times \frac{127}{0.1 \times 12} = 73.34 \text{ mH}$$

从制作电抗器的成本及装置体积考虑,取 $L_d = 73.34$ mH。

(2)直流电动机电感量的计算

直流电动机电感量 L_D 可按下式计算

$$L_D = K_D \frac{U_N}{2 p n_N I_N} \tag{3-108}$$

式中,U_N、I_N、n_N 分别为直流电动机电压、电流和转速的额定值;p 为电动机的磁极对数;K_D 为计算系数,一般无补偿电动机取 $8 \sim 12$,快速无补偿电动机取 $6 \sim 8$,有补偿电动机取 $5 \sim 6$。本例取 $K_D = 10$ 进行计算,得 $L_D = 30.56$ mH。

(3)整流变压器每相漏电感 L_B 的计算

整流变压器每相漏电感 L_B 可按下式计算

$$L_B = K_L \frac{U_k \%}{100} \cdot \frac{U_2}{I_N} \tag{3-109}$$

式中:K_L 与电路形式有关,单相桥式相控整流电路取 3.18,三相桥式相控整流电路取 3.9,此处 L_B 的单位为 mH。

由式(3-109)可计算 $L_B = 0.021$ mH。

(4)平波电抗器实际电感量 L_d 的计算

$L_d = 73.34 - L_D - 2L_B = 73.34 - 30.56 - 2 \times 0.021 = 42.74$ mH,取 $L_d = 45$ mH,流过电抗器的电流为 12A,根据上述计算可选择平波电抗器的铁芯,计算绕组导线的线径,同样可参考有关变压器设计的书籍。

5. 保护系统的设计

采用晶闸管作为开关元件的相控整流电路虽然有很多优点,但由于晶闸管过电压、过电流能力差,短时间的过电流、过电压都可能造成元件损坏。为使相控整流电路能正常工作而不损坏,不但要合理选择元件,还必须采取适当的保护措施。

(1)交流侧过电压保护

主电路交流侧过电压保护选择阻容保护和压敏电阻保护,并且均采用 Y 接法。

阻容保护电容值可由下式计算

$$C = 17320 \frac{I_0\%}{U_{2L}} = 17320 \times \frac{0.05}{127\sqrt{3}} = 3.94 \ \mu F \tag{3-110}$$

式中，U_{2L} 为变压器二次侧线电压；$I_0\%$ 为变压器空载电流百分数，一般为 $2\% \sim 10\%$。取 $C = 4.7 \ \mu F$。

电容 C 耐压值

$$U_C \geqslant 1.5 U_m = 1.5 \times \sqrt{2} \times 127 = 269 \ V$$

取 $U_C = 300 \ V$，故可选择 $4.7 \ \mu F/300 \ V$ 金属化纸介电容器。

电阻值可由下式计算

$$R = 0.17 \frac{U_{2L}}{I_0\% I_{2L}} = 0.17 \times \frac{127\sqrt{3}}{0.05 \times 9.792} = 76.38 \ \Omega \tag{3-111}$$

式中，I_{2L} 为变压器二次侧线电流。取 $R = 76.38 \ \Omega$。

电阻功耗

$$P_R = \left(\frac{1}{4} I_0\% I_{2L}\right)^2 R = \left(\frac{1}{4} \times 0.05 \times 9.792\right)^2 \times 76.38 = 1.14 \ W \tag{3-112}$$

取 $P_R = 2 \ W$，因此 R 可选择 $76.38 \ \Omega/2 \ W$ 金属膜电阻。

压敏电阻标称电压

$$U_{1mA} = \frac{\varepsilon\sqrt{2} U_{2L}}{0.8 \sim 0.9} = \frac{1.2 \times \sqrt{2} \times \sqrt{3} \times 127}{0.9} = 414.7 \ V \tag{3-113}$$

式中，ε 为电网电压波动系数。U_{1mA} 取 $440 \ V$。

压敏电阻通流容量的选择原则是压敏电阻允许通过的最大电流应大于泄放浪涌电压时流过压敏电阻的实际浪涌峰值电流。但实际浪涌峰值电流很难计算，在变压器容量大、距外线路近且无避雷器保护的场合选择较大的通流容量，一般取 5 kA 以上。根据上述计算选用 MY31-440/5 型压敏电阻。

（2）晶闸管两端过电压保护

晶闸管两端过电压保护采取阻容保护，电阻、电容值可根据晶闸管额定电流来直接选取经验数据，见表 3-1。

表 3-1　　　　　　　　　晶闸管两端阻容保护数值的经验数据

晶闸管额定电流/A	10	20	50	100	200	500	1000
电容/μF	0.1	0.15	0.2	0.25	0.5	1	2
电阻/Ω	100	8	40	20	10	5	2

根据表 3-1 可查得，$C = 0.1 \ \mu F$，$R = 100 \ \Omega$。

电容 C 耐压值

$$U_C \geqslant 1.5 U_m = 1.5 \times \sqrt{6} \times 127 = 466 \ V$$

取为 630 V。

电阻功率

$$P_R = fCU_m^2 \times 10^{-6} = 50 \times 0.1 \times (\sqrt{6} \times 127)^2 \times 10^{-6} = 0.484 \ W$$

取为 1 W。

根据上述计算,故可选用 0.1 μF/630 V 金属化纸介电容器,100 Ω/1 W 金属膜电阻。

(3)过电流保护

过电流保护采用晶闸管串联快速熔断器方案。快速熔断器的额定电流通常要大于流过晶闸管的电流有效值的 1.3 倍。

由式(3-57)可得,流过晶闸管的有效电流

$$I_{\mathrm{T}} = \frac{I_{\mathrm{d}}}{\sqrt{3}} = \frac{12}{\sqrt{3}} = 6.928 \ \mathrm{A}$$

故选熔体电流为 10 A 的快速熔断器。

综上所述,可得到双闭环直流调速系统主电路,如图 3-50 所示。

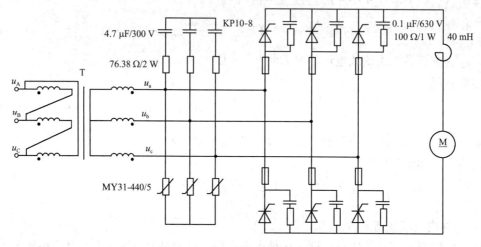

图 3-50　双闭环直流调速系统主电路图

本 章 小 结

整流电路是电力电子电路中出现和应用最早的形式之一,本章讲述了整流电路及其相关的一些问题,也是学习后面各章的一个重要基础。

以电力二极管为开关元件的不可控整流电路,其整流输出电压仅取决于交流输入电压的大小而不能调控,应重点掌握其工作原理及工作特点。

相控整流电路通过改变晶闸管的控制角 α 调控整流输出电压。单相桥式和三相桥式相控整流电路最实用,但单相半波、三相半波相控整流电路分别是各类单相、三相相控整流电路的基本单元结构,应重点掌握相控整流电路的工作原理、波形分析及计算。与整流电路相关的一些问题,包括交流侧电抗对整流电路的影响、整流电路的谐波和功率因数分析也要掌握。利用多个三相半波电路的不同组合,可以构成各种大功率整流电路以及多重化整流电路,掌握带平衡电抗器的双反星形整流电路的工作原理,了解各种多重化整流电路的基本结构。

对于晶闸管可控整流电路等相控电路的驱动控制,即晶闸管的触发电路,重点熟悉锯齿波移相的触发电路的原理,了解集成触发器及其组成的三相桥式相控整流电路的触发电路,建立同步的概念,掌握同步电压信号的选取方法。

思考题及习题

3-1 带电容滤波的单相桥式不可控整流电路,若考虑电源电感的影响,则流经电力二极管的电流与不考虑电源电感时有何不同?

3-2 三相桥式不可控整流电路任何瞬间均有两个电力二极管导通,整流电压的瞬时值与三相交流相电压、线电压瞬时值有什么关系?

3-3 某单相相控整流电路给电阻性负载供电和给反电动势负载蓄电池充电,在流过负载电流平均值相同的条件下,哪一种负载的晶闸管额定电流应选大一点? 为什么?

3-4 已知单相桥式相控整流电路 $U_2=100$ V,①电感性负载,其中 $R=2$ Ω;②反电动势负载,平波电抗器足够大,反电动势 $E=60$ V,$R=2$ Ω。当 $\alpha=\pi/6$ 时,要求:

(1)做出 u_d、i_d 和 i_2 的波形;

(2)求直流输出电压 U_d、电流 I_d、变压器二次侧电流有效值 I_2;

(3)选择合适的晶闸管。

3-5 某电阻性负载要求 0~24 V 直流电压,最大负载电流 $I_d=30$ A,如果用 220 V 交流直接供电与用变压器降压到 60 V 供电,都采用单相半波相控整流电路,是否都满足要求? 试比较两种供电方案。

3-6 在相控整流电路的负载为纯电阻情况下,电阻上的平均电流与平均电压的乘积是否等于负载功率? 为什么?

3-7 在相控整流电路带电感性负载的情况下,负载电阻上的电流平均值与电压平均值的乘积是否等于负载功率? 为什么?

3-8 三相半波相控整流电路带大电感性负载,电感阻值为 10 Ω,变压器二次侧相电压有效值为 220 V。求当 $\alpha=45°$ 时,输出电压及电流的平均值 U_d 和 I_d、流过晶闸管的电流平均值 I_{dT} 和有效值 I_T,并画出输出电压 u_d、电流 i_d 的波形。如果在负载两端并接了续流二极管,再求上述数值及波形。

3-9 三相半波相控整流电路带电动机负载,为保证电流连续串入了足够大的平波电抗器,再与续流二极管并联,变压器二次侧相电压有效值为 220 V,电动机负载为 40 A,电枢回路总电阻为 0.2 Ω。求当 $\alpha=60°$ 时,流过晶闸管及续流二极管的电流平均值、有效值以及电动机的反电动势,并画出输出电压 u_d、电流 i_d 及晶闸管和续流二极管的电流 i_{T1}、i_{DR} 波形。

3-10 三相桥式相控整流电路带大电感性负载,$U_2=100$ V,$R_d=10$ Ω,求 $\alpha=45°$ 时,输出电压 U_d、电流 I_d、变压器二次侧电流有效值 I_2 以及流过晶闸管的电流有效值 I_{VT}。

3-11 三相半波相控整流电路带反电动势负载,为保证电流连续串接了电感量足够大的电抗器,$U_2=100$ V,$R_d=1$ Ω,$L_T=1$ mH,$E=50$ V。求 $\alpha=30°$ 时的输出电压 U_d、电流 I_d 以及换流重叠角 γ。

3-12 三相桥式相控整流电路带反电动势负载,$E=200$ V,$R=1$ Ω,平波电抗器 L 值足够大,$U_2=220$ V。

(1)$L_B=0$,$\alpha=\pi/3$,画出 u_d、u_{VT1}、i_d 波形,计算 U_d 和 I_d 的值;

(2)$L_B=1\,\mathrm{mH}$,$\alpha=\pi/3$,计算 U_d、I_d、γ 的值。

3-13　单相桥式相控整流电路的输出电压中含有哪些次数的谐波?其中幅值最大的是哪一次?变压器二次侧电流中含有哪些次数的谐波?其中主要的是哪几次?

3-14　三相桥式相控整流电路的输出电压中含有哪些次数的谐波?其中幅值最大的是哪一次?变压器二次侧电流中含有哪些次数的谐波?其中主要的是哪几次?

第4章
DC-AC 变换技术

【能力目标】 通过本章的学习,要求掌握逆变电路的基本结构、工作原理和特点,了解逆变电路的多电平化和多重化,学会无源逆变电路的设计方法。

【思政目标】 逆变电路广泛应用于交流电源、新能源发电以及柔性直流输电,是理论发展与器件成熟共同推动的成果。引导学生认识学科发展波浪式前进的艰辛,理论与实践相结合的重要性,潜移默化地培养学生良好的工程素质与探索精神。

【学习提示】 DC-AC 变换是把直流电变换成交流电的过程,也称为逆变(Invertion)。完成逆变功能的电路叫逆变电路(Inverter),实现逆变过程的装置称为逆变器。当交流侧接在交流电网上,称为有源逆变;当交流侧直接和交流用电负载相接称为无源逆变。无源逆变是电力电子技术中最为活跃的部分。通常所讲的逆变电路,如果不加说明,一般多指无源逆变电路。本章主要介绍相控有源逆变电路和相控无源逆变电路,最后介绍逆变电路的多电平化和多重化,以及无源逆变电路的设计方法。

4.1 逆变电路概述

4.1.1 逆变电路的概念及应用

在生产实践中,存在着与整流过程相反的要求,即要求把直流电转变成交流电,这种对应于整流的逆向过程,定义为逆变。例如,电力机车下坡行驶时,使直流电动机作为发电机制动运行,机车的位能转变为电能,反送到交流电网中去。把直流电逆变成交流电的电路称为逆变电路。当交流侧和电网连接时,这种逆变电路称为有源逆变电路。有源逆变电路常用于直流可逆调速系统、交流绕线转子异步电动机串级调速以及高压直流输电等方面。对于可控整流电路而言,只要满足一定的条件,就可以工作于有源逆变状态。

如果变流电路的交流侧不与电网连接,而直接接到负载,即把直流电逆变为某一频率或可调频率的交流电供给负载,称为无源逆变。无源逆变电路在科研、国防、生产和生活领域中得到了广泛的应用。各种直流电源(蓄电池、干电池、太阳能光伏电池等)向交流负载供电时需先进行逆变;另外,交流电动机调速用变频器、不间断电源、感应加热电源、风力发电、电解电镀电源、高频直流焊机、电子镇流器等,它们的核心部分都是逆变电路。以往的逆变电路采用晶闸管器件,但晶闸管一旦导通就不能自行关断,为此必须设置强迫关断电路。这样就增加了主电路的复杂程度以及逆变器的体积、重量和成本,降低了可靠性,也限制了开关频率。目前,绝大多数逆变电路都采用全控型器件,简化了逆变主电路,提高了逆变器的性能。小功率多用 MOSFET,中功率多用 IGBT,大功率则用 GTO。

随着电力电子器件的不断发展,逆变电路的应用范围将会得到进一步的拓宽,使电力电子技术的应用进入一个新的阶段。

4.1.2　换流方式

在任何电力电子电路中,都存在电流在电力电子器件之间来回转换的过程,这就是电力电子器件的换流过程,它是电路工作的一个必然过程。只是在整流电路中换流都是自然进行的,并未引起我们太多的注意,然而在学习逆变电路时,换流及换流方式问题却是不容忽视的。所谓换流(也称为换相)就是电流从一个导电支路转移到另一个导电支路的过程。换流过程,就是使原来处于阻断状态的某个支路转变为导通状态,而原来处于导通状态的某个支路转变为阻断状态。对于全控型器件来说,这种状态的转变,只需通过改变加在门极的驱动信号即可实现。但是对于晶闸管这种半控型器件,虽然由断态到通态的转变,给门极施加适当的驱动信号即可完成,然而要使器件从通态转变为断态就不那么简单了,只能利用外部电路条件或采取一定措施,使晶闸管中的电流为零后再施加一定时间的反向电压,才能使其可靠关断。可见,对于不同电力电子器件所组成的不同电力电子电路,其要求的换流方式是不同的。电力电子电路中采用的换流方式有以下几种:

1. 电网换流(Line Commutation)

利用电网提供换流电压进行换流称为电网换流。在换流时,利用电网电压给欲关断的晶闸管施加一反向电压并保持一定时间,即可使其关断。这种换流方式主要适用于半控型器件,而且不需要为换流添加任何元件。在前面讲过的可控整流电路(无论其工作在整流状态还是有源逆变状态)、交流调压电路和采用相控方式的交-交变频电路都是借助于电网电压实现换流的,同属于电网换流。

2. 负载换流(Load Commutation)

利用负载自身提供换流电压的换流方式称为负载换流。采用负载换流时,要求负载电流的相位必须超前于负载电压的相位,即负载为电容性负载,且负载电流超前电压的时间应大于晶闸管的关断时间,才可以实现负载换流。

3. 强迫换流(Forced Commutation)

强迫换流是采用专门的换流电路,给欲关断的晶闸管强制施加反向电压或反向电流的换流方式。这种换流方式一般利用预先储存有足够能量的换流电容来实现,所以也称为电容换流。

(1)电压强迫换流

在强迫换流方式中,由换流电路中的电容直接给电力电子器件提供换流电压的方式称电压强迫换流。在图 4-1 所示的电压强迫换流电路原理图中,晶闸管 VT 处于通态时,通过其他回路按图中所示极性给电容 C 预先充电。当合上开关 S 时,就可以给晶闸管施加反向电压而使其关断。

（2）电流强迫换流

电流强迫换流电路原理图如图 4-2 所示,它由电容和电感组成的关断振荡电路构成。图 4-2 中(a)和(b)是两种不同的电感耦合式强迫换流电路原理图。由于两图中晶闸管导通期间,换流电容所充的电压极性不同,图 4-2(a)中晶闸管在 LC 振荡第一个半周期内关断,图 4-2(b)中晶闸管在 LC 振荡第二个半周期内关断。

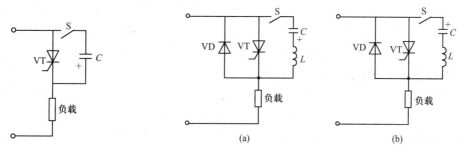

图 4-1   电压强迫换流电路原理图   图 4-2   电感耦合式强迫换流电路原理图

4. 器件换流（Device Commutation）

利用全控型器件的自关断能力进行换流称为器件换流。器件换流是换流方式中最简单的一种,适用于各种由全控型器件构成的电力电子电路。

上述四种换流方式,前三种方式主要是针对晶闸管的关断而言的,而器件换流只适用于全控型器件。

4.1.3   逆变电路的基本工作原理

此处仅以一个简单的例子来说明无源逆变的基本工作原理。

如图 4-3(a)所示为单相桥式逆变电路原理图,图中 $S_1 \sim S_4$ 是逆变电路的 4 个桥臂,均为理想开关。当开关 S_1、S_4 闭合,S_2、S_3 断开时,负载电压 u_o 为正;当开关 S_1、S_4 断开,S_2、S_3 闭合时,负载电压 u_o 为负。其负载电压的波形如图 4-3(b)所示。这样就把直流电变换成了交流电。改变两组开关的切换频率,即可改变输出交流电的频率。

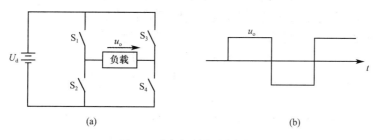

图 4-3   逆变电路原理图及波形

4.2　相控有源逆变电路

有源逆变的工作原理

4.2.1　有源逆变的工作原理和实现的条件

　　相控有源逆变电路与相控整流电路具有相同的形式,只是控制条件不同。为了叙述方便,将这种既工作在整流状态又工作在逆变状态的整流电路称为变流电路。下面以单相桥式相控整流电路供电的起重用直流电动机系统为例,说明有源逆变的工作原理。

1. 电路工作于整流状态,提升重物

　　当控制角 α 在 $0\sim\pi/2$ 之间时,电路工作在整流状态,直流电动机工作于电动状态。在图 4-4 所示的 U_d 及 E 的正方向下,直流侧输出电压平均值 $U_d=0.9U_2\cos\alpha$ 为正值,且大于电动机的反电动势 E。此时输出整流电流平均值为 $I_d=(U_d-E)/R$。通常主回路的总电阻 R 很小,其电压降也很小,故 $U_d=E$。电流 i_d 从 U_d 的正端流出,从电动机反电动势 E 的正端流入,因此交流电源经相控整流电路输出电功率,直流电动机吸收电功率并将其转换为轴上的机械功率以提升重物。图 4-5 所示为单相桥式相控整流电路控制角 $\alpha=\pi/3$ 时的工作波形。

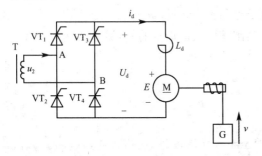

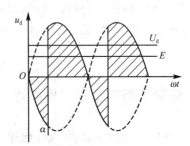

图 4-4　单相桥式相控整流电路原理图(提升重物)　　图 4-5　单相桥式相控整流电路控制角 $\alpha=\pi/3$ 时的工作波形

2. 电路工作于逆变状态,下放重物

　　为了使重物能匀速下降,直流电动机必须发出与负载转矩大小相等、方向相反的转矩,此时电动机必须运行于反馈制动状态。由于重物已由提升变为下放,电动机在重物带动下反转,电动机由电动状态变为发电状态,其电动势 E 极性已变为上负下正,如图 4-6 所示。

　　如果此时电路仍工作于整流状态 $(\alpha<\pi/2)$,则 U_d 极性不变,仍为上正下负,于是 U_d 与 E 变成顺向串联,$I_d=(U_d+E)/R$,由于 R 很小,电路相当于工作在短路状态。为了避免这种情况发生,变流电路直流侧输出电压 U_d 的极性也必须反过来,变成上负下正,如图 4-6 所示。要使 U_d 极性变反,则要求 u_d 波形中负面积大于正面积,这只有在控制角 $\alpha>\pi/2$ 时才有可能实现。而且,由于晶闸管的单向导电性,电路中电流方向不会改变,为使晶闸管仍能承受正向电压而导通,还需 $|E|>|U_d|$,以保证电路中电流方向不变。电压正方向的规定与电路工作于整流状态时一致,则直流电流为 $I_d=(U_d-E)/R$。

　　此时,电动机由重物下降所带动,发出直流电功率,电流从电动势 E 正端流出,从 U_d 的正端流入,相控电路将直流电功率逆变为 50 Hz 交流电功率反送回电网,即有源逆变。由于逆变时电流 i_d 方向未变,电动机产生的电磁转矩的方向也不变,但电动机转向变反,所以电磁转矩就变成制动转矩,使重物能稳速下降。图 4-7 所示为单相桥式相控有源逆变电路控制角 $\alpha = 2\pi/3$ 时的工作波形。

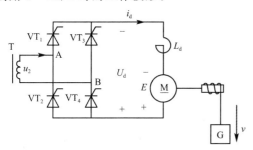

图 4-6　单相桥式相控有源逆变电路原理图(下放重物)

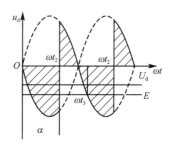

图 4-7　单相桥式相控有源逆变电路控制角
$\alpha = 2\pi/3$ 时的工作波形

　　在逆变工作状态下,虽然晶闸管的阳极电位大部分处于交流电压的负半周,但由于直流电动势 E 的存在,使晶闸管仍能承受正向电压而导通。根据图 4-7 可以计算单相桥式相控有源逆变电路的输出电压平均值为

$$U_d = \frac{1}{\pi}\int_{\alpha}^{\pi+\alpha}\sqrt{2}U_2\sin\omega t\,\mathrm{d}(\omega t) = 0.9U_2\cos\alpha \tag{4-1}$$

　　显然,式(4-1)与单相桥式相控整流电路输出电压平均值的计算式一样,只是逆变时 U_d 为负值,所以 α 的范围应在 $\pi/2\sim\pi$。

　　为了分析与计算方便,引入逆变角 β,β 与 α 的关系为 $\alpha+\beta=\pi$。控制角 α 是以自然换流点作为计量起点向右方计量,逆变角 β 以 $\alpha=\pi$ 作为计量起点向左方计量。将 $\beta=\pi-\alpha$ 代入式(4-1),则 U_d 可以表示为

$$U_d = 0.9U_2\cos(\pi-\beta) = -0.9U_2\cos\beta \tag{4-2}$$

　　综上所述,实现有源逆变的条件如下:

　　(1)要有直流电动势,其极性需和晶闸管的导通方向一致,其值应大于相控有源逆变电路直流侧的输出电压平均值,即

$$|E| > |U_d|$$

　　(2)要求晶闸管的逆变角 $\beta < \pi/2(\alpha > \pi/2)$,使 $U_d < 0$,才能把直流功率逆变为交流功率反送回电网。

4.2.2　三相相控有源逆变电路

　　常用的有源逆变电路,除单相全控桥电路外,还有三相半波和三相全控桥电路等。三相有源逆变电路中,变流装置的输出电压与控制角 α 之间的关系仍与整流状态时相同,只不过逆变时 $\pi/2 < \alpha < \pi$,使 $U_d < 0$。

1. 三相半波有源逆变电路

图 4-8(a)所示为三相半波有源逆变电路原理图。电路中电动机产生的电动势 E 为上负下正,令控制角 $\alpha > \pi/2$ 即 $\beta < \pi/2$,以使 U_d 为上负下正,且满足 $|E| > |U_d|$,则电路符合有源逆变的条件,可实现有源逆变。逆变器输出直流电压 U_d(U_d 的方向仍按整流状态时的规定,从上至下为 U_d 的正方向)的计算式为

$$U_d = U_{d0}\cos\alpha = -U_{d0}\cos\beta = -1.17U_2\cos\beta \qquad (\alpha > \pi/2) \qquad (4\text{-}3)$$

式中,U_d 为负值,意味着 U_d 的极性与整流状态时相反。输出直流电流平均值为

$$I_d = \frac{E - U_d}{R_\Sigma} \qquad (4\text{-}4)$$

式中,R_Σ 为回路的总电阻。电流从 E 的正极流出,流入 U_d 的正端,即 E 输出电能,经过晶闸管装置将电能送给电网。

下面以 $\beta = \pi/3$ 为例对其工作过程做一分析。在 $\beta = \pi/3$ 时,即 ωt_1 时刻触发脉冲 U_{g1} 触发晶闸管 VT_1 导通。即使 u_a 相电压为零或为负值,但由于有电动势 E 的作用,VT_1 仍可能承受正向电压而导通。由电动势 E 提供能量,有电流 i_d 流过晶闸管 VT_1,输出电压波形 $u_d = u_a$。然后,与整流时一样,按电源相序每隔 $2\pi/3$ 依次轮流触发相应的晶闸管使之导通,同时关断前面导通的晶闸管,实现依次换相,每个晶闸管导通 $2\pi/3$。输出电压 u_d 的波形如图 4-8(b)所示,其直流平均电压 U_d 为负值,数值小于电动势 E。

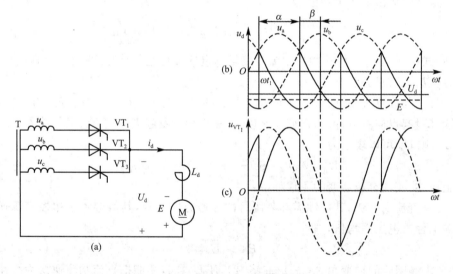

图 4-8　三相半波有源逆变电路原理图及工作波形

图 4-8(c)给出了晶闸管 VT_1 两端电压 u_{VT_1} 的波形,其与整流时的波形相同。在一个电源周期内,VT_1 导通 $2\pi/3$ 角,导通期间其端电压为零,随后的 $2\pi/3$ 内是 VT_2 导通,VT_1 关断,VT_1 承受线电压 u_{ab},再后的 $2\pi/3$ 内是 VT_3 导通,VT_1 承受线电压 u_{ac}。由端电压波形可见,逆变时晶闸管两端电压波形的正面积总是大于负面积,而整流时则相反,正面积总是小于负面积。只有 $\alpha = \beta$ 时,正、负面积才相等。

从上面的分析可以看出,逆变电路的换相过程与整流电路是一样的,晶闸管也是靠阳极承受反向电压或电压过零来实现关断的。

2. 三相桥式相控有源逆变电路

图 4-9 所示为带直流电动机负载的三相桥式相控有源逆变电路原理图,回路总电感以 L 表示,回路总电阻以 R 表示,直流电动机电动势以 E 表示,电压、电流正方向定义如图 4-9 所示。要使电路工作,共阴极组和共阳极组必须各有一个晶闸管导通,每个晶闸管导通 $2\pi/3$,每隔 $\pi/3$ 换流一次,按图中编号顺序依次导通。

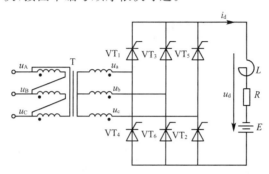

图 4-9　带直流电动机负载的三相桥式相控有源逆变电路原理图

如图 4-10(a)所示,假设在 ωt_1 时刻之前晶闸管 VT_5 和 VT_6 已经导通,到 ωt_1 时,$\beta=\pi/3$,触发 VT_1,此时 a 相电压比 c 相高,故 VT_1 导通而 VT_5 承受反向电压关断,整流输出电压 $u_d = u_{ab}$。在 $\omega t_1 \sim \omega t_2$ 期间,虽然 $u_{ab} < 0$,但由于直流电动机电动势 E 及回路电感 L 的续流作用,VT_6、VT_1 仍承受正向电压而导通。i_d 从 E 的正极流出,经 VT_6 流入 b 相,再由 a 相流出,经 VT_1、L、R 回到 E 的负极,电能从直流电源输送至交流电源。

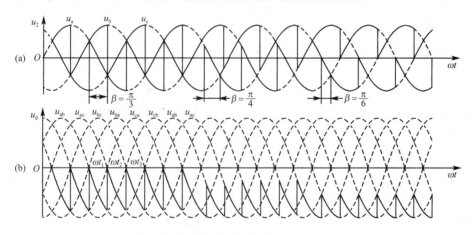

图 4-10　三相桥式相控有源逆变电路工作波形

在 ωt_2 时刻触发 VT_2 使其导通,VT_6 关断,$u_d = u_{ac}$。如此重复,实现有源逆变。图 4-10 还分别给出了 $\beta=\pi/4$、$\pi/6$ 时输出电压的波形。

三相桥式相控有源逆变电路输出电压、电流和流经晶闸管的电流及变压器二次侧电流等计算方法与三相桥式相控整流电路相同,不再赘述。

【例 4-1】　三相桥式相控有源逆变电路,$U_2 = 220$ V,交流侧电感 $L_B = 1$ mH,$E = -400$ V,$R = 1$ Ω,L 值极大,$\beta = \dfrac{\pi}{3}$,试计算 U_d、I_d、γ 的值,此时送回电网的有功功率是多少?

解　换流压降

$$\Delta U_\gamma = \frac{mX_B}{2\pi}I_d = \frac{6 \times 314 \times 1 \times 10^{-3}}{2\pi}I_d = 0.3I_d$$

输出电压平均值

$$U_d = -2.34U_2\cos\beta - \Delta U_\gamma = -2.34 \times 220 \times \cos\frac{\pi}{3} - \Delta U_\gamma = -257.4 - \Delta U_\gamma$$

输出电流平均值

$$I_d = \frac{U_d - E}{R} = U_d + 400$$

联立以上三式可解得

$$U_d = -290.3 \text{ V}$$

$$I_d = 109.7 \text{ A}$$

$$\cos\alpha = \cos(\alpha + \gamma) = \frac{I_d X_B}{\sqrt{2}U_2\sin\frac{\pi}{m}}$$

$$\alpha = \pi - \beta$$

$$\cos\frac{2\pi}{3} - \cos\left(\frac{2\pi}{3} + \gamma\right) = \frac{109.7 \times 314 \times 1 \times 10^{-3}}{\sqrt{6} \times 220 \times \sin\frac{\pi}{6}}$$

解得 $\gamma = 0.0494\pi$。

送回电网的有功功率

$$P = |E|I_d - I_d^2R = 400 \times 109.7 - 109.7^2 \times 1 = 31.85 \times 10^3 \text{ W}$$

4.2.3 逆变失败及最小逆变角的限制

所谓逆变失败是指相控有源逆变电路逆变运行时,一旦换流失败,外接直流电源就会通过晶闸管电路短路,或使电路的输出电压和直流电动势变成顺向串联,由于逆变电路的内阻很小,形成很大的短路电流,造成器件和变压器损坏,也称逆变颠覆。

1. 逆变失败的原因

(1)触发电路工作不可靠。触发电路不能适时、准确地给各晶闸管分配脉冲,如脉冲丢失、脉冲延时等,致使晶闸管不能正常换流。图 4-11 所示为三相半波相控有源逆变电路由于触发脉冲丢失造成逆变失败的情况。在 ωt_1 时刻 c 相触发脉冲 u_{g3} 丢失,VT_2 无法关断而继续导通,当 u_b 由负变正后,与 E 顺向串联,形成短路而导致逆变失败。

(2)晶闸管发生故障。晶闸管在应该阻断期间失去阻断能力,或在应该导通期间不能导通,造成逆变失败。

(3)交流电源发生缺相或突然消失。在逆变时,交流电源发生缺相或突然消失,由于直流电动势 E 的存在,此时晶闸管仍可触发导通,由于交流侧失去与直流电动势 E 平衡的电源电压,故直流电动势 E 将经过晶闸管使电路短路。

(4)逆变角 β 过小。如对换流重叠角 γ 对相控有源逆变电路换流的影响估计不足,触发脉冲的逆变角 β 过小,使得 $\beta < \gamma$,也会导致逆变失败。图 4-12 所示为三相半波相控有源逆变电路由于 $\beta < \gamma$ 而造成逆变失败的情况。在 VT_3 换流至 VT_1 的过程中,由于 $\beta > \gamma$,换流

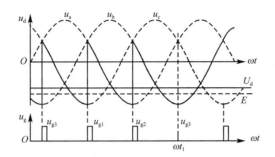

图 4-11　触发脉冲丢失造成逆变失败

结束时，u_a 仍大于 u_c，晶闸管 VT$_3$ 能承受反向电压而关断；在 VT$_2$ 换流至 VT$_3$ 的过程中，由于 $\beta < \gamma$，过 A 点后，u_b 将大于 u_c，该导通的晶闸管 VT$_3$ 承受反向电压而关断，而应关断的晶闸管 VT$_2$ 继续导通。u_b 过零变正后，与 E 顺向串联，最终导致逆变失败。

　　综上所述，为了保证相控有源逆变电路能正常工作，除了选用可靠的触发电路外，触发脉冲的逆变角必须限制在某一允许的最小角度内。

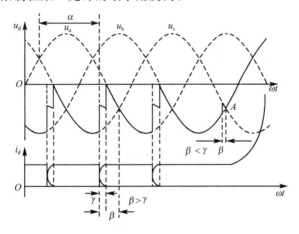

图 4-12　$\beta < \gamma$ 造成逆变失败

2. 最小逆变角的限制

　　为了防止逆变失败，逆变时允许的最小逆变角 β_{min} 应取为

$$\beta_{min} = \delta + \gamma + \theta' \tag{4-5}$$

式中，δ 为晶闸管的关断时间所对应的电角度；γ 为换流重叠角；θ' 为安全裕量角。

　　晶闸管的关断时间最高可达 $200 \sim 300 \ \mu s$，折合电角度 δ 为 $(0.02 \sim 0.03)\pi$ rad。换流重叠角 γ 可根据式(3-74)进行计算，或查阅相关手册。逆变时，由于种种原因会使逆变角发生变化，若不考虑安全裕量角 θ'，可能出现 $\beta < \beta_{min}$，导致逆变失败。例如，三相桥式相控有源逆变电路的 6 个触发脉冲间隔不可能完全相等，有的比设定值偏前，有的偏后，这样偏后的脉冲相当于 β 值变小，可能小于 β_{min}，所以应考虑一个裕量角。根据经验，中、小型变流电路，θ' 约取 $\pi/18$。这样，β_{min} 一般可取 $\pi/6 \sim 7\pi/36$。通常，在触发电路中设一保护环节，使触发脉冲不进入小于 β_{min} 区域内，保证 $\beta > \beta_{min}$。

　　另外，为了防止逆变失败或由于逆变失败而造成的短路危害，还可以采用多脉冲触发晶闸管、加装缺相保护电路、加装过流保护电路等措施。

4.3 单相无源逆变电路

　　根据交流电的相数,无源逆变电路有单相和三相之分,单相适用于小、中功率负载,三相适用于中、大功率负载。如果不加说明,逆变电路一般多指无源逆变电路。无源逆变电路根据直流侧电源性质的不同可分为两种:直流侧是电压源的称为电压型逆变电路;直流侧是电流源的称为电流型逆变电路。它们也分别被称为电压源型逆变电路(Voltage Source Type Inverter——VSTI)和电流源型逆变电路(Current Source Type Inverter——CSTI)。

4.3.1　电压型单相无源逆变电路

1.半桥逆变电路

　　图 4-13(a)所示为电压型单相半桥逆变电路原理图,它有两个桥臂,每个桥臂由全控型开关器件和反并联二极管组成。在直流侧接有两个足够大的分压电容 C_{01}、C_{02},且 $C_{01}=C_{02}$,以致开关器件通、断状态改变时电容电压保持为 $U_d/2$ 基本不变。开关器件的控制信号 u_{g1}、u_{g2} 互补,如图 4-13(b)所示。

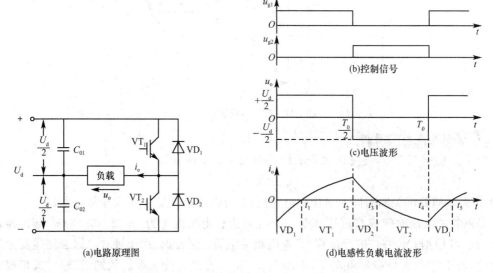

图 4-13　电压型单相半桥逆变电路原理图与工作波形

　　(1)输出电压分析

　　当 $0 \leqslant t \leqslant T_0/2$ 期间,VT_1 导通,VT_2 关断,这时 $u_o = +U_d/2$。

　　当 $T_0/2 \leqslant t \leqslant T_0$ 期间,VT_2 导通,VT_1 关断,这时 $u_o = -U_d/2$。

　　则逆变电路输出的电压 u_o 为180°宽($T_0/2$)的方波,方波的幅值 $U_d/2$,如图 4-13(c)所示。将 u_o 用傅立叶级数展开得

$$u_o = \sum_{n=1,3,5\cdots}^{\infty} \frac{2U_d}{n\pi} \sin n\omega t \qquad (4-6)$$

式中，$\omega = 2\pi f_0$ 为输出电压基波角频率；$f_0 = 1/T_0$ 为输出电压基波频率。

输出电压的基波有效值

$$U_1 = \frac{2U_d}{\sqrt{2}\,\pi} = 0.45U_d \qquad (4-7)$$

改变开关器件控制信号的频率，即可改变输出交流电压的频率。值得注意的是：为保证逆变电路的正常工作，必须保证 VT_1、VT_2 两个开关器件不能同时导通，否则将出现直流电源短路的情况。实际的控制电路常采取"先断后通"的方法。

（2）负载电流分析

①电阻性负载。负载电流的波形与电压一样也是方波。

②电感性负载。负载电流的波形如图 4-13（d）所示。设 t_2 时刻前 VT_1 为通态，VT_2 为断态。t_2 时刻给 VT_1 关断信号，给 VT_2 开通信号，则 VT_1 关断。但 VT_2 由于电感性负载中的电流不为零不能导通，电流只能经过 VD_2 导通续流回到 C_{02}。当 t_3 时刻 i_o 降为零时，VD_2 截止，VT_2 导通，i_o 开始反向。同样，在 t_4 时刻给 VT_2 关断信号，VT_2 关断，给 VT_1 开通信号，但 VT_1 不能导通，负载电流只能经过 VD_1 导通续流回到 C_{01}。直到 t_5 时刻 i_o 为零，VD_1 截止，VT_1 才导通。

以上分析可见，VT_1 或 VT_2 为通态时，负载电流和电压同方向，直流侧电源向负载提供能量，负载电流也在增加。而当 VD_1 或 VD_2 为通态时，负载电流和电压反向，负载电流也在减小，电感中储存的无功能量向直流侧反馈，并暂存在电容中，直流侧的电容起着缓冲无功能量的作用。二极管 VD_1、VD_2 是负载向直流侧反馈能量的通道，称为反馈二极管；从另一角度来看，VD_1、VD_2 起着使负载电流连续的作用，也称为续流二极管。

半桥逆变电路的优点是简单，使用器件少；缺点是输出交流电压的幅值低，且直流侧需要两个电容串联，工作时还要控制两个电容电压的均衡。因此，半桥逆变电路只适用于小功率逆变电路。

半桥逆变电路是全桥逆变电路、三相逆变电路的基础单元，即它们可看成由若干个半桥逆变电路组合而成。因此，正确分析半桥逆变电路的工作原理很有意义。

2. 全桥逆变电路

图 4-14（a）所示为电压型单相全桥逆变电路原理图，它共有 4 个桥臂，可以看成由两个半桥逆变电路组合而成。把桥臂 1 和 4 作为一对，桥臂 2 和 3 作为另一对，成对的两个桥臂同时导通或关断。开关器件 VT_1、VT_4 与 VT_2、VT_3 的控制信号也是互补，如图 4-14（b）所示。

当 $0 \leqslant t \leqslant T_0/2$ 期间，VT_1、VT_4 导通，VT_2、VT_3 关断，这时 $u_o = +U_d$。

当 $T_0/2 \leqslant t \leqslant T_0$ 期间，VT_2、VT_3 导通，VT_1、VT_4 关断，这时 $u_o = -U_d$。

因此，输出电压 u_o 的波形和半桥逆变电路相同，也是 $180°$ 宽（$T_0/2$）的方波，但其幅值高出一倍，即 $U_{om} = U_d$，如图 4-14（c）所示。输出电压 u_o 展成傅立叶级数

$$u_o = \sum_{n=1,3,5\cdots}^{\infty} \frac{4U_d}{n\pi} \sin n\omega t \qquad (4-8)$$

输出电压的基波有效值

$$U_1 = \frac{4U_d}{\sqrt{2}\pi} = 0.9U_d \qquad (4\text{-}9)$$

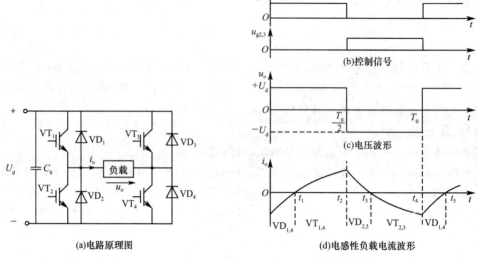

(a)电路原理图　　　　　　　　(d)电感性负载电流波形

图 4-14　电压型单相全桥逆变电路原理图与工作波形

在直流电压和负载都相同的情况下,负载电流 i_o 的波形与半桥电路的形状相同,仅幅值增加一倍,如图 4-14(d)所示。在电感性负载能量反馈时 VD_1、VD_4 或 VD_2、VD_3 同时导通续流。无功能量的交换与半桥逆变电路的分析方法完全相同。

前面分析的都是 u_o 为正负电压各为 180°的脉冲时的情况。在这种情况下,要改变输出交流电压的有效值只能通过改变直流电压 U_d 来实现。

在电感性负载时,还可以采用移相的方式来调节逆变电路的输出电压,这种方式称为移相调压。移相调压实际上就是调节输出电压脉冲的宽度。在图 4-14(a)所示的单相全桥逆变电路中,各 IGBT 的栅极信号仍为 180°正偏、180°反偏,并且 VT_1 和 VT_2 的栅极信号互补,VT_3 和 VT_4 的栅极信号互补,但 VT_3 的基极信号不是比 VT_1 落后 180°,而是只落后 $\theta(0 < \theta < 180°)$。也就是说,$VT_3$、$VT_4$ 的栅极信号不是分别和 VT_1、VT_2 的栅极信号同相位,而是前移了 $180° - \theta$。这样,输出电压 u_o 就不再是正负各为 180°的脉冲,而是正负各为 θ 的脉冲,各 IGBT 的栅极信号 $u_{g1} \sim u_{g4}$ 及输出电压 u_o、输出电流 i_o 的波形如图 4-15 所示。下面对其工作过程进行具体分析。

设在 t_1 时刻前,VT_1、VT_4 导通,输出电压 $u_o =$ $+U_d$。t_1 时刻给 VT_4 关断信号,VT_4 关断,给 VT_3 开通信号,但因负载电流 i_o 不能突变,VT_3 不能导

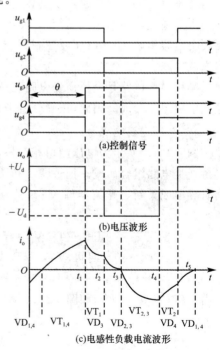

图 4-15　单相全桥逆变电路的移相调压方式

通,只能 VD_3 导通和 VT_1 构成续流通路。因为 VT_1、VD_3 同时导通,输出电压 $u_o = 0$。t_2 时刻给 VT_1 关断信号,VT_1 关断,给 VT_2 开通信号,同样因负载电流 i_o 不能突变,VT_2 不能导通,VD_2 导通和 VD_3 构成续流通路,输出电压 $u_o = -U_d$。t_3 时刻,$i_o = 0$,VD_2、VD_3 自然关断,VT_2、VT_3 由于存在有开通信号,故两者开始导通,输出电压 u_o 仍为 $-U_d$。t_4 时刻,给 VT_3 关断信号,VT_3 关断,给 VT_4 开通信号,但 VT_4 不能导通,VD_4 续流导通,VT_2、VD_4 构成续流通路,输出电压再次为零。以后的过程和前面类似。这样输出电压 u_o 的正负脉冲宽度就不是 $180°$,而是 θ。改变 θ 的大小,就可调节输出电压,输出电压波形如图 4-15(b)所示。电感性负载电流波形如图 4-15(c)所示。

在纯电阻负载时,采用上述移相方法也可以得到相同的结果,只是 $VD_1 \sim VD_4$ 不再导通,不起续流作用。在 u_o 为零的期间,4 个桥臂均不导通,负载也没有电流。

显然,上述移相调压方式并不适用于半桥逆变电路。不过在纯电阻负载时,仍可采用改变正负脉冲宽度的方法来调节半桥逆变电路的输出电压。这时,上下两桥臂的栅极信号不再是各 $180°$ 正偏、$180°$ 反偏并且互补,而是正偏的宽度为 θ,反偏的宽度为 $360° - \theta$,二者相位差为 $180°$。这时输出电压 u_o 也是正负脉冲的宽度各为 θ。

全桥逆变电路与半桥逆变电路相比,虽然使用的开关器件数量多了一倍,但变换的容量较大,在实际中得到了广泛的应用。

3. 带中心抽头变压器的逆变电路

在电压型单相逆变电路中,除以上讨论的半桥和全桥逆变电路外,还有类似全波整流形式的带中心抽头变压器的逆变电路,图 4-16 是其原理图。在 U_d 和负载参数相同,且变压器一次侧两个绕组和二次侧绕组的匝数比为 $1 : 1 : 1$ 的情况下,该电路的输出电压 u_o、输出电流 i_o 的波形及幅值与全桥逆变电路完全相同。

图 4-16 所示电路虽然比全桥逆变电路少用了一半开关器件,但却多用了一个变压器,而且器件承受的电压是 $2U_d$,比全桥逆变电路高出一倍,这也是这种电路的缺点。

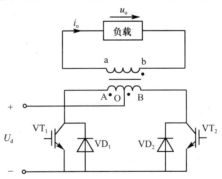

图 4-16　带中心抽头变压器的逆变电路原理图

4.3.2　电流型单相无源逆变电路

前述的单相桥式逆变电路是电压型逆变电路。在电压型逆变电路中,直流电源近似为恒压源,在开关元件导通时,输出电压值恒为直流电源电压,电流波形与负载阻抗有关。而对于电流型逆变电路来说,往往是在直流侧串联一个大电感,使电流波动减小,把直流电源近似看作恒流源。输出电流为恒值,输出电压取决于负载的性质。

　　图 4-17 是单相桥式电流型逆变电路原理图及其工作波形。与电压型逆变电路相比,由于电流源的强制作用,电流不可能反向流动,电流型逆变电路的开关元件两端不需要反并联续流二极管。当开关 T_1、T_4 闭合,T_2、T_3 断开时,直流电流由 X 流向 Y,负载电流 i_o 为正;当 T_2、T_3 闭合,T_1、T_4 断开时,直流电流由 Y 流向 X,i_o 为负。i_o 为宽度为 180° 的方波交流电流。当负载为电阻时,u_o 的波形与 i_o 相同;当负载为电感性时,在负载两端需要并联电容 C,以便在换流时为电感性负载电流提供流通路径、吸收负载电感的储能,输出电压近似为正弦波。

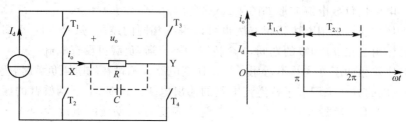

图 4-17　单相桥式电流型逆变电路原理图及其工作波形

　　输出负载电流 i_o 展开成傅立叶级数得

$$i_o = \sum_{n=1,3,5\cdots}^{\infty} \frac{4I_d}{n\pi}\sin n\omega t \tag{4-10}$$

　　可见负载电流中含有基波及各种奇次谐波,谐波的幅值与其次数成反比。其基波电流有效值 I_{o1} 为

$$I_{o1} = \frac{4I_d}{\sqrt{2}\,\pi} = 0.9I_d \tag{4-11}$$

　　电流型逆变电路在感应加热中应用较多。图 4-18(a)是用于感应加热的单相并联谐振逆变电路原理图,L 是感应加热线圈的等效电感,R 是感应加热线圈的等效内阻,C 是补偿电容,用来与感应加热线圈的等效电感 L 在电路工作频率上产生并联谐振,并补偿负载的感性无功功率。电容 C 和 L、R 构成并联谐振电路,故这种逆变电路也被称为并联谐振式逆变电路。电子开关 $VT_1 \sim VT_4$ 采用 IGBT。

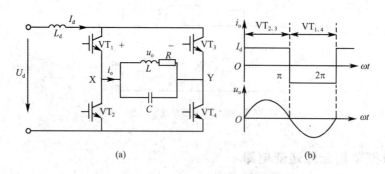

(a)　　　　　　　　　　　(b)

图 4-18　单相并联谐振逆变电路原理图及其工作波形

　　因为是电流型逆变电路,故其交流输出电流 i_o 波形[图 4-18(b)]接近矩形波,其中包含基波和各奇次谐波,且谐波幅值远小于基波。电路工作时负载发生并联谐振,因 i_o 基波频率接近负载电路谐振频率,故负载电路对基波呈现高阻抗,而对其他频率分量的谐波呈现低阻抗,谐波在负载电路上产生的压降很小,因此负载电压的波形接近正弦波。负载的品质因

数越高,电路的选频性能越好,负载电压的波形越接近正弦波。

并联谐振时,$u_。$与$i_。$同相位,电子开关 VT$_1$ 和 VT$_4$、VT$_2$ 和 VT$_3$ 在 $u_。$ 的零电压点进行导通与关断的切换,电子开关产生的开关损耗最小。显然,这有利于提高装置的效率、减小体积和降低成本。

电流型逆变电路输出功率的调节方法有两种:一种是当逆变频率不变时,通过调节直流电流来调节逆变电路的输出功率;另一种是通过调节逆变频率,使其略偏离谐振频率,从而达到调节输出功率的目的。

4.4　三相无源逆变电路

4.4.1　电压型三相无源逆变电路

由三个单相逆变电路可以组合成一个三相逆变电路,每个单相逆变电路可以是任意形式,只要三个单相逆变电路输出电压的大小相等、频率相同、相位互差 120° 即可。然而,在三相逆变电路中应用最广泛的是三相桥式逆变电路,其原理图如图 4-19(a)所示,它可以看成由三个半桥逆变电路组合而成。

为了分析问题方便,在直流侧标出了假想中点 O′,但在实际中直流侧只有一个电容器。若电压型三相桥式逆变电路的工作方式是 180°导电方式(也有 120°导电方式,读者可自行分析),即每个桥臂的导通角为 180°,同一相(同一半桥)上下两个桥臂交替导通,各相开始导通的角度依次相差 120°,控制信号如图 4-19(b)所示。这样在任何时刻将有三个桥臂同时导通,导通的顺序为 1、2、3→2、3、4→3、4、5→4、5、6→5、6、1→6、1、2。即可能是上面一个桥臂和下面两个桥臂同时导通,也可能是上面两个桥臂和下面一个桥臂同时导通。因为每次换流都是在同一相上下两个桥臂之间进行的,因此被称为纵向换流。

1. 输出电压分析

根据上述控制规律,可以得到 $u_{AO'}$、$u_{BO'}$、$u_{CO'}$ 的波形,它们是幅值为 $U_d/2$ 的方波,但相位依次相差 120°,如图 4-19(c)所示。输出的线电压为

$$\begin{cases} u_{AB} = u_{AO'} - u_{BO'} \\ u_{BC} = u_{BO'} - u_{CO'} \\ u_{CA} = u_{CO'} - u_{AO'} \end{cases} \tag{4-12}$$

波形如图 4-19(d)所示。

三相负载可按星形或三角形连接。当负载为三角形连接时,负载的相电压等于线电压,很容易求得相电流和线电流;当负载为星形连接时,必须先求出负载相电压,然后才能求得线电流。以电阻性负载为例说明如下。

由图 4-19(b)所示的波形可知,在输出电压的半个周期内,逆变电路有三种工作模式(开关状态)。

(1)模式 1($0 \leqslant \omega t \leqslant \pi/3$),VT$_5$、VT$_6$、VT$_1$ 导通。三相桥的 A、C 两点均接 P,B 点接 Q,如图 4-19(h)所示。

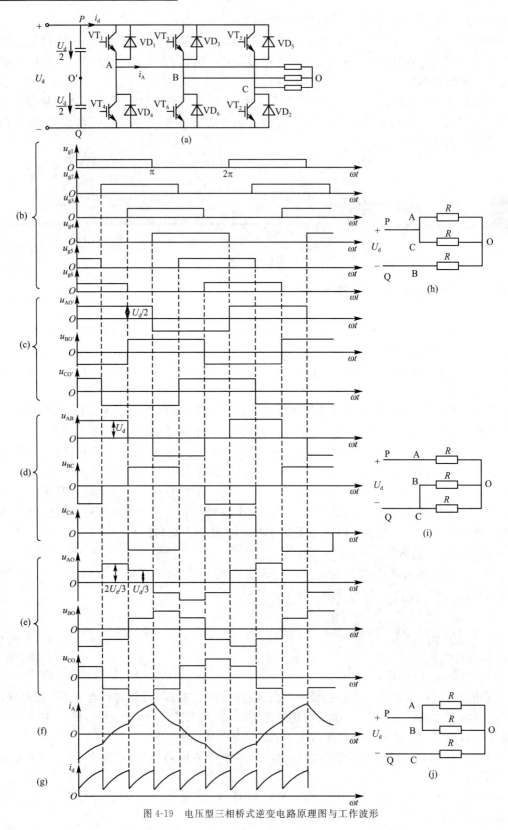

图 4-19 电压型三相桥式逆变电路原理图与工作波形

$$\begin{cases} u_{AO} = u_{CO} = \dfrac{U_d}{3} \\ u_{BO} = -\dfrac{2U_d}{3} \end{cases}$$

(2)模式 2($\pi/3 \leqslant \omega t \leqslant 2\pi/3$),$VT_6$、$VT_1$、$VT_2$ 导通。三相桥的 A 点接 P,B、C 两点均接 Q,如图 4-19(i)所示。

$$\begin{cases} u_{AO} = \dfrac{2U_d}{3} \\ u_{BO} = u_{CO} = -\dfrac{U_d}{3} \end{cases}$$

(3)模式 3($2\pi/3 \leqslant \omega t \leqslant \pi$),$VT_1$、$VT_2$、$VT_3$ 导通。三相桥的 A、B 两点均接 P,C 点接 Q,如图 4-19(j)所示。

$$\begin{cases} u_{AO} = u_{BO} = \dfrac{U_d}{3} \\ u_{CO} = -\dfrac{2U_d}{3} \end{cases}$$

根据上述分析,星形负载电阻上的相电压 u_{AO}、u_{BO}、u_{CO} 的波形是阶梯波,如图 4-19(e)所示。将 A 相电压 u_{AO} 展开成傅立叶级数

$$u_{AO} = \frac{2U_d}{\pi}\left(\sin\omega t + \frac{1}{5}\sin 5\omega t + \frac{1}{7}\sin 7\omega t + \frac{1}{11}\sin 11\omega t + \cdots\right)$$

可见,无 3 次谐波,仅有更高阶的奇次谐波。

(1)基波幅值

$$U_{AO1m} = \frac{2U_d}{\pi} = 0.637U_d \tag{4-13}$$

(2)基波有效值

$$U_{AO1} = \frac{2U_d}{\sqrt{2}\pi} = 0.45U_d \tag{4-14}$$

(3)负载相电压的有效值

$$U_{AO} = \sqrt{\frac{1}{2\pi}\int_0^{2\pi} u_{AO}^2 \mathrm{d}(\omega t)} = 0.472U_d \tag{4-15}$$

线电压和相电压的基波及各次谐波与一般对称三相系统一样,存在 $\sqrt{3}$ 倍的关系。

(4)线电压 u_{AB} 的基波幅值

$$U_{AB1m} = \sqrt{3}U_{AO1m} = 1.1U_d \tag{4-16}$$

(5)线电压 u_{AB} 的基波有效值

$$U_{AB1} = \frac{U_{AB1m}}{\sqrt{2}} = 0.78U_d \tag{4-17}$$

(6)负载线电压的有效值

$$U_{AB} = \sqrt{\frac{1}{2\pi}\int_0^{2\pi} u_{AB}^2 \mathrm{d}(\omega t)} = 0.817U_d \tag{4-18}$$

2. 输出和输入电流分析

负载参数不同,其阻抗角 φ 不同,则负载电流的波形形状和相位都有所不同。当负载参数一定时,可以由 u_{AO} 的波形求出 A 相电流 i_A 的波形。图 4-19(f)所示是在电感性负载下 i_A 的波形。上、下桥臂之间的换流过程和半桥电路完全一样。如上桥臂 1 中的 VT$_1$ 从通态转换到断态时,因负载电感中的电流不能突变,下桥臂 4 中的 VD$_4$ 导通续流,待负载电流下降到零、桥臂 4 中的电流反向时,VT$_4$ 才开始导通。负载阻抗角 φ 越大,VD$_4$ 导通的时间越长。i_A 的上升段即为桥臂 1 导电区间,其中 $i_A<0$ 时为 VD$_1$ 导通,$i_A>0$ 时为 VT$_1$ 导通;i_A 的下降段即为桥臂 4 导电区间,其中 $i_A>0$ 时为 VD$_4$ 导通,$i_A<0$ 时为 VT$_4$ 导通。

i_B、i_C 的波形和 i_A 形状相同,相位依次相差 120°。把桥臂 1、3、5(或 2、4、6)的电流叠加起来,就可得到直流侧电流 i_d 的波形,如图 4-19(g)所示。直流侧电流波形均为正值,但每隔 60°脉动一次。说明逆变桥除了从直流电源吸取直流电流外,还要与直流电源交换无功电流。当负载阻抗角 $\varphi>\pi/3$ 时直流侧的电流波形也是脉动的,且既有正值也有负值,负值表示负载中的无功能量通过二极管反馈回直流侧。此外,当负载为纯电阻负载时,三相桥式逆变电路中所有反并联的二极管都不会导通,直流电源吸取无脉动的直流电流。

【例 4-2】 图 4-19(a)所示的逆变电路给一台 10 kW 三相交流电动机供电,采用 180°导电工作方式,已知直流侧电压 $U_d=487$ V,设电动机已工作在额定状态。试求:①输出相电压基波幅值和有效值;②输出线电压基波幅值和有效值;③输出线电压中 5 次谐波的有效值;④直流侧电流平均值。

解 ①输出相电压基波幅值

$$U_{AO1m}=\frac{2U_d}{\pi}=0.637U_d=0.637\times487=310.22 \text{ V}$$

输出相电压基波有效值

$$U_{AO1}=\frac{2U_d}{\sqrt{2}\,\pi}=0.45U_d=0.45\times487=219.15 \text{ V}$$

②输出线电压基波幅值

$$U_{AB1m}=\sqrt{3}\,U_{AO1m}=1.1U_d=1.1\times487=535.7 \text{ V}$$

输出线电压基波有效值

$$U_{AB1}=\frac{U_{AB1m}}{\sqrt{2}}=0.78U_d=0.78\times487=379.86 \text{ V}$$

③输出线电压中 5 次谐波

$$u_{AB5}=\frac{2\sqrt{3}\,U_d}{5\pi}\sin5\omega t$$

其有效值为

$$U_{AB5}=\frac{2\sqrt{3}\,U_d}{5\sqrt{2}\,\pi}=\frac{2\sqrt{3}\times487}{5\sqrt{2}\,\pi}=75.98 \text{ V}$$

④设逆变电路无能量损耗,输入功率必然等于输出功率,于是直流侧电流平均值为

$$I_d=\frac{P}{U_d}=\frac{10000}{487}=20.53 \text{ A}$$

4.4.2　电流型三相无源逆变电路

电流型逆变电路的供电电源为直流电流源。实际上理想的直流电流源并不多见,一般

是在逆变电路直流侧串联大电感。由于大电感中的电流脉动很小,因此可近似看成直流电流源。当交流侧为电感性负载时,需要提供无功功率,直流侧电感起无功能量的缓冲作用。由于反馈无功能量时,直流电流并不反向,因此不必给开关器件并联二极管。三相负载可按星形或三角形连接。如图 4-20(a)所示为星形负载电流型三相桥式逆变电路原理图。按图示开关器件的标号,控制信号[图 4-20(b)]彼此相隔 60°,各桥臂导通 120°,则任何时刻只有两个桥臂导通,导通的顺序为 1、2→2、3→3、4→4、5→5、6→6、1,即上面的一个桥臂和下面的一个桥臂同时导通,但不是同一相的上、下两个桥臂同时导通。换流时在上桥臂组或下桥臂组的组内依次换流,因此被称为横向换流。

    根据上述控制规律可以得到线电流 i_A、i_B、i_C 的波形,如图 4-20(c)所示。

    当负载为星形接法时,线电流等于相电流,很容易求出负载端的相电压和线电压;当负载为三角形接法时,必须先求得负载相电流,然后才能求得相电压(或线电压)。以电阻性负载为例说明如下。

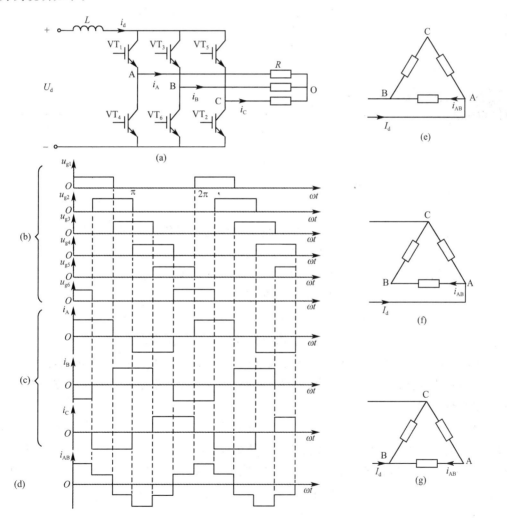

图 4-20　星形负载电流型三相桥式逆变电路原理图与工作波形

由图 4-20(b)所示波形可知,在输出线电流的半个周期内逆变电路也有三种工作模式。

(1)模式1($0 \leqslant \omega t \leqslant \pi/3$),$VT_1$、$VT_6$ 导通,C 点与三相桥断开,如图 4-20(e)所示。

$$i_{AB} = \frac{2R}{3R} I_d = \frac{2}{3} I_d$$

(2)模式2($\pi/3 \leqslant \omega t \leqslant 2\pi/3$),$VT_1$、$VT_2$ 导通,B 点与三相桥断开,如图 4-20(f)所示。

$$i_{AB} = \frac{R}{3R} I_d = \frac{1}{3} I_d$$

(3)模式3($2\pi/3 \leqslant \omega t \leqslant \pi$),$VT_2$、$VT_3$ 导通,A 点与三相桥断开,如图 4-20(g)所示。

$$i_{AB} = -\frac{R}{3R} I_d = -\frac{1}{3} I_d$$

按上述分析,三角形电阻负载的相电流 i_{AB} 的波形为阶梯波,如图 4-20(d)所示。其余两相电流 i_{BC}、i_{CA} 与 i_{AB} 波形相同,但相位依次相差 120°。

电流型逆变电路交流侧输出电流的波形与负载的性质无关,但交流侧输出电压的波形和相位与负载性质有关。由于存在大电感,电感的体积和重量都很大,这是电流型逆变电路使用不广泛的一个重要原因。

4.5 多电平和多重逆变电路

4.5.1 多电平逆变电路

回顾前面讨论的三相桥式逆变电路,输出电压的绝对值只有两种电平,如图 4-19 中的线电压(0、$\pm U_d$)、相电压($\pm U_d/3$、$\pm 2U_d/3$),因此这种逆变电路被称为两电平逆变电路。虽然主电路结构和控制相对都比较简单,但存在有开关器件关断时承受电压较高、输出电压的谐波含量较高、电磁干扰比较严重等明显的不足。近年来多电平逆变电路的研究成为电力电子技术领域的热点,并得到了一定的应用。多电平化的思想就是由几个电平台阶合成梯形波以逼近正弦波输出的处理方式,由此构成的多电平逆变电路具有开关器件电压应力小、输出电压谐波含量小、开关器件在开关过程中的 du/dt 和 di/dt 小等优点,因而特别适合于高电压大容量的应用场合,特别是在减小电网谐波和补偿电网无功能量方面有着非常良好的应用前景。

图 4-21(a)所示为一种二极管钳位式三电平逆变电路原理图,这种电路也称为中点钳位式逆变电路。从图中可以看出,该拓扑结构是在传统两电平三相桥式逆变电路的基础上,又分别在每个桥臂上串联了一个辅助桥臂,各相的输出端通过钳位二极管 VD_A、VD_A'、VD_B、VD_B'、VD_C、VD_C' 和直流侧电容的中点 O 相连接。下面以 A 相为例说明工作原理。当 VT_1、VT_1'(或 VD_1、VD_1')导通,VT_4、VT_4' 关断时,A 点和 O 点间电压为 $U_d/2$,即 $u_{AO} = U_d/2$;当 VT_4、VT_4'(或 VD_4、VD_4')导通,VT_1、VT_1' 关断时,输出电压 $u_{AO} = -U_d/2$;当 VT_1、VT_4 关断,VT_1'、VT_4' 导通时,输出电压 $u_{AO} = 0$。但实际上 VT_1'、VT_4' 不可能同时导通,哪一个导通

取决于负载电流 i_A 的方向。当 $i_A > 0$ 时，VT'_1、VD_A 导通；当 $i_A < 0$ 时，VT'_4、VD'_A 导通。即通过钳位二极管 VD_A、VD'_A 把 A 点电位钳在 O 点的电位上，使输出电压 $u_{AO} = 0$。

B 相、C 相的输出电压 u_{BO}、u_{CO} 按三相对称的原则依次滞后 $120°$。这样，线电压通过相电压相减可得到，如图 4-21(b) 所示。可见，输出的线电压有 $\pm U_d$、$\pm U_d/2$、0，它们的绝对值有三种电平，其阶梯形状更接近正弦波。因此，通过适当的控制，三电平逆变电路输出电压的谐波比两电平逆变电路要小得多。

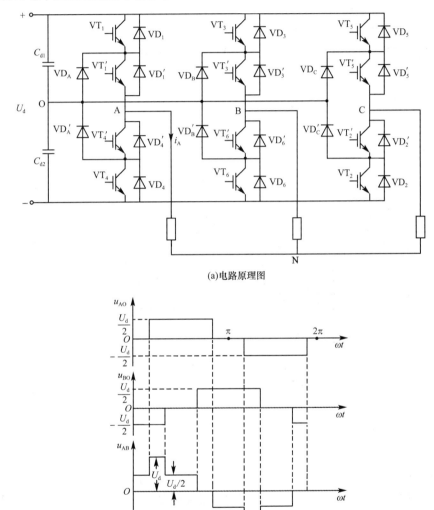

(a)电路原理图

(b)工作波形

图 4-21　三电平逆变电路原理图和工作波形

在三电平逆变电路中，每个开关器件关断时所承受的电压仅为直流电源电压的一半，所以特别适合于高电压大容量的场合。

用类似的方法还可构成五电平、七电平等更多电平的电路，统称为多电平逆变电路。当然，同两电平逆变电路一样，在多电平逆变电路中也同样可以采用各种 PWM 控制技术。

4.5.2 多重逆变电路

多重化就是将几个结构相同的方波逆变电路输出依次错开一定的相位角,使之获得尽可能接近正弦波的阶梯波输出。阶梯数越多,接近的程度越高,谐波就越小,从而达到扩容和抑制谐波的目的。从输出合成方式来看,多重逆变电路有串联多重和并联多重两种形式。串联多重是将几个逆变电路的输出串联起来,多用于电压源型逆变电路;并联多重是将几个逆变电路的输出并联起来,多用于电流源型逆变电路。

1. 串联多重逆变电路

图 4-22 所示为三相电压源型两重逆变电路原理图。

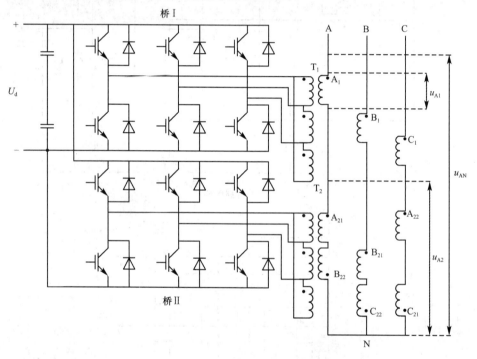

图 4-22　三相电压源型两重逆变电路原理图

两个三相桥式逆变电路共用同一直流电源,输出电压通过变压器 T_1 和 T_2 串联合成。两个三相桥式逆变电路均为 180°导通型,这样它们各自的输出线电压都是 120°矩形波。工作时桥Ⅱ输出电压的相位比桥Ⅰ滞后 30°。桥Ⅰ输出变压器 T_1 为△/Y 连接,设其变比为 1,则线电压之比为 $1/\sqrt{3}$。桥Ⅱ输出变压器 T_2 为△/Z 连接,二次侧为"曲折星形接法(一相的绕组和另一相的绕组串联而构成星形连接)",要求使其二次侧电压相对于一次侧电压超前 30°,以抵消桥Ⅱ输出比桥Ⅰ滞后的 30°,使两重化中通过变压器二次侧相串联的两桥输出基波电压同相位。

如果 T_2 和 T_1 一次侧匝数相同,为了使 u_{A2} 和 u_{A1} 基波幅值相同,T_2 和 T_1 二次侧间的匝数比应为 $1/\sqrt{3}$。T_1、T_2 二次侧基波电压的合成相量图如图 4-23 所示。图中 $\dot{U}_{A1}$、$\dot{U}_{A21}$、$\dot{U}_{B22}$ 分别是变压器绕组 A_1、A_{21}、B_{22} 上的基波电压相量。图 4-24 所示为变压器二次绕组电

压及合成输出电压 u_{AN} 的波形图。从图中可以看出,两重化后的三相桥式逆变电路输出电压 u_{AN} 比单个三相桥式逆变电路输出电压 u_{A1} 台阶多,更接近正弦波。

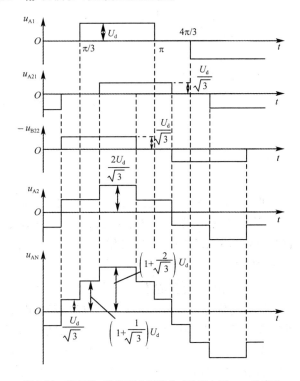

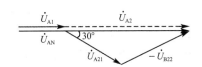

图 4-23　T_1、T_2 二次侧基波电压的合成相量图　　　图 4-24　变压器二次绕组电压及合成输出电压 u_{AN} 的波形

把 u_{A1} 展开成傅立叶级数得

$$u_{A1} = \frac{2\sqrt{3}U_d}{\pi}\left[\sin\omega t + \frac{1}{n}\sum_n^{\infty}(-1)^K\sin n\omega t\right] \tag{4-19}$$

式中,$n = 6K \pm 1$,K 为自然数。

基波有效值

$$U_{A1} = \frac{\sqrt{6}U_d}{\pi} = 0.78U_d \tag{4-20}$$

n 次谐波有效值

$$U_{A1n} = \frac{\sqrt{6}U_d}{n\pi} \tag{4-21}$$

u_{A21} 比 u_{A1} 滞后 30°,故有

$$u_{A21} = \frac{2\sqrt{3}}{\pi}U_d \times \frac{1}{\sqrt{3}}\left[\sin(\omega t - 30°) + \frac{1}{n}\sum_n^{\infty}(-1)^K\sin n(\omega t - 30°)\right] \tag{4-22}$$

$-u_{B22}$ 比 u_{A1} 超前 30°,故有

$$-u_{B22} = \frac{2\sqrt{3}}{\pi}U_d \times \frac{1}{\sqrt{3}}\left[\sin(\omega t + 30°) + \frac{1}{n}\sum_n^{\infty}(-1)^K\sin n(\omega t + 30°)\right] \tag{4-23}$$

$$u_{AN} = u_{A1} + u_{A21} + (-u_{B22})$$

$$= \frac{4\sqrt{3}}{\pi}\left[U_\mathrm{d}\sin\omega t - \frac{1}{11}\sin 11\omega t + \frac{1}{13}\sin 13\omega t - \frac{1}{17}\sin 17\omega t +\right.$$

$$\left. \frac{1}{19}\sin 19\omega t - \frac{1}{23}\sin 23\omega t + \frac{1}{25}\sin 25\omega t + \cdots\right] \tag{4-24}$$

$$\tag{4-25}$$

基波电压有效值

$$U_\mathrm{AN1} = \frac{2\sqrt{6}\,U_\mathrm{d}}{\pi} = 1.56U_\mathrm{d} \tag{4-26}$$

n 次谐波电压有效值

$$U_{\mathrm{AN}n} = \frac{2\sqrt{6}\,U_\mathrm{d}}{n\pi} = \frac{1}{n}U_\mathrm{AN1} \tag{4-27}$$

可以看出,在 u_AN 中已不含 5 次、7 次等谐波。另外,u_AN 的波形每一个周期中有 12 个台阶,故也称为 12 阶梯波逆变电路。一般来说,使 m 个三相桥式逆变电路的相位依次错开 $\pi/3m$ 运行,并采用输出变压器作 m 重串联,且抵消上述相位差,就可以构成阶梯数为 $6m$ 的逆变电路。

2. 并联多重逆变电路

根据逆变电路输出电流叠加的方法,多重连接可分为无输出变压器和有输出变压器两种方式。下面以有输出变压器耦合电流源型逆变电路多重化为例,说明其工作原理。

图 4-25(a)所示为变压器耦合电流源型两重逆变电路原理图。T_1 为 Y/Y 连接,T_2 为 Y/△ 连接,T_2 的输出在相位上比 T_1 超前 30°,而桥 Ⅱ 的输出在相位上比桥 Ⅰ 滞后 30°。因此,T_1、T_2 输出端的电流 i_A1 和 i_A2 同相位,而 $i = i_\mathrm{A1} + i_\mathrm{A2}$,合成结果为 1/4 周期 3 个阶梯波,与正弦波较接近,工作波形如图 4-25(b)所示。

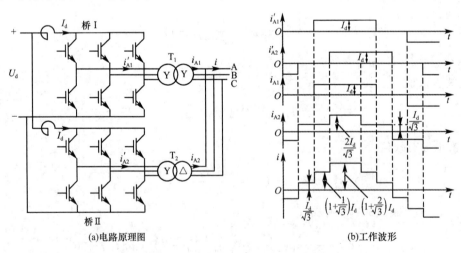

图 4-25　变压器耦合电流源型两重逆变电路原理图及工作波形

同三相电压源型两重逆变电路有类似的波形和结论,即 5 次、7 次等谐波全部消除。基波电流的有效值

$$I_1 = \frac{2\sqrt{6}\,I_\mathrm{d}}{\pi} = 1.56I_\mathrm{d} \tag{4-28}$$

n 次谐波电流的有效值

$$I_n = \frac{2\sqrt{6}\,I_d}{n\pi} = \frac{1}{n}I_1 \tag{4-29}$$

式中,$n = 12K \pm 1$,K 为自然数。

由以上分析可见,多重逆变电路的特点是能够以低的开关频率实现较好的输出性能,负载上得到了接近正弦波的多台阶阶梯波;且多重化连接数越多,波形改善效果越好;控制相对简单,适用于大功率、需要隔离的场合。但是由于电路换流的相互影响、控制电路及输出变压器连接的复杂程度等原因,实际中多采用三重逆变电路。

4.6　无源逆变电路设计举例

4.6.1　主电路的设计

1. 主电路的拓扑结构

主电路拓扑结构的形式多种多样,选择哪一种形式根据设计参数(如性能指标、负载参数、供电电源参数、环境条件等)的要求来确定。如电压源型逆变电路要求输出电压可调,可以在直流电源端采用相控整流电路,或不控整流电路加 DC-DC 变换电路;当直流电源电压不变,在逆变部分采用 PWM 控制等;在某些负载的场合为了抑制谐波含量加输出滤波器;在高电压大容量的场合可采用多重逆变电路或多电平逆变电路等。总之,在设计的过程中,一方面要权衡电路结构的经济性、可靠性、稳定性、安全性、合理性、适用性等,另一方面还要从控制的角度总体进行考虑,如对整个电路采取几项技术措施满足性能指标要求。

2. 主电路器件的选择与计算

主电路的器件也多种多样,有模块也有单个器件,这就要根据实际的具体情况和要求而定。下面以一种最基本的逆变主电路为例加以说明。如图 4-26 所示,开关器件选用 IGBT。逆变电路的直流电压由交流输入电源经不可控整流、滤波得到,也可以直接由直流电源(如蓄电池、直流发电机等)供电。

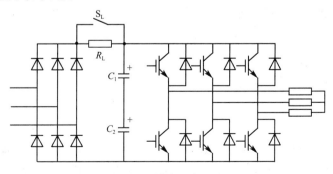

图 4-26　逆变主电路原理图

(1)整流二极管的选择

整流二极管的耐压

$$U_D \geqslant \sqrt{2} U_{2L} K_V \alpha_V \tag{4-30}$$

式中,U_{2L} 为整流桥输入电压有效值;K_V 为电压波动系数,$K_V \geqslant 1$;α_V 为安全系数,一般取 2~3。

根据计算值再查二极管的耐压标称值,一般取比计算值高并与之最接近的耐压标称值。

整流二极管额定电流的选择应考虑在最大负载电流下仍能可靠工作。

$$I_D = \alpha_1 \frac{I_{DM}}{1.57} \tag{4-31}$$

式中,α_1 为安全系数,一般取 1.5~2;I_{DM} 为最大电流有效值,要根据负载的功率和过载能力等因素确定。

(2)平滑滤波电容(C_1、C_2)的选择

在主回路直流环节中,大电容 C_1、C_2 的作用有两个:一是对整流电路的输出电压滤波,尽可能保持其输出电压为恒值;二是吸收来自负载回馈的能量,防止逆变电路过电压损坏功率开关器件。

起滤波作用时,C_1、C_2 和负载等效电阻 R_L 的时间常数应大于三相桥整流输出电压的脉动周期 $T = 3.33$ ms,则

$$C_1 = C_2 = C' \geqslant \frac{0.0033}{3R_L} \times 10^6 \, (\mu F) \tag{4-32}$$

起吸收负载回馈的能量时,按能量关系来估算。设负载为异步电动机,当异步电动机突然停车或减速制动时,电动机轴上的机械能及漏抗储能向电容回馈,形成泵升电压。为保护开关器件不致损坏,一般尽量选取大电容值,限制泵升电压的升高。

设电动机轴上的总转动惯量为 J,机械角速度为 Ω,则电动机轴上的机械储能为

$$W_J = \frac{1}{2} J \Omega^2 \tag{4-33}$$

漏感的储能

$$W_L = \frac{1}{2} L I^2 \tag{4-34}$$

设电容上的初始电压为 U_0,电容的储能

$$W_C = \frac{1}{2} C' (U_1^2 - U_0^2) \tag{4-35}$$

式中,U_1 为能量回馈后引起的电容电压升高值。

假定能量回馈时忽略损耗,电动机突然停车时机械能和漏感储能全部回馈到电容中,即

$$\frac{1}{2} C' (U_1^2 - U_0^2) = \frac{1}{2} J \Omega^2 + \frac{1}{2} L I^2 \tag{4-36}$$

设过压系数 $K = \frac{U_1}{U_0}$ $(K > 1)$,则

$$C' = \frac{J \Omega^2 + L I^2}{(K^2 - 1) U_0^2} \tag{4-37}$$

上式表明,当泵升电压值一定(一般允许电容上泵升电压升高 30%,即 $K = 1.3$)时,负载侧储能越大,滤波电容的容量也越大;而当储能一定时,泵升电压值越低,K 越小,所需电容的容量也越大。

电容的耐压

$$U_C' > \sqrt{2} U_{21} K_V \alpha_d \tag{4-38}$$

式中，α_d 为安全系数，通常取 1.1。

（3）开关器件 IGBT 的选择

开关器件的选择非常重要，它是逆变电路的核心元件。由于 IGBT 的热时间常数小，承受过载能力差，所以应由负载的最严重情形来进行参数计算和选择。

IGBT 承受的最高电压不仅与直流侧的电压 U_d 有关，而且与关断时尖峰电压有关。尖峰电压主要由线路杂散电感引起，即 $L\dfrac{\mathrm{d}i}{\mathrm{d}t}$，它与引线长短和布局直接相关。其耐压值

$$U_M = (K_1 U_d + U_p) K_2 \tag{4-39}$$

式中，K_1 为过电压保护系数，通常取 1.15；K_2 为安全系数，通常取 1.1；U_p 为关断尖峰电压。

IGBT 集电极最大电流

$$I_{0m} = I_0 \sqrt{2} \alpha_1 \alpha_2 \alpha_3 \tag{4-40}$$

式中，I_0 为负载的额定工作电流；α_1 为电流尖峰系数，一般取 1.2；α_2 为温度降额系数，一般取 1.2；α_3 为过载系数，一般取 1.4。

一般情况下，器件手册上给出的 I_{0m} 是在结温 $T_j = 25\ ℃$ 的条件下的值。在实际工作时由于器件发热，T_j 上升，电流实际允许值下降，所以要乘以降温系数。但也有公司给出的是 $T_j = 85\ ℃$ 的电流值，故应区别对待。

上述 IGBT 的最高电压和集电极最大电流的计算值也为选择续流二极管提供了依据。

（4）限流电阻的选择与计算

一般为了保护整流桥，在它的输出端要串联限流电阻。由于储能电容大，加之在接入电源时电容两端的电压为零，故当逆变电路刚合上电源的瞬间滤波电容 C_1 和 C_2 的充电电流是很大的，过大的冲击电流可能使三相整流桥的二极管损坏，所以应将电容 C' 的充电电流限制在允许的范围之内。开关 S_L 的功能是：当 C' 充电到一定程度时，令 S_L 接通，将 R_L 短路掉。

R_L 选择的根据是最大整流电压和二极管允许通过的最大平均电流，即

$$R_L \geqslant 1.57 \frac{\sqrt{2} U_{2L} K_V \alpha_V}{I_{0m}} \tag{4-41}$$

（5）交流侧阻容吸收环节

阻容吸收环节中，C 的目的是为防止变压器操作过电压，R 的目的是为防止电容和变压器漏抗产生谐振。通常阻容吸收环节采用 △ 接法。

电容容量

$$C = \frac{1}{3} \times 6 \times i_0 \% \frac{S}{U_2^2} \ (\mu F) \tag{4-42}$$

式中，$i_0\%$ 为变压器励磁电流百分数；S 为变压器每相平均计算容量（VA）；U_2 为变压器二次侧相电压有效值。

电容 C 的耐压

$$U_C \geqslant 1.5 \times \sqrt{3} U_2 \tag{4-43}$$

阻尼电阻

$$R \geqslant 3 \times 2.3 \times \frac{U_2^2}{S} \sqrt{\frac{U_K \%}{i_0 \%}} \tag{4-44}$$

式中，$U_K \%$ 为变压器短路比。

电阻 R 的功率

$$P_R \geqslant (3 \sim 4)(2\pi f_C U_C \times 10^{-6})^2 R \tag{4-45}$$

3. 驱动、保护和缓冲电路的选择与计算

（1）驱动电路

对不同的电力电子开关器件有不同的驱动电路要求，对同一种开关器件也有不同的实现电路。从电路运行的可靠性和简化电路角度考虑，应尽量选用专用的集成驱动电路。在驱动电路的设计中主要考虑驱动电压（包括开通和关断电压）、驱动电流、出现故障保护时驱动输出，因此驱动电路往往和保护电路一起综合设计。如集成驱动电路 EXB841，最高使用频率为 40 kHz，能驱动 150 A/600 V 或者 75 A/1200 V 的 IGBT，采用单电源 20 V 供电，其原理在前面已经叙述，这里仅对驱动电流的计算加以介绍。

驱动峰值电流可近似计算为

$$I_{GP} = \frac{(+U_{GE} + |-U_{GE}|)}{R_G + R_g} \tag{4-46}$$

式中，$+U_{GE}$ 为驱动正电压输出值，常用为 15 V；$-U_{GE}$ 为驱动负电压输出值，常用为 -5 V；R_G 为栅极外接驱动限流电阻；R_g 为 IGBT 栅极内部接的限流电阻，该值可查阅器件手册。

增大驱动电流 I_{GP} 有利于快速开通，但不利于短路与过载保护。

（2）缓冲电路

由于逆变电路中 IGBT 关断时，集电极电流急剧下降，主电路中的等效电感将引起高电压，称为开关浪涌电压。抑制浪涌电压的有效措施是设置缓冲电路，并且还可以抑制 $\mathrm{d}i/\mathrm{d}t$，减小开关损耗。缓冲电路的形式很多，选择哪一种形式与开关器件的容量有关。如果采用整体缓冲电路，通常缓冲电路的电容量可按 100 A 约 1 μF 选用，并为内部电感极小的无感电容。电容的选择按其时间常数约为该开关器件开关周期的 1/3，即

$$C_S = \frac{L_p I_{0m}^2}{\Delta U_2^2} \tag{4-47}$$

式中，I_{0m} 为开关器件最大工作电流；ΔU_2 为最大尖峰电压；L_p 为主电路布线电感，一般 $L_p = 1$ μH/m，视其布线的长度而定。

二极管应选用过渡正向电压低、反向恢复时间短、反向恢复特性较软的规格，其额定电流应不小于主电路开关器件额定电流的 1/10。

缓冲电阻

$$2\sqrt{\frac{L_p}{C_S}} \leqslant R_S \leqslant \frac{1}{2.3} C_S f \tag{4-48}$$

式中，f 为开关频率。

缓冲电阻的功率损耗 P_{R_S} 与缓冲电路的形式有关。在充放电型 RCD 缓冲电路中

$$P_{R_S} = (C_S U_d^2 + L_p I_0^2) f / 2 \tag{4-49}$$

在放电阻止型 RCD 缓冲电路中

$$P_{R_S} = L_p I_0^2 f / 2 \tag{4-50}$$

（3）保护电路

①逆变电路过电流保护。根据所采用开关器件类型、电路结构、容量的大小采用不同的保护方法，通常采用电子线路保护。

②逆变电路过电压保护。缓冲电路除了接在器件两端也可接在直流母线上，对整个逆变电路起到过电压保护作用。

4. 输出滤波电路

实际的逆变电路输出电压的谐波含量往往高于允许值。因此，在逆变电路输出和负载之间要加设滤波器，逆变电路对输出滤波的要求是呈低通特性，即尽可能不影响需要的频谱成分的幅值、相位，此外的谐波成分尽量衰减，并要求它的能量损耗要小。满足上述要求最常用的是无源滤波电路——LC 二阶低通滤波器，如图 4-27 所示。

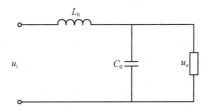

图 4-27　输出滤波电路——LC 二阶低通滤波器

（1）滤波电路的截止频率 f_0 的选择

$$f \leqslant f_0 \leqslant f_K \tag{4-51}$$

式中，f 为逆变电路的输出频率；f_K 为最低次谐波电压的频率。

$$f_0 = \frac{2f_K}{(e^{B_0} + e^{-B_0})} \tag{4-52}$$

式中，$B_0 = \ln\dfrac{U_{Kim}}{U_{Kom}}$，称为谐波电压衰减率，$U_{Kim}$ 和 U_{Kom} 分别是滤波器输入端和输出端最低次谐波电压幅值。

（2）滤波电路的参数选择

$$\begin{cases} \sqrt{L_0 C_0} = \dfrac{1}{2\pi f_0} \\ \sqrt{\dfrac{L_0}{C_0}} = (0.5 \sim 0.8)R_0 \end{cases} \tag{4-53}$$

根据给定的负载电阻 R_0 和确定的 f_0，解式（4-53）方程组可得 L_0、C_0。取其参数时只要保证 L_0、C_0 不变，可以取 L_0 大、C_0 小，也可取 C_0 大、L_0 小，要视具体情况而定。

5. 逆变变压器设计

为了得到不同的输出电压或起隔离作用，常常在输出端带输出变压器。逆变变压器的设计要计算铁芯材料、铁芯截面、绕组匝数、变比和线径。此过程比较烦琐，但比较规范，可查阅其他设计手册。

4.6.2　控制电路的设计

控制电路的设计方案很多，前面所讲的任意一种控制方式均可采用。而且，在第 7 章将介绍的 PWM 控制方案，是目前在实际中应用更为广泛的控制方法。

本 章 小 结

本章讲述了基本的逆变电路的结构及其工作原理,首先介绍了换流方式。实际上,换流并不是逆变电路特有的概念,四大类基本变流电路中都有换流的问题,但在逆变电路中换流的概念表现得最为集中。换流方式分外部换流和自换流两大类,外部换流包括电网换流和负载换流两种,自换流包括器件换流和强迫换流两种。在晶闸管时代,换流的概念十分重要。到了全控型器件时代,换流概念的重要性已有所下降,但它仍是电力电子电路的一个重要而基本的概念。

逆变电路的分类有不同方法,可以用换流方式来分类,也可以用输出相数来分类,还可以用直流电源的性质来分类,此外,从用途来分类也是一种常用的分类方法。本章主要采用了按直流侧电源性质分类的方法,即把逆变电路分为电压型和电流型两类。这样分类更能抓住电路的基本特性,使逆变电路基本理论的框架更为清晰。需要指出的是,电压型和电流型电路也不是逆变电路中特有的概念,把这一概念用于整流电路等其他电路,也会使我们对这些电路有更为深刻的认识。例如,负载为大电感的整流电路可看成电流型整流电路,电容滤波的整流电路可看成电压型整流电路。对电压型和电流型电路的认识,源于对电压源和电流源本质和特性的理解。深刻地认识和理解电压源和电流源的概念和特性,对正确理解和分析各种电力电子电路都有十分重要的意义。

本章对逆变电路的讲述是很基本的,还远不是完整的。在第 7 章将要讲述的 PWM(脉冲宽度调制)控制技术是一项非常重要的技术,它广泛用于各种变流电路,特别在逆变电路中应用最多。把 PWM 控制技术用于逆变电路,就构成 PWM 逆变电路。在当今应用的逆变电路中,可以说绝大部分都是 PWM 逆变电路。因此,学完第 7 章后,读者才能对逆变电路有一个较为完整的认识。

思考题及习题

4-1   无源逆变电路和有源逆变电路有何不同?

4-2   换流方式有哪几种? 各有什么特点?

4-3   半控桥和负载侧并有续流二极管的电路能否实现有源逆变? 为什么?

4-4   在图 4-28 所示的(a)、(b)两图中,一个工作在整流——电动机状态,另一个工作在逆变——发电机状态。试回答:

(1)在图中标出 U_d、E_d 及 i_d 的方向。

(2)说明 E 与 U_d 的大小关系。

(3)当 α 与 β 的最小值均为 30°时,控制角 α 的移相范围为多少?

4-5   试画出三相半波共阴极接法 $\beta=30°$时的 u_d 及晶闸管 VT_2 两端电压 u_{VT2} 的波形。

思考题及习题

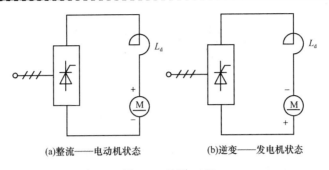

(a)整流——电动机状态　　　　　(b)逆变——发电机状态

图 4-28　习题 4-4 图

4-6　晶闸管三相半波可逆供电装置,变压器二次侧相电压有效值为 230 V,电路总电阻 $R_\Sigma = 0.3\ \Omega$,欲使电动机从 220 V、20 A 的稳定电动运行状态下进行发电再生制动,要求制动初始电流为 40 A。试求初始逆变角 β(忽略晶闸管的换相管压降)。

4-7　设晶闸管三相半波有源逆变电路的逆变角 $\beta = 30°$,试画出 VT_2 管的触发脉冲丢失一个时,输出电压 u_d 的波形图。

4-8　什么是电压型逆变电路? 什么是电流型逆变电路? 二者各有何特点?

4-9　电压型逆变电路中反馈二极管的作用是什么? 为什么电流型逆变电路中没有反馈二极管?

4-10　并联谐振式逆变电路利用负载电压进行换相,为保证换相应满足什么条件?

4-11　逆变电路多重化的目的是什么? 如何实现? 串联多重和并联多重逆变电路各用于什么场合?

4-12　为什么逆变电路中晶闸管不适于作开关器件?

4-13　单相桥式逆变电路如图 4-14(a)所示,输出电压为一方波,频率为 $f = 50\ Hz$。已知 $U_d = 48\ V$,电感性负载 $R = 5\ \Omega$,$L = 0.016\ H$。试求:

(1)输出电压基波分量 U_{01};

(2)输出电流基波分量 I_{01};

(3)输出功率 P_0。

4-14　设三相桥式电压型逆变电路直流母线电压 $U_d = 540\ V$,当其工作在 180° 导电方式时,求出各自输出相电压基波幅值和有效值,输出线电压基波幅值和有效值。

4-15　图 4-19(a)所示的电路为一台 380 V、40 kW 交流电动机供电。设电动机已工作在额定状态,求直流侧的电压和平均电流值。

第5章

DC-DC 变换技术

【能力目标】 通过本章的学习,要求掌握各种变换电路的基本工作原理、基本拓扑结构,了解各种变换电路的不同应用场合,同时具有一定的设计变换电路的能力,能够解决一些实际当中的问题。

【思政目标】 直流斩波电路广泛应用于高性能直流电源和直流电机驱动,是理论发展与器件成熟共同推动的成果。引导学生认识理论与实践相结合的重要性,培养学生勤于思考、勇于实践、大胆创新的新时代工匠精神。

【学习提示】 DC-DC 变换电路的功能是将直流电变为另一固定电压或可调电压的直流电,也称为直流斩波电路(DC chopper)。它被广泛地应用于直流开关电源和直流电动机驱动系统中。本章主要讲述降压、升压、升降压、Cuk、多象限、全桥式、多相多重直流变换电路等,主要介绍各种基本变换电路的基本组成电路、基本工作原理,在不同工作情况下各物理量之间的函数关系,以及各种基本变换电路和组合变换电路的典型应用场合。在本章的最后给出了在实际中应用直流-直流变换电路的一些工程实际问题。

5.1 DC-DC 变换电路概述

直流变换电路是将直流电能转换成另一固定或可变电压的直流电能的直流-直流(DC-DC)变换电路,也称为直流斩波电路。其基本思想是:通过改变开关的动作频率,或改变直流电流接通和断开的时间比例,就可以改变加到负载上的电压、电流平均值。

DC-DC 变换电路广泛应用于远程及数据通信、计算机、办公自动化设备、工业仪器仪表、军事、航天等领域,涉及国民经济的各行各业;直流斩波技术被广泛地应用于无轨电车、地铁列车、蓄电池供电的机动车辆的无级变速以及电动汽车的控制,从而使上述控制获得加速平稳、快速响应的性能,并同时收到节约电能的效果。

直流斩波电路的最常见功能就是调压,它还可以控制负载上获得的电功率,即具有功率控制功能。在某些场合,它被用来调节阻抗等。所以,依直流斩波电路的功能可以将其分为功率控制型、调压型、调阻型等。

DC-DC 变换基本电路有降压型变换电路(Buck 电路)、升压型变换电路(Boost 电路)、升降压型变换电路(Boost-Buck 电路)、库克电路(Cuk 电路)、Sepic 电路和 Zeta 电路,其中前两种是最基本的电路。利用不同的基本斩波电路进行组合,可构成复合斩波电路,如电流可逆斩波电路、桥式可逆斩波电路等。利用相同结构的基本斩波电路进行组合,可构成多相多重斩波电路。

　　下面以图 5-1(a)所示的最基本的斩波电路为例说明其工作原理。斩波电路负载为电阻 R，图中电力电子器件看作是理想的。当 S 闭合时，直流电压加在 R 上，持续时间为 t_{on}；当 S 断开时，负载上的电压为零，并持续 t_{off} 时间，那么 $T = t_{on} + t_{off}$ 为斩波电路的工作周期，斩波电路的输出波形如图 5-1(b)所示。若定义斩波电路的导通占空比 $\rho = t_{on}/T$，则由波形图可得输出电压平均值

$$U_{o} = \frac{1}{T}\int_{0}^{t_{on}} u_{o}\mathrm{d}t = \frac{t_{on}}{T}U_{i} = \rho U_{i} \tag{5-1}$$

　　从式(5-1)可知，当导通比 ρ 从 0 变到 1 时，输出电压平均值从 0 变到 U_{i}。改变导通比即改变导通与关断时间的比例，即可调节输出平均直流电压的大小，它通常有如下三种控制方式。

　　(1)定频调宽控制法。定频调宽控制法保持开关周期不变，即频率不变，而调节开关导通时间，故又称为脉冲宽度调制(Pulse Width Modulation，PWM)。

　　(2)定宽调频控制法。定宽调频就是开关导通时间不变，但开关频率即工作周期可变。

　　(3)调频调宽混合调制法。调频调宽混合调制法既改变工作周期，同时也改变开关导通时间。

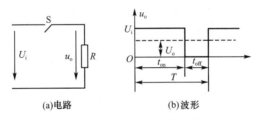

(a)电路　　　　　　　(b)波形

图 5-1　基本斩波电路及其负载波形

　　目前普遍采用的是脉冲宽度调制控制方式。因为频率调制控制方式容易产生谐波干扰，而且滤波器设计也比较困难。

5.2　基本 DC-DC 变换电路

　　本节讲述六种基本的斩波电路，对其中最基本的两种电路——降压斩波电路和升压斩波电路重点进行介绍。

5.2.1　降压斩波电路

　　降压斩波电路(Buck Chopper)的原理图及工作波形如图 5-2 所示。该电路使用一个全控型器件 VT，图中为 IGBT，也可使用其他器件，若采用晶闸管，需设置使晶闸管关断的辅助电路。图 5-2 中，为在 VT 关断时给负载中的电感电流提供通道，设置了续流二极管 VD。斩波电路的典型用途之一是拖动直流电动机，也可带蓄电池负载，两种情况下负载中均会出现反电动势，如图中 E_{M} 所示。若负载中无反电动势时，只需令 $E_{M}=0$，以下的分析及表达

式均可适用。

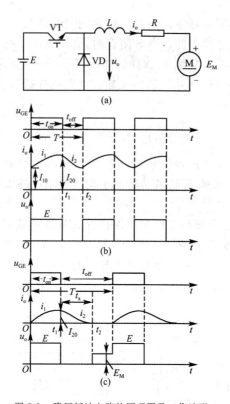

图 5-2　降压斩波电路的原理图及工作波形

由图 5-2(b)中 VT 的栅射电压 u_{GE} 波形可知，在 $t=0$ 时刻驱动 VT 导通，电源 E 向负载供电，负载电压 $u_o=E$，负载电流 i_o 按指数曲线上升。

当 $t=t_1$ 时刻，控制 VT 关断，负载电流经二极管 VD 续流，负载电压 u_o 近似为零，负载电流 i_o 呈指数曲线下降。为了使负载电流连续且脉动小，通常串接 L 值较大的电感。

至一个周期 T 结束，再驱动 VT 导通，重复上一周期的过程。当电路工作于稳态时，负载电流在一个周期的初值和终值相等，如图 5-2(b)所示。负载电压的平均值为

$$U_o = \frac{t_{on}}{t_{on}+t_{off}}E = \frac{t_{on}}{T}E = \rho E \tag{5-2}$$

式中，t_{on} 为 VT 处于通态的时间；t_{off} 为 VT 处于断态的时间；T 为开关周期；ρ 为导通占空比，简称占空比或导通比。

由式(5-2)可知，输出到负载的电压平均值 U_o 最大为 E，若减小占空比 ρ，则 U_o 随之减小。因此将该电路称为降压斩波电路，也有很多文献中直接使用其英文名称，称为 Buck 变换器(Buck Converter)。

负载电流平均值为

$$I_o = \frac{U_o - E_M}{R} \tag{5-3}$$

若负载 L 值很小，则在 VT 关断后，到了 t_2 时刻，如图 5-2(c)所示，负载电流已衰减至零，会出现负载电流断续的情况。由波形可见，负载电压 u_o 平均值会被抬高，一般不希望出现电流断续的情况。

下面,基于电力电子电路的分段线性化方法对降压斩波电路进行解析。

在 VT 处于通态期间,设负载电流为 i_1,可列出如下方程

$$L\frac{di_1}{dt}+Ri_1+E_M=E \tag{5-4}$$

设此阶段电流初值为 I_{10},$\tau=L/R$,解上式得

$$i_1=I_{10}e^{-\frac{t}{\tau}}+\frac{E-E_M}{R}(1-e^{-\frac{t}{\tau}}) \tag{5-5}$$

在 VT 处于断态期间,设负载电流为 i_2,可列出如下方程

$$L\frac{di_2}{dt}+Ri_2+E_M=0 \tag{5-6}$$

设此阶段电流初值为 I_{20},解上式得

$$i_2=I_{20}e^{-\frac{t-t_{on}}{\tau}}-\frac{E_M}{R}(1-e^{-\frac{t-t_{on}}{\tau}}) \tag{5-7}$$

当电流连续时,有

$$I_{10}=i_2(t_2) \tag{5-8}$$

$$I_{20}=i_1(t_1) \tag{5-9}$$

即 VT 进入通态时的电流初值就是 VT 在断态阶段结束时的电流值,反过来,VT 进入断态时的电流初值就是 VT 在通态阶段结束时的电流值。

由式(5-5)、式(5-7)、式(5-8)、式(5-9)得出

$$I_{10}=\left(\frac{e^{t_{on}/\tau}-1}{e^{T/\tau}-1}\right)\frac{E}{R}-\frac{E_M}{R}=\left(\frac{e^{\rho D}-1}{e^D-1}-m\right)\frac{E}{R} \tag{5-10}$$

$$I_{20}=\left(\frac{1-e^{-t_{on}/\tau}}{1-e^{-T/\tau}}\right)\frac{E}{R}-\frac{E_M}{R}=\left(\frac{1-e^{\rho D}}{1-e^D}-m\right)\frac{E}{R} \tag{5-11}$$

式中,$D=\dfrac{T}{\tau}$;$m=\dfrac{E_M}{E}$;$t_{on}/\tau=\left(\dfrac{t_{on}}{T}\right)\left(\dfrac{T}{\tau}\right)=\rho D$。

由图 5-2(b)可知,I_{10} 和 I_{20} 分别是负载电流瞬时值的最小值和最大值。

把式(5-10)和式(5-11)用泰勒级数近似,可得

$$I_{10}\approx I_{20}\approx\frac{(\rho-m)E}{R}=I_o \tag{5-12}$$

式(5-12)表示了平波电抗器 L 为无穷大、负载电流完全平直时的负载电流平均值 I_o,此时负载电流最大值、最小值均等于平均值。

以上关系还可从能量传递关系简单地推得。由于 L 为无穷大,故负载电流维持为 I_o 不变。电源只在 VT 处于通态时提供能量,为 $EI_o t_{on}$。从负载看,在整个周期 T 中负载一直在消耗能量,消耗的能量为 $(RI_o^2 T+E_M I_o T)$。一个周期中,忽略电路中的损耗,则电源提供的能量与负载消耗的能量相等,即

$$EI_o t_{on}=RI_o^2 T+E_M I_o T \tag{5-13}$$

则

$$I_o=\frac{\rho E-E_M}{R} \tag{5-14}$$

式(5-14)与式(5-12)结论一致。

在上述情况中,均假设 L 值为无穷大,且负载电流平直。这种情况下,假设电源电流平均值为 I_i,则有

$$I_i = \frac{t_{on}}{T}I_o = \rho I_o \tag{5-15}$$

其值小于等于负载电流 I_o,由上式得

$$EI_i = \rho EI_o = U_o I_o \tag{5-16}$$

即输出功率等于输入功率,可将降压斩波器看作直流降压变压器。

假如负载中 L 值较小,则有可能出现负载电流断续的情况。利用与前面类似的解析方法,可对电流断续的情况进行解析。电流断续时有 $I_{10} = 0$,且 $t = t_{on} + t_x$ 时,$i_2 = 0$,利用式 (5-5) 和式 (5-7) 可求出 t_x 为

$$t_x = \tau \ln \left[\frac{1 - (1-m)e^{-\rho D}}{m} \right] \tag{5-17}$$

电流断续时,$t_x < t_{off}$,由此得出电流断续的条件为

$$m > \frac{e^{\rho D} - 1}{e^D - 1} \tag{5-18}$$

对于电路的具体工作情况,可据此式判断负载电流是否连续。

在负载电流断续工作情况下,负载电流一降到零,续流二极管 VD 即关断,负载两端电压等于 E_M。输出电压平均值为

$$U_o = \frac{t_{on}E + (T - t_{on} - t_x)E_M}{T} = \left[\rho + \left(1 - \frac{t_{on} + t_x}{T} \right)m \right]E \tag{5-19}$$

由式 (5-19) 可知,U_o 不仅和占空比 ρ 有关,也和反电动势 E_M 有关。

此时负载电流平均值为

$$I_o = \frac{1}{T} \left(\int_0^{t_{on}} i_1 \mathrm{d}t + \int_{t_{on}}^{t_{on}+t_x} i_2 \mathrm{d}t \right) = \left(\rho - \frac{t_{on} + t_x}{T}m \right)\frac{E}{R} = \frac{U_o - E_M}{R} \tag{5-20}$$

5.2.2 升压斩波电路

1. 升压斩波电路的基本原理

升压斩波电路(Boost Chopper)的原理图及工作波形如图 5-3 所示。该电路中也是使用一个全控型器件。

分析升压斩波电路的工作原理时,首先假设电路中电感 L 值很大,电容 C 值也很大。当 VT 处于通态时,电源 E 向电感 L 充电,充电电流基本恒定为 I_i,同时电容 C 上的电压向负载 R 供电,因 C 值很大,基本保持输出电压 u_o 为恒值,记为 U_o。设 VT 处于通态的时间为 t_{on},此阶段电感 L 积蓄的能量为 $EI_i t_{on}$。当 VT 处于断态时 E 和 L 共同向电容 C 充电,并向负载 R 提供能量。设 VT 处于断态的时间为 t_{off},则在此期间电感 L 释放的能量为 $(U_o - E)I_i t_{off}$。当电路工作于稳态时,一个周期 T 中电感 L 积蓄的能量与释放的能量相等,即

$$EI_i t_{on} = (U_o - E)I_i t_{off} \tag{5-21}$$

化简得

$$U_o = \frac{t_{on} + t_{off}}{t_{off}}E = \frac{T}{t_{off}}E \tag{5-22}$$

上式中的 $T/t_{off} \geqslant 1$,输出电压高于电源电压,故称该电路为升压斩波电路,也有的文献中直

接采用其英文名称,称之为 Boost 变换器(Boost Converter)。

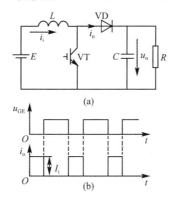

图 5-3　升压斩波电路的原理图及工作波形

式(5-22)中 T/t_{off} 表示升压比,调节其大小,即可改变输出电压 U_o 的大小,调节的方法与上一节中介绍的改变导通比 ρ 的方法类似。将升压比的倒数记作 β,即 $\beta = \dfrac{t_{off}}{T}$,则 β 与导通占空比 ρ 的关系如下

$$\rho + \beta = 1 \tag{5-23}$$

因此,式(5-22)可表示为

$$U_o = \frac{1}{\beta}E = \frac{1}{1-\rho}E \tag{5-24}$$

升压斩波电路之所以能使输出电压高于电源电压,关键有两个原因:一是 L 储能之后具有使电压泵升的作用,二是电容 C 可将输出电压保持住。在以上分析中,认为 VT 处于通态期间因电容 C 的作用使得输出电压 U_o 不变,但实际上 C 值不可能为无穷大,在此阶段其向负载放电,U_o 必然会有所下降,故实际输出电压会略低于式(5-24)所得结果,不过,在电容 C 值足够大时,误差很小,基本可以忽略。

如果忽略电路中的损耗,则由电源提供的能量仅由负载 R 消耗,即

$$EI_i = U_oI_o \tag{5-25}$$

式(5-25)表明,与降压斩波电路一样,升压斩波电路也可看成是直流变压器。

根据电路结构并结合式(5-24),得出输出电流的平均值 I_o 为

$$I_o = \frac{U_o}{R} = \frac{E}{\beta R} \tag{5-26}$$

由式(5-25)即可得出电源电流 I_i 为

$$I_i = \frac{U_o}{E}I_o = \frac{E}{\beta^2 R} \tag{5-27}$$

2. 升压斩波电路的典型应用

升压斩波电路目前的典型应用主要有:一是用于直流电动机传动,二是用作单相功率因数校正(Power Factor Correction——PFC)电路,三是用于其他交直流电源中。

当升压斩波电路用于直流电动机传动时,通常是在直流电动机再生制动时把电能回馈给直流电源,此时的电路原理图及工作波形如图 5-4 所示。由于实际电路中电感 L 值不可能为无穷大,因此该电路和降压斩波电路一样,也有电动机电枢电流连续和断续两种工作状

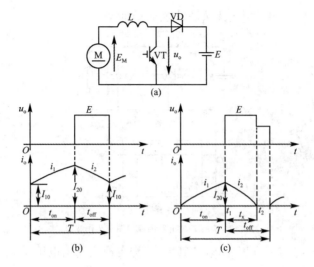

图 5-4　用于直流电动机回馈能量的升压斩波电路原理图及工作波形

态。还需说明的是,此时电动机的反电动势相当于图 5-3 所示电路中的电源,而此时的直流电源相当于图 5-3 所示电路中的负载。由于直流电源的电压基本是恒定的,因此不必并联电容。

先对升压斩波电路分析如下:

当可控开关 VT 处于通态时,设电动机电流为 i_1,得

$$L\frac{\mathrm{d}i_1}{\mathrm{d}t}+Ri_1=E_M \tag{5-28}$$

式中,R 为电动机电枢回路电阻与线路电阻之和。

设 i_1 的初值为 I_{10},解上式得

$$i_1=I_{10}\mathrm{e}^{-\frac{t}{\tau}}+\frac{E_M}{R}(1-\mathrm{e}^{-\frac{t}{\tau}}) \tag{5-29}$$

当 VT 处于断态时,设电动机电枢电流为 i_2,得

$$L\frac{\mathrm{d}i_2}{\mathrm{d}t}+Ri_2=E_M-E \tag{5-30}$$

设 i_2 的初值为 I_{20},解上式得

$$i_2=I_{20}\mathrm{e}^{-\frac{t-t_{on}}{\tau}}-\frac{E-E_M}{R}(1-\mathrm{e}^{-\frac{t-t_{on}}{\tau}}) \tag{5-31}$$

当电流连续时,从图 5-4(b)所示的电流波形可看出,$t=t_{on}$ 时刻 $i_1=I_{20}$,$t=T$ 时刻 $i_2=I_{10}$,由此可得

$$I_{20}=I_{10}\mathrm{e}^{-\frac{t_{on}}{\tau}}+\frac{E_M}{R}(1-\mathrm{e}^{-\frac{t_{on}}{\tau}}) \tag{5-32}$$

$$I_{10}=I_{20}\mathrm{e}^{-\frac{t_{off}}{\tau}}-\frac{E-E_M}{R}(1-\mathrm{e}^{-\frac{t_{off}}{\tau}}) \tag{5-33}$$

由以上两式求得

$$I_{10}=\frac{E_M}{R}-\left(\frac{1-\mathrm{e}^{-\frac{t_{off}}{\tau}}}{1-\mathrm{e}^{-\frac{T}{\tau}}}\right)\frac{E}{R}=\left(m-\frac{1-\mathrm{e}^{-\beta D}}{1-\mathrm{e}^{-D}}\right)\frac{E}{R} \tag{5-34}$$

$$I_{20} = \frac{E_M}{R} - \left(\frac{e^{-\frac{t_{on}}{\tau}} - e^{-\frac{T}{\tau}}}{1 - e^{-\frac{T}{\tau}}} \right) \frac{E}{R} = \left(m - \frac{e^{-\rho D} - e^{-D}}{1 - e^{-D}} \right) \frac{E}{R} \qquad (5\text{-}35)$$

与降压斩波电路一样,把上面两式用泰勒级数线性近似,得

$$I_{10} = I_{20} = (m - \beta) \frac{E}{R} \qquad (5\text{-}36)$$

式(5-36)表示了 L 为无穷大时电枢电流的平均值 I_o,即

$$I_o = (m - \beta) \frac{E}{R} = \frac{E_M - \beta E}{R} \qquad (5\text{-}37)$$

式(5-37)表明,以电动机一侧为基准看,可将直流电源电压看作是被降低到了 βE。

电枢电流断续时的波形如图 5-4(c)所示。

当 $t=0$ 时 $i_1 = I_{10} = 0$,令式(5-32)中 $I_{10} = 0$ 即可求出 I_{20},进而可写出 i_2 的表达式。另外,当 $t = t_2$ 时 $i_2 = 0$,可求得 i_2 持续的时间 t_x,即

$$t_x = \tau \ln \frac{1 - m e^{-\frac{t_{on}}{\tau}}}{1 - m} \qquad (5\text{-}38)$$

当 $t_x < t_{off}$ 时,电路为电流断续工作状态,$t_x < t_{off}$ 是电流断续的条件,即

$$m < \frac{1 - e^{-\beta D}}{1 - e^{-D}} \qquad (5\text{-}39)$$

根据此式可对电路的工作状态作出判断。

5.2.3　升降压斩波电路和 Cuk 斩波电路

前面讲述的降压斩波电路只能使输出电压低于输入电压,升压斩波电路只能使输出电压高于输入电压,并且这两种电路的输出电压和输入电压极性相同,当希望一个斩波电路的输出电压可大于或小于输入电压,或者要求输出电压和输入电压极性相反时,前面讲述的两种斩波电路就不能满足要求了,这时就想到了一些复合型斩波电路。通常用的复合型斩波电路包括升降压斩波电路(Boost-Buck Chopper)和 Cuk 电路。

1. 升降压斩波电路

升降压斩波电路原理图如图 5-5(a)所示。设电路中电感 L 值很大,电容 C 值也很大,使电感电流 i_L 和电容电压 u_o 即负载电压基本为恒值。

该电路的基本工作原理是:当可控开关 VT 处于通态时,电源经 VT 向电感 L 供电使其储存能量,此时电流为 i_1,方向如图 5-5(a)中所示。同时电容 C 维持输出电压基本恒定并向负载 R 供电。此后,使 VT 关断,电感 L 中储存的能量向负载释放,电流为 i_2,方向如图 5-5(a)所示。可见,负载电压极性为上负下正,与电源电压极性相反,与前面介绍的降压斩波电路和升压斩波电路的情况正好相反,因此该电路也称作反极性斩波电路。

稳态时,一个周期 T 内电感 L 两端电压 u_L 对时间的积分为零,即

$$\int_0^T u_L \, dt = 0 \qquad (5\text{-}40)$$

当 VT 处于通态期间时,$u_L = E$;而当 VT 处于断态期间时,$u_L = -u_o$。于是

$$E t_{on} = U_o t_{off} \qquad (5\text{-}41)$$

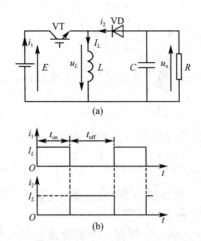

图 5-5   升降压斩波电路原理图及工作波形

所以输出电压为

$$U_o = \frac{t_{on}}{t_{off}}E = \frac{t_{on}}{T - t_{on}}E = \frac{\rho}{1 - \rho}E \tag{5-42}$$

若改变导通比 ρ，则输出电压既可以比电源电压高，也可以比电源电压低。当 $0 < \rho < 1/2$ 时为降压，当 $1/2 < \rho < 1$ 时为升压，因此将该电路称作升降压斩波电路，也有文献直接按英文名称称之为 Boost-Buck 变换器（Boost-Buck Converter）。

图 5-5(b) 中给出了电源电流 i_1 和负载电流 i_2 的波形，设两者的平均值分别为 I_1 和 I_2，当电流脉动足够小时，有

$$\frac{I_1}{I_2} = \frac{t_{on}}{t_{off}} \tag{5-43}$$

由上式可得

$$I_2 = \frac{t_{off}}{t_{on}}I_1 = \frac{1 - \rho}{\rho}I_1 \tag{5-44}$$

如果 VT、VD 为没有损耗的理想开关时，则

$$EI_1 = U_o I_2 \tag{5-45}$$

其输出功率和输入功率相等，可将其看作直流变压器。

2. Cuk 斩波电路

图 5-6 所示为 Cuk 斩波电路的原理图及其等效电路。

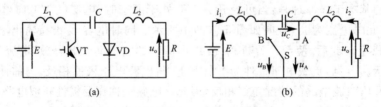

图 5-6   Cuk 斩波电路的原理图及其等效电路

当 VT 处于通态时，E—L_1—VT 回路和 R—L_2—C—VT 回路分别流过电流；当 VT 处于断态时，E—L_1—C—VD 回路和 R—L_2—VD 回路分别流过电流。输出电压的极性与电源电压极性相反。该电路的等效电路如图 5-6(b) 所示，相当于开关 S 在 A、B 两点之间交

替切换。

在该电路中,稳态时电容 C 的电流在一个周期内的平均值应为零,也就是其对时间的积分为零,即

$$\int_0^T i_C \mathrm{d}t = 0 \tag{5-46}$$

在图 5-6(b)所示的等效电路中,开关 S 合向 B 点的时间即 VT 处于通态的时间 t_{on},则电容电流和时间的乘积为 $I_2 t_{on}$。开关 S 合向 A 点的时间为 VT 处于断态的时间 t_{off},则电容电流和时间的乘积为 $I_1 t_{off}$。由此可得

$$I_2 t_{on} = I_1 t_{off} \tag{5-47}$$

从而可得

$$\frac{I_2}{I_1} = \frac{t_{off}}{t_{on}} = \frac{T - t_{on}}{t_{on}} = \frac{1 - \rho}{\rho} \tag{5-48}$$

当电容 C 很大使电容电压 u_C 的脉动足够小时,输出电压 U_o 与输入电压 E 的关系可用以下方法求出。当开关 S 合到 B 点时,B 点电压 $u_B = 0$,A 点电压 $u_A = -u_C$;相反,当开关 S 合到 A 点时,$u_B = u_C$,$u_A = 0$。因此,B 点电压 u_B 的平均值为 $U_B = \dfrac{t_{off}}{T} U_C$($U_C$ 为电容电压 u_C 的平均值),又因电感 L_1 的电压平均值为零,所以 $E = U_B = \dfrac{t_{off}}{T} U_C$。另一方面,A 点的电压平均值为 $U_A = -\dfrac{t_{on}}{T} U_C$,且 L_2 的电压平均值为零,按图 5-6(b)中输出电压 U_o 的极性,有 $U_o = \dfrac{t_{on}}{T} U_C$。于是可得输出电压 U_o 与电源电压 E 的关系为

$$U_o = \frac{t_{on}}{t_{off}} E = \frac{t_{on}}{T - t_{on}} E = \frac{\rho}{1 - \rho} E \tag{5-49}$$

这一输入输出关系与升降压斩波电路时的情况相同。

与升降压斩波电路相比,Cuk 斩波电路有一个明显的优点,即其输入电源电流和输出负载电流都是连续的,且脉动很小,有利于对输入、输出进行滤波。

5.2.4　Sepic 斩波电路和 Zeta 斩波电路

图 5-7 分别给出了 Sepic 斩波电路和 Zeta 斩波电路的原理图。

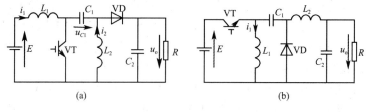

图 5-7　Sepic 斩波电路和 Zeta 斩波电路的原理图

Sepic 斩波电路[图 5-7(a)]的基本工作原理是:当 VT 处于通态时,$E—L_1—VT$ 回路和 $C_1—VT—L_2$ 回路同时导电,L_1 和 L_2 储能;当 VT 处于断态时,$E—L_1—C_1—VD—$负载(C_2 和 R)回路及 $L_2—VD—$负载回路同时导电,此阶段 E 和 L_1 既向负载供电,同时也向 C_1 充

电，C_1 储存的能量在 VT 处于通态时向 L_2 转移。

Sepic 斩波电路的输入输出关系由下式给出

$$U_o = \frac{t_{on}}{t_{off}}E = \frac{t_{on}}{T - t_{on}}E = \frac{\rho}{1 - \rho}E \tag{5-50}$$

Zeta 斩波电路[图 5-7(b)]也称双 Sepic 斩波电路，其基本工作原理是：在 VT 处于通态期间，电源 E 经开关 VT 向电感 L_1 储能。同时，E 和 C_1 共同向负载 R 供电，并向 C_2 充电。待 VT 关断后，L_1 经 VD 向 C_1 充电，其储存的能量转移至 C_1。同时，C_2 向负载供电，L_2 的电流则经 VD 续流。

Zeta 斩波电路的输入输出关系为

$$U_o = \frac{\rho}{1 - \rho}E \tag{5-51}$$

Sepic 斩波电路和 Zeta 斩波电路相比，具有相同的输入输出关系。Sepic 斩波电路中，电源电流和负载电流均连续，有利于输入、输出滤波，反之，Zeta 斩波电路的输入、输出电流均是断续的。另外，与 5.2.3 节所述的两种电路相比，这里的两种电路的输出电压为正极性的，且输入输出关系相同。

5.3　复合型直流-直流变换电路

将基本的降压型（Buck）变换电路和升压型（Boost）变换电路组合可以构成半桥型（两象限）和全桥型（四象限）DC-DC 变换电路。这些由不同的或相同的基本型变换电路组合而成的复合型直流-直流变换电路，较单个基本变换电路具有更优良的技术特性，又可以扩大单个变换电路的输出容量，组合输出更高的电压或更大的电流。

5.3.1　两象限直流-直流变换电路

直流负载有电阻性负载、电感性负载和反电动势负载三类。当直流电源对直流电动机供电时（或对蓄电池充电时），负载就是如图 5-8(a)所示的反电动势负载。其中 E_m 是直流电动机的电枢反电动势，L_a、R_a 为电路中的等效电感和电阻，通常 L_a 较大但 R_a 很小。图 5-8(a)中 VT_1、VT_2 为全控型开关器件，E 为直流电源。当 VT_2 完全截止，VT_1 周期性地通、断时，VT_1、VD_2 构成了一个 Buck 变换电路。当 VT_1 完全截止，VT_2 周期性地通、断时，VT_2、VD_1 构成一个 Boost 变换电路。

若 VT_2 完全截止，如图 5-8(b)所示，VT_1 周期性地通、断转变，在 VT_1 导通的 $t_{on} = \rho T$ 期间，$U_A = E$，只要 $E > E_m$，则 i_{AB} 上升；在 VT_1 截止的 $(1 - \rho)T$ 期间，经 VD_2 续流，$U_{AB} = 0$，i_{AB} 下降。在一个开关周期 T 中，u_{AB} 的平均值 $U_{AB} = \rho E$，i_{AB} 的平均值 I_{AB} 为正值，即 I_{AB} 从 A 点流入负载。改变占空比 ρ 的大小即可改变 U_{AB} 和 I_{AB} 的大小，调控直流电动机的转速和转矩。由于这时变换电路的输出电压 U_{AB} 为正值，输出电流 I_{AB} 也是正值，即 I_{AB} 从变换电路 A 点输出到负载 E_m，故称变换电路工作在如图 5-9(d)所示坐标系的第一象限。

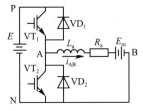
(a)两象限直流-直流变换电路原理图

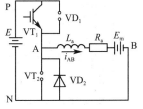
(b)降压型变换电路原理图

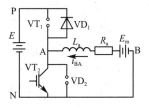
(c)升压型变换电路原理图

图 5-8　两象限直流-直流变换电路原理图

若 VT_1 完全截止，VT_2 周期性地通、断转换，如图 5-8(c)所示，在 VT_2 导通的 $t_{on}=\rho T$ 期间，$u_{AB}=0$，i_{BA} 方向为流入 A 点，其绝对值 $|i_{BA}|$ 上升。在 VT_2 截止的 $t_{off}=(1-\rho)T$ 期间，i_{BA} 经 VD_1 续流，$u_{AB}=E$，i_{BA} 下降。在一个开关周期 T 中 u_{AB} 的平均值为 U_{AB}，则

$$U_{AB}=E\frac{t_{off}}{T}=(1-\rho)E>0 \tag{5-52}$$

即

$$E=\frac{1}{1-\rho}U_{AB}>U_{AB}(\rho\leqslant1) \tag{5-53}$$

忽略 R_a 压降

$$U_{AB}=E_m，E\approx\frac{1}{1-\rho}E_m \tag{5-54}$$

这时在一个周期内电流 i_{BA} 的方向也应是从 E_m 经 R_a、L_a 流入 A 点，即这时 $U_{AB}>0$，$I_{AB}<0$。故变换电路工作在图 5-9(d)所示的第二象限。

对图 5-8(a)所示的两象限直流-直流变换电路中的 VT_1、VT_2 作适当的 PWM 控制，通过改变 U_{AB} 的大小、I_{AB} 的大小和方向，调控电动机在正方向下旋转时的转速及电磁转矩 T_e 的大小和方向，既可使直流电动机在电动机状态下变速运行，也可在发电机状态下变速运行。

5.3.2　四象限直流-直流变换电路

图 5-9(a)所示的桥式电路(又称为 H 型变换电路)可以作为一个四象限直流-直流变换电路对直流电动机供电。如果 VT_4 被置于通态、VT_3 被置于断态，则 VT_1、VD_1、VT_2、VD_2 就构成如图 5-9(b)所示的 $U_{AB}=U_A>0$、I_{AB} 可正可负的两象限变换电路。如果 VT_2 被置于通态、VT_1 被置于断态，则 VT_3、VD_3、VT_4、VD_4 就构成了另一个两象限变换电路，如图 5-9(c)所示，这时 E_m 应反向，变换电路成为 $U_{BA}>0$、$U_{AB}<0$、而 I_{AB} 可正可负的两象限变换电路。这时，在 VT_4 截止、VT_3 通、断转换时，$U_{BA}>0$、$I_{BA}>0$，使 $U_{AB}<0$、$I_{AB}<0$，变换电路在如图 5-9(d)所示的第三象限工作。由于 $U_{AB}<0$、$I_{AB}<0$，故电动机转速 $n<0$，反转，电磁转矩 $T_e<0$，T_e 与 n 同时反向，故仍为电动力矩，电动机在反方向下作电动机运行，电动机接受变换电路输出的功率将电能转换为机械能。当 VT_3 截止、VT_4 通、断转换时，$U_{BA}>0$，使 $U_{AB}<0$，但 $I_{AB}>0$，变换电路在图 5-9(d)所示的第四象限工作，由于 $U_{AB}<0$、$I_{AB}>0$，故 $n<0$，$T_e>0$，T_e 方向与 n 方向相反，故 T_e 为制动力矩，这时电动机在反方向下作发电机运行，电动机输出电能给变换电路再将电能回送给直流电源(E)，电动机作为发电机将原动机的机械能经变换电路送至直流电源 E。

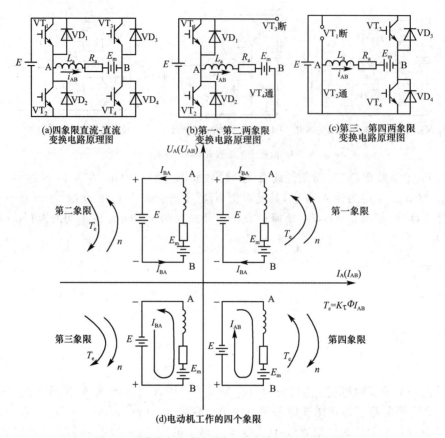

(a)四象限直流-直流
变换电路原理图

(b)第一、第二两象限
变换电路原理图

(c)第三、第四两象限
变换电路原理图

(d)电动机工作的四个象限

图 5-9 　四象限直流-直流变换电路对直流电动机电枢供电

5.3.3 　多相多重斩波电路

多相多重斩波电路是另一种复合概念的斩波器。前面介绍的两种复合斩波电路是由不同的基本斩波电路组合而成的。与前面不同,多相多重斩波电路是在电源和负载之间接入多个结构相同的基本斩波电路而构成的。一个控制周期中电源侧的电流脉波数称为斩波电路的相数,负载电流脉波数称为斩波电路的重数。

图 5-10 所示为 3 相 3 重降压斩波电路原理图及其工作波形。该电路相当于由 3 个降压斩波电路单元并联而成,总输出电流为 3 个斩波电路单元输出电流之和,其平均值为单元输出电流平均值的 3 倍,脉动频率也为斩波电路单元的脉动频率的 3 倍。而 3 个单元电流的脉动幅值互相抵消,使总的输出电流脉动幅值变得很小。多相多重斩波电路的总输出电流最大脉动率(电流脉动幅值与电流平均值之比)与相数的平方成反比,且输出电流脉动频率提高,因此多相多重斩波电路和单相斩波电路相比,在输出电流最大脉动率一定时,所需平波电抗器的总重量大为减轻。

当上述电路电源公用而负载为 3 个独立负载时,则为 3 相 1 重斩波电路;而当电源为 3 个独立电源,向 1 个负载供电时,则为 1 相 3 重斩波电路。

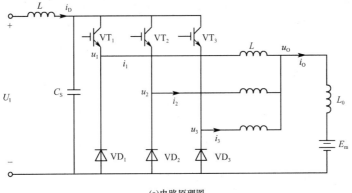

(a)电路原理图

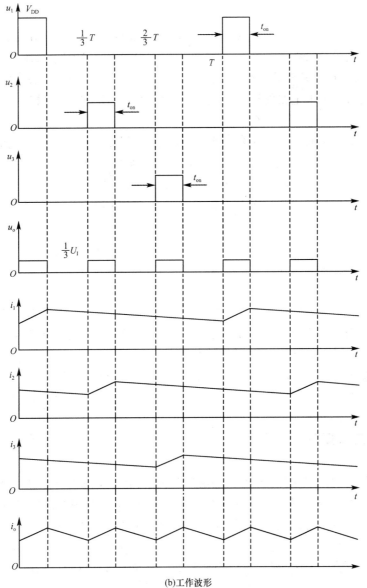

(b)工作波形

图 5-10   3 相 3 重降压斩波电路原理图及其工作波形

此时,电源电流为各可控开关的电流之和,其脉动频率为单个斩波电路时的三倍,谐波分量比单个斩波电路时显著减小,且电源电流的最大脉动率也与相数的平方成反比。这使得由电源电流引起的感应干扰大大减小,若需滤波,只需接上简单的 LC 滤波器就可充分防止感应干扰。

多相多重斩波电路还具有备用功能,各斩波电路单元可互为备用,万一某一斩波电路单元发生故障,其余各单元可以继续运行,使得总体的可靠性提高。

5.4 直流-直流变换电路的设计

DC-DC 变换技术的主要应用领域是开关电源,本节将以开关电源为主要应用背景,讲述直流斩波电路的设计,因为实践当中除了在直流电动机驱动系统中采用不加隔离变压器的直流斩波电路之外,大多数采用的是带隔离变压器的直流斩波电路,所以在这里主要讲述带隔离变压器的直流斩波电路的设计,以下的叙述仅介绍带隔离变压器的直流斩波电路的设计。

不同的场合对直流斩波电路的要求不同,因此直流斩波电路设计时首先应该根据具体情况确定对电路的技术指标要求,然后选择合适的变换电路结构并完成有关参数的设计。直流斩波电路的设计包含电路形式选择,开关工作频率、功率器件类型与额定参数的确定,变压器与电感参数计算以及输出滤波器的设计等。下面分别介绍在设计中要注意的一些问题。

5.4.1 电路形式选择

电路形式主要依据输出功率大小、输出电压高低等进行选择。如果输出功率较大,宜采用带隔离变压器的全桥式变换电路,以提高变换电路运行的安全可靠性和电磁兼容性;如果输出功率较小,宜采用单管或半桥式变换电路等。

对大功率输出,为降低成本,提高电路的可靠性,可采用中、小功率电路并联供电的方式来实现。

5.4.2 开关工作频率

开关频率越高,所需要的滤波电感、电容容量越小,脉冲变压器体积也越小,然而相应的器件开关损耗增大,对开关器件的开关速度要求也越高,干扰抑制等问题也越复杂。此外,不同类型的器件有不同的适宜开关频率,通常 IGBT 开关频率适宜范围为 $20\sim40$ kHz,小功率 MOSFET 的开关频率可达 50 kHz 以上,然而功率 MOSFET 的容量不高(目前最高约 1000 V/30 A)。因此,开关工作频率应根据输出功率要求与市场器件供应情况等多种因素综合选择确定。

5.4.3　功率器件选型与额定参数的确定

根据输出功率要求与电路开关工作频率,可基本选定功率器件类型。一旦选定器件类型,则根据器件特点、电路形式与输入输出指标确定功率器件的额定参数。

5.4.4　磁性元件设计

磁性元件包括变压器、电感等。磁性元件设计是电路设计的重要内容。

1.电感设计

直流斩波电路中的电感通常作直流滤波用。电感设计首先根据电路工作要求确定流过电感的平均电流及允许的电流纹波大小,同时还应给定允许的电感铜耗大小。根据电路形式与电流纹波的大小可确定所需要的电感量的大小。对电感温升的限制决定允许的电感铜耗的大小。显然,导线截面积越大,电感直流电阻越小,铜耗也越小。因此,铜耗的限制决定了线圈截面积或线圈电流密度的选择范围。

在电感平均电流 I、电感量 L、线圈电流密度 J 确定后,还应该选择磁芯并计算电感绕组匝数、气隙长度等。

2.变压器设计

变压器设计包括变比确定、磁芯材料及磁芯形式选择、绕组匝数及导线规格等。满足所有要求的设计过程是相当复杂的,这里仅考虑满足以下两条:

(1)变比的选择应使得输入电压降到允许最低值时,仍能得到必要的最大输出电压。

(2)当输入电压和占空比为最大值时,磁芯不会饱和,对反激型变换电路,还应符合提供最大输出功率对一次侧线圈电感量最大值的限制。

设变压器磁芯的最大磁感应强度为 B_m,磁芯截面积为 S,绕线用窗口面积为 W。变压器一次侧由方波电压激励,频率为 f,一次侧电压最大幅值为 U_{1max},最小幅值为 U_{1min},最大电流为 I_{1max},匝数为 N_1,一、二次绕组电流密度均为 J,二次绕组最小电压幅值为 U_{2min},最大电流为 I_{2max},匝数为 N_2,则变比

$$\mu=\frac{N_1}{N_2}=\frac{U_{1min}}{U_{2min}}=\frac{\rho_{max}U_{1min}}{U_0+U_{DF}}, N_1=\frac{U_{1max}\rho_{max}}{4B_mSf} \tag{5-55}$$

式中,ρ_{max} 是最大占空比,U_{DF} 是二次侧整流二极管及线路压降之和。

假定窗口面积被充分利用,有

$$WS=\frac{P}{2kfJB_m}\cdot\frac{U_{1max}}{U_{1min}} \tag{5-56}$$

式中,k 为窗口利用系数;P 为变压器输出的最大功率。

于是变压器设计过程为:选择或制作一磁芯,使其实际窗口面积与磁芯截面积之积略大于式(5-56)给出的值,一、二次绕组匝数可由前面确定。最后应对变压器功耗、温升、励磁电流等进行计算,验证设计是否合乎要求。

5.4.5　滤波器参数选择

在直流斩波电路中,如果希望负载两端仅有直流分量而无交流分量,则可在斩波电路的输出端与负载之间加接一个 LC 滤波电路。

根据斩波电路输出端电压中交流电压各次谐波的幅值、频率的大小及负载端所允许的直流电压纹波值,可以计算出所需的滤波电路 L、C 参数。

图 5-11(a)中 u_o 是输出电压,负载电压为 u_L。串联滤波电感为 L_0,并联滤波电容为 C_0。

当负载为纯电阻 R 时,滤波器的传递函数(使用拉氏变换)为

$$\frac{u_L}{u_o}(s)=\frac{R\dfrac{1}{sC_0}}{R+\dfrac{1}{sC_0}}\Bigg/\left(sL_0+\frac{R\dfrac{1}{sC_0}}{R+\dfrac{1}{sC_0}}\right)=\frac{1}{\dfrac{s^2}{\omega_0^2}+2\delta\dfrac{s}{\omega_0}+1} \tag{5-57}$$

式中,L_0C_0 滤波器的谐振角频率 $\omega_0=\dfrac{1}{\sqrt{L_0C_0}}$;阻尼系数 $\delta=\dfrac{1}{2}\cdot\dfrac{\omega_0L_0}{R}=\dfrac{\sqrt{L_0/C_0}}{2R}$。

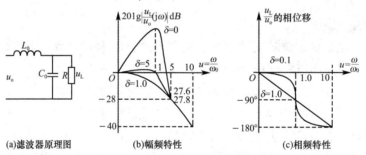

(a)滤波器原理图　　(b)幅频特性　　(c)相频特性

图 5-11　LC 滤波器及其特性

频率响应特性由式(5-57)用 $j\omega$ 代换 s 得到

$$\frac{u_L}{u_o}(j\omega)=\frac{1}{-\dfrac{\omega^2}{\omega_0^2}+j\cdot2\delta\dfrac{\omega}{\omega_0}+1} \tag{5-58}$$

用相对频率 u 表示 ω/ω_0,即 $u=\omega/\omega_0$ 则式(5-58)变为

$$\frac{u_L}{u_o}=1/(-u^2+j\cdot2\delta u+1) \tag{5-59}$$

$$u=\frac{\omega}{\omega_0}=\sqrt{\frac{\omega L_0}{1/\omega C_0}} \tag{5-60}$$

图 5-11(b)为 LC 滤波器的幅频特性,该图是按式(5-59)画出的对数衰减特性曲线,这种 LC 滤波器可称为低通滤波器。

设计 LC 滤波器时首先应根据输出电压中最低次谐波的频率 ω、谐波电压 u_o 的大小及要求负载端所允许的谐波电压 u_L 的大小,确定滤波器所需的衰减系数 u_L/u_o(谐波衰减倍数 u_o/u_L 为衰减系数的倒数),依此可由式(5-59)和式(5-60)确定 LC 滤波器的谐振频率 ω_0,$\omega_0=$

$1\sqrt{L_0 C_0}$,这就确定了乘积 $L_0 C_0$ 的值,L_0 和 C_0 的选取还要考虑以下两个方面的影响:

(1)串联电感 L_0 的基波压降,即负载电流在电感 L_0 上的基波压降使负载基波电压变化。

(2)并联电容 C_0 中的基波电流与负载电流相加改变了直流斩波电路的输出电流。L_0 取值大(C_0 可取小些),其基波压降也越大,对负载稳压不利。C_0 取值大(L_0 可取小些),其吸取的基波电流也越大,可能加重直流斩波电路的电流负担。

在选择 L_0 和 C_0 时还应考虑负载功率因数的影响。例如,当负载为纯电阻负载时,C_0 中的基波电流显然会使直流斩波电路电流增大,但当负载为电感性负载时,电容的基波电流反而使直流斩波电路电流绝对值减小。当然 C_0 过大时,过大的电容电流有可能使直流斩波电路电流增大。此外电容电流流过串联电感 L_0 时,电感的电抗电压不是降低电压而是使电压升高。因此电感性负载时,L_0、C_0 数值的选取应根据不同的负载情况分析计算以后,权衡得失,选定 C_0 和 L_0 数值。

5.4.6　设计举例

设某设备需要一直流稳压电源,输出电压 $U_o = 24$ V,最大输出电流 $I_o = 20$ A,输出电压纹波峰峰值不超过 0.24 V,输出电流 5 A 时二次侧电感电流仍然连续。采用 PWM 控制方式,最大占空比 $\rho_{max} = 0.9$。设输入直流电压的变化范围为 245~350 V。试设计满足上述要求的全桥式隔离变换电路的主要参数。

因输出功率不大,可选 MOSFET 作为开关器件,并选工作频率为 $f = 50$ kHz,即 $T = 20$ μs。依题意,所求电路原理图如图 5-12 所示。

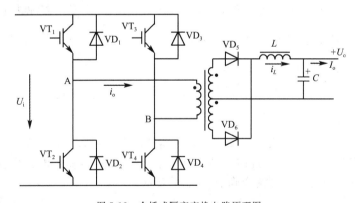

图 5-12　全桥式隔离变换电路原理图

假设开关器件导通压降及一次侧线路压降之和为 5 V,则 U_1 电压最小值 $U_{1min} = 240$ V,U_1 电压最大值 $U_{1max} = 345$ V。

1. 变压器设计

当输入电压取最小值 240 V 时,占空比达到最大,设此时二次侧电压幅值为 U_2,则

$$U_2 \rho_{max} - U_{DF} = U_o = 24 \text{ V}$$

式中,U_{DF} 为二次侧二极管及线路压降之和,取 $U_{DF} = 3$ V,由上式得 $U_2 = 30$ V。从而变比 $n = 240/30 = 8$。变压器最大输出功率为 $P = (U_o + U_{DF}) I_o = 540$ W。

设变压器采用 H7C1 铁氧体材料,$B_m = 0.3$ T,一、二次绕组电流密度取为 $J = 2.5 \times 10^6$

A/m^2。根据式(5-56)，变压器窗口面积 W 与磁芯截面积 S 之积应满足

$$WS = \frac{P}{2kfJB_m} \cdot \frac{U_{1max}}{U_{1min}} = \frac{540}{2 \times 0.333 \times 50000 \times 2.5 \times 10^6 \times 0.3} \times \frac{345}{240} = 3.11 \times 10^{-8} \text{ m}^4$$

上式中取窗口利用系数 $k=0.333$。查有关磁性材料的数据手册知，PQ40/40 磁芯的 WS 值为 5.67×10^{-8} m^4，大于上式给出的计算值，因此可以选用 PQ40/40 作为变压器的磁芯。

一次绕组匝数

$$N_1 = \frac{\rho_{max}U_{1max}}{4B_mSf} = \frac{0.9 \times 345}{4 \times 0.3 \times 1.74 \times 10^{-4} \times 50000} \approx 30$$

式中，S 为 PQ40/40 磁芯的截面积，查有关磁性材料的数据手册知，$S=1.74 \times 10^{-4}$ m^2。

二次绕组匝数

$$N_2 = \frac{N_1}{n} = \frac{30}{8} = 3.75$$

考虑到匝数取整数时变压器制作要方便些，故取 $N_1 = 32, N_2 = 4$。

2. 二次侧滤波电感电容计算

在二次侧电感电流临界连续时，输出平均电流 I_o 等于电感电流纹波峰峰值 Δi_L 的一半。因此有

$$I_o = \frac{\rho U_i}{nR_L} = \frac{\rho(1-\rho)U_iT_s}{4nL} = \frac{\Delta i_L}{2}$$

$$L = \frac{(1-\rho)T_sR_L}{4}$$

式中，T_s 是电感电流纹波周期。

当输出电压为 24 V、电流为 5 A 时，$R_L = 4.8$ Ω。显然，当变压器原边电压取最大值时占空比最小，对应的电感取最大值。最小占空比 $\rho_{min} = \frac{n(U_o+U_{DF})}{U_{1max}} = 0.62$，为保证输出电流 5 A 时电感电流连续，$L$ 应满足

$$L \geqslant \frac{0.38 \times 20 \times 10^{-6} \times 4.8}{4} = 9.12 \times 10^{-6} \text{ H}$$

可取 $L=10$ mH。

设 U_s 为纯直流电压，输出电压纹波主要由器件的开关过程引起。显然，当变压器一次侧电压取最大值时占空比最小，此时滤波电感中电流纹波最大，输出电压纹波也最大。

桥式变换电路输出电压纹波峰峰值 ΔU_o 可表示为

$$\Delta U_o = \frac{(1-\rho)\rho U_{1max}}{8nf^2LC}$$

因要求 $\Delta U_o \leqslant 0.24$ V，故

$$C \geqslant \frac{(1-\rho_{min})\rho_{min}U_{1max}}{8nf^2L\Delta U_o} = 232 \times 10^{-6} \text{ F}$$

取 $C=330$ μF。

功率器件的参数可根据输出功率、电路形式及变压器变比等进行选择，此外不再赘述。

应该指出，上述计算是将滤波电容作为理想电容看待的，实际电容总存在等效串联电阻，且允许通过的纹波电流也是有限的，因此实际应用中常采用多个电容并联来减小等效串联电阻影响，增加通过纹波电流的能力。此外，输入直流通常利用二极管对工频交流电源进

行整流、滤波来得到,因此输入直流电源中不可避免地含有纹波成分,尽管利用反馈控制可以减小这种纹波对输出的影响,但难以完全消除。因此,实际设计直流斩波电路还应对输入滤波电路及反馈控制器进行仔细设计。

本 章 小 结

实现直流-直流变换有六种基本的电路:Buck(降压)电路、Boost(升压)电路,Boost-Buck(升降压)电路以及 Cuk 电路、Sepic 电路和 Zeta 电路。其中 Buck 电路和 Boost 电路是最基本的直流-直流变换电路。对这两种电路的理解和掌握是学习本章的关键和核心,也是学习其他直流-直流变换电路的基础。因此,本章的重点是理解降压斩波电路和升压斩波电路的工作原理,掌握这两种电路的输入输出关系、电路解析方法和工作特点。

Buck 电路和 Boost 电路可以组合成两象限和四象限复合型直流-直流变换电路,四象限桥型复合电路可以使变压器输出电压、电流可正、可负,它可以使直流电动机负载在转矩、转速四个象限运行。全桥式变换电路也可以在四个象限运行,它多采用 PWM 方式去控制电路中各个开关元件的导通与截止,这样可以提高输入功率因数,改善变换电路性能。

将几个相同结构的基本变换电路组合可以构成多重多相复合型直流-直流变换电路。

直流传动是直流-直流变换电路应用的传统领域,而开关电源则是其应用的新领域,前者的应用在逐渐萎缩,而后者的应用方兴未艾、欣欣向荣,是电力电子领域的一大热点。

思考题及习题

5-1　简述图 5-2(a)所示的降压斩波电路的基本工作原理。

5-2　在图 5-2(a)所示的降压斩波电路中,已知 $E=200$ V, $R=10$ Ω, L 值极大, $E_M=30$ V。采用脉宽调制控制方式,当 $T=50$ μs、$t_{on}=20$ μs 时,计算输出电压平均值 U_o、输出电流平均值 I_o。

5-3　在图 5-2(a)所示的降压斩波电路中,$E=100$ V, $L=1$ mH, $R=0.5$ Ω, $E_M=10$ V,采用脉宽调制控制方式,$T=20$ μs。当 $t_{on}=5$ μs 时,计算输出电压平均值 U_o、输出电流平均值 I_o、输出电流的最大和最小瞬时值,并判断负载电流是否连续;当 $t_{on}=3$ μs 时,重新进行上述计算。

5-4　简述图 5-3(a)所示的升压斩波电路的基本工作原理。

5-5　在图 5-3(a)所示的升压斩波电路中,已知 $E=50$ V, L 值和 C 值极大, $R=20$ Ω,采用脉宽调制控制方式,当 $T=40$ μs、$t_{on}=25$ μs 时,计算输出电压平均值 U_o 和输出电流平均值 I_o。

5-6　试分别简述升降压斩波电路和 Cuk 斩波电路的基本工作原理,并比较其异同点。

5-7　试绘制 Sepic 斩波电路和 Zeta 斩波电路的原理图,并推导其输入输出关系。

5-8　分析图 5-8(a)所示的两象限直流-直流变换电路,绘制出各个阶段电流流通的路径图,并标明电流方向。

5-9　对于图 5-9(a)所示的桥式可逆斩波电路,若需使电动机工作于反转电动状态,试分析此时电路的工作情况,并绘出相应的电流流通路径图,同时标明电流流向。

5-10 直流-直流四象限变换电路的四象限指的是什么？直流电动机四象限运行中的四象限指的是什么？这两种四象限有什么对应关系？

5-11 试分析全桥式直流-直流变换电路的工作原理。

5-12 多相多重斩波电路有何优点？

第6章

AC-AC 变换技术

【能力目标】 通过本章的学习,掌握交流调压电路的基本类型、分析方法、调压原理和基本性能,晶闸管交流开关和交流调功电路的控制原理,交-交直接变频电路的拓扑结构、工作原理和特性;学会三相交流调压电路的设计方法。

【思政目标】 AC-AC 变换是电力电子技术在电气工程领域的重要应用,是理论发展与器件成熟共同推动的成果。引导学生认识我国在该技术领域发展的现状及趋势,激发学生的爱国热情,培养学生的钻研精神和攀登科技高峰的勇气和毅力。

【学习提示】 AC-AC 变换器是将一种形式的交流电变换为另一种形式的交流电的电路。交流电的形式包括电压或电流的大小、频率和相数等。交流变换电路可分为两大类:一类是只改变大小或仅对电路实现通断控制,而不改变频率的电路称为交流电力控制电路;另一类是把一种频率的交流电变换为另一种频率固定或可变的交流电的电路称为变频电路,有别于间接变频也称为直接变频电路,在变频的同时兼有调压的功能。本章主要介绍交流调压电路的基本结构形式、工作原理和控制方式,三相交流调压电路的设计方法,交流调功电路和晶闸管交流开关的控制原理,交-交直接变频电路的接线方式、工作原理、控制方法和特性。

6.1 AC-AC 变换电路概述

AC-AC 变换,即是把一种形式的交流电变换成另一种形式的交流电,它可以是电压幅值的变换,也可以是频率或相数的变换,能实现这种变换的电路称为 AC-AC 变换器或 AC-AC 变换电路。根据变换参数的不同,AC-AC 变换电路可以分为交流调压电路、交流调功电路和晶闸管交流开关以及交-交变频电路。

6.1.1 交流电力控制电路

交流电力控制电路根据控制方式可分为交流调压电路、交流调功电路和晶闸管交流开关三种形式。

1. 交流调压电路

晶闸管相控式调压电路与相控式整流电路的控制原理相同,即通过改变控制角 α 来改变输出电压的大小,从而达到交流调压的目的。其优点是电路简单,晶闸管可以利用电源自然换流,不需要附加换流电路,并可实现电压的平滑调节,系统响应速度较快;缺点是深控时功率因数低,输出电压的谐波含量较高。

交流调压电路的应用较为广泛。根据输入、输出的相数可分为单相交流调压电路和三相交流调压电路两种。单相交流调压电路常用于小功率单相电动机控制、照明、电加热控制等;三相交流调压电路常用于三相异步电动机的调压调速或软启动控制。在供电系统中,实现对无功功率的连续调节。

另一种交流调压电路是运用全控型开关器件在电源的一个周期内接通和断开若干次,把正弦波电压变成若干个脉冲电压,通过改变开关器件的占空比来实现交流调压。它与直流斩波电路的控制相类似,因此也称为交流斩波调压电路。其优点是深控下的功率因数较高,谐波含量小,输出电压的大小连续可调,响应速度快,基本上克服了相控方式的缺点。随着全控型器件的发展和成熟,它将取代传统的相控晶闸管调压电路,具有很好的发展前景。

2. 交流调功电路

采用整周期的通/断控制方式,使电路输出几个电源电压周期,再断开几个电源电压周期。通过控制导通周期数和断开周期数的比值来调节交流输出功率的平均值,从而达到交流调功的目的。其优点是控制简单,电流波形为正弦波,输出无高次谐波;缺点是响应速度较慢,对电网会造成较大的负载脉动及低次谐波的影响。对电加热等不需要高速控制的大惯性负载效果较好,如金属热处理、化工合成加热、钢化玻璃热处理等各种需要加热或进行温度控制的应用场合。

3. 晶闸管交流开关

根据负载或电源的需要接通或断开电路,它的工作是随机发生的,其作用就相当于机械或电磁式的开关一样,与有触点的开关相比它具有开关速度快、使用寿命长、控制功率小、灵敏度高等优点。因此,通常用来控制交流电动机的正反转、频繁启动、间歇运行等。因其属于无触点开关,不存在火花及拉弧等现象,对化工、冶金、煤炭、纺织、石油等要求无火花防爆场合极为适用。在电力系统中晶闸管交流开关还与电容器一起构成无功功率补偿器,用于对无功功率和功率因数进行动态调节。

6.1.2　变频电路

变频电路分为交-交变频电路和交-直-交变频电路两种形式。

1. 交-交变频电路

交-交变频电路是直接将一定频率的交流电变换成另一种频率固定或可调的交流电,中间没有任何环节(如直流环节)的单极电路结构,故也称为直接变频电路(或周波变换器)。

在一定的输入、输出频率比下,由单相电源供电的交-交变频电路性能较差,输出的谐波含量大,应用不多;在实际中通常采用由三相电源供电的交-交变频电路,按其输出相数有单相输出和三相输出两种电路,其中三相输出电路通常由三个互差120°的单相输出电路构成,每相输出中均包含正、反两组整流电路,电路结构复杂。由于它主要应用于大功率三相交流电动机的调速系统中,因此主要以三相输入、三相输出的电路形式为主,简称为三相交-交变频电路。

由三相零式整流电路构成的交-交变频电路,电路结构相对简单,但输出的谐波含量较高;由三相桥式整流电路构成的交-交变频电路,电路结构相对复杂、成本高,但输出的谐波含量较低,输出波形接近于正弦波。也就是说两者各有优缺点,分别适用于不同功率等级和不同应用场合。

在交-交变频电路中,当正、反两组整流电路同时处于工作状态时,输出电压之间要存在瞬时电压差,在该电压差的作用下两组间要产生环流。为了限制环流在两组间串联环流电抗器,这种运行方式称为有环流运行方式。它可以避免电流断续而造成的死区现象,同时也可以改善输出波形,提高输出频率的上限值,控制方式也比较简单。但由于存在环流电抗器,使得设备成本增加,运行的效率也因环流而有所降低。无环流运行方式是通过控制电路的作用,使正、反两组整流电路不同时工作,而是根据负载电流的方向轮流导通工作,因而不会产生两组间的环流;但在负载电流换流时必须留有一定的死区时间,使得输出波形畸变增加,同时也限制了输出频率的提高。因其不需环流电抗器,设备成本低,在目前应用较多。

相控式电路通常由相位控制的晶闸管构成,其工作原理是通过正、反两组整流电路的反并联,按照一定的规律改变控制角,得到输出电压和频率均可调的交流电;斩控式电路由全控型器件组成,采用高频 PWM 控制方式,既可调控输出交流电压的大小和频率,又能减小输出电压谐波和输入电流谐波。尤其是矩阵式变频电路,它是一种特殊形式的交-交变频电路,虽然至今尚未获得应用,但具有良好的发展前景,今后有可能得到广泛应用,是国内外专家所关注的一个热点。

直接变频电路的缺点是电路结构较复杂,但只有一次变换,系统的效率较高;可采用晶闸管进行自然换流,功率等级较高,低频输出性能较好,易于实现功率回馈等。因此主要应用于大功率、低转速的交流调速系统中。如冶金行业的轧机主传动、矿石破碎机、矿井卷扬机、鼓风机、铁路电力牵引装置、船舶推进装置等多种应用场合,并取得了良好的技术经济效益。

随着功率器件水平的提高和高频化技术的日趋成熟,直接变频电路终将会得到越来越广泛的应用。

2. 交-直-交变频电路

交-直-交变频电路是先把工频交流电整流成直流电,再把直流电逆变成频率固定或可变的交流电。这种通过中间直流环节的变频电路也称为间接变频电路。由于电路结构简单,技术也较成熟,在实际生产中已得到广泛应用;其缺点是功率变换次数多,电路总效率较低。这种电路在前面已做过介绍。

6.2　单相交流调压电路

交流调压电路广泛应用于工业加热、灯光控制、感应电动机调压调速以及电焊、电解、电镀、交流侧调压等场合。单相交流调压电路用于小功率调节,广泛用于民用电气控制。用晶闸管组成的交流电压控制电路,可以方便地调节输出电压有效值,可用于电路温控、灯光调节、异步电动机的启动和调速等,也可用于调节整流变压器一次侧电压(其二次侧为低压大电流或高压小电流负载)。采用这种方法,可使变压器二次侧的整流装置避免采用晶闸管,只需用二极管,而且可控极仅在一次侧,从而简化电路结构,降低成本。交流调压器与常规的调压变压器相比,它的体积和重量都要小得多。交流调压器的输出仍是交流电压,但它不是正弦波形,其谐波分量较大,功率因数也较低。

在交流调压器中,相位控制应用较多,本节主要分析作为基础的相控单相交流调压器。相控交流调压电路的工作状况与相控整流电路一样,与负载的性质有很大关系。故分别讨论在不同负载下的工作情况。

6.2.1 电阻性负载

1. 工作原理

电路原理图如图 6-1(a)所示,晶闸管 VT_1 和 VT_2 反并联后串联在交流电源和负载之间。VT_1 和 VT_2 也可用一个双向晶闸管代替。当电源电压在正半周 $\omega t = \alpha$ 时触发晶闸管 VT_1,VT_1 导通,负载输出电压 $u_o = u$;在 $\omega t = \pi$ 时,电源电压过零,$i_o = 0$,VT_1 自行关断,$u_o = 0$。当电源电压在负半周 $\omega t = \pi + \alpha$ 时触发晶闸管 VT_2,VT_2 导通,$u_o = u$,在 $\omega t = 2\pi$ 时,$i_o = 0$,VT_2 自行关断。以后周期性地重复上述过程。这样,在负载电阻上得到的电压波形是电源电压的一部分,负载电流(电源电流)和负载电压的波形相似,如图 6-1(b)所示。通过改变控制角 α 就可以调节输出电压的大小。在稳态情况下,为使输出波形对称,应使正负半周的 α 角相等。

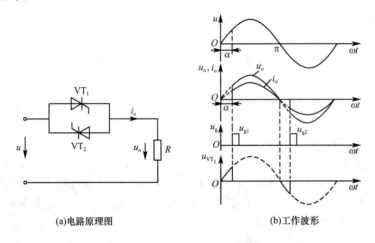

(a)电路原理图   (b)工作波形

图 6-1   电阻性负载单相交流调压电路原理图及工作波形

2. 数量关系

根据图 6-1(b)所示波形可得负载电压有效值

$$U_o = \sqrt{\frac{1}{\pi} \int_\alpha^\pi (\sqrt{2} U_1 \sin\omega t)^2 \, \mathrm{d}(\omega t)} = U_1 \sqrt{\frac{1}{2\pi} \sin 2\alpha + \frac{\pi - \alpha}{\pi}} \tag{6-1}$$

式中,U_1 为输入交流电源电压的有效值。

负载电流有效值

$$I_o = \frac{U_o}{R} = \frac{U_1}{R} \sqrt{\frac{1}{2\pi} \sin 2\alpha + \frac{\pi - \alpha}{\pi}} \tag{6-2}$$

晶闸管电流平均值

$$I_{dT} = \frac{1}{R}\left(\frac{1}{2\pi}\int_{\alpha}^{\pi}\sqrt{2}\,U_1\sin\omega t\,\mathrm{d}(\omega t)\right) = \frac{\sqrt{2}\,U_1}{2\pi R}(1+\cos\alpha) \tag{6-3}$$

晶闸管电流的有效值

$$I_T = \sqrt{\frac{1}{2\pi}\int_{\alpha}^{\pi}\left(\frac{\sqrt{2}\,U_1\sin\omega t}{R}\right)^2\mathrm{d}(\omega t)} = \frac{U_1}{R}\sqrt{\frac{1}{2}\left(1-\frac{\alpha}{\pi}+\frac{\sin2\alpha}{2\pi}\right)} = \frac{1}{\sqrt{2}}I_o \tag{6-4}$$

由式(6-4)可知,当 $\alpha=0$ 时,晶闸管电流有效值最大,为 $I_{Tmax}=0.707U_1/R$。因此在选择晶闸管额定电流时,可以通过最大有效值确定晶闸管的通态平均电流 I_{TA}

$$I_{TA} = \frac{I_{Tmax}}{1.57} = 0.45\frac{U_1}{R} \tag{6-5}$$

交流电源输入侧的功率因数

$$\cos\varphi = \frac{P_1}{S} = \frac{P_o}{S} = \frac{U_o I_o}{U_1 I_o} = \frac{U_o}{U_1} = \sqrt{\frac{1}{2\pi}\sin2\alpha + \frac{\pi-\alpha}{\pi}} \tag{6-6}$$

式(6-6)中略去了交流调压电路的损耗,因此输入的有功功率等于输出到负载上的有功功率。由于相位控制产生的基波电流滞后电压,再加上高次谐波的影响,使得交流调压电路的功率因数较低。尤其在深控(α 角大)、输出电压较小时,功率因数更低。

由图 6-1 和式(6-1)可知,单相交流调压电路带电阻性负载时, α 的移相范围为 $0\sim\pi$,调压范围为 $0\sim U_1$。

3. 谐波分析

由图 6-1 可知,输出电压

$$u_o = \begin{cases} 0 & (k\pi\leqslant\omega t<k\pi+\alpha) \\ u=\sqrt{2}\,U_1\sin\omega t & (k\pi+\alpha\leqslant\omega t\leqslant k\pi+\pi) \end{cases} \tag{6-7}$$

式中, $k=0,1,2\cdots$

由于 u_o 为正、负半波对称,所以不含直流分量和偶次谐波,其傅立叶级数展开为

$$u_o = \sum_{n=1,3,5\cdots}^{\infty} A_n\cos n\omega t + B_n\sin n\omega t \tag{6-8}$$

$$\begin{cases} A_n = \frac{2}{\pi}\int_0^{\pi}u_o\cos n\omega t\,\mathrm{d}(\omega t) \\ B_n = \frac{2}{\pi}\int_0^{\pi}u_o\sin n\omega t\,\mathrm{d}(\omega t) \end{cases} \tag{6-9}$$

基波电压系数,即 $n=1$ 时

$$\begin{cases} A_1 = \frac{\sqrt{2}\,U_1}{2\pi}(\cos2\alpha-1) \\ B_1 = \frac{\sqrt{2}\,U_1}{2\pi}\left[\sin2\alpha+2(\pi-\alpha)\right] \end{cases} \tag{6-10}$$

基波电压幅值

$$U_{1m} = \sqrt{A_1^2+B_1^2} = \frac{\sqrt{2}\,U_1}{\pi}\sqrt{(\pi-\alpha)^2+(\pi-\alpha)\sin2\alpha+\frac{1-\cos2\alpha}{2}} \tag{6-11}$$

n 次谐波电压系数

$$\begin{cases} A_n = \dfrac{\sqrt{2}U_1}{2\pi}\left\{\dfrac{1}{n+1}\big[\cos(n+1)\alpha-1\big]-\dfrac{1}{n-1}\big[\cos(n-1)\alpha-1\big]\right\} \\ B_n = \dfrac{\sqrt{2}U_1}{2\pi}\left\{\dfrac{1}{n+1}\sin(n+1)\alpha-\dfrac{1}{n-1}\sin(n-1)\alpha\right\} \end{cases} \qquad (6\text{-}12)$$

n 次谐波电压幅值

$$U_{nm}=\sqrt{A_n^2+B_n^2} \qquad (6\text{-}13)$$

根据以上分析,可以绘出输出电压的基波和各次谐波的标幺值随 α 的变化曲线,如图 6-2 所示。其中,基准电压为 $\alpha=0$ 的基波电压有效值 U_1。

由谐波分布图可知:谐波次数越低,谐波幅值越大;3 次谐波的最大值出现在 $\alpha=90°$ 时,幅值约占基波分量的 31.8%;5 次谐波的最大值出现在 $\alpha=60°$ 和 $\alpha=120°$ 的对称位置。

需指出的是,当两个晶闸管在正负半周的 α 角不相等时,输出电压(或电流)波形不对称,将会产生偶次谐波分量和直流分量,使变压器或电动机产生直流磁化,这是不希望的。

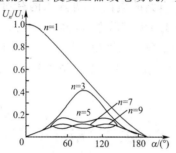

图 6-2   电阻性负载时输出电压谐波

6.2.2   电感性负载

1. 工作原理

电感性负载单相交流调压电路原理图及工作波形如图 6-3 所示。由于电感的作用,电流的变化要滞后电压的变化,因而和电阻性负载相比工作状态有所不同。当电源电压由正半周过零反向时,由于负载电感中产生感应电动势阻止电流变化,即电压过零时,电流还未到零,晶闸管关不断,故还要续流导通到负半周,当电流过零时晶闸管才关断。晶闸管导通角 θ 的大小不仅与控制角 α 有关,而且还与负载的阻抗角 $\varphi(\varphi=\arctan\omega L/R)$ 有关。下面分三种情况进行讨论。

(1)$\alpha>\varphi$。当电源电压为正半周,在 $\omega t=\alpha$ 时触发 VT_1,VT_1 导通,输出电压 $u_o=u$,电流 i_o 从零开始上升。当电压到达过零点时,电流并不为零,VT_1 仍然导通,输出电压出现负值。直到电流下降到零时,VT_1 自然关断,输出电压等于零。但此时 VT_2 的触发脉冲尚未到达,因此出现了电流的断续,晶闸管的导通角 $\theta<180°$。u_o、i_o 波形如图 6-3(b)所示。

当 $\omega t=\alpha$ 时,VT_1 导通,负载电流 i_o 应满足如下微分方程

$$L\frac{\mathrm{d}i_o}{\mathrm{d}t}+Ri_o=\sqrt{2}U_1\sin\omega t \qquad (6\text{-}14)$$

其初始条件为 $i_o|_{\omega t=\alpha}=0$。解方程可得

$$i_o=\frac{\sqrt{2}U_1}{Z}\left[\sin(\omega t-\varphi)-\sin(\alpha-\varphi)\mathrm{e}^{\frac{\alpha-\omega t}{\tan\varphi}}\right] \qquad (6\text{-}15)$$

式中，$Z=\sqrt{R^2+(\omega L)^2}$，为负载阻抗。

当 $\omega t=\alpha+\theta$ 时，$i_o=0$，则由式(6-15)可得

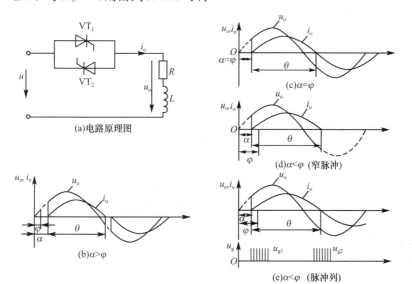

图 6-3　电感性负载单相交流调压电路原理图及工作波形

$$\sin\left(\frac{n}{2}+\theta-0.561\right)=\sin\left(\frac{n}{2}-0.561\right)e^{\frac{-\theta}{\tan\varphi}} \tag{6-16}$$

以 φ 为参变量，利用式(6-16)可以把 α 和 θ 的关系用如图 6-4 所示的一簇曲线来表示。当 $\varphi=0$ 时，为电阻性负载，此时 $\theta=180°-\alpha$；当 $\alpha>\varphi$ 时，$\theta<180°$，并随着 α 的增加而减小；当 $\alpha\leqslant\varphi$ 时，$\theta=180°$。

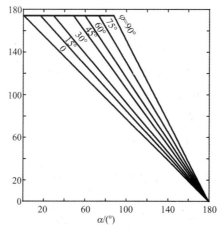

图 6-4　导电角 θ 和 α、φ 的关系曲线

当负半周 VT_2 导通时，上述关系完全不变，只是 i_o 的极性相反或相位相差 180°。

(2) $\alpha=\varphi$。当正半周 VT_1 关断时，VT_2 恰好触发导通，在一个周期中两个晶闸管轮流导通 180°。此时负载电流 i_o 临界连续，由式(6-15)可知，负载电流是一个滞后电源电压 φ 角的纯正弦电流，如图 6-3(c)所示，即任何时刻电源电压都加在负载上，负载电压为完整的正弦波，相当于晶闸管失去控制，无调压作用。

(3) $\alpha<\varphi$。这种情况可以看成是阻抗角 φ 相对较大，负载的电感作用相对较强，使负载电流严重滞后于电压，晶闸管的导通时间延长。此时式(6-15)仍然适用，公式右端小于零，

只有当 $\theta+\alpha-\varphi>180°$ 时左端才能小于零,因此 $\theta>180°$。如果用窄脉冲触发晶闸管,在 $\omega t=\alpha$ 时 VT_1 被触发导通,由于其导通角大于 $180°$,在负半周 $\omega t=\alpha+\pi$ 时为 VT_2 发出触发脉冲,此时,VT_1 还未关断,VT_2 因承受反向电压不能导通。待 VT_1 电流过零关断时,VT_2 的窄脉冲已消失,此时 VT_2 虽承受正向电压,但也无法导通,直到下一个周期 VT_1 再次被触发导通。这样就形成只有一个晶闸管反复通断的不正常现象,这一现象称为"单相半波整流现象"。负载电流 i_o 始终为单一方向,在电路中产生较大的直流分量,如图 6-3(d)所示。因此在电感性负载时,为了避免这种现象的发生,应采用宽脉冲或脉冲列触发方式。

采用宽脉冲或脉冲列(频率在 $20\sim30$ kHz)触发方式,当 VT_1 关断后,VT_2 立即导通,i_o 连续,在刚开始的几个周期内负载电流正、负半波不对称。但经过几个周期后电路达到稳态时,负载电流为正弦波,滞后电压 φ 角,这与 $\alpha=\varphi$ 时的工作情况一样,输出电压和电流波形都是完整的正弦波,电路失去调压的功能,u_o、i_o 的波形如图 6-3(e)所示。

综上所述,当单相交流调压电路带电感性负载时,为了可靠、有效地工作,并实现调压的功能,控制角的移相范围应保持在 $\varphi<\alpha<\pi$ 之间。同时为了避免 $\alpha<\varphi$ 时出现电流直流分量,晶闸管的触发脉冲应采用宽脉冲或脉冲列。

2. 数量关系

根据以上分析所得 $\alpha>\varphi$ 时的电压和电流波形,可得负载电压有效值

$$U_o=\sqrt{\frac{1}{\pi}\int_\alpha^{\theta+\alpha}(\sqrt{2}U_1\sin\omega t)^2\mathrm{d}(\omega t)}=U_1\sqrt{\frac{\theta}{\pi}+\frac{1}{\pi}\left[\sin2\alpha-\sin2(\alpha+\theta)\right]} \quad (6-17)$$

负载电流有效值

$$I_o=\sqrt{\frac{1}{\pi}\int_\alpha^{\theta+\alpha}i_o^2\mathrm{d}(\omega t)}=\sqrt{\frac{1}{\pi}\int_\alpha^{\theta+\alpha}\left\{\frac{\sqrt{2}U_1}{Z}\left[\sin(\omega t-\varphi)-\sin(\alpha-\varphi)^{\frac{\alpha-\omega t}{\tan\varphi}}\right]\right\}^2\mathrm{d}(\omega t)}$$

$$=\frac{U_1}{Z}\sqrt{\frac{\theta}{\pi}-\frac{\sin\theta\cos(2\alpha+\varphi+\theta)}{\pi\cos\varphi}} \quad (6-18)$$

晶闸管电流有效值

$$I_T=\frac{I_o}{\sqrt{2}}=\frac{U_1}{Z}\sqrt{\frac{\theta}{2\pi}-\frac{\sin\theta\cos(2\alpha+\varphi+\theta)}{2\pi\cos\varphi}} \quad (6-19)$$

若以 $\sqrt{2}U_1/Z$ 作为晶闸管电流的基准值,则 I_T 的标幺值为

$$I_T^*=\frac{I_T}{\frac{\sqrt{2}U_1}{Z}}=\frac{1}{\sqrt{2}}\sqrt{\frac{\theta}{2\pi}-\frac{\sin\theta\cos(2\alpha+\varphi+\theta)}{2\pi\cos\varphi}} \quad (6-20)$$

图 6-5 所示为以负载阻抗角 φ 为参变量时,晶闸管电流的标幺值与控制角 α 的关系曲线。当 φ、α 已知时,可由该曲线查出晶闸管电流标幺值,进而可求出晶闸管电流有效值 I_T 和负载电流有效值 I_o。

3. 谐波分析

在电感性负载下,根据电路的输出波形,可以用前面电阻性负载下的分析方法进行谐波的分析,只是公式复杂得多。经分析可知,电源电流中谐波的次数和电阻性负载时相同,也只含有奇次谐波,同样是随着谐波次数的增加,谐波含量减小。和电阻性负载相比谐波电流的含量

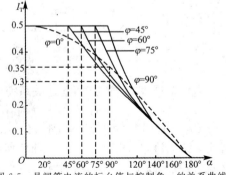

图 6-5　晶闸管电流的标幺值与控制角 α 的关系曲线

要少一些，而且在控制角 α 不变时，随着阻抗角 φ 的增大，谐波含量有所减小。

【例 6-1】 一电阻负载由单相交流调压电路供电，电源电压 $U_1 = 220$ V，负载电阻 $R = 10\ \Omega$。求电路的最大输出功率，以及当 $\alpha = 90°$ 时的输出电压有效值、电流有效值、输出功率和输入功率因数。

解：单相交流调压电路当 $\alpha = 0$ 时的输出电压、输出功率最大，为

$$U_{0\max} = U_1 = 220\ \text{V}$$

因此，最大输出功率为

$$P_{\max} = \frac{U_1^2}{R} = \frac{220^2}{10} = 4840\ \text{W}$$

当 $\alpha = 90°$ 时，由式(6-1)有

$$U_0 = U_1 \sqrt{\frac{\sin 2\alpha}{2\pi} + \frac{\pi - \alpha}{\pi}}$$

$$= 220 \sqrt{\frac{\sin(2\pi/2)}{2\pi} + \frac{\pi - \pi/2}{\pi}}$$

$$= 155.6\ \text{V}$$

此时，

$$I_0 = \frac{U_0}{R} = \frac{155.6}{10} = 15.56\ \text{A}$$

$$P_0 = I_0^2 R = 15.56^2 \times 10 = 2421\ \text{W}$$

$$\lambda = \frac{P_0}{S} = \frac{P_0}{U_1 I_0} = \frac{2420}{220 \times 15.56} = 0.707$$

【例 6-2】 用一晶闸管单相交流调压装置控制电感性负载的功率，已知输入电源为单相工频 120V，负载的等效电阻为 $R = 1\ \Omega$，电感 $L = 2$ mH。试求：

(1)控制角α的移相范围；

(2)负载电流的最大有效值；

(3)最大输出功率和功率因数；

(4) $\alpha = \dfrac{\pi}{2}$ 时，晶闸管的电流有效值、导通角 θ 和交流电源侧的功率因数。

解：(1)单相交流调压电路在电感性负载时，最小控制角 $\alpha_{\min}$ 取决于负载的阻抗角 φ，当输出最大电压时，$\theta = 180°$，此时

$$\alpha_{\min} = \varphi = \arctan \frac{\omega L}{R} = \arctan \left(\frac{2\pi \times 50 \times 2 \times 10^{-3}}{1} \right) = 32.1°$$

当输出电压为零时，$\theta = 0$；$\alpha_{\max} = 180°$。

故移相控制范围为 $32.1° \leqslant \alpha \leqslant 180°$。

(2)当 $\alpha = \varphi$ 时，输出的负载电压和电流的波形为相位相差 φ 的正弦波，此时负载和电源直接相接，负载电流达到最大

$$I_{0\max} = \frac{U_1}{\sqrt{R^2 + (\omega L)^2}} = \frac{120}{\sqrt{1^2 + (2\pi \times 50 \times 2 \times 10^{-3})^2}} = 101.7\ \text{A}$$

(3) $$P_{0\max} = I_{0\max}^2 R = 10343\ \text{W}$$

$$(\cos\varphi)_{\max} = \frac{P_{0\max}}{U_1 I_{0\max}} = 0.847$$

(4)当 $\alpha = \pi/2$ 时，由式 6-16 得

$$\sin\left(\frac{\pi}{2}+\theta-0.561\right)=\sin\left(\frac{\pi}{2}-0.561\right)e^{\frac{-\theta}{\tan\varphi}}$$

解上式可得晶闸管导通角为

$$\theta=2.1\text{rad}=120°$$

此处也可由图 6-4 估计出 θ 的值。

此时,晶闸管电流的有效值为

$$I_T=\frac{U_1}{\sqrt{2\pi}Z}\sqrt{\theta-\frac{\sin\theta\cos(2\alpha+\varphi+\theta)}{\cos\varphi}}$$

$$=\frac{120}{\sqrt{2\pi}1.18}\times\sqrt{2.1-\frac{\sin2.1\cos(\pi+0.561+2.1)}{\cos0.561}}=44.3\text{ A}$$

输出电流的有效值为

$$I_0=\sqrt{2}I_T=62.6\text{ A}$$

电源输入的有效功率

$$P_1=I_0^2R=62.6^2\times1=3918.76\text{ W}$$

电源侧功率因数

$$\lambda=\frac{P_1}{U_1I_0}=\frac{3918.76}{120\times62.6}=0.522$$

6.3 三相交流调压电路

在工业中容量较大的负载大部分为三相负载,交流电动机也多为三相电动机,要适应三相负载的要求就需用三相交流调压电路。

6.3.1 基本形式

若把三个单相交流调压电路接在对称的三相交流电源上,让其互差 120°相位工作,则构成一个三相交流调压电路。三相交流调压电路具有多种形式,较为常用的形式有以下几种:

(1)带中性线的星形连接电路

如图 6-6(a)所示为带中性线星形连接电路,每个单相交流调压电路分别接在各自的相电源上,每相的工作过程与单相交流调压电路完全相同。这种电路的缺点是在中性线中流过相当大的 3 次谐波电流。因为 3 次及其整数倍次谐波电流是同相位的,不能在各相之间流动,只能全部流过中性线。当 $\alpha=90°$时,中性线中的电流最大,近似等于各相电流的有效值。这会给电源变压器和其他负载带来不利的影响,在实际中较少采用。

(2)无中性线的星形连接电路

如图 6-6(b)所示为无中性线的星形连接电路,其负载的连接形式可以是星形,也可以是三角形。该电路的特点是每相负载都需要通过另一相才能构成电流回路,因此同三相全控桥式整流电路一样,必须保证不同相的两个晶闸管同时导通,负载中才有电流通过,因而晶闸管的触发脉冲必须是宽脉冲或双窄脉冲。对于星形连接负载,由于 3 次谐波电流均为

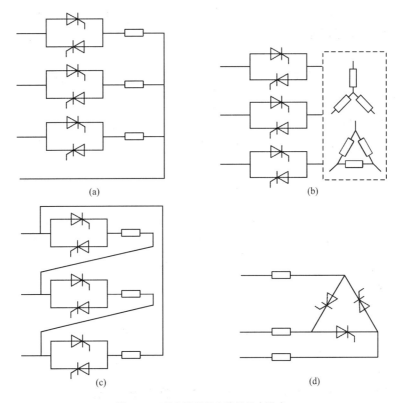

图 6-6　三相交流调压电路的基本形式

同相位,不能在各相之间流动,因此在线路和负载电流中不包含 3 次及其整数倍次谐波电流。由于该调压电路的负载接线形式灵活,而且不需要中性线,因此其应用范围较广。

(3) 支路控制的三角形连接电路

如图 6-6(c)所示为支路控制的三角形连接(也称内三角形连接)电路,每个带负载的单相交流调压电路跨接在线电压上,每相工作时的电压、电流波形也与单相交流调压电路相同。由于晶闸管与负载串联接成三角形,在负载容量相同的情况下,流过晶闸管的电流比较小,但晶闸管承受电源线电压,耐压要求比较高。另外,线电流中不包含 3 次及其整数倍次谐波电流。该电路只适用于三角形连接负载,并且由于晶闸管接在负载内部,每相负载都要能单独接线,对三相电动机负载而言不够方便。因此,使其应用范围存在一定的局限性。

(4) 星形中心控制的连接电路

如图 6-6(d)所示为星形中心控制连接电路,用接成三角形的 3 个晶闸管来代替负载星形接法的中性点。与其他电路相比使用的晶闸管最少,但是在同样的负载电流下,晶闸管中流过的电流最大。由于晶闸管只能控制单一方向的电流,使得输出电压正负半周不对称,因而含有偶次谐波。若负载为电动机,偶次谐波将产生与基波转矩方向相反的负转矩,使电动机输出转矩减小并产生脉动,效率也随之降低。但是输出波形的正负半周面积相等,不存在直流分量。由于晶闸管接在负载之后,受电源浪涌电压的影响较小,该电路仅适用于星形连接负载,且该星形的中性点不能事先连接好,必须有 6 个引出端。基于上述特点,该电路只在小容量的三相负载中有一定的应用。

总之,相位控制的三相交流调压电路有多种连接形式,下面仅对用得最多的星形连接电路进行详细分析。

6.3.2　星形连接三相交流调压电路

如图 6-7 所示为星形连接三相交流调压电路。这种电路是将三对晶闸管反并联接于三相线中,负载可连接成星形或三角形。

1. 对触发信号的要求

为了保证电路能完成正常的交流调压功能,对晶闸管的触发信号除了前面提出的常规要求之外,还应满足下面的条件:

(1)相位条件

触发信号应与电源电压同步。无论是单相或三相交流调压电路,控制角从各自相电压由负变正的过零点开始算起,即 $\alpha = 0°$,这与三相桥式可控整流电路是不同的。晶闸管 VT_1、VT_3、VT_5 的触发信号应互差 120°,VT_2、VT_4、VT_6 的触发信号也应互差 120°,同一相两个晶闸管的触发信号应互差 180°。这样晶闸管 $VT_1 \sim VT_6$ 的触发信号依次相差 60°,这与三相桥式可控整流电路是相同的。

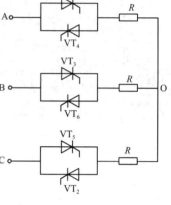

图 6-7　星形连接三相交流调压电路

(2)脉宽条件

星形连接的三相交流调压电路,由于设有中性线,三相中至少要有两相导通才能构成电流的通路,因此单窄脉冲是无法启动电路的。为了保证起始工作电流的流通,并在控制角较大、电流断续的情况下仍能按要求使电流流通,触发脉冲应采用大于 60° 的宽脉冲(或脉冲列),或采用间隔 60° 的双窄脉冲。

2. 电阻性负载时的工作情况

为了能够全面深入地理解三相交流调压电路的工作原理及其输出波形,下面以星形连接的电阻性负载为例分析几个不同控制角 α 时的工作情况。

下面以 A 相为例,具体分析触发脉冲的相位与调压电路输出电压之间的关系。分析的基本思路是,相应于触发脉冲分配,确定各管的导通区间,再由导通区间判断负载所获得的电压,最后归纳出相应的导通特点。

(1)$\alpha = 0°$

$\alpha = 0°$ 即 A 相电源电压过零变正时触发正向晶闸管 VT_1 使之导通,至相电压过零变负时受反压自然关断,而反向晶闸管 VT_4 则在 A 相电压过零变负时导通,变正时自然关断。由于 VT_1 在整个正半周导通,VT_4 在整个负半周导通,所以负载上获得的调压电压仍为完整的正弦波。B、C 两相情况与此相同。触发脉冲发布、各晶闸管的导通区间及 A 相负载上输出的电压波形如图 6-8 所示。由图可见,负载输出的电压 u_{AO} 等于电源相电压 u_A。

导通特点:①每管持续导通 180°;②除换相点外,任何时刻都有三个管子同时导通。

(2)$\alpha = 30°$

为清楚起见,将电源的半个周期以 30° 为间隔平均分为 6 个区间,下面分别说明各区间的工作情况。

①在 0°~30° 区间内,$u_A > 0$,VT_4 关断;但 VT_1 因无触发脉冲不导通,A 相负载电压

$u_{AO}=0$。

②在 30°~60°区间内,在稳态工作情况下,此前 VT_6、VT_5 已处于导通状态(在分析完一个周期后可知)。当 $\omega t=30°$时,VT_1 触发导通,此时电路中 VT_5、VT_6、VT_1 同时导通,各相输出电压均等于电源电压,$u_{AO}=u_A$。

③在 60°~90°区间内,当 $\omega t=60°$时,因 $u_C=0$,VT_5 关断,但 VT_2 还无触发脉冲,不导通,之后只有 A、B 两相的 VT_1、VT_6 导通,A 相负载电压为线电压的一半,$u_{AO}=u_{AB}/2$。

④在 90°~120°区间内,当 $\omega t=90°$时,VT_2 触发导通,此时 VT_6、VT_1、VT_2 同时导通,A 相负载电压 $u_{AO}=u_A$。

⑤在 120°~150°区间内,$\omega t=120°$时,因 $u_B=0$,VT_6 关断,但 VT_3 还无触发脉冲,不导通,之后只有 A、C 两相的 VT_1、VT_2 导通,同理,A 相负载电压 $u_{AO}=u_{AC}/2$。

⑥在 150°~180°区间内,当 $\omega t=150°$时,VT_3 触发导通,使得 VT_1、VT_2、VT_3 同时导通,A 相负载电压 $u_{AO}=u_A$。 当 $\omega t=180°$时,因 $u_A=0$,VT_1 关断,A 相正半周期结束。

A 相负半周期可按相同的方法分析,波形如图 6-9 所示。

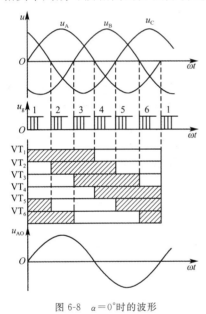 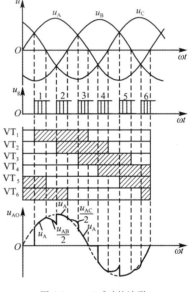

图 6-8 $\alpha=0°$时的波形　　　　　　图 6-9 $\alpha=30°$时的波形

导通特点:①每管持续导通 150°;②有的区间两个管子同时导通构成两相流通回路,有的区间三个管子同时导通构成三相流通回路。

(3)$\alpha=60°$

具体分析过程与 $\alpha=30°$时相似。此处将电源的半个周期分为以下三个区间:

①在 0°~60°区间内,因 $u_A>0$,VT_4 关断,VT_1 无触发脉冲也不导通,A 相负载电压 $u_{AO}=0$。

②在 60°~120°区间内,当 $\omega t=60°$时,u_C 过零使 VT_5 关断,而 VT_6 仍维持前一个区间的导通状态。在 $\omega t=60°$时触发 VT_1 导通,使得 VT_1、VT_6 同时导通,A 相负载电压 $u_{AO}=u_{AB}/2$。

③在 120°~180°区间内,当 $\omega t=120°$时,u_B 过零使 VT_6 关断,同时 VT_2 触发导通,此时 VT_1、VT_2 同时导通,A 相负载电压 $u_{AO}=u_{AC}/2$。 当 $\omega t=180°$时,$u_A=0$,VT_1 关断,VT_3 触

发导通,此时 VT_2、VT_3 同时导通,A 相正半周期结束。波形如图 6-10 所示。

导通特点:①每管持续导通 120°;②每个区间均有两个管子导通构成两相流通回路。

(4)$\alpha = 90°$

由后面的分析结果可知,VT_1 将在 $\omega t = 210°$ 时关断。由于 VT_1、VT_4 互差 180°,VT_4 在 30° 时关断。因此,可以认为 A 相输出电压的正半周从 30° 开始,到 210° 结束。

①在 30°～90° 区间内,因 VT_4 已关断,而 VT_1 还未触发不导通,A 相负载电压 $u_{AO} = 0$。在此区间内另两相中 VT_5、VT_6 处于导通状态,C 相负载电压 $u_{CO} = u_{CB}/2$。因此当 $\omega t = 60°$ 时,u_{CB} 仍为正,VT_5 不会关断,直到 $\omega t = 90°$,$u_{CB} = 0$,使 VT_5 关断。

②在 90°～150° 区间内,当 $\omega t = 90°$ 时,VT_5 关断的同时 VT_1 触发导通,此时 VT_1、VT_6 共同导通,A 相负载电压 $u_{AO} = u_{AB}/2$。当 $\omega t = 120°$ 时,$u_B = 0$,但 u_{BA} 仍为负,VT_6 不会关断。直到 $\omega t = 150°$ 时,因 $u_{AB} = 0$,VT_1、VT_6 同时关断。

③在 150°～210° 区间内,当 $\omega t = 150°$ 时,虽然 VT_1 刚关断,但因脉冲宽度大于 60°,VT_1 的触发脉冲仍存在,此时 VT_2 得到触发脉冲,使得 VT_1、VT_2 共同导通,A 相负载电压 $u_{AO} = u_{AC}/2$,只有当 $\omega t = 210°$ 时,因 u_{AC} 过零,使 VT_1、VT_2 同时关断,因此 VT_1 的导通区间从 90° 延续到 210°,A 相正半周期结束。负半周期的工作情况相同,波形如图 6-11 所示。

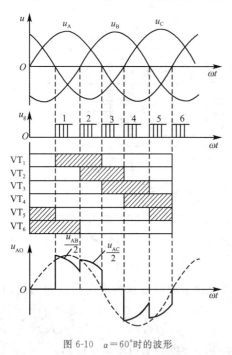

图 6-10 $\alpha = 60°$ 时的波形

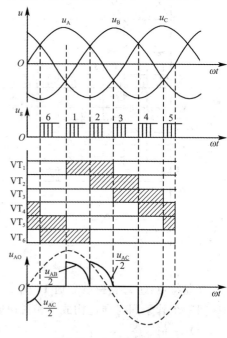

图 6-11 $\alpha = 90°$ 时的波形

导通特点:①每管导通 120°;②每个区间有两个管子导通。

(5)$\alpha = 120°$

A 相输出电压的正半周仍然可以认为从 30° 开始,到 210° 结束。在 30°～120° 区间内,VT_1 未触发,A 相负载电压 $u_{AO} = 0$。

①在 120°～150° 区间内,当 $\omega t = 120°$ 时,VT_1 触发导通,按脉冲的条件,此时 VT_6 的触发脉冲仍然存在,同时加在 VT_1、VT_6 上的电压 $u_{AB} > 0$,符合晶闸管的导通条件,使得 VT_1、VT_6 共同导通 $u_{AO} = u_{AB}/2$。当 $\omega t = 150°$ 时,因 u_{AB} 过零,VT_1、VT_6 同时关断,之后电路中

的 6 个晶闸管均不导通,A 相负载电压 $u_A = 0$。

②在 150°~180°区间内,没有触发脉冲出现,三相输出电压均为零。

③存 180°~210°区间内,当 $\omega t = 180°$ 时,VT_2 触发导通,且 VT_1 触发脉冲仍存在。因此 VT_1、VT_2 同时导通,A 相负载电压 $u_{AO} = u_{AC}/2$。当 $\omega t = 210°$ 时,u_{AC} 减小到零,VT_1、VT_2 同时关断,负载电压等于零,A 相的正半周期结束。负半周期的工作情况相同,波形如图 6-12 所示。

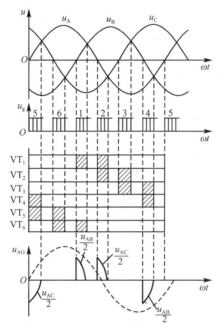

图 6-12   三相三线交流调压 $\alpha = 120°$ 时的波形

导通特点:①每管触发后导通 30°,关断 30°,再触发导通 30°;②各区间有的是两个管子导通,有的是没有管子导通。

(6)$\alpha = 150°$

当 $\omega t = 150°$ 时,VT_1 有触发脉冲,VT_6 仍有触发脉冲,但因 $u_{AB} < 0$,VT_1、VT_6 均无法导通。其他晶闸管的情况也是如此。因此在 $\alpha \geqslant 150°$ 情况下,从电源到负载均构不成电流的通路,输出电压为零。

综上所述,星形连接三相交流调压电路,在电阻性负载情况下,其控制角 α 的移相范围为 0°~150°。$\alpha = 0°$ 时输出电压为电源电压,α 增大,则输出电压减小,$\alpha = 150°$ 时输出电压为零,电压调节范围为 0~U_1。在不同控制角 α 时输出电压有效值可以根据波形求出,此处不再赘述。

三相交流调压在电感性负载时的工作情况比较复杂,这里不予讨论。

3. 谐波情况

星形连接三相交流调压电路在电阻性负载时,所得的负载电压和电流的波形都不是正弦波,且随着 α 角的增大,电流的不连续程度增加,而且正、负半周对称。因此所含的谐波次数为 $6K \pm 1(K = 1, 2, 3 \cdots)$,这和三相桥式全控整流电路交流侧电流所含谐波的次数完全相同,而且也是谐波次数越低,含量越大。和单相交流调压电路相比,没有 3 次及其整数倍次谐波,因为这种电路无 3 次及其整数倍次谐波的通路。

在电感性负载下,三相交流调压电路的情况要复杂得多。因为需要同时考虑到三相电路的特点及控制角 α 和阻抗角 φ 的大小及其相互关系。若为异步电动机负载,其功率因数角随运行工况而变化,因此定量分析很困难。从实验可知,当三相交流调压电路带电感性负载时,同样要求触发脉冲为宽脉冲或双窄脉冲,而控制角 α 的移相范围 $\varphi \leqslant \alpha \leqslant 150°$。在电感性负载下谐波电流的含量比电阻性负载时相对小一些。

6.3.3　支路控制的三角形连接电路

支路控制的三角形连接电路如图 6-13 所示。这种电路实际上是由三个单相交流调压电路组合而成的。由于管子串接在三角形内部,流过管子的电流是相电流,故在同样线电流情况下,管子的电流容量可以降低。

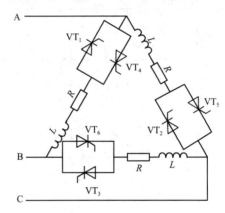

图 6-13　支路控制的三角形连接电路

6.3.4　三相交流调压电路的应用

1. 晶闸管电镀电源

图 6-14 是晶闸管电镀电源主电路。图中整流变压器 TR 的一次侧接成星形三相四线制,每相用一个双向晶闸管与 TR 的一次绕组串联,实现交流调压。变压器二次侧采用带平衡电抗器 L 的双反星形整流电路,用 12 个整流二极管并联成六路输出。$EL_1 \sim EL_3$ 为三相晶闸管工作状态指示灯,三灯亮度一样时表示工作正常,若某相灯泡较暗或不亮,则该相电路工作不正常。TA 为电流互感器,对主电路的过电流采样,采样信号送到控制电路。

这个电路交流输入电压为 380 V、50 Hz,直流输出电压为 0～180 V,直流输出电流为 0～1500 A。

2. 晶闸管调压调速系统

图 6-15 是高温高压染色机的导布辊调压调速系统原理框图。这是一个由速度外环和电压内环构成的双闭环调速系统。主电路是一个三相全控星形连接的调压电路,在此电路中没有中性线,工作时至少有两相构成通路,才可使负载中通有电流,即在三相电路中至少要有一相的正向晶闸管与另一相的反向晶闸管同时导通。电路采用双脉冲触发,通过控制

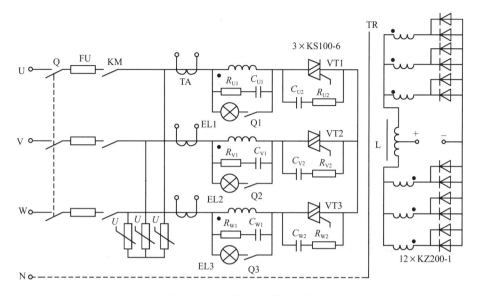

图 6-14　晶闸管电镀电源主电路

双向晶闸管的导通角改变电动机的端电压,达到控制速度的目的。

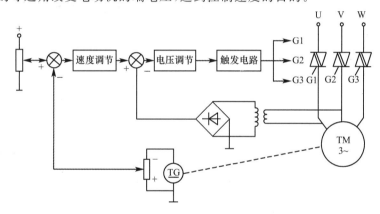

图 6-15　导布辊调压调速系统原理框图

3. 晶闸管节电器

当电动机在工作过程中轻载或空载运行时,这些电动机在额定电压和低负载率下工作,效率和功率因数都很低,造成电能的浪费。晶闸管节电器是一种晶闸管三相交流调压装置,其主电路形式与图 6-15 所示的调压调速系统一样,为三相全波星形连接的调压电路。它能自动地根据电动机的负载率变化来改变电动机的端电压,使电动机在空载、轻载(小于 30% 额定负载)时的工作电压低于额定值,从而降低电动机的损耗,提高功率因数,达到节电的目的。而当负载率大于 30% 时晶闸管全导通,电动机在额定电压下运行。

这种节电器还有软启动功能,可代替传统的电动机启动器,使电动机的启动电压缓慢地增加,从而既可降低启动功耗,又可减小启动电流对电网的冲击。

【**例 6-3**】　电路如图 6-7 所示,已知交流电源线电压为 380 V,负载 $R = 10\ \Omega$,$\omega L = 10\ \Omega$。试计算晶闸管电流的最大有效值、晶闸管承受的最大电压和控制角 α 的移相范围。

解　(1)负载阻抗角为

$$\varphi = \arctan\frac{\omega L}{R} = 45°$$

$$Z = \sqrt{R^2 + (\omega L)^2} = 14.14\ \Omega$$

晶闸管电流的最大有效值发生在 $\alpha = \varphi$ 时,则

$$I_{omax} = \frac{U}{\sqrt{3}\,Z} = \frac{380}{\sqrt{3}\times14.14} = 15.52\ A$$

$$I_T = \frac{I_{omax}}{\sqrt{2}} = 10.98\ A$$

(2)晶闸管承受的最大电压为

$$U_{Tmax} = \frac{\sqrt{6}\,U}{2} = 465.4\ V$$

(3)控制角 α 的移相范围为 $45° \leqslant \alpha \leqslant 150°$

6.4 晶闸管交流开关和交流调功电路

除了前面讲过的交流调压电路之外,交流电力控制电路还包括晶闸管交流开关和交流调功电路。

6.4.1 晶闸管交流开关

晶闸管交流开关是一种快速、理想的交流开关。晶闸管交流开关总是在电流过零时关断,在关断时不会因负载或线路电感存储能量而造成暂态过电压和电磁干扰,因此特别适用于操作频繁、可逆运行等场合。

晶闸管交流开关的基本形式有四类,即单个普通晶闸管交流开关、普通晶闸管反并联的交流开关、采用光耦合器的交流开关、双向晶闸管交流开关。下面分别结合电路结构介绍其工作原理。

1. 单个普通晶闸管交流开关

图 6-16 所示为单个普通晶闸管交流开关电路,从图中可看出,该开关包含一个由二极管组成的整流桥。晶闸管只受正向电压,不受反向电压。其缺点是由于串联元件多,压降损耗较大。

2. 普通晶闸管反并联的交流开关

图 6-17 所示为普通晶闸管反并联的交流开关电路。当 S 闭合时,两个晶闸管均以管子本身的阳极电压作为触发电压进行触发,具有强触发性质,即使对触发电流很大的管子也能可靠触发。随着交流电源的交变,两个晶闸管轮流导通,负载上得到的基本上是正弦电压。

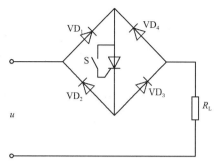

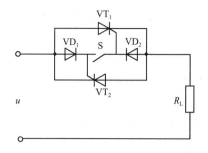

图 6-16　单个普通晶闸管交流开关电路　　图 6-17　普通晶闸管反并联的交流开关电路

3. 采用光耦合器的交流开关

图 6-18 所示为采用光耦合器的交流开关电路。主电路由两个晶闸管 VT_1、VT_2 和两个二极管 VD_1、VD_2 组成。当控制信号未接通时，1、2 端没有信号。B 光耦合器中的光敏管截止，晶体管 VT 处于导通状态，晶闸管门极电路被晶体管 VT 旁路，因而 VT_1、VT_2 晶闸管处于截止状态，负载未接通。当 1、2 端接入控制信号时，B 光耦合器中的光敏管导通，晶体管 VT 截止，VT_1、VT_2 晶闸管控制极得到触发电压而导通，主电路被接通。电源正半波（U_+、V_-）时，通路为 $U_+ \rightarrow VT_1 \rightarrow VD_2 \rightarrow R_1 \rightarrow V_-$；电源负半波（$U_-$、$V_+$）时，通路为 $V_+ \rightarrow R_1 \rightarrow VT_2 \rightarrow VD_1 \rightarrow U_-$。负载上得到交流电压。因而只要控制光耦合器的通/断，就能方便地控制电路的通/断，进而在负载上获得完整的交流电压。

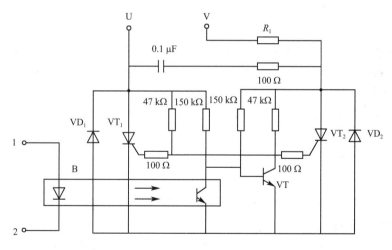

图 6-18　采用光耦合器的交流开关电路

4. 双向晶闸管交流开关

图 6-19 所示为双向晶闸管交流开关电路，双向晶闸管为 I_+、III_- 触发方式，其线路简单，但工作频率低（小于 400 Hz）。

图 6-20 所示为双向晶闸管控制三相自动温控电热炉的典型电路。当开关 QS 拨到"自动"位置时，炉温就能自动保持在给定温度。若炉温低于给定温度，KT 温控仪（调节式

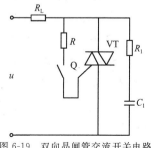

图 6-19　双向晶闸管交流开关电路

毫伏温度计)使常开触点 KT 闭合,双向晶闸管 VT$_4$ 触发导通。继电器 KA 得电,使主电路中 VT$_1$~VT$_3$ 导通,负载电阻 R$_L$ 接入交流电源,电热炉升温。若炉温达到给定温度,KT 温控仪的常开触点 KT 断开,VT$_4$ 关断,继电器 KA 失电,双向晶闸管 VT$_1$~VT$_3$ 关断,电阻 R$_L$ 与电源断开,电热炉降温。

双向晶闸管仅用一个电阻(主电路为 R$_1^*$、控制电路为 R$_2^*$)构成本相强触发电路,其阻值可由实验确定。用电位器代替 R$_1^*$ 或 R$_2^*$,调节电位器阻值,使双向晶闸管两端电压减到 2~5 V,此时电位器阻值即为触发电阻值。

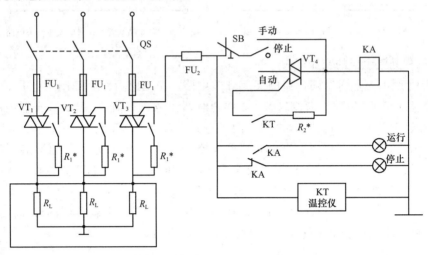

图 6-20　双向晶闸管控制三相自动温控电热炉的典型电路

近年来发展起来的一种以双向晶闸管为基础构成的无触点通断组件称为固态开关 (Solid State Switch,SSS)。它包括固态继电器(Solid State Relay,SSR)和固态接触器 (Solid State Contactor,SSC)。固态开关一般采用环氧树脂封装,具有体积小、工作频率高的特点,适用于频繁工作或潮湿、有腐蚀性以及易燃的环境中。

6.4.2　交流调功电路

交流调功电路和交流调压电路形式上完全相同,只是控制方式不同。

1.过零触发的概念
前述可控整流、有源逆变电路以及相控交流调压电路都采用移相触发控制,这种触发方式使得电路输出为缺角的正弦波,包含大量的高次谐波。为了弥补这种不足,可采用过零触发(或称零触发)。过零触发是指在正弦交流电压过零时,触发晶闸管,使晶闸管或者处于全导通状态或者处于全阻断状态,从而使负载得到完整的正弦波。

2.交流调功电路(周波控制器)的工作原理
交流过零触发开关电路就是利用零触发方式来控制晶闸管的导通与关断。交流零触发开关使电路在电压为零或零附近瞬间接通,利用管子电流小于维持电流使管子自行关断,这种开关对外界的电磁干扰最小。

由过零触发开关电路组成的单相交流调功电路,是通过改变输出电压有效值来改变输出功率的。

交流调功电路对功率的调节方法如下:在设定的周期 T_c 内,用零电压开关接通几个周波,然后断开几个周波,改变晶闸管在设定周期内的通/断时间比例,以调节负载上的交流平均电压,即可达到调节负载功率的目的。这种装置也称为调功器或周波控制器。

调功器是在电源电压过零(实际上是离零点 $3°\sim5°$)时触发晶闸管导通,所以负载上得到的是完整的正弦波,调节的只是在设定周期 T_c 内导通的电压周波数。

如果在设定的周期 T_c 内导通的周波数为 n,每个周波的周期为 T(50 Hz,$T=20$ ms),则调功器的输出功率和输出电压有效值分别为

$$P = \frac{nT}{T_c} P_n \tag{6-21}$$

$$U = \sqrt{\frac{nT}{T_c}} U_n \tag{6-22}$$

式中,P_n、U_n 为设定周期 T_c 内全导通时,装置的输出功率与电压有效值。

因此,改变导通周波数 n 即可改变电压或功率。调功器可以用双向晶闸管,也可以用两个普通晶闸管反并联构成,其触发电路可以采用集成过零触发器,也可利用分立元件组成的过零触发电路。

3. 过零触发的两种工作模式

(1)全周波连续式

全周波连续式过零触发输出电压波形如图 6-21 所示。

(2)全周波断续式

全周波断续式过零触发输出电压波形如图 6-22 所示。

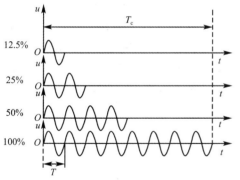

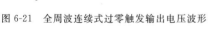

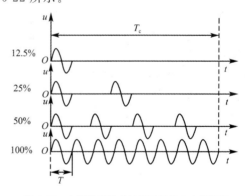

图 6-21　全周波连续式过零触发输出电压波形　　　　图 6-22　全周波断续式过零触发输出电压波形

4. 过零触发的不足

交流调功电路不能平滑调节电压,不能用普通的电压表、电流表测量,不适用于调光等场合。在晶闸管断续导通时,电源变压器和负载受到电流通-断冲击,若电源变压器容量太小,会造成电源电压波动较大,低于电网频率的谐波分量增加,使交流调功电路或其他用电设备不能正常工作。因此,在使用交流调功电路时应选择较大容量的电源变压器。

交流调功电路主要用于时间常数较大的像电炉等电加热的温度控制系统。它与 PID 温度调节仪、温度传感器和电加热器组成的闭环温控系统,温控精度可达 $\pm(0.5\%\sim1\%)$。

6.5 相控式交流-交流变频电路

交-交变频电路是不通过中间直流环节而把电网频率的交流电直接变换成不同频率的交流电的变流电路。若变换电路用晶闸管作开关器件,并工作在相控方式,则称为相控式的交-交直接变频电路。交-交变频电路也叫周波变流器(Cycle Converter)。因为没有中间环节(直流环节),仅用一次变换就实现了变频,所以效率较高。

交-交变频电路广泛应用于大功率低转速的交流电动机调速传动系统、交流励磁变速恒频发电机的励磁电源等。实际使用的主要是三相输出交-交变频电路,但单相输出交-交变频电路是其基础。本节将分别介绍单相交-交变频电路和三相交-交变频电路的工作原理及特性。

6.5.1 单相交-交变频电路

1. 基本结构和工作原理

图 6-23 是单相交-交变频电路原理图。该电路由两组反并联的晶闸管变流电路构成,将其中的一组称为正组变流器 P,另一组称为反组变流器 N。这样,只要让两组变流电路按一定频率交替工作,就可以给负载输出该频率的交流电。改变两组变流电路的切换频率,就可以改变输出频率。改变变流电路工作时的控制角 α,就可以改变交流输出电压的幅值。

假设在一个周期内控制角 α 是固定不变的,则输出电压波形为矩形波,如图 6-24(a)所示。矩形波中所含的大量谐波对电动机的工作很不利。如果让 α 角不是固定值,而是如图 6-24(b)所示,在半个周期内让正组变流器 P 的 α 角按正弦规律从 90° 逐渐减小到 0°,然后再逐渐增大到 90°。那么,正组变流器 P 在每个控制间隔内的平均输出电压就按正弦规律从零逐渐增至最大,再逐渐减小到零,如图 6-24(b)中虚线所示。在另外半个周期内,对反组变流器 N 进行同样的控制,就可以得到接近正弦波的输出电压。和可控整流电路一样,交-交变频电路的换相属于电网换相。

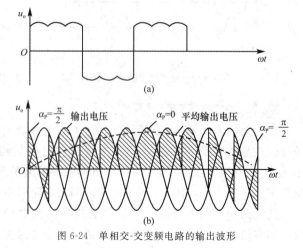

(a)

(b)

图 6-24 单相交-交变频电路的输出波形

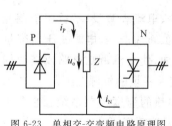

图 6-23 单相交-交变频电路原理图

图 6-24 所示的波形为正、反组变流器都是三相半波相控电路时的波形。从该图可以看出,交-交变频电路的输出电压并不是平滑的正弦波,而是由若干段电源电压拼接而成的。在输出电压的一个周期内,所包含的电源电压段数越多,其波形就越接近正弦波。图 6-24 中的正、反两组变流电路通常采用三相桥式电路,这样,在电源电压的一个周期内,输出电压将由 6 段电源线电压组成。如果采用三相半波电路,则电源电压一个周期内的输出电压只由 3 段电源相电压组成,波形变差,因此使用较少。从原理上看,也可以采用单相可控整流电路,但这时波形更差,故一般不用。本小节在分析时均采用三相桥式电路。

2. 工作过程分析

交-交变频电路的负载可以是电感性、电阻性或电容性负载中的任何一种。这里以使用较多的电感性负载为例来说明组成变频电路的两组可控变流电路的工作过程。

如果把交-交变频电路理想化,忽略变流电路换相时输出电压的脉动分量,就可把它看成如图 6-25(a)所示的正弦波交流电源和二极管的串联。其中交流电源表示变流电路可输出交流电压,二极管表示变流电路的电流流通方向。

假设负载的功率因数角为 φ,即输出电流滞后输出电压 φ 角。另外,两组变流电路在工作时采取直流可逆调速系统中的无环流工作方式,即一组变流电路工作时,将另一组变流电路的脉冲封锁。

图 6-25(b)给出了一个周期内负载电压、电流波形及正反两组变流电路的电压、电流波形。由于变流电路的单向导电性,在 $t_1 \sim t_3$ 期间的负载电流正半周,只能是正组变流电路工作,反组变流电路被封锁。其中,在 $t_1 \sim t_2$ 阶段,输出电压和电流均为正,故正组变流电路输出功率为正,工作在整流状态;在 $t_2 \sim t_3$ 阶段,输出电流仍为正,但输出电压已反向,故这一阶段正组变流电路输出功率为负,工作在逆变状态。

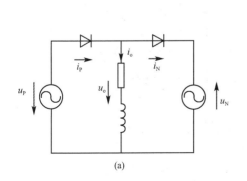

(a)

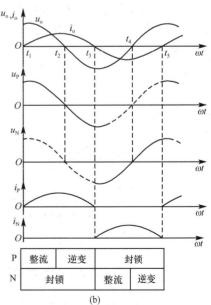

(b)

图 6-25　理想交-交变频电路的工作状态

在 $t_3 \sim t_5$ 期间,负载电流反向,反组变流电路工作,正组变流电路被封锁。其中,在 $t_3 \sim t_4$

阶段,输出电流和电压均为负,反组变流电路工作在整流状态;在 $t_4 \sim t_5$ 阶段,输出电流为负,而输出电压为正,反组变流电路工作在逆变状态。

由上述分析可以看出,哪组变流电路工作是由输出电流的方向决定的,与输出电压极性无关。变流电路是工作在整流状态还是逆变状态,则是由输出电压方向和输出电流方向的异同决定的。

3. 输出正弦波电压的调制方法

要使交-交变频电路输出的电压波形接近正弦波,必须在一个控制周期内,不断改变晶闸管的控制角 α,使变流电路在每个控制间隔内的输出平均电压按正弦规律变化。其控制的方法很多,最常见的方法是余弦交点法。

晶闸管变流电路在触发角为 α 时的输出电压平均值为

$$u_o = U_{d0} \cos\alpha \tag{6-23}$$

式中,U_{d0} 为 $\alpha = 0$ 时的理想空载整流电压。

对交-交变频电路来说,每次控制时的 α 角都是不同的,式(6-23)中的 u_o 表示每个控制间隔内输出电压的平均值。设要得到的正弦波输出电压为

$$u_o = U_{om} \sin\omega_0 t \tag{6-24}$$

式中,U_{om} 为输出正弦波电压的幅值;ω_0 为输出正弦波电压的角频率。

则比较式(6-23)和式(6-24)可得

$$\cos\alpha = \frac{U_{om}}{U_{d0}} \sin\omega_0 t = \gamma \sin\omega_0 t \tag{6-25}$$

式中,γ 称为输出电压比,$\gamma = U_{om}/U_{d0} (0 \leqslant \gamma \leqslant 1)$。因此

$$\alpha = \arccos(\gamma \sin\omega_0 t) \tag{6-26}$$

式(6-26)就是用余弦交点求变流电路 α 角的基本公式。下面根据图 6-26 对余弦交点法作进一步说明。图 6-26 中,电网线电压 u_{ab}、u_{bc}、u_{ca}、u_{ba}、u_{ac}、u_{cb} 依次用 $u_1 \sim u_6$ 表示,相邻两个线电压的交点对应于 $\alpha = 0$。$u_1 \sim u_6$ 所对应的同步余弦信号用 $u_{s1} \sim u_{s6}$ 表示,$u_{s1} \sim u_{s6}$ 比相应的 $u_1 \sim u_6$ 超前 30°。也就是说,$u_{s1} \sim u_{s6}$ 的最大值正好和相应线电压 $\alpha = 0$ 的时刻对应。设希望输出的电压为 u_o,则各晶闸管的触发时刻由相应的同步电压 $u_{s1} \sim u_{s6}$ 的下降段和 u_o 的交点来决定。

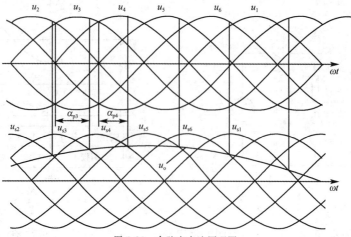

图 6-26   余弦交点法原理图

图 6-27 给出了在不同的输出电压比 γ 情况下,输出电压一个周期内控制角 α 随 $\theta_0 = \omega_0 t$ 变化的情况。可以看出,当 γ 较小,即输出电压较低时,α 只在离 90°很近的范围变化。

上述余弦交点法可以用模拟电路来实现,但线路复杂,且不易实现准确的控制。近年来,多使用微机来实现上述运算,可把事先计算好的数据存入存储器中,运行时按照所存的数据进行实时控制。使用计算机进行控制时,除计算 α 角外,还可以实现复杂的控制运算,使整个系统获得很好的特性。

4. 输入/输出特性

(1)输出上限频率

交-交变频电路的输出电压是由若干段电网电压拼接而成的。当输出频率升高时,输出电压一个周期内电网电压的段数就减少,所含的谐波分量就要增加。这种输出电压的波形畸变是限制输出频率提高的主要因素之一。此外,负载功率因数也对输出特性有一定影响。就输出波形畸变和输出频率来看,难以确定一个明确的界限。一般认为,变流电路采用 6 脉波的三相桥式电路时,最高输出频率不高于电网频率的 1/3～1/2。电网频率为 50 Hz 时,交-交变频电路的输出上限频率约为 20 Hz。

(2)输入功率因数

交-交变频电路的输出是通过相位控制的方法来得到的,因此在输入端需要提供滞后的无功电流。即使负载功率因数为 1 且输出电压比 γ 也等于 1,输入端也需提供无功电流。因为在输出电压的一个周期内,α 角是以 90°为中心前后变化的,输出电压比 γ 越小,半周期内 α 的平均值越靠近 90°。随着负载功率因数的降低或输出电压比的减小,所需要的无功电流都要增加。另外,不论负载的功率因数是滞后还是超前,输入的无功电流总是滞后的。

图 6-28 给出了在不同输出电压比时的输入位移因数和负载功率因数的关系。输入位移因数是输入电压和输出电压中的基波分量相位差的余弦,其值比输入功率因数略大,因此,图 6-28 也大体反映了输入功率因数和负载功率因数的关系。输入功率因数较低,是交-交变频电路的一大缺点。

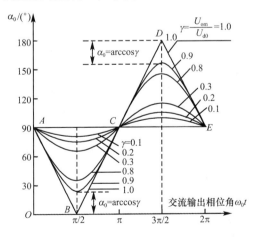

图 6-27　不同 γ 时 α 与 θ_0 的关系

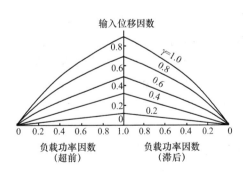

图 6-28　不同 γ 时输入位移因数与负载功率因数的关系

(3)输出电压谐波

交-交变频电路输出电压的谐波是非常复杂的,它既和电网频率 f_i 以及变流电路脉波

数 m 有关,也和输出频率 f_0 有关。其所含谐波频率为

$$f_{0m}=mkf_i\pm(N-1)f_0 \tag{6-27}$$

式中,$k=1,2,3\cdots$

$$N=\begin{cases}1,3,5\cdots(当\ mk\ 为奇数时)\\2,4,6\cdots(当\ mk\ 为偶数时)\end{cases} \tag{6-28}$$

对于采用三相桥式电路的交-交变频电路来说,$m=6$,因此输出电压中所含主要谐波频率为

$$6f_i\pm f_0,6f_i\pm3f_0,6f_i\pm5f_0\cdots$$
$$12f_i\pm f_0,12f_i\pm3f_0,12f_i\pm5f_0\cdots$$

另外,采用无环流控制方式时,由于电流方向改变时死区的影响,将使输出电压中增加 $5f_0,7f_0$ 等次谐波。

(4)输入电流谐波

单相交-交变频电路的输入电流波形和可控整流电路的输入电流波形类似,只是其幅值和相位均按正弦规律被调制。其所包含的谐波频率为

$$f_{lm}=|(mk\pm1)f_i\pm2lf_0| \tag{6-29}$$

式中,$k=1,2,3\cdots;l=0,1,2\cdots$

与可控整流电路输入电流的谐波相比,增加了 $\pm2lf_0$ 的旁频,但各次谐波的幅值比可控整流电路的谐波幅值要小。出现 $\pm2lf_0$ 旁频的原因是:变频电路由正、反两组变流电路组成,一组提供正相输出电流,一组提供反向输出电流,输出电流随 f_0 的频率变化。

5. 环流控制及运行方式

由于一组变流电路具有单向导电性,为了获得交流输出电能,交-交变频电路必须包含反并联两组变流电路。如果两组同时导通,将会在两组之间产生很大的短路电流,称为环流。环流太大可使晶闸管损坏。在实际运行过程中,正反两组变流电路工作状态的控制可分为有环流和无环流两种控制方式。

(1)无环流控制方式

前面的分析都是基于无环流控制方式进行的。在无环流控制方式下,由于在负载电流反向时必须留一定的死区时间,就使得输出电压的波形畸变增大。为了减小死区的影响,应在确保无环流的前提下尽量缩短死区时间。另外,在负载电流发生断续时,相同 α 角时的输出电压被抬高,这也造成输出波形的畸变,应该采取一定的措施对其进行补偿。电流死区和电流断续的影响也限制了输出频率的提高。

图 6-29 是三相全控桥式变流电路在电感性负载时,单相交-交变频电路的输出电压和电流波形。考虑到无环流工作方式下负载电流过零时的死区时间,一个周期的波形可分为 6 段:第一段 $i_0<0,u_0>0$,为反组逆变;第二段电流过零,为无环流死区;第三段 $i_0>0,u_0>0$,为正组整流;第四段 $i_0>0,u_0<0$,为正组逆变;第五段电流过零,为无环流死区;第六段 $i_0<0,u_0<0$,为反组整流。

(2)有环流控制方式

交-交变频电路也可以采用有环流控制方式。这种方式在运行时,两组变流电路都施加触发脉冲,并且使正组触发角 α_P 和反组触发角 α_N 保持 $\alpha_N+\alpha_P=180°$ 的关系。即两组变流

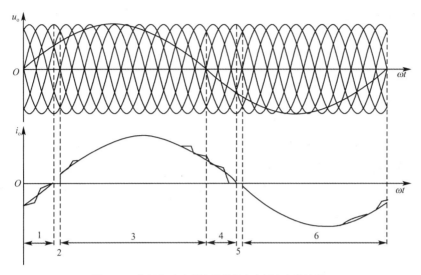

图 6-29   单相交-交变频电路的输出电压和电流波形

电路同时有输出电压加在负载上,但它们输出电压的平均值大小相等,在负载上的方向一致,所以正反组不会发生短路。但两组输出电压的瞬时值并不相等,会存在瞬时电压差,这将在两组之间形成环流。为了将环流限制在允许的范围内,必须在两组变流电路输出端之间串联一定大小的环流电抗器,如图 6-30 所示。由于两组变流电路之间流过环流,可以避免出现电流断续现象,并可消除电流死区,从而使变频电路的输出特性得以改善,还可提高输出上限频率。

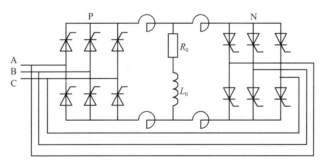

图 6-30   有环流变频电路示意图

有环流控制方式可以提高变频器的性能,在控制上也比无环流控制方式简单。但是在两组变流电路之间要设置环流电抗器,变压器二次侧一般也需要双绕组,因此使设备成本增加。另外,在运行时,有环流控制方式的输入功率比无环流控制方式略有增加,使效率有所降低。因此目前应用较多的还是无环流控制方式。

6.5.2   三相交-交变频电路

交-交变频电路主要用于交流调速系统中,因此实际使用的主要是三相交-交变频电路。三相交-交变频电路是由三组输出电压相位各差 120° 的单相交-交变频电路组成的,因此上一节的许多分析和结论对三相交-交变频电路也是适用的。

1.电路接线方式

三相交-交变频电路主要有两种接线方式,即公共交流母线进线方式和输出星形连接方式。

(1)公共交流母线进线方式

图 6-31 是公共交流母线进线方式的三相交-交变频电路原理图,它由三组彼此独立的、输出电压相位相互错开 120°的单相交-交变频电路组成,它们的电源进线通过进线电抗器接在公共的交流母线上。因为电源进线端公用,所以三组单相交-交变频电路的输出端必须隔离。为此,若负载为三相交流电动机,必须把三个绕组拆开,共引出六根线。

公共交流母线进线方式的三相交-交变频电路主要用于中等容量的交流调速系统。

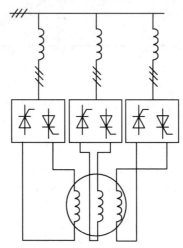

图 6-31　公共交流母线进线方式的三相交-交变频电路原理图

(2)输出星形连接方式

图 6-32(a)是输出星形连接方式的三相交-交变频电路原理图。三组单相交-交变频电路的输出端星形连接,电动机的三个绕组也是星形连接,电动机中性点不和变频电路中性点接在一起,电动机只引出三根线即可。因为三组单相交-交变频电路连接在一起,其电源进线就必须隔离,所以三组单相交-交变频电路分别用三个变压器供电。

由于变频电路输出端中性点不和负载中性点相连接,所以在构成三相变频电路的桥式电路中,至少要有不同相的两组桥中的四个晶闸管同时导通才能构成回路,形成电流。同一组桥内的两个晶闸管靠双脉冲保证同时导通。两组桥之间靠足够的脉冲宽度来保证同时有触发脉冲。每组桥内两个晶闸管触发脉冲的间隔约为 60°,如果每个脉冲的宽度大于 30°,那么无脉冲的间隔一定小于 30°。这样,尽管两组桥脉冲之间的相对位置是任意变化的,但在每个脉冲持续的时间里,总会在其前部或后部与另一组桥的脉冲重合,使四个晶闸管同时有脉冲,形成导通回路。

图 6-32(b)是由三相桥式整流电路构成的三相交-交变频电路原理图,每相变频电路都由两组三相桥式整流电路反并联构成,每组变频电路输出电压的脉波数为 6。因此,交流输出电压的谐波含量较小。变流主电路中无环流电抗器,运行在无环流控制方式下。

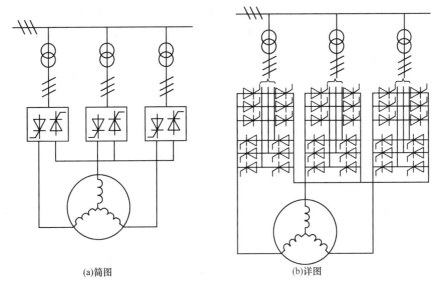

(a)简图   (b)详图

图 6-32   输出星形连接方式的三相交-交变频电路原理图

2. 输入/输出特性

就输出频率上限和输出电压中的谐波而言,三相交-交变频电路和单相交-交变频电路是一致的。下面主要分析输入电流和输入功率因数的一些差别。

因为三相交-交变频电路总的输入电流由三个单相交-交变频电路的同一相输入电流合成而得到,有些谐波因相位关系相互削弱或抵消。因此谐波的种类将有所减少,总的谐波幅值也有所降低,其谐波频率

$$\begin{cases} f_{im} = |(mK\pm1)f_i \pm mlf_0| \\ f_{im} = f_i \pm mKf_0 \end{cases} \tag{6-30}$$

式中,$K=1,2,3\cdots$;$l=0,1,2\cdots$;m 仍为变流电路脉波数。

当变流电路均采用三相桥式电路时,输入谐波电流的主要频率为 $f_i\pm6f_0$、$5f_i$、$5f_i\pm6f_0$、$7f_i$、$7f_i\pm6f_0$、$11f_i$、$11f_i\pm6f_0$、$13f_i$、$13f_i\pm6f_0$、$f_i\pm12f_0$ 等。其中,$5f_i$ 次谐波幅值最大。

三相交-交变频电路总输入功率因数

$$\lambda = \frac{P_\Sigma}{S_\Sigma} \tag{6-31}$$

式中,P_Σ 为三相电路总的有功功率,即为各相有功功率之和。但视在功率不能简单相加,应由总的输入电流和输入电压有效值来计算。由于三相交-交变频电路输入电流谐波有所减少,三相总的视在功率 S_Σ 比三组单相交-交变频电路视在功率之和小,故三相交-交变频电路总输入功率因数要高于单相交-交变频电路。

3. 改变输入功率因数和提高输出电压的措施

相控式交-交直接变频电路,影响输入功率因数和输出电压的因素主要是控制角 α 太大。尤其对于电动机负载,在低速运行时,变频电路输出电压很低,各组变流电路的 α 角都在 90°附近,因此输入功率因数很低。

对于输出星形连接方式的三相交-交变频电路,如果三个输出相电压中含有同样的直流

分量或 3 倍于输出频率的谐波分量,它们都不会出现在线电压中,因此也不会加到负载上。利用这一特性可以使输入功率因数得到改善并提高输出电压,具体的措施有以下两种:

(1)直流偏置法

直流偏置法是指给各相输出电压叠加上相同大小的直流分量,使控制角 α 减小,功率因数得到提高。但变频电路输出线电压并不改变,也就不影响电动机负载的正常运行。对于长期低速运行的交流电动机,这种方法对改善功率因数的作用较为明显。

(2)交流偏置法

交流偏置法是使各相输出电压均为梯形波,如图 6-33 所示。因为梯形波中的主要谐波分量是 3 次谐波,线电压中的 3 次谐波相互抵消,线电压仍为正弦波。在这种控制方式下,两组变流电路长时间工作在高电压输出的梯形波平顶区,控制角 α 较小,输入功率因数可提高 15% 左右。

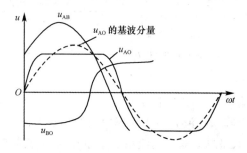

图 6-33 交流偏置法时理想的输出电压波形

在正弦波输出控制方式中,最大输出正弦波相电压的幅值只能为 $\alpha = 0$ 时的 U_{d0},而梯形波输出中的基波幅值比 U_{d0} 高 15%,故采用梯形波输出控制方式可使交-交变频电路输出电压提高 15% 左右。

4.相控式交-交变频电路特点

和交-直-交变频电路相比,交-交变频电路有以下优点:

(1)只用一次变流,且使用电网换相,提高了变流效率。

(2)和交-直-交电压型变频电路相比,可以方便地实现四象限工作。

(3)低频时输出波形接近正弦波。

其主要缺点如下:

(1)接线复杂,使用的晶闸管较多。由三相桥式变流电路组成的三相交-交变频电路至少需要 36 个晶闸管。

(2)受电网频率和变流电路脉波数的限制,输出频率较低。

(3)采用相控方式,功率因数较低。

由于以上优缺点,交-交变频电路主要用于 500 kW 或 1 000 kW 以上,转速在 600 r/min 以下的大功率、低转速的交流调速装置中。目前已在矿石破碎机、水泥球磨机、卷扬机、鼓风机以及轧机传动装置中获得了较多的应用。它既可用于异步电动机传动,也可用于同步电动机传动。

6.6 三相交流调压电路设计举例

三相交流调压电路的设计要根据负载的要求、供电电源的参数来确定主电路结构,选择和计算主电路元器件及参数,确定系统的保护及控制电路的方案等。

例如,设计一三相交流调压电路,要求额定输入电压为 380 V、50 Hz,电压波动 ±10%。三相异步电动机额定功率 45 kW,额定电压 380 V,额定电流 90 A,△接法,最大过载能力为 $2I_N$,$\cos\varphi_N = 0.8$,$\eta_N = 0.85$。

6.6.1 主电路设计

三相交流调压主电路如图 6-34 所示。

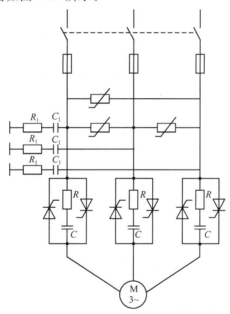

图 6-34　三相交流调压主电路

1. 空气开关的选择
自动空气开关的额定电压和额定电流应不小于电路正常的工作电压和工作电流,故可选 A3130 空气开关。其额定电流为 200 A,额定电压为 380 V,且过电流时间大于 0.5～1 ms 时自动空气开关断开交流电源。

2. 晶闸管器件的选择
晶闸管的额定电压

$$U_{TN} = (2\sim3)U_m = (2\sim3)\times\sqrt{2}\times380 = 1\ 074.8\sim1\ 612.2\ V$$

晶闸管的额定电流根据最大过载能力 $2I_N$ 来选取,有

$$I_{TAN} = (1.5\sim2)\times\frac{2I_N}{1.57}\times\frac{1}{2} = (1.5\sim2)\times\frac{2\times90}{1.57}\times\frac{1}{2} = 86\sim114.6\ A$$

故选 KP200-12D 型普通晶闸管。

3.晶闸管保护环节

(1)交流电源侧过电压保护

①阻容保护。设电源变压器的励磁电流为 6%,通常为 2%~10%。容量越大,$i_0\%$ 值越小。阻容保护采用 Y 接法。

$$C_1 = 17320\,\frac{i_0\%}{U_L} = 17320 \times \frac{0.06}{380} = 2.73\ \mu F$$

电容耐压 $\geqslant 1.5 U_m = 1.5 \times \sqrt{2} \times 380 = 806$ V

选取 1000 V、3 μF 的油浸电容。

$$R_1 = 0.17\,\frac{U_L}{i_0\% I_N} = 0.17 \times \frac{380}{0.06 \times 90} = 12\ \Omega$$

$$I_{C1} = 2\pi f C_1 U_C \times 10^{-6} = 2\pi \times 50 \times 3 \times 380 \times 10^{-6} = 0.36\ A$$

$$P_{R1} = (3\sim4) I_{C1}^2 R_1 = (3\sim4) \times 0.36^2 \times 12 = 4.7\sim6.2\ W$$

选取 12 Ω、10 W 的陶瓷电阻。

若 R_1、C_1 采用 △ 接法,电容量为计算值的 1/3,而电阻的阻值为计算值的 3 倍。电容 C_1 增大,有利于吸收过电压和减少 du/dt。但 C_1 增大,电容体积大,增加了电阻中损耗,晶闸管导通时电流上升快,对元件不利。R_1 增大,有利于抑制振荡,但是选得太大,影响抑制过电压效果。一般 R_1 值选得偏小些为好。P_{R1} 的值选得偏大可减小发热。

②压敏电阻。△接法压敏电阻的额定电压

$$U_{1mA} = \frac{\varepsilon \times \sqrt{2} \times 380}{0.8\sim0.9} = \frac{1.1 \times \sqrt{2} \times 380}{0.8\sim0.9} = 739\sim657\ V$$

式中,ε 为电网电压升高系数,一般取 1.1。

取 1000 V,通流容量 3 kA。故选用 MY-1000/3 型。

(2)晶闸管两端的过电压保护

查表 3-1 可知,$C = 1\ \mu F$,$R = 5\ \Omega$。

电容耐压 $\geqslant 1.5 U_m = 1.5 \times \sqrt{2} \times U_2 = 1.5 \times \sqrt{2} \times 380 = 806$ V

取 1 000 V。

$$P_R = f C U_C^2 \times 10^{-6} = 50 \times 1 \times 380^2 \times 10^{-6} = 7.22\ W$$

取 10 W。

(3)快速熔断器

熔断器熔体电流的有效值

$$I_{KR} \leqslant \frac{5}{6} \times 1.57\ I_{T(AV)} = \frac{5}{6} \times 1.57 \times 200 = 261.7\ A$$

式中,5/6 为修正系数。

选快速熔断器:额定电压 500 V,额定电流 300 A。故选用 RLS-300。

6.6.2 触发电路的选择和同步定相

触发电路的形式很多,有集成触发器,也有数字触发器。这里选择 KJ004 集成触发器,

3 片形成 6 路脉冲。根据三相交流调压电路的工作特点,脉冲为频率 20 kHz 序列宽脉冲。另外需要由同步变压器提供 3 个互差 120°的同步电压。但考虑到同步变压器的功率很小,一般每相不超过 1 W。按触发电路的要求,同步电压取 30 V。在取得同步信号后,往往要进行 RC 滤波,由此产生移相,所以同步变压器的接线方式与移相的大小有关。另外,为给各相触发电路的同步电压提供公共参考点,同步变压器的二次侧要求 Y_0 接法。如 RC 移相 30°,同步变压器接法应为△/Y11。

6.6.3　晶闸管的驱动电路

图 6-35 所示为晶闸管驱动电路,脉冲变压器要根据触发电压确定匝数,R 为门极限流电阻。

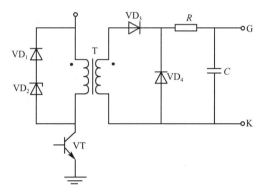

图 6-35　晶闸管驱动电路

6.6.4　控制电路

控制电路的方案要根据系统组成的要求来确定,可以开环,也可以闭环;可以是模拟系统,也可以是数字系统。图 6-36 所示为单片机控制调压系统的原理框图。

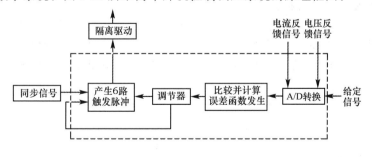

图 6-36　单片机控制调压系统的原理框图

6.6.5　系统的保护

交流调压电路常见的保护有:过载、过电流、欠压和缺相保护等,在此不作赘述。

本 章 小 结

交流变换电路分为两类：一类是频率不变仅改变大小或仅对电路实现通断控制的交流电力控制电路,另一类是交-交直接变频电路。相控交流调压电路依靠晶闸管的移相控制仅将交流电源电压的一部分送至负载,另一部分被处于截止状态的晶闸管阻断。因此,输出电压总是小于输入电压,即交流调压电路只能降压,且输出电压中含有较大的谐波。改变晶闸管的控制角 α 即可改变输出电压中基波电压的大小。单相交流调压电路常用于小功率单相电动机控制、照明和电加热温度控制。三相交流调压电路常用于三相异步电动机的变压调速和软启动控制。交流调功电路采用整周期控制方式,通过改变接通周期数和断开周期数的比值来调节负载上的平均功率,主要用于时间常数较大负载的功率调节。晶闸管交流开关起通断电路的作用,功能和一般的机械开关相同,做成固态开关,得到了广泛的使用。

相控式交-交直接变频电路的开关器件是晶闸管,其基本原理还是相控整流和有源逆变原理,正、反两组相控变流电路可以在无环流控制方式或有环流控制方式下工作,它与间接变频电路相比具有变换效率高、可方便实现四象限运行、低频时可输出一个高质量的正弦波等优点,缺点是输出频率不能高于输入频率的 $1/3 \sim 1/2$,交流输入电流谐波严重,输入功率因数低,且控制复杂。因此,相控式交-交直接变频电路适用于高压、大容量、低速的交流传动系统。

三相交流调压电路的设计主要是主电路和控制电路的设计,控制的方案很多,视实际情况而定。

思考题及习题

6-1　交流调压的周波数控制与移相控制的优缺点各是什么？适用于什么负载？

6-2　一电阻加热炉由单相交流调压电路供电,如果 $\alpha = 0$ 时为输出功率最大值 P_M,试求功率为 $0.8P_M$、$0.5P_M$ 时的控制角 α。

6-3　双向晶闸管组成的单相调功电路采用过零触发,电源电压 $U_2 = 220$ V,负载电阻 $R = 1$ Ω。在设定周期 T_C 内,使晶闸管导通 0.3 s,断开 2 s。计算：

(1)输出电压的有效值;

(2)负载上所得到的平均功率及假定晶闸管一直导通时所送出的功率。

6-4　图 6-37 为双向晶闸管组成的零电压开关,试说明 VT_1 触发信号随机断开时,负载能在电源电压过零点附近接通电源;VT_1 触发信号随机接通时,负载能在电流过零点断开电源。

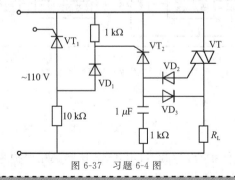

图 6-37　习题 6-4 图

6-5　一台 220 V、10 kW 的电炉采用单相晶闸管交流调压供电,现调节控制角 α,使负载实际消耗功率为 5 kW,试求电路的控制角 α、工作电流及交流侧的功率因数。

6-6　图 6-38 为电感性负载单相交流调压电路,u_2 为 220 V、50 Hz 正弦交流电,$L = 5.516$ mH,$R = 1$ Ω,求:

(1)控制角移相范围;

(2)负载电流最大有效值;

(3)最大输出功率和功率因数;

(4)画出 $\alpha = 90°$ 时负载电压和电流的波形。

6-7　图 6-39 为采用两个晶闸管相对连接并增加两个二极管组成的交流调压电路,用于电力控制。此电路可取代晶闸管反并联电路。试分析其工作原理及电路的优缺点。

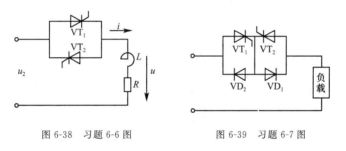

图 6-38　习题 6-6 图　　　　图 6-39　习题 6-7 图

6-8　交流调压电路和交流调功电路有什么区别? 二者分别用于什么负载? 为什么?

6-9　单相交-交变频电路和直流电动机传动用的反并联可控整流电路有什么不同?

6-10　交-交变频电路的主要优缺点是什么? 其主要用途是什么?

6-11　三相交-交变频电路有哪些接线方式? 它们的区别是什么?

第7章
PWM 控制技术

【能力目标】 通过本章学习,要求理解 PWM 控制技术概念和基本原理;熟悉 DC-DC 变换电路的 PWM 控制技术;掌握 PWM 逆变电路及其控制技术;熟悉 PWM 整流电路及其控制技术;了解 PWM 控制技术在 AC-AC 变换电路中的应用。最终达到能够运用 PWM 控制技术分析电力电子变换电路的能力。

【思政目标】 脉冲宽度调制(PWM)技术的广泛应用和 IGBT 的出现标志着电力电子技术进入一个新的时期——现代电力电子技术时期。通过本章学习,强化 PWM 技术的重要性,认识到我国目前电动汽车、新能源技术等能够走到世界前列与控制技术的发展密不可分,培养学生爱国之心、强国之志。

【学习提示】 PWM(Pulse Width Modulation)控制技术就是对脉冲宽度进行调制的技术,即通过对开关器件进行高频通、断控制,从而输出一系列脉冲宽度可调的 PWM 波,通过对 PWM 波的脉冲宽度进行调制,来等效地获得所需要的波形(含形状和幅值)。

PWM 控制的思想源于通信技术,全控型器件的发展使 PWM 控制变得十分容易。1964 年,德国的 A. Schonung 等人率先把通信系统中的调制概念推广应用于变频调速系统,为现代逆变技术的实用化和发展开辟了崭新的道路。可以说,PWM 控制技术正是有赖于在逆变电路中的应用,才确立了它在电力电子技术中的重要地位。

本章先介绍 PWM 控制的基本原理,然后分别介绍 PWM 控制技术在 DC-DC、DC-AC、AC-DC 和 AC-AC 四大类电力电子变换电路中的应用。

7.1 PWM 控制的基本原理

在采样控制理论中有一个结论:冲量相等而形状不同的窄脉冲作用于惯性环节时,其效果基本相同。冲量指窄脉冲的面积,这里所说的效果基本相同是指环节的输出响应波形基本相同。如果把各输出波形用傅立叶变换分析,则其低频段非常接近,仅在高频段略有差异。这是一个非常重要的结论,它表明惯性环节的输出响应主要取决于激励脉冲的冲量,即窄脉冲的面积,而与窄脉冲的形状无关。

图 7-1 给出了几种典型的形状不同而冲量相同的窄脉冲。当它们分别加在如图 7-2(a) 所示的 RL 电路上时,产生的电流响应 $i(t)$ 波形如图 7-2(b) 所示。

从波形上可以看出,在 $i(t)$ 的上升段,脉冲形状不同时,$i(t)$ 的形状也略有不同,但其下降段则几乎完全相同。如果周期性地施加上述脉冲,则响应 $i(t)$ 也是周期性的。

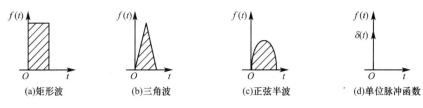

图 7-1　几种典型的形状不同而冲量相同的窄脉冲

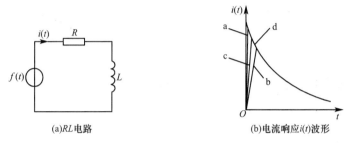

图 7-2　冲量相同的各种窄脉冲的响应波形

上述原理可以称之为面积等效原理,它是 PWM 控制技术的重要理论基础。

下面用面积等效原理来分析如何用一系列等幅不等宽的脉冲来代替一个正弦半波。

把图 7-3(a)所示的正弦半波分成 N 等份,就可以把正弦半波看成是由 N 个彼此相连的脉冲序列所组成的波形。这些脉冲宽度相等,均为 π/N,但幅度不等,而且脉冲的顶部不是水平直线,而是曲线,各脉冲的幅值按正弦规律变化。如果把上述脉冲序列用同样数量的等幅而不等宽的矩形脉冲来代替,使矩形脉冲的中点和相应正弦波部分的中点重合,且使矩形脉冲和相应正弦波部分面积(冲量)相等,就得到如图

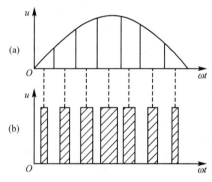

图 7-3　用 PWM 波代替正弦半波

7-3(b)所示的脉冲序列,这就是 PWM 波形。可以看出,各脉冲的幅值相等,而脉冲的宽度是按正弦规律变化的。用同样的方法可以得到正弦波负半周的 PWM 波。像这种脉冲宽度按正弦规律变化,且和正弦波等效的 PWM 波常称为 SPWM(Sinusoidal PWM)波形。当然脉冲越窄,脉冲数越多,低次谐波分量越少,越接近于正弦波。要改变等效输出正弦波的幅值时,只要按照同一比例系数改变上述各脉冲的宽度即可。

PWM 波形可分为等幅 PWM 波和不等幅 PWM 波两种。不管是哪一种,都是基于面积等效原理来进行控制的,因此其本质是相同的。在 DC-DC 和 DC-AC 变换电路中由直流电源供电,产生的 PWM 波通常是等幅 PWM 波。在 AC-DC 和 AC-AC 变换电路中由交流电源供电,产生的 PWM 波通常是不等幅 PWM 波。

7.2 DC-DC 变换电路的 PWM 控制技术

DC-DC 变换电路又称直流斩波电路(或直流斩波器)。斩波器一词来源于英文的

"chopper",意思是指以高频率控制直流通、断的装置。这种电路把直流电压"斩"成一系列脉冲,通过改变脉冲的占空比来获得所需的输出电压。当对脉冲宽度进行调制来改变脉冲占空比时就称为 PWM 控制,它不同于相控方式,是一种斩控方式。直流斩波电路出现之时,PWM 控制技术就得到了应用。直接直流斩波电路实际上就是直流 PWM 电路,这是 PWM 控制技术应用较早也成熟较早的一类电路。因为这类电路的输入电压和所需要的输出电压都是直流电压,因此所得到的 PWM 波是等幅等宽的脉冲波,它是 PWM 控制中最为简单的一种情况。

本教材第 5 章介绍了各种 DC-DC 变换电路,下面举例分析 DC-DC 变换电路中的 PWM 控制技术。

7.2.1 全桥式直流斩波电路的 PWM 控制

把直流斩波电路应用于直流电动机调速系统,就构成广泛应用的直流 PWM 调速系统。图 7-4 所示的全桥式直流斩波电路就是直流可逆 PWM 调速系统中最常用的主电路。它由 4 个功率开关器件和 4 个续流二极管组成。电路的输入是直流电压 U_1,输出电压 U_0 是极性可变、幅值可控的直流电,输出电流 I_0 的幅值和方向也是可变的。因此,全桥式直流斩波电路可以实现四象限运行。

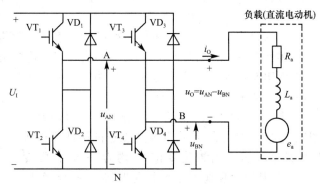

图 7-4　全桥式直流斩波电路

全桥式变换电路的脉宽调制是用三角波 u_{st} 和控制电压 u_C 比较产生 PWM 波的,有双极性 PWM 控制和单极性 PWM 控制两种控制方式。

1. 双极性 PWM 控制方式

在双极性 PWM 控制方式中,开关管 VT_1、VT_4 和 VT_2、VT_3 被当作两对开关管对待,即 $u_{g1}=u_{g4}$,$u_{g2}=u_{g3}$。所以每对开关管都是同时导通或断开的。同一桥臂的两个开关管中,总有一个是开通的。图 7-5 所示为双极性 PWM 控制方式的工作波形。

开关控制信号是由正负两个方向变化的三角波 u_{st} 和控制电压 u_C 比较得到的。当 $u_C > u_{st}$ 时,$u_{g1}=u_{g4}$ 为高电平,$u_{g2}=u_{g3}$ 为低电平,开关管 VT_1 和 VT_4 导通,VT_2 和 VT_3 断开。这时 $+U_1$ 加在电动机电枢两端,$u_0 = +U_1$。当 $u_C < u_{st}$ 时,$u_{g1}=u_{g4}$ 变为低电平,开关管 VT_1 和 VT_4 断开,$u_{g2}=u_{g3}$ 变为高电平,但开关管 VT_2 和 VT_3 不能立即导通,因为在电枢电感释放储能的作用下,电枢电流 i_0 经二极管 VD_2 和 VD_3 续流,电流方向仍为正,在 VD_2 和 VD_3 上的压降使 VT_2 和 VT_3 承受反压而不能马上导通。这时,$u_0 = -U_1$。这样,电枢端电压 u_0 在一个周期内正负相间,从 $+U_1 \sim -U_1$,如图 7-5(d)所示。这就是双极性 PWM 控制方式的特征。

在图 7-5 所示的工作波形中,由于 $u_C > 0$,所以 $U_0 > 0$,电动机正转运行。当如图 7-5(e)所示的 $I_0 > 0$ 时,电动机处于电动运行状态,工作在第一象限;当如图 7-5(f)所示的 $I_0 < 0$ 时,电动机处于发电制动状态,工作在第二象限。不难看出,当 $u_C < 0$ 时,$U_0 < 0$,电

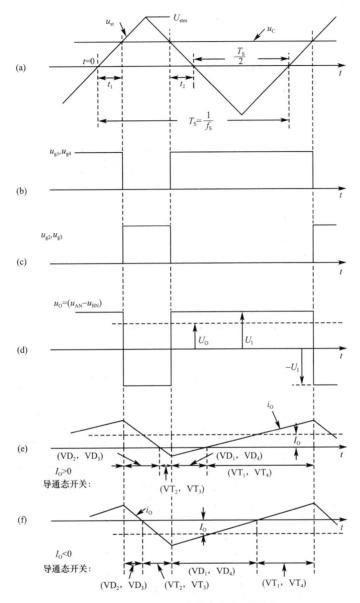

图 7-5　双极性 PWM 控制方式的工作波形

动机反转运行。且当 $I_O<0$ 时，电动机处于电动运行状态，工作在第三象限；$I_O>0$ 时，电动机处于发电制动状态，工作在第四象限。可见，全桥式直流斩波电路的双极性 PWM 控制方式可以很容易实现四象限运行。

2. 单极性 PWM 控制方式

在单极性 PWM 控制方式中，每个桥臂的开关管是单独控制的，且桥臂 A 的 $u_{g1}=-u_{g2}$，桥臂 B 的 $u_{g3}=-u_{g4}$。图 7-6 给出了单极性 PWM 控制方式的工作波形。

开关控制信号是由正负两个方向变化的三角波 u_{st} 和控制电压 u_C 和 $-u_C$ 比较得到的。

其控制规则如下：如果 $u_C>u_{st}$，则触发 VT_1，关断 VT_2；如果 $u_C<u_{st}$，则关断 VT_1，触发 VT_2；如果 $-u_C>u_{st}$，则触发 VT_3，关断 VT_4；如果 $-u_C<u_{st}$，则关断 VT_3，触发 VT_4。图 7-6(b)～(e) 为相应的开关控制信号。

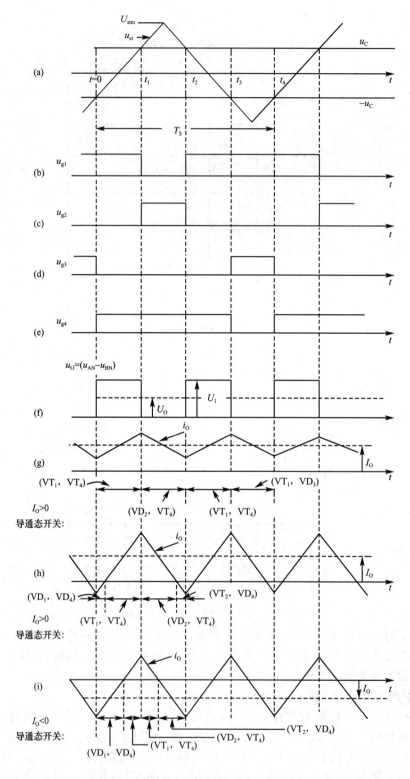

图 7-6 单极性 PWM 控制方式的工作波形

在一个开关周期 T_S 内，重载情况［图 7-6(g)］下，在 $0 \leqslant t < t_1$ 期间，u_{g1} 和 u_{g4} 同为高电平，VT_1 和 VT_4 同时导通，电动机电枢端电压 $u_O = U_1$，电流增加；在 $t_1 \leqslant t < t_2$ 期间，u_{g2} 和 u_{g4} 同为高电平，但由于在电枢电感释放储能的作用下，电枢电流通过 VD_2 和 VT_4 续流，使得 VT_2 承受反压而不能导通，电动机电枢端电压 $u_O = 0$，电流减小；在 $t_2 \leqslant t < t_3$ 期间，u_{g1} 和 u_{g4} 同为高电平，VT_4 依然导通，VT_1 又导通，电动机电枢端电压 $u_O = U_1$，电流增加；在 $t_3 \leqslant t < t_4$ 期间，u_{g1} 和 u_{g3} 同为高电平，但此时 VT_3 不能导通，电枢电流通过 VT_1 和 VD_3 续流，电动机电枢端电压 $u_O = 0$，电流减小。这样，电动机电枢端电压 u_O 在一个周期内输出 $+U_1$ 和 0，平均值为正，如图 7-6(f) 所示。这是单极性 PWM 控制方式的特征。

在图 7-6 所示的工作波形中，由于 $U_O > 0$，电动机正转运行。当如图 7-6(g) 和图 7-6(h) 所示的 $I_O > 0$ 时，电动机处于电动运行状态，工作在第一象限；当如图 7-6(i) 所示的 $I_O < 0$ 时，电动机处于发电制动状态，工作在第二象限。如果要使电动机反转，电动机电枢端电压 u_O 在一个周期内输出 $-U_1$ 和 0，平均值为负，这需要改变 4 个开关器件的控制信号，在此不再赘述。

7.2.2　直流斩波电路的 PWM 控制器

在恒定频率的 PWM 控制中，控制开关通断状态的控制信号是由 PWM 控制器产生的，其框图如图 7-7 所示。图中上部为 DC-DC 变换器的主电路及驱动电路，虚线框内为 PWM 控制电路的基本组成单元。控制电路中各单元电路过去多采用分立元件及单片集成块来实现。随着微电子技术的发展，近年来已研制出各种集成脉宽调制控制器，这些集成块包含了控制电路的全部功能，只需外加少量元件就能满足要求，且有很完善的保护功能。这不仅简化了设计计算，且大幅度地减少了元器件数量和连接焊点，使变换器的可靠性大大提高，这无疑是个发展方向。

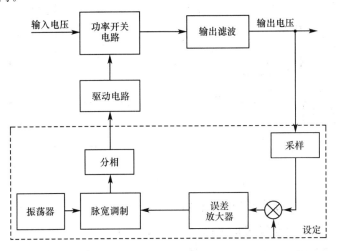

图 7-7　PWM 控制器电路框图

本节就通过实例着重介绍集成脉宽调制控制器的基本组成、工作原理及应用。

（一）集成 PWM 控制器的组成和原理

目前，常见的单片集成 PWM 控制器产品有 SG1524、SG1525/SG1527、UC3637 等，功能大同小异。由于型号很多，在实际应用中应参考各厂家的产品说明，以便选择合适的集成 PWM 控制器。

下面介绍集成 PWM 控制器的一般组成及各组成部分的功能和原理。

1. PWM 信号产生电路

图 7-8 表示了 PWM 信号产生电路框图及其波形，它的工作原理如下：对被控制电压 U_o 进行检测所得的反馈电压 $U_f = KU_o$ 加至放大器的同相输入端，一个固定的参考电压 U_r 加至放大器的反相输入端。放大后输出直流误差电压 U_e 加至比较器的反相输入端，由一固定频率振荡器产生锯齿波信号 U_{sa} 加至比较器的同相输入端。比较器输出一方波信号，此方波信号的占空比随着误差电压 U_e 变化，如图 7-8(b) 中虚线所示，即实现了脉宽调制。对于单管变换器，比较器输出的 PWM 信号就可作为控制功率晶体管的通断信号。对于桥式等功率变换电路，则应将 PWM 信号分为两组信号即分相。分相电路由触发器及两个与门组成，触发器的时钟信号对应于锯齿波的下降沿。A 端和 B 端便输出两组相差 180° 的 PWM 信号。

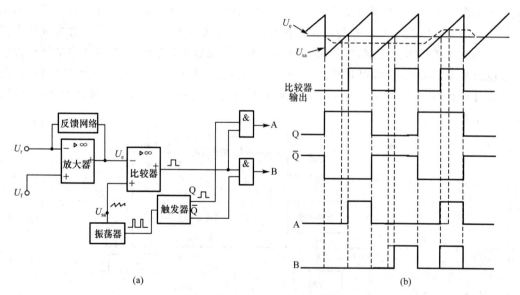

图 7-8 PWM 信号产生电路及波形

产生 PWM 信号是集成 PWM 控制器的基本功能，但还应具有其他一些功能。图 7-9 表示了实现保护及软启动等功能的电路，图中比较器 OP1 即为图 7-8(a) 电路中的比较器，误差放大器及分相电路未画出，而在比较器 OP1 的反相输入端加入了由二极管 VD_1、VD_2、VD_3 组成的或门，比较器输出加入了一锁存器，它们有保护和软启动功能。

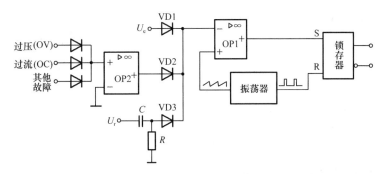

图 7-9 保护、软启动及干扰抑制电路

2. 功率电路的故障保护

功率电路在工作过程中,由于某些原因可能出现过流、过压及其他一些故障。这时,需将功率管的驱动信号封锁,使功率管关断,从而保护主电路的元器件不受损坏,也保证了用电设备的安全。图 7-9 中的比较器 OP2 就能实现此功能。OP2 为零电平比较器,无故障时,比较器的同相输入端输入电平为零,OP2 输出低电平,VD_2 不导通。当出现过压(OV)、过流(OC)或其他故障时,OP2 的同相输入端 $U_+ > 0$,OP2 输出高电平,二极管 VD_2 导通,由于其幅值大于 U_e,使二极管 VD_1 截止。从图 7-8(b)的波形图可知,比较器 OP1 反相输入端的电平增高,使 OP1 输出低电平或很窄的 PWM 脉冲,从而实现了保护功能。

3. 软启动

在启动时,由于输出电压 U_o 尚未建立,故反馈电压 U_f 很小,使 U_e 很小,致使 PWM 脉冲的占空比很大。为避免启动时输入电流过大、输出电压过冲及变压器饱和等问题,大多数开关电源设计中常引入软启动电路。引入软启动电路后,使启动时控制 PWM 脉冲的占空比逐渐增大,而不受反馈电压 U_f 的控制。在图 7-9 中,由电阻 R、电容 C 及二极管 VD_3 实现软启动功能。当启动时,电容 C 相当于短路,电阻 R 两端电压等于基准电压 U_r,二极管 VD_3 导通,VD_1 及 VD_2 截止,比较器 OP1 的反相输入端电平接近 U_r,故输出很窄的 PWM 脉冲。此后随着电容 C 被充电,R 两端电压下降,PWM 脉冲的脉冲宽度增加,即占空比 d 增大。至电容 C 充电结束,电阻 R 上电压等于零,VD_3 截止,软启动过程结束,PWM 信号受反馈电压 U_f 控制。

4. 干扰抑制

误差放大器输出信号 U_e 中可能存在尖峰或振荡,此信号与锯齿波信号比较时就可能出现多个交点,造成在锯齿波一个周期中比较器 OP1 输出多个方波,破坏了正常的脉宽调制作用。为避免这一现象,比较器 OP1 输出的 PWM 脉冲需经一个锁存器,如图 7-9 所示。锁存器是一个 RS 触发器,振荡器输出一组对应锯齿波下降时的时钟脉冲,加至锁存器的 R 端,比较器 OP1 输出的 PWM 脉冲加至 S 端。时钟的上跳沿使锁存器置"0",PWM 脉冲的上跳沿使锁存器置"1"。只有在置"0"后,S 端的第一个置"1"脉冲才起作用,以后 S 端的状态变化不影响锁存器的输出。这样,在一个锯齿波周期内,即使比较器输出的信号有多个脉冲,锁存器仅输出一个方波脉冲信号。

5. 死区时间控制

由于晶体管的存储时间,推挽电路的上、下两管或桥式电路同一桥臂的两管会同时导通而造成电源瞬时短路,损坏功率管。为此,需设置死区时间以限制控制脉冲的宽度,即在此区间内,两列脉冲都为低电平。不同功率电路及器件对死区时间有不同要求,故死区时间应能调节。不同集成 PWM 控制器实现死区时间控制的电路也不同。在后面介绍集成芯片 SG1525 控制器的内部电路时再做介绍。

7.2.3   PWM 控制器集成芯片简介

SG1525 是双列直插式集成芯片,其结构框图如图 7-10 所示。它包括基准电源、锯齿波振荡器、双门限比较器、误差放大器、分相器以及输出级等部分。与 SG1524 相比,增加了振荡器外同步、死区调节、PWM 锁存器以及输出级的最佳设计等,是一种性能优良、功能完善及通用性强的集成 PWM 控制器。SG1525 与 SG1527 的电路结构相同,仅输出级不同。SG1525 输出正脉冲,适用于驱动 NPN 功率管或 N 沟道功率 MOSFET 管。SG1527 输出负脉冲,适用于驱动 PNP 功率管或 P 沟道功率 MOSFET 管。同样,SG2525 和 SG3525 也属这个系列,内部结构及功能相同,仅工作电压及工作温度有些差异。

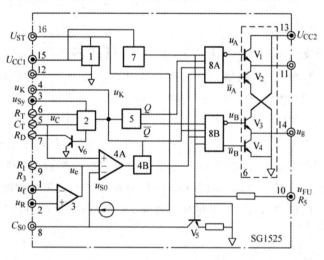

图 7-10   SG1525 的内部结构图

基准电压源是一个典型的三端稳压器,由 15 端输入 8～35 V 的不稳定直流电压,经稳压输出 +5 V 基准电压,供片内所有电路使用,并由 16 端输出 +5 V 的参考电压供外部电路使用,其最大电流可达 40 mA,设有过流保护电路。

振荡器及可调死区时间由一个双门限比较器、一个恒流源及外部电容充放电电路组成,其外部接线如图 7-11(a) 所示。在 C_T 上产生一锯齿波电压,其波形如图 7-11(b) 所示。锯齿波的峰点及谷点电平分别为 $U_H = 3.3$ V 和 $U_L = 0.9$ V。内部一恒流源使电容 C_T 充电,锯齿波的上升沿对应 C_T 充电,充电时间 t_1 取决于 $R_T C_T$;锯齿波下降沿对应 C_T 放电,放电时间 t_2 取决于 $R_D C_T$。锯齿波频率由 $f_{osc} = \dfrac{1}{t_1 + t_2} = \dfrac{1}{(0.67R_T + 1.3R_D)C_T}$ 决定。

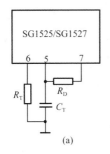
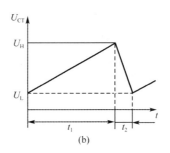

图 7-11　振荡器外部接线及锯齿波波形

由于比较器的门限电平(U_H, U_L)由基准电压分压取得,而且 C_T 的充电恒流源对电压及温度变化的稳定性较好。所以,当电源电压 U_I 在 8～35 V 变化时,锯齿波的频率稳定度达 1%。当温度在 -55～125 ℃ 变化时,其频率稳定度为 3%。振荡器在 4 脚输出一对应锯齿波下降沿的时钟信号 U_T,时钟信号脉宽等于 t_2,故调节 R_D 就调节了时钟信号宽度。该控制器就是通过调节 R_D 来调节死区大小的,R_D 越大,死区越宽。振荡器还设有外同步输入端(3 脚),在 3 脚加直流或高于振荡器频率的脉冲信号,可实现对振荡器的外同步。

误差放大器是一个两级差分放大器,直流开环增益为 70 dB 左右。根据后面的逻辑要求,反馈电压 U_f 接至反相输入端(1 脚),同相输入端(2 脚)接参考电压 U_r。根据系统的动态、静态特性要求,在误差放大器输出 9 脚和 1 脚间外加适当的反馈网络。

误差放大器的输出信号加至 PWM 比较器的反相端,振荡器输出的锯齿波加至同相端。在前者大于后者时,比较器输出一负的 PWM 脉冲信号,该脉冲信号经锁存器,可以保证在锯齿波的一个周期内只输出一个 PWM 脉冲信号。PWM 比较器的输入端还设有软启动及关闭 PWM 信号的功能。只需在 8 脚至地接一个电容(一般为几微法)就能实现软启动功能。过压、过流及其他故障的信号可加至 10 脚,当出现过压、过流及其他故障时关闭 PWM信号。

分相器由一个计数功能触发器组成。其触发信号为振荡器输出的时钟信号,对应每个锯齿波下降沿触发器被触发翻转一次。分相器输出频率为锯齿波频率 1/2 的方波信号,送至输出级的两组门电路输入端,以实现 PWM 脉冲的分相。

输出级采用了图腾柱结构,这是该系列控制器的优点之一。它有两组相同结构的输出级。上侧为或非门,下侧为或门。或非(或)门有 4 个输入端,分别加入 PWM 脉冲信号、分相器输出的 Q(或 $\bar{Q}$)信号、时钟信号及欠压锁定信号。输出信号 P 和 P′ 分别驱动输出级的上、下两个晶体管。两晶体管组成图腾柱结构,使输出既可带拉电流负载,也可带灌电流负载。图腾柱的输出结构对晶体管的关断有利,如当 P′ 高电平(P 低电平)时,上晶体管截止,而下晶体管导通,为晶体管关断时提供了低阻抗的反向抽取基极电流的回路,加速晶体管的关断。

电路工作时,当控制器的电源电压 U_I 降到正常工作的最低电压(8 V)以下时,电路各部分工作就会异常,输出级输出异常的 PWM 控制信号,将损坏电路的功率管,故此时应能自动切断控制信号。本控制器设计了欠压锁定器,它的作用就是:当 $U_I<7$ V 时,欠压锁定输出一高电平信号加至输出级或非门(或门)输入端,以封锁 PWM 脉冲信号。

SG1525 各点波形如图 7-12 所示,由误差放大器输出电压 U_e 大于锯齿波的交点可得一负的 PWM 信号。由 PWM 信号、时钟信号及分相器输出的 Q(或 $\bar{Q}$)信号,根据或非门的逻辑可得输出信号 U_A 和 U_B。从波形图可以看出:(1)PWM 比较器的反相输入端电平愈高,输出脉冲 U_A 和 U_B 的占空比愈大;反之就愈小。(2)该控制器是通过改变 R_D 大小使时钟脉冲宽度变化来实现死区大小的调节。这里为说明死区调节作用,接入了较大的 R_D,使锯齿波下降沿较宽。在或非门的输入端不加时钟信号时,其输出脉宽等于 PWM 的负脉冲宽度;而在门电路的输入端加入了时钟信号后,输出脉冲就滞后。从波形图可见,U_A(U_B)的前沿取决于时钟脉冲的后沿,U_A(U_B)的后沿取决于 PWM 脉冲的前沿。在时钟脉宽区间,$U_A=0$、$U_B=0$,即为死区。改变 R_D 就改变了死区的大小。

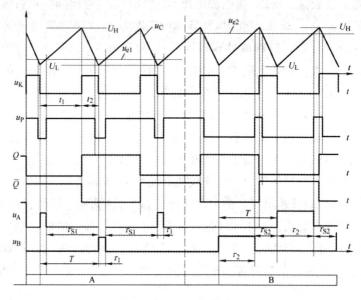

图 7-12　SG1525 各点波形

图 7-13 是由 SG1525 控制的不可逆直流调速系统结构图,主电路采用降压型直流斩波电路。

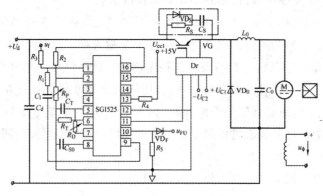

图 7-13　不可逆直流调速系统

1. 集成 PWM 控制芯片 SG1525 功能分析

芯片 SG1525 不但具有控制功能,还具有软起动、欠电压保护、故障封锁、死区宽度调节等功能。

(1)控制功能:由图 7-12 所示 SG1525 芯片的各点电压波形可见,从电压调节器输出信号 u_e 和锯齿波 u_c 的交点可得到单列 PWM 信号 u_p,其低位的持续时间与 $u_c < u_e$ 相对应。在 u_e 幅值为恒定条件下,u_e 值越高则 u_p 的低位期越长。图 7-12 的时区 A 对应于 u_e 值较低的工况,这时,输出电压 u_A 和 u_B 的脉宽很窄,u_A 和 u_B 间的死区时间 τ_s 很长;而时区 B 则对应于 u_e 值很高的工况,此时,输出电压 u_A 和 u_B 的脉宽 τ 很宽。死区时间 τ_{s2} 接近于 u_K 的脉宽 t_2。由此可见,改变 u_e 的值就可以改变输出脉冲宽度的值;如果没有 u_K 的设置,将由于 u_A 和 u_B 间的死区时间 τ_2 过窄而产生主电路中上下桥臂器件的共态导通,导致直流电源短路。

(2)软起动功能:设置这一功能的目的是避免系统起动时遭受过大的电流冲击,这种电流冲击来自两方面:一是电动机负载的起动电流(由于机械惯量远大于电气惯量,起动时电动机转速上升缓慢,反电动势远低于外加电枢电压);另一方面起动时,输出电压尚未建立,无反馈信号,误差放大器输出电压 u_e 很高,u_p 脉宽很宽,相应的直流输出电压很高。为此在脚 8 并联电容 C_{S0},其端电压 u_{S0} 接向 PWM 信号比较器 4 A 的反相输入端,这样起动时 4 A 反相端所有输入信号均被 u_{S0} 钳位。u_{S0} 由于 C_{S0} 被恒流充电从零缓升,u_p 的脉宽也由窄到宽逐渐增加,相当于图 7-12 由时区 A 缓变到时区 B。

(3)欠电压保护:控制电路的直流电压 U_{CC1} 因故下降时,电路各部分工作便会失常,输出级信号异常时将损坏主电路功率器件,故应封锁控制信号。设定当 $U_{CC1} \leqslant 7\text{V}$ 时,使图 7-13 中电路 7 输出置高位并加到组合门输入端,以封锁 PWM 脉冲信号输出。

(4)故障封锁:当调速系统发生过电流、过电压和超温等故障时,必须迅速封锁 PWM 脉冲信号以保护功率器件安全。上述故障都以高电平信号 u_{FO} 加到 SG1525 脚 10,该信号将直接送到组合门输入端并使 V_5 导通,电容 C_{S0} 沿 V_5 放电,电路 4A 反相输入端被钳至低位并保持封锁状态。

(5)死区宽度调节:系统需要的死区时间 τ_s 将随主电路功率器件的开关速度、缓冲电路参数和负载电流变化范围而异,故需要根据具体情况进行调节。由前所述,改变电阻 R_D,即可调节 t_2,从而改变死区宽度 τ_s。

2. 调速系统原理分析

ρ 在直流电源电压 U_d、磁通 φ、等效内阻 r_0 和负载电流 I_0 不变的条件下,电动机转速 n 随占空比 τ 变化,也即改变给定值 u_R 就可以改变速度 n。因为在稳态下,电压调节器的输入端误差电压应为零,即:$\Delta u = u_R - u_f = 0$。

假定需要提高速度,即增大给定值 u_R,由 $\Delta u = u_R - u_f$ 应有 $\Delta u > 0$,PI 调节器立即对此误差电压进行比例积分运算。于是输出电压 u_e 在原来的数值上增大,由图 7-12 可知,u_A 和 u_B 的脉宽 ρ 增大,也即占空比 τ 增大,使转速 n 上升。由于 n 升高(电枢电压升高),反馈电压 u_f 也增大,直至与 u_R 相等,使 $\Delta u = 0$,PI 调节器的输出电压才停止增长,系统稳定在新的工作点上。

在给定值 u_R 确定之后,就希望系统按照相对应的转速稳定运行,除占空比 ρ 外,U_d 和 I_0 的变化都会使 n 值改变,影响稳速运行,这自然是不希望的。实际上由于电压负反馈的作用使系统能在外扰(U_d 和 I_0 的变化)下保持恒速运行。如:假定负载电流 I_0 减小,因 ρ 值保持不变则转速将相应上升,即输出电压上升,反馈电压 u_f 增大,$\Delta u < 0$,PI 调节器反向积分,其输出电压 u_c 在原来数值上下降并使输出电压,u_A 和 u_B 的脉宽 ρ 缩小,使 n 下降,直至 $u_f = u_R$,使 $\Delta u = 0$,系统重新回到原来的转速并以较小的 τ 值在新的工作点上工作。

7.3 PWM 逆变电路及其控制技术

把 PWM 控制技术运用到由全控型器件所构成的逆变电路中就构成 PWM 逆变电路。PWM 逆变电路结构简单,动态响应快,控制灵活,调节性能好,成本低,可以得到相当接近正弦波的输出电压和电流。现在大量应用的逆变电路中,绝大多数都是 PWM 逆变电路。

PWM 控制技术的重要理论基础是本章 7.1 节介绍的面积等效原理,而 PWM 控制的思想源于通信技术中的调制技术,即把希望输出的波形作为调制信号,把接受调制的信号作为载波,通过信号波的调制得到所期望的 PWM 波形。通常采用等腰三角波或锯齿波作为载波,其中等腰三角波应用最多。因为等腰三角波上任一点的水平宽度和高度呈线性关系且左右对称,当它与任何一个平缓变化的调制信号波相交时,如果在交点时刻对电路中开关器件的通断进行控制,就可以得到宽度正比于信号波幅值的脉冲,这正好符合 PWM 控制的要求。在调制信号波为正弦波时,所得到的就是 SPWM 波形,这种情况应用最广。当调制信号不是正弦波,而是其他所需要的波形时,也能得到与之等效的 PWM 波。

PWM 控制技术在逆变电路中的应用最为广泛,对逆变电路的影响也最为深刻。PWM 逆变电路和第 4 章介绍的逆变电路一样,也可分为电压型和电流型两种。目前实际应用的 PWM 逆变电路几乎都是电压型电路。因此,本节主要介绍电压型 SPWM 逆变电路及其控制技术,它构成了本章的主体。

7.3.1　PWM 逆变电路

1. 单相 PWM 逆变电路

电压型单相桥式 PWM 逆变电路如图 7-14 所示。E 为恒值直流电压,$V_1 \sim V_4$ 为电力晶体管 GTR,$VD_1 \sim VD_4$ 为电压型逆变电路所需的反馈二极管。

根据调制脉冲的极性,可分为单极性 SPWM 控制方式和双极性 SPWM 控制方式两种。

(1)单极性 SPWM 控制方式

图 7-15 给出了单极性 SPWM 控制方式工作波形。图中 u_c 为载波三角波,u_r 为正弦调制信号,由 u_r 和 u_c 波形的交点形成控制脉冲。

$u_{g1} \sim u_{g4}$ 分别为功率开关器件 $V_1 \sim V_4$ 的驱动信号,高电平使之接通,低电平使之断开。

若 u_{g1} 和 u_{g3} 根据倒相信号分别在正半周和负半周进行脉冲调制,而 u_{g2} 和 u_{g4} 根据输出电流过零时刻作如图 7-15(c)所示安排,则可得如图 7-15(d)所示的输出电压 u_o 和电流 i_o 波形。负载为电感性,在方波脉冲序列作用下,电流为相位滞后于电压的齿状准正弦波。电压和电流除基波外还包含一系列高次谐波。

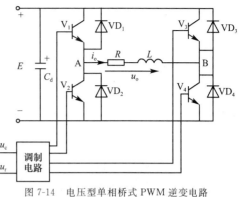

图 7-14　电压型单相桥式 PWM 逆变电路

其基本工作原理是:在 $\omega t = 0$ 时,电感性负载下电流 i_o 为负,即从 B 点流向 A 点。而此时只有开关管 V_2 接通,则电流由二极管 VD_4 和

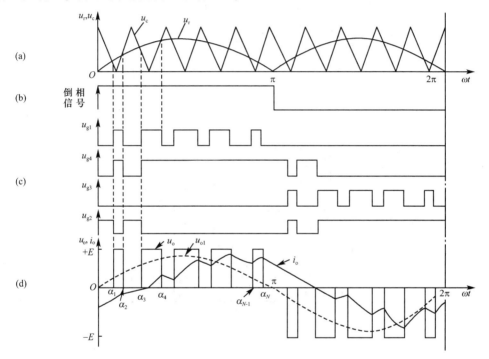

图 7-15　单极性 SPWM 控制方式工作波形

开关管 V_2 续流,负载两端电压 $u_o = 0$;α_1 后 V_2 关断,V_1 和 V_4 同时加接通信号,但由于电感性负载的作用,V_1 和 V_4 不能马上导通,电流 i_o 经 VD_4、VD_1 续流。负载两端加上正向电压 $u_o = E$,i_o 反电压方向流通而快速衰减;α_2 后又只有 V_2 接通,重复第一种状态的过程。当电流 i_o 变为正向流通时(α_3 以后),V_4 始终接通,V_1 接通时 $u_o = E$,正向电流快速增大,V_1 关断时由 VD_2、V_4 续流,$u_o = 0$,正向电流衰减。负半周的工作情况与正半周类似,一个周期的波形如图 7-15(d)所示。显然,在正弦调制信号 u_r 的半个周期内,三角载波 u_c 只在一个方向变化,所得到的 SPWM 波形 u_o 也只在一个方向变化,这种控制方式就称为单极性 SPWM 控制方式。

一般将正弦调制波的幅值 U_{rm} 与三角载波的峰值 U_{cm} 之比定义为调制度 M(亦称调制比或调制系数(modulation index)),即

$$M = \frac{U_{rm}}{U_{cm}} \tag{7-1}$$

而将三角载波频率 f_c 与正弦调制信号频率 f_r 之比定义为载波比 N,即

$$N = \frac{f_c}{f_r} \tag{7-2}$$

可见,逆变电路输出的 SPWM 电压波形半波对称且脉宽成正弦分布,这样可以减小电压谐波含量。通过改变 SPWM 波的调制周期,可以改变输出电压的频率,而改变 SPWM 波的脉冲宽度可以改变输出基波电压的大小。也就是说,载波三角波峰值一定,改变正弦调制信号 u_r 的频率和幅值,就可以控制 SPWM 逆变电路输出基波电压频率的高低和电压的大小。

(2)双极性 SPWM 控制方式

图 7-16 给出了电感性负载时双极性 SPWM 控制方式工作波形。

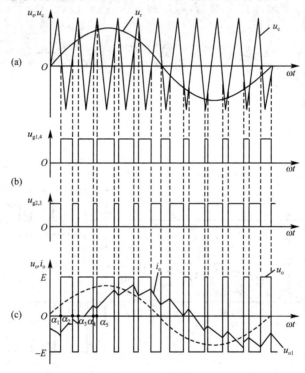

图 7-16   双极性 SPWM 控制方式工作波形

其工作原理是:与单极性 SPWM 控制方式相同,仍然在调制信号 u_r 和载波信号 u_c 的交点时刻控制各开关器件的通与断。当 $u_r > u_c$ 时,给晶体管 V_1 和 V_4 以导通信号,给 V_2 和 V_3 以关断信号,输出电压 $u_o = E$。当 $u_r < u_c$ 时,给 V_2 和 V_3 以导通信号,给 V_1 和 V_4 以关断信号,输出电压 $u_o = -E$。可以看出,同一桥臂上下两个晶体管的驱动信号极性相反,处于互补工作方式。在电感性负载的情况下,当基波电压过零进入正半周($\omega t = 0$)时,电流 i_o 仍为负值,即从图 7-14 中的 B 点流向 A 点。而此时若给 V_1 和 V_4 以导通信号,给 V_2 和 V_3 以关断信号(图 7-16 α_2 处),则 V_2 和 V_3 立即关断,因电感性负载电流不能突变,V_1 和 V_4 并不能立即导通,二极管 VD_1 和 VD_4 导通续流。当电感性负载电流较大时,直到下一次 V_2 和 V_3 重新导通前(图 7-16 α_2 以前),负载电流方向始终未变,VD_1 和 VD_4 持续导通,而 V_1 和 V_4 始终未导通。在图 7-16 α_3 以后、负载电流过零之前,VD_1 和 VD_4 续流。负载电流过零之后,V_1 和 V_4 导通,且负载电流反向,即从图 7-14 中的 A 点流向 B 点。不论 VD_1 和 VD_4 导通,还是 V_1 和 V_4 导通,负载电压都是 E。在基波电压的负半周,从 V_1 和 V_4 导通向 V_2

和 V_3 导通切换时,VD_2 和 VD_3 的续流情况和上述情况类似。

由此可见,在双极性 SPWM 控制方式中 u_r 的半个周期内,三角载波是在正负两个方向变化的,所得到的 SPWM 波形 u_o 也是在两个方向变化的。在 u_r 的一个周期内,输出的 SPWM 波形有 $\pm E$ 两种电平。在 u_r 的正负半周,对各开关器件的控制规律相同。

2. 三相 SPWM 逆变电路

在 PWM 逆变电路中,使用最多的是图 7-17 所示的三相桥式 SPWM 逆变电路,已被广泛地应用在异步电动机变频调速中。它由六个电力晶体管 $V_1 \sim V_6$(也可以采用其他快速功率开关器件)和六个快速续流二极管 $VD_1 \sim VD_6$ 组成。其控制方式采用双极性脉宽调制,U、V、W 三相的 PWM 控制通常共用一个峰值一定的三角载波 u_c,三相调制信号 u_{rU}、u_{rV}、u_{rW} 的相位依次相差 120°。若以直流电源电压中间电位做参考,则输出的三相 SPWM 电压波形如图 7-18 所示。

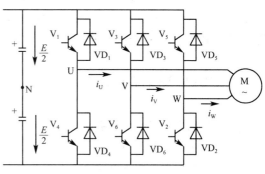

图 7-17 三相桥式 SPWM 逆变电路

U、V 和 W 各相功率开关器件的控制规律相同,现以 U 相为例来说明。当 $u_{rU} > u_c$ 时,给上桥臂晶体管 V_1 以导通信号,给下桥臂晶体管 V_4 以关断信号,则 U 相相对于直流电源假想中点 N 的输出电压 $u_{UN} = E/2$;当 $u_{rU} < u_c$ 时,给 V_4 以导通信号,给 V_1 以关断信号,则 $u_{UN} = -E/2$。V_1 和 V_4 的驱动信号始终是互补的。当 V_1(V_4)加导通信号时,可能是 V_1(V_4)导通,也可能是二极管 VD_1(VD_4)续流导通,这要由电感性负载中原来电流的方向和大小来决定,和单相桥式逆变电路双极性 PWM 控制时的情况相同。V 相和 W 相的控制方式和 U 相相同。

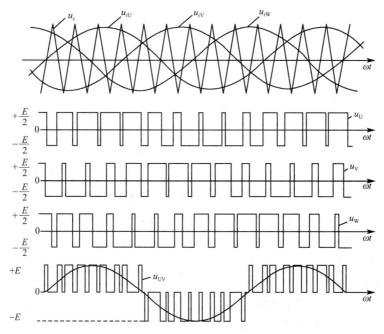

图 7-18 三相双极性 SPWM 控制方式工作波形

可以看出,在双极性 SPWM 控制方式中,同一相上下两个臂的驱动信号都是互补的。但实际上为了防止上下两个臂直通而造成短路,在给一个臂施加关断信号后,再延迟一小段时间,才给另一个臂施加导通信号。延迟时间的长短主要由功率开关器件的关断时间决定。

三相桥式 PWM 逆变器也是靠同时改变三相调制信号 u_{rU}、u_{rV} 和 u_{rW} 的调制周期来改变输出电压频率,靠改变三相调制信号的幅度即改变脉宽来改变输出电压的大小。PWM 逆变电路用于异步电动机变频调速时,为了维持电动机气隙磁通恒定,输出频率和电压大小必须进行协调控制,即改变三相调制信号调制周期的同时必须相应地改变其幅值。

7.3.2 PWM 逆变电路控制技术

1. 同步调制与异步调制

在 PWM 逆变电路中,根据载波信号与调制波信号间频率的变化关系,PWM 控制方式可分为同步调制和异步调制。

(1)同步调制

载波比 N 等于常数,并在变频时使载波信号和调制信号保持同步的调制方式称为同步调制。在基本同步调制方式中,调制信号频率变化时载波比 N 不变。调制信号半个周期内输出的脉冲数是固定的,脉冲相位也是固定的,如图 7-19(a)所示。在三相 PWM 逆变电路中,通常共用一个三角载波信号,且取载波比 N 为 3 的整数倍,以使三相输出波形严格对称,而为了使一相的波形正负半周镜对称,N 应取奇数。

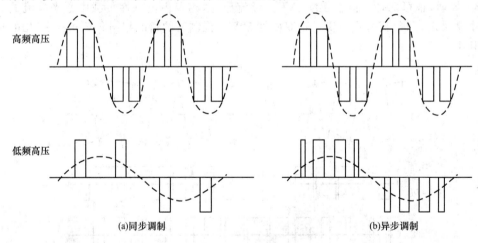

图 7-19 同步调制和异步调制

当逆变电路输出频率很低时,因为在半个周期内输出脉冲的数目是固定的,所以由PWM 调制而产生的 f_c 附近的谐波频率也相应降低。这种频率较低的谐波通常不易滤除,如果负载为电动机,就会产生较大的转矩脉动和噪声,给电动机的正常工作带来不利影响。

(2)异步调制

载波信号和调制信号不保持同步关系的调制方式称为异步方式。在异步调制方式中,调制信号频率 f_r 变化时,通常保持载波频率 f_c 固定不变,因而载波比 N 是变化的,如图 7-19(b)所示。这样,在调制信号的半个周期内,输出脉冲的个数不固定,脉冲相位也不固定,正负半个周期的脉冲不对称。同时,半个周期内前后 1/4 周期的脉冲也不对称。

当调制信号频率较低时,载波比 N 较大,半个周期内的脉冲数较多,正负半个周期脉冲不对称和半个周期内前后 1/4 周期脉冲不对称的影响都较小,输出波形接近正弦波。当调制信号频率增高时,载波比 N 就减小,半个周期内的脉冲数减少,输出脉冲的不对称性影响就变大,还会出现脉冲的跳动。同时,输出波形和正弦波之间的差异也变大,电路输出特性变坏。对于三相 PWM 逆变电路来说,三相输出的对称性也变差。因此,在采用异步调制方式时,希望尽量提高载波频率,以使在调制信号频率较高时仍能保持较大的载波比,来改善输出特性。

(3)分段同步调制

为了克服上述缺点,通常都采用分段同步调制的方法,即把逆变电路的输出频率范围划分成若干个频段,每个频段内都保持载波比 N 恒定,不同频段的载波比不同。在输出频率的高频段采用较低的载波比,以使载波频率不致过高,在功率开关器件所允许的频率范围内。在输出频率的低频段采用较高的载波比,以使载波频率不致过低而对负载产生不利影响。各频段的载波比应该都取 3 的整数倍且尽量为奇数。

图 7-20 给出了分段同步调制的一个例子,各频段的载波比标在图中。为了防止频率在切换点附近时载波比来回跳动,在各频率切换点采用了滞后切换的方法。图中切换点处的实线表示输出频率增高时的切换频率,虚线表示输出频率降低时的切换频率,前者略高于后者而形成滞后切换。在不同的频段内,载波频率的变化范围基本一致。提高载波频率可以使输出波形更接近正弦波,但载波频率的提高受到功率开关器件允许最高频率的限制。另外,在采用微机进行控制时,载波频率还受到微机计算速度和控制算法计算量的限制。

同步调制方式比异步调制方式复杂一些,但使用微机控制时还是容易实现的。也有的电路在低频输出时采用异步调制方式,而在高频输出时切换到分段同步调制方式,如图 7-21 所示。这种方式可把两者的优点结合起来,和分段同步调制方式的效果接近。

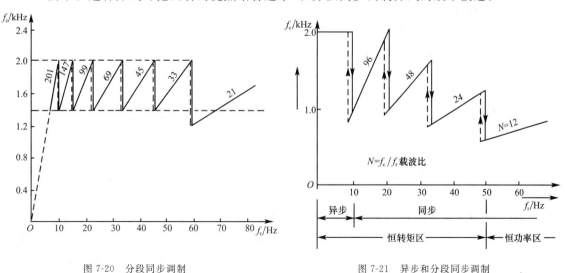

图 7-20 分段同步调制   图 7-21 异步和分段同步调制

2. SPWM 波形的生成方法及控制技术

随着电力半导体器件和微机控制技术的飞速发展,PWM 控制信号的产生和工作模式也越来越多。在诸多脉宽调制方法中,有的侧重于提高输出波形质量,消除或抑制更多的低次谐波;有的侧重于减少逆变器的开关损耗或提高系统的综合效率;有的则侧重于系统简化,工作可靠或便于用微型计算机在线计算开关点进行实时控制,等等。归纳起来,生成SPWM波的方法有:计算法(等效面积法、特定谐波消除法等)、调制法(自然采样法、规则采样法、梯形波为调制波的SPWM控制、叠加3次谐波的SPWM控制等)、PWM跟踪控制技术和电压空间矢量PWM控制技术。这些方法可以通过电子电路、专用集成电路芯片或微型计算机(包括单片机、数字信号处理器等)来实现。

(1)利用电子电路生成SPWM波形

按照前面讲述的SPWM逆变电路的基本原理和控制方法,可以用电子电路构成三角载波和正弦调制波发生电路,用比较器来确定它们的交点,在交点时刻对功率开关器件的通断进行控制,就可以生成SPWM波形,其原理框图如图7-22所示。三相对称的参考正弦电压调制信号u_{rU}、u_{rV}、u_{rW}由参考信号发生器提供,其频率和幅值都是可调的。三角载波信号u_c由三角波发生器提供,各相共用。它分别与每相调制信号在

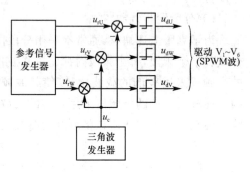

图 7-22   由电子电路生成 SPWM 波形的原理框图

比较器上进行比较,给出"正"或零的饱和输出,产生SPWM脉冲序列波u_{dU}、u_{dV}、u_{dW},作为逆变器功率开关器件的驱动信号。

这种方法的电路原理简单,存在的主要缺点如下:

①灵活性差。

②电路复杂,可靠性差。

③当电路的直流电源电压有波动或有噪声时,都将引起脉冲宽度的变化,从而影响逆变电路输出电压和频率的稳定性。

④当输出频率低、调制度较小时,信号的噪声比相对增大,输出频率的精度差。

⑤难以实现优化的PWM控制。因为在调制波不是正弦波时,用硬件电路生成其他形式的调制波,电路的结构将变得相当复杂,而且有时难以实现。

(2)利用微型计算机生成SPWM波形

随着各种微处理器的性能不断提高和成本的迅速降低,以及各种应用领域对逆变电路性能和功能要求的日益提高,微处理器在逆变电路控制中的应用越来越广泛,并有许多厂商开发了高档单片机或数字信号处理器,它们在软件的支持下产生SPWM波形。其中高档单片机将SPWM信号发生器集成在单片微型计算机内,使单片微型计算机和SPWM信号发生器融为一体,从而较好地解决了波形精度低、稳定性差、电路复杂、不易控制等问题。与此同时也正是借助这些微处理器的强大计算和逻辑处理能力,很多先进的SPWM控制策略真正得以推广使用。利用微处理器产生SPWM波形的常用方法有表格法和实时计算法,即可以采用微机存储预先计算好的SPWM数据表格,控制时根据指令调出;或者通过软件实时生成SPWM波形。下面介绍利用微型计算机生成SPWM波的几种常用方法。

①自然采样法

根据载波调制原理,计算正弦调制波与三角载波的交点,从而求出相应的脉宽和脉冲间

歇时间,生成 SPWM 波形,叫作自然采样法(Natural Sampling),如图 7-23 所示。在图中截取了任意一段正弦调制波与三角载波的相交情况。交点 A 是发出脉冲的时刻,交点 B 是结束脉冲的时刻。T_c 为三角载波的周期;t_1 为在 T_c 时间内、在脉冲发生以前(A 点以前)的间歇时间;t_2 为 AB 之间的脉宽时间;t_3 为在 T_c 以内、B 点以后的间歇时间。显然 $T_c = t_1 + t_2 + t_3$。

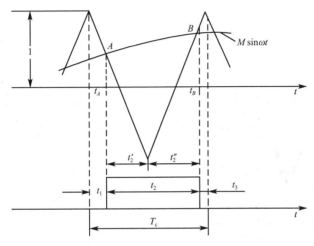

图 7-23   生成 SPWM 波形的自然采样法

若以单位量 1 代表三角载波的幅值 U_{cm},则正弦调制波的幅值 U_{rm} 就是调制度 M,正弦调制波可写作

$$u_r = M\sin\omega t$$

式中,ω 是调制波频率,也就是逆变器的输出频率。

由于 A、B 两点对三角载波的中心线并不对称,需把脉宽时间 t_2 分成 t_2' 和 t_2'' 两部分(图 7-23)。按相似直角三角形的几何关系,可知

$$\frac{2}{T_c/2} = \frac{1 + M\sin\omega t_A}{t_2'}$$

$$\frac{2}{T_c/2} = \frac{1 + M\sin\omega t_B}{t_2''}$$

经整理得

$$t_2 = t_2' + t_2'' = \frac{T_c}{2}\left[1 + \frac{M}{2}(\sin\omega t_A + \sin\omega t_B)\right] \tag{7-3}$$

这是一个超越方程,其中 t_A、t_B 与载波比 N 和调制度 M 都有关系,求解困难,而且 $t_1 \neq t_3$,分别计算更增加了困难。因此,自然采样法虽能确切反映正弦脉宽调制的原始方法,却不适于微机实时控制。

②规则采样法

自然采样法的主要问题是:SPWM 波形每一个脉冲的起始和终了时刻 t_A 和 t_B 对三角波的中心线不对称,因而求解困难。工程上实用的方法要求算法简单,只要误差不太大,允许做出一些近似处理,这样就提出了各种规则采样法(Regular Sampling)。图 7-24(a)所示为一种规则采样法,姑且称之为规则采样 I 法。它是在三角载波每一周期的正峰值时找到正弦调制波上的对应点,即图中 D 点,求得电压值 u_{rd}。用此电压值对三角波进行采样,得

A、B 两点，就认为它们是 SPWM 波形中脉冲的生成时刻，AB 区间就是脉宽时间 t_2。规则采样 I 法的计算显然比自然采样法简单，但从图中可以看出，所得的脉冲宽度将明显地偏小，从而造成控制误差。这是由于采样电压水平线与三角载波的交点都处于正弦调制波的同一侧造成的。为了减小误差，可对采样时刻作另外的选择，这就是图 7-24(b)所示的规则采样 II 法。图中仍在三角载波的固定时刻找到正弦调制波上的采样电压值，但所取的不是三角载波的正峰值，而是其负峰值，得图中 E 点，采样电压为 u_{re}。在三角载波上由 u_{re} 水平线截得 A、B 两点，从而确定了脉宽时间 t_2。这时，由于 A、B 两点落在正弦调制波的两侧，因此，减少了脉宽生成误差，所得的 SPWM 波形也就更准确了。

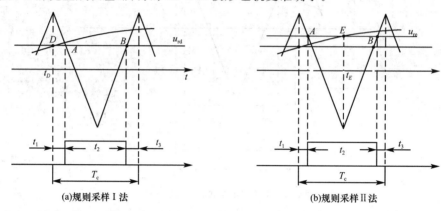

(a)规则采样 I 法　　　　　　　　(b)规则采样 II 法

图 7-24　生成 SPWM 波形的规则采样法

由图 7-24 可以看出，规则采样法的实质是用阶梯波来代替正弦波，从而简化了算法。只要载波比足够大，不同的阶梯波都很逼近正弦波，所造成的误差就可以忽略不计了。

在规则采样法中，三角载波每个周期的采样时刻都是确定的，都在正峰值或负峰值处，不必作图就可计算出相应时刻的正弦波值。例如，在规则采样 II 法中，采样值依次为 $M\sin\omega t_E$、$M\sin(\omega t_E + T_c)$、$M\sin(\omega t_E + 2T_c)$…因而脉宽时间和间歇时间都可以很容易计算出来。由图 7-24(b)可得规则采样 II 法的计算公式

脉宽时间
$$t_2 = \frac{T_c}{2}(1 + M\sin\omega t_E) \tag{7-4}$$

间歇时间
$$t_1 = t_3 = \frac{1}{2}(T_c - t_2) \tag{7-5}$$

应用于变频器中的 SPWM 逆变器多是三相的，因此还应形成三相的 SPWM 波形。三相正弦调制波在时间上互差 120°，而三角载波是共用的，这样就可在同一个三角载波周期内获得图 7-25 所示的三相 SPWM 波形。

在图 7-25 中，每相的脉宽时间 t_{U2}、t_{V2} 和 t_{W2} 都可用式(7-4)计算，求三相脉宽时间的总和时，等式右边第一项相同，加起来是其三倍，第二项之和则为零，因此

$$t_{U2} + t_{V2} + t_{W2} = \frac{3}{2}T_c \tag{7-6}$$

每相间歇时间 t_{U1}、t_{V1}、t_{W1} 和 t_{U3}、t_{V3}、t_{W3} 都可用式(7-5)计算。

脉冲两侧间歇时间总和为

$$t_{U1} + t_{V1} + t_{W1} = t_{U3} + t_{V3} + t_{W3} = \frac{1}{2}\left[3T_c - (t_{U2} + t_{V2} + t_{W2})\right] = \frac{3}{4}T_c \tag{7-7}$$

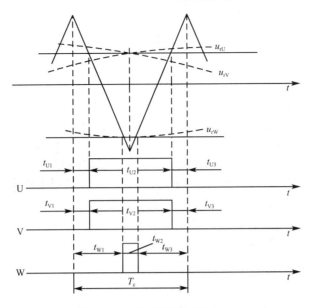

图 7-25　三相 SPWM 波形的生成

在数字控制中用计算机实时产生 SPWM 波形正是基于上述的采样原理和计算公式。一般可以先在通用计算机上离线算出相应的脉宽 t_2 或 $\dfrac{T_c}{2}M\sin\omega t_E$ 后写入 EPROM,然后通过查表和加减运算求出各相脉宽时间和间歇时间,这就是查表法,也可以在内存中存储正弦函数和 $T_c/2$ 值,控制时先取出正弦值与所需的调制度 M 作乘法运算,再根据给定的载波频率取出对应的 $T_c/2$ 值,与 $M\sin\omega t_E$ 作乘法运算,然后运用加、减、移位即可算出脉宽时间 t_2 和间歇时间 t_1、t_3,此即实时计算法。按查表法或实时计算法所得的脉冲数据都送入定时器,利用定时中断向接口电路送出相应的高、低电平,以实时产生 SPWM 波形的一系列脉冲。对于开环控制的调速系统,在某一给定转速下其调制度 M 与频率 ω 都有确定值,所以宜采用查表法。对于闭环控制的调速系统,在系统运行中调制度 M 值需随时被调节(因为有反馈控制的调节作用),所以用实时计算法更为适宜。

(3)SPWM 的优化技术

①特定谐波消除法

脉宽调制(PWM)的目的是使逆变器输出波形尽量接近正弦波而减少谐波,以满足实际需要。上述应用正弦波调制三角载波的 SPWM 法是一种经典的方法,但并不是唯一的方法。

所谓特定谐波消除法,就是适当安排开关角,在满足输出基波电压的条件下,消除不希望有的谐波分量,能够消除的谐波次数越多,结果也就越接近于正弦波。在逆变器应用于交流电动机变频调速时,由于逆变器输出电压波形中的低次谐波对交流电动机的附加损耗和转矩脉动影响最大,所以首先希望消除低次谐波,故又称低次谐波消除法。

图 7-26 给出了三种在方波上对称地开出一些槽口的波形。显然,开的槽口数越多,可以消除的谐波数越多。并且,为了减少谐波并使分析简单,它们都属于四分之一周期对称波形,即同时满足 $u(\omega t)=-u(\omega t+\pi)$(使正负两半周波形镜对称,可消除偶次谐波)和 $u(\omega t)=u(\pi-\omega t)$(使波形奇对称,可消除谐波中的余弦项)。这种波形可用傅立叶级数表示为

$$u(\omega t) = \sum_{k=1,3,5\cdots}^{\infty} U_{km}\sin k\omega t \tag{7-8}$$

式中 U_{km} 为基波及 k 次谐波电压幅值,其表达式为

$$U_{km} = \frac{2E}{k\pi}\left[1 + 2\sum_{i}^{n}(-1)^i\cos k\alpha_1\right] \tag{7-9}$$

在输出电压波形的四分之一周期内,其脉冲开关时刻都为待定,总共有 n 个 α 值,即 n 个待定参数,它们代表了可以用于消除低次谐波次数的自由度。其中除了必须满足的给定基波幅值 U_{1m} 外,尚有 $(n-1)$ 个可选的参数。例如,取 $n=5$,可消除 4 个谐波;若取 $n=11$,则可消除 10 个谐波。现以图 7-26(c) 为例说明各开关点的确定方法和谐波消除原理。

在图 7-26(c) 所示的 PWM 电压波形中共有 α_1、α_2、α_3、α_4 四个待定参数,即 $n=4$,则可消除 3 个谐波。由于四分之一周期对称波形的特点,已能保证不含偶次谐波和 3 的倍数次谐波,从而可以消除 5、7、11 次低次谐波。因此,只要根据式(7-8),取 $n=4$,并令基波幅值为要求值,5、7、11 次谐波幅值为零,将可得一组三角方程

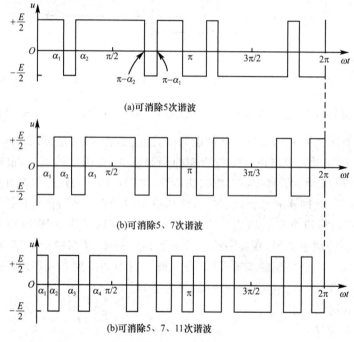

图 7-26   特定谐波消除法电压波形

$$U_{1m} = \frac{2E}{\pi}(1 - 2\cos\alpha_1 + 2\cos\alpha_2 - 2\cos\alpha_3 + 2\cos\alpha_4) = 要求值$$

$$U_{5m} = \frac{2E}{5\pi}(1 - 2\cos5\alpha_1 + 2\cos5\alpha_2 - 2\cos5\alpha_3 + 2\cos5\alpha_4) = 0$$

$$U_{7m} = \frac{2E}{7\pi}(1 - 2\cos7\alpha_1 + 2\cos7\alpha_2 - 2\cos7\alpha_3 + 2\cos7\alpha_4) = 0$$

$$U_{11m} = \frac{2E}{11\pi}(1 - 2\cos11\alpha_1 + 2\cos11\alpha_2 - 2\cos11\alpha_3 + 2\cos11\alpha_4) = 0$$

$$\tag{7-10}$$

求解上述联立方程组可得出一组对应的脉冲开关时刻 α_1、α_2、α_3、α_4,再利用四分之一周期对称性,就可求出一个周期内剩下的几个脉冲开关时刻。显然,对这组超越方程的求解并不简单。利用这种 PWM 控制对一系列脉冲开关时刻的计算,在理论上能够消除所指定的

谐波,但对所指定次数以外的谐波却不一定能减少,甚至反而增大。考虑到它们已属于高次谐波,对电动机的工作影响已不大,这种控制模式应用于交流电动机变频调速时效果还是不错的。

特定谐波消除法由于方程求解的复杂性以及不同基波频率输出时各个脉冲的开关时刻也不同,所以也难以用于实时控制。但它可以方便地用查表法实现。不过在低频输出情况下,要消除多个谐波分量,α 角度的数量将增多,而且在变频控制中每改变一次输出基波电压值,就需要一套 α 角。这样 α 角表格会异乎寻常的庞大。因此,混合式 PWM 控制方案就显得有其可取性。其中低频、低压区域可采用 SPWM 法,而高频、高压区域采用消除谐波法。

②叠加 3 次谐波的 SPWM 控制

正弦脉宽调制有许多优点,但也有许多缺点,主要是直流电压的利用率低、开关频率高。提高直流电压的利用率可以提高逆变电路的输出能力。在输出电压一定的前提下,直流电压的利用率越高,逆变电路的经济指标越好。由于开关频率直接与开关损耗有关,在逆变电路技术指标不变的前提下,开关频率越低,开关损耗越小,逆变的效率也越高。为此,在基本 SPWM 的基础上采取一些改进的办法,既能提高直流电压的利用率,又能确保输出电压正弦性变化不大。

在正弦调制波中叠加适当大小的 3 次谐波,使之成为马鞍形调制波,如图 7-27 所示。经过 PWM 调制后逆变电路的输出电压也必然包含 3 次谐波,但对于三相逆变电路在合成线电压时,各相电压的 3 次谐波互相抵消,线电压为正弦波。在马鞍形调制波中,基波正峰值附近恰好为 3 次谐波的负半波,两者相互抵消。这样在马鞍形调制波的幅值不超过三角载波幅值的条件下,逆变电路输出的

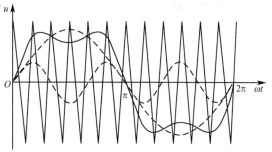

图 7-27　叠加 3 次谐波的 SPWM 控制

PWM 波包含幅值更大的基波分量,达到了提高直流电压利用率的目的。这种改进型的正弦脉宽调制的控制策略更适用于三相逆变电路。

根据三相逆变电路的工作特点,在正弦调制波中除了叠加 3 次谐波外,还可以叠加其他 3 倍频于正弦波的信号,也可以叠加直流分量,这些都不会影响线电压。

(4)PWM 跟踪控制技术

跟踪控制技术是把希望输出的电流或电压波形作为指令信号,把实际的电流或电压波形作为反馈信号,通过两者的瞬时值比较来决定逆变电路各功率开关器件的通断,使实际输出跟踪指令信号。显然这也不是传统的用载波对信号波进行调制来产生 PWM 波形的方法。

跟踪型 PWM 逆变电路中,电流跟踪控制应用最多。它由通常的 PWM 电压型逆变器和电流控制环组成,使逆变器输出可控的正弦波电流,如图 7-28 所示。其基本控制方法是,给定三相正弦电流信号 i_U^*、i_V^*、i_W^*,并分别与由电流传感器实测的逆变器三相输出电流信号 i_U、i_V、i_W 相比较,以其差值通过电流控制器 ACR 控制 PWM 逆变器相应的功率开关器件。若实际电流值大于给定值,则通过逆变器开关器件的动作使之减小;反之,则使之增加。这样,实际输出电流将基本按照给定的正弦波电流变化。与此同时,变频器输出的电压仍为

PWM 波形。当开关器件具有足够高的开关频率时，可以使电动机的电流得到高品质的动态响应。

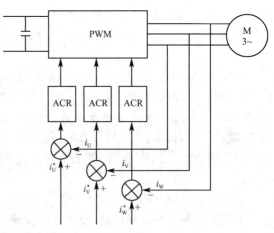

　　电流跟踪控制 PWM 逆变器有多种控制方式，其中最常用的是电流滞环跟踪控制。具有电流滞环跟踪控制的 PWM 变频器的一相控制原理电路如图 7-29 所示。在这里，电流控制器是带滞环的比较器。将给定电流 i_U^* 与输出电流 i_U 进行比较，电流偏差 Δi 经滞环比较后控制逆变器有关相桥臂上、下的功率器件。设比较器的环宽为 $2h$，到 t_0 时刻（图 7-30），$i_U^* - i_U \geqslant h$，滞环比较器输出正电平信号，驱动上桥臂功率开关器

图 7-28　电流跟踪控制框图

件 V_1 导通，使 i_U 增大。当 i_U 增大到与 i_U^* 相等时，虽然 $\Delta i = 0$，但滞环比较器仍保持正电平输出，V_1 保持导通，i_U 继续增大。直到 t_1 时刻，$i_U - i_U^* + h$，滞环比较器翻转，输出负电平信号，关断 V_1，并经保护延时后驱动下桥臂器件 V_4。但此时 V_4 未必导通，因为电流 i_U 并未反向，而是通过续流二极管 VD_4 维持原方向流通，其数值逐渐减小。直到 t_2 时刻，i_U 降到滞环偏差的下限值，又重新使 V_1 导通。V_1 与 VD_4（或 V_4）的交替工作使逆变器输出电流给定值的偏差保持在 $\pm h$ 范围之内，在给定电流上下作锯齿状变化。当给定电流是正弦波时，输出电流也十分接近正弦波。

　　图 7-30 绘出了在给定正弦波电流半个周期内电流滞环跟踪控制的输出电流波形 $i_U = f(t)$ 和相应的 PWM 电压波形。不论在 i_U 的上升段还是下降段，它都是指数曲线中的一小段，其变化率与电路参数和电动机的反电动势有关。当 i_U 上升时，输出电压是 $+\dfrac{E}{2}$；当 i_U 下降时，输出电压是 $-\dfrac{E}{2}$。因此，输出电压仍是 PWM 波形，但与正弦波的关系就比较复杂了。

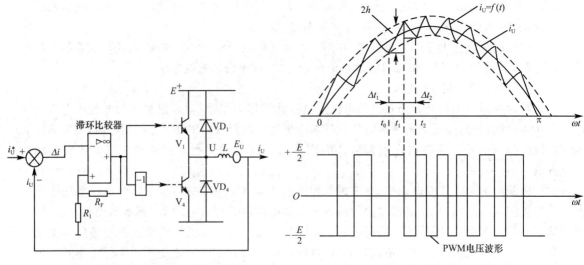

图 7-29　具有电流滞环跟踪控制的 PWM 变频器的
　　　　　一相控制原理电路

图 7-30　电流滞环跟踪控制时的波形

　　电流控制的精度与滞环比较器的环宽有关,同时还受到功率开关器件允许开关频率的制约。环宽选得较大时,可降低开关频率,但电流波形失真较多,谐波成分较大;如果环宽太小,电流波形虽然较好,却会使开关频率增大,有时还可能引起电流超调,反而会增大跟踪误差,所以环宽的正确选择是很重要的。滞环比较器的环宽控制非常简单,只要改变图 7-29 中滞环比较器的正反馈电阻 R_F 即可方便地调节环宽 $2h$,进而调节脉宽调制的开关频率。值得提出的是,采用电流跟踪控制,逆变器输出电流检测是关键的一环,即必须准确快速地检测出输出电流的瞬时值。

　　(5)电压空间矢量 PWM 控制技术

　　前面介绍的逆变电路控制方法不是着眼于输出电压正弦化,就是着眼于输出电流正弦化,然而对于三相异步电动机而言,无论控制逆变电路的电压还是电流,最终的目的是在电动机内部的空间产生圆形旋转磁场,从而产生恒定的电磁转矩。按照圆形旋转磁场为目标来形成 PWM 控制信号,称为磁链跟踪控制。由于磁链的轨迹是靠电压空间矢量相加得到的,所以又称电压空间矢量 PWM 控制。这种控制方法具有直流电压利用率高、电动机谐波电流和转矩脉动小、电压和频率控制能同时完成以及实现简单等优点,目前已经得到了广泛的应用。

　　①基本电压型逆变电路的电压空间矢量

　　在本教材第四章介绍的三相桥式电压型逆变电路中,采用 180°导通方式时,对三相开关的导通情况进行组合,共有八种工作状态,即:V_6、V_1、V_2 导通,V_1、V_2、V_3 导通,V_2、V_3、V_4 导通,V_3、V_4、V_5 导通,V_4、V_5、V_6 导通,V_5、V_6、V_1 导通以及 V_1、V_3、V_5 导通和 V_2、V_4、V_6 导通。如果把每相上桥臂开关导通用"1"表示,下桥臂开关导通用"0"表示,并以 ABC 相序依次排列,则上述八种工作状态可相应表示为 100、110、010、011、001、101 以及 111 和000。从实际情况看,前六种状态有输出电压,属有效工作状态;而后两种全部是上管子通或下管子通,没有输出电压,是无意义的。所以对于这种逆变器,也称之为六拍逆变器。对于六拍阶梯波的逆变器,每个周期六个有效工作状态都各出现一次。逆变器每隔 $2\pi/6=\pi/3$ 转角就改变一次工作状态,而在这 $\pi/3$ 转角内则保持不变。

　　对于每一个有效的工作状态,三相电压都可用一个合成空间矢量表示,其幅值相等,只是相位不同而已。如以 u_1、u_2…、u_6 依次表示 100、110…101 六个有效工作状态的电压空间矢量,它们的相互关系如图 7-31 所示。设逆变器的工作周期从100 状态开始,其电压空间矢量 u_1 与 X 轴同方向,它所存在的时间为 $\pi/3$。在这段时间以后,工作状态转为 110,电动机的电压空间矢量为 u_2,它在空间上与 u_1 相差 $\pi/3$ rad。随着逆变器工作状态的不断切换,电动机电压空间矢量的相位跟着做相应的变化。到一个周期结束,u_6 的顶端恰好与 u_1 的尾端衔接,一个周期的六个电压空间矢量共转过 2π rad,形成一个封闭的正六边形。至于 111 与 000 这两个无意义的工作状态,可分别冠以 u_7 和 u_8,称之为零矢量,它们的幅值为零,也无相位,可认为它们坐落在六边形的中心点上。

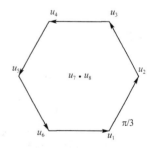

图 7-31　六拍逆变器电压空间矢量

　　这样一个由电压空间矢量运动所形成的正六边形轨迹可以看作是交流电动机定子磁链矢量端点的运动轨迹。对于这个关系,可进一步说明如下:设在逆变器工作的第一个 $\pi/3$ 期

间,电动机的电压空间矢量为图 7-31 中的 u_1,此时定子磁链为 φ_1。逆变器进入第二个 $\pi/3$ 期间,电压空间矢量变为 u_2。在 $\Delta t = \pi/3$ 期间内,在 $u_1 \sim u_2$ 的作用下,φ_1 产生增量 $\Delta \varphi_1$,其幅值为 $|u| \Delta t$,方向与 u_2 一致。最终形成图 7-32 所示的新的磁链矢量 $\varphi_2 = \varphi_1 + \Delta \varphi_1$。依此类推,可知磁链矢量的顶端运动轨迹也是一个正六边形。这说明异步电动机在六拍逆变器供电时所产生的是正六边形旋转磁场,而不是圆形旋转磁场。

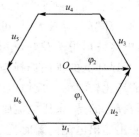

图 7-32　电压矢量与磁链矢量关系

②PWM 型逆变器的电压空间矢量控制

常规六拍逆变器供电的异步电动机只产生正六边形的旋转磁场,显然不利于电动机的匀速旋转。之所以如此,是由于在一个周期中只有六次开关切换,切换后所形成的六个电压空间矢量都是恒定不动的。如果想获得更多边形或逼近圆形的旋转磁场,就必须有更多的逆变器开关状态,以形成更多的电压空间矢量。为此,必须对逆变器的控制模式进行改造,PWM 控制显然可以适应这个要求。而怎样控制 PWM 的开关时间,才能逼近圆形旋转磁场,是问题的关键。

逆变器的电压空间矢量虽然只有 $u_1 \sim u_8$ 八个,但可以利用它们的线性组合,以获得更多的与 $u_1 \sim u_8$ 相位不同的新的电压空间矢量,最终构成一组等幅不同相的电压空间矢量,从而形成尽可能逼近圆形的旋转磁场。这样,在一个周期内逆变器的开关状态就要超过六个,而有些开关状态会多次重复出现。所以逆变器的输出电压将不是六拍阶梯波,而是一系列等幅不等宽的脉冲波,这就形成了电压空间矢量控制的 PWM 逆变器。由于它间接控制了电动机的旋转磁场,所以也可称作磁链跟踪(或磁链轨迹)控制的 PWM 逆变器。

为了讨论方便起见,把图 7-31 中正六边形电压空间矢量改画成图 7-33 的放射形式,各电压空间矢量间的相位关系仍保持不变。即 $u_1 \sim u_6$ 按顺序相互间隔 $\pi/3$,u_1 仍为 X 轴水平方向,而 u_7、u_8 坐落在放射线的中心点。这样可把逆变器的一个工作周期用六个电压空间矢量划分成六个区域,称为扇区,如图 7-32 所示的 Ⅰ,Ⅱ,…,Ⅵ。每个扇区对应的时间各为 $\pi/3$。在常规六拍逆变器中,一个扇区仅有一个开关工作状态构成,实现 PWM 控制的做法就是把每一扇区再分成若干个对应于时间 T_z 的小区间,插入若干个线性组合的电压空间矢量 u_r,以获得优于正六边形的多边形旋转磁场。

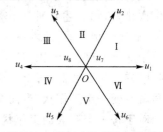

图 7-33　电压空间矢量及六个扇区

一个扇区内所分的小区间越多,就越能逼近圆形旋转磁场。图 7-34 给出了对第 Ⅰ 扇区分成四个小区间的电压空间矢量序列与逆变器输出三相电压 PWM 波形。图中 7-34(a)为第一、二两个小区间的工作状态,它包含 u_1、u_2 和 u_0(u_7 或 u_8)三种状态,为使波形对称,把每个状态的作用时间都一分为二,同时把 u_0 再分配给 u_7 和 u_8,因而形成电压空间矢量的作用序列为 81277218,其中 8 表示 u_8 的作用,1 表示 u_1 的作用。这样,在这一个小区间的 T_z 时间内,逆变器三相的开关状态序列为 000、100、110、111、111、110、100、000。每一小段只表示了电压的工作状态,其时间长短可以不同。在一个 T_z 中,不同状态的顺序不是随便安排的,它必须遵守的原则是:每次工作状态切换时,只有一个功率器件做开关切换,这样可以尽量减少开关损耗。图 7-34(b)为第三、四两个小区间的工作状态。

总结起来,电压空间矢量 PWM 控制有以下特点:

a. 每个小区间均以零电压矢量开始和结束。

b. 在每个小区间内虽有多次开关状态的切换,但每次切换都只牵涉到一个功率开关器

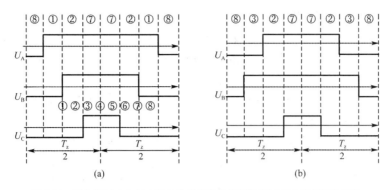

图 7-34 第 I 扇区内电压空间矢量序列及逆变器输出三相电压 PWM 波形

件,因而开关损耗较小。

c. 利用电压空间矢量直接生成三相 PWM 波,计算简便。

d. 电动机旋转磁场逼近圆形的程度取决于小区间时间 T_z 的长短,T_z 越小,越逼近圆形,但 T_z 的减小受到所用功率器件允许开关频率的制约。

e. 采用电压空间矢量控制时,逆变器输出线电压基波最大幅值为直流侧电压,这比一般的 SPWM 逆变器输出电压高 15%。

最后应该指出,上述的电压空间矢量控制方法称为线性组合法,它并不是唯一的,还有三段逼近式方法、比较判断式方法等。每种方法都有其特点,而且新的控制方法还在不断问世。

7.3.3 单相 PWM 逆变电路应用实例

图 7-35 是车载通信照明用交流电源(AC220 V,50 Hz),输入是 48 V 直流电源(蓄电池),为了节约车厢用地,保持环境安静,要求电源保持高功率密度和低噪声。若采用传统方案实现上述要求有困难,因为在传统方案中逆变输出端必须接有工频变压器,起电压匹配、输入输出间电隔离和负载故障的电流抑制等作用。但若用上工频变压器,电源就无法实现小型轻量化和低噪声的要求。为解决这一问题,图 7-35 采用高频链方案,该方案也称无工频变压器逆变电路。

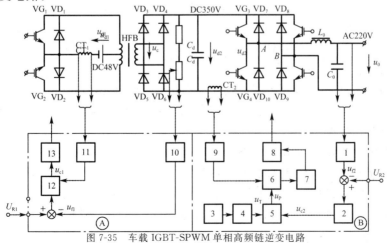

图 7-35 车载 IGBT-SPWM 单相高频链逆变电路

1—交流反馈电压检测;2—电压调节器;3—晶振电路;4—分频电路;5—正弦调制信号形成电路;
6,12—PWM 芯片;7—分相器;8,13—IGBT 驱动电路;9,11—过电流保护电路;10—直流反馈电压采样电路

1. 高频链逆变电路的基本原理

若能用高频变压器替代工频输出变压器，则上述问题便可以解决。因前者可以实现电压匹配和电气隔离的要求，但体积、重量和噪声却远低于后者。为了实现输出变压器高频化，发展了高频链电路结构，迄今为止已有多种电路结构，图 7-35 是一种称为间接式高频链结构，因为该结构包含直流中间环节，即包含 DC/HFAC→HFAC/DC→DC/LFAC 等变换级。

(1)高频逆变电路(DC/HFAC)在图 7-35 中由 VT_1、VT_2、VD_1、VD_2 和高频变压器 HFB 构成推挽式逆变电路，直流输入电压 48 V，直流电流额定值为 50 A，电路由 PWM 芯片 SG1525 控制。从上一节图 7-12 可见，该芯片输出两列互差 180° 的脉冲 u_A 和 u_B，其脉宽 τ 取决于直流给定电压 U_{R1}，当 VT_1 和 VT_2 轮流导通时，在 HFB 二次绕组可得到重复频率为 f_{c1} 的交变方波 u_c，其幅值为 nU_d，脉宽为 τ，其中 n 为 HFB 的电压比，调节脉宽 τ 即可改变方波的基波幅值 U_{c1m}。

图 7-35 点划线框 A 是高频逆变电路的控制电路，图中有两个取自主电路电量：一是取自高频整流电路出端的直流电压，经过电路 10 的隔离采样得到的直流反馈电压 u_{f1} 与直流给定电压 U_{R1} 相比较，在 SG1525 内部实现脉宽 τ 的调节，使直流输出电压 u_{d2} 在外扰作用下（例如电池电压 u_{d1} 的波动等）保持稳定；另一是取自方波逆变电路的直流电流，经霍尔传感器 CT_1 和过电流保护电路 11 加到 SG1525 的 10♯端（图 7-10），保证电路过电流时迅速封锁 PWM 脉冲信号以保障电路安全。

由于 SG1525 输入输出间无电隔离，故其输出不能与逆变器件栅极直接耦合，在图 7-35 中，电路 13 是 IGBT 驱动电路，它除了实现前置电路（SG1525）与栅极电路的电隔离之外，还将输出电流放大到逆变器件所要求的数值，保证 IGBT 可靠导通。

(2)高频整流电路(HFAC/DC)间接式高频链电路又称具有中间直流环节的高频链电路，即在 HFAC 和 LFAC 之间加入直流环节。图 7-35 中由 $VD_3 \sim VD_6$ 组成单相不控全桥整流电路，附加电容输出滤波，使输出直流电压的平均值 $U_{d2} = 350$ V，实现升压目的。

(3)低频逆变电路(DC/LFAC)为了在电源输出端获得 AC220 V，50 Hz 交流电压，采用图 7-35 所示单相全桥电压源逆变电路，其控制电路如点画线框 B 所示。对控制电路的要求是：

①采用 SPWM 调压方式，原因是需要减少输出端谐波含量。

②保证在外扰的作用下输出电压稳定。

③在过电流故障时能可靠保护。

为实现第二个要求，在控制电路中设置了交流电压检测及处理电路 1 和 PI 电压调节器 2，它对反馈电压 u_{f2} 与交流给定电压 U_{R2} 之间的偏差进行 PI 运算，其输出电压 u_{e2} 加到调制信号形成电路 5 的输入端。

为了实现第一个要求，采用芯片 SG1525，但需要产生一个正弦调制信号 u_g，其频率为电源输出频率 f，其幅值 U_{gm} 将反映 u_0 与 U_{R2} 的偏差，为此设置了正弦调制信号形成电路 5。由图可见，电路 5 有两个输入信号：一是来自电路 2 的幅值控制信号 u_{e2}；一是来自电路 4 的频率控制信号 u_T，电路 5 的输出信号 u_p 加到 SG1525 的 2♯端子。

2. 电源的主要性能指标

表 7-1 给出了用图 7-35 所示方案装置的一台车载电源的主要技术性能指标，电源通过

高低温、湿度、震动和基本安全等试验。由表可见,电源虽然具有较高的功率密度(50 kW/m³),但整机效率不高,这是间接式电路结构的弱点,电能变换级数太多。为了提高效率,必须设法减少变换级数,降低电路损耗,为此发展了直接式高频链电路结构和软 PWM 逆变电路。

表 7-1　　　　车载高频链逆变电源性能指标

	项　目	单　位	数　据	备注
输入	直流额定电压	V	48	
	电压波动	V	42～58	
	最大电流	A	＞50	
输出	交流额定电压	V	220	
	电压稳定度	％	±5	
	频率	Hz	50	
	额定功率	kW	1.5	
	THD	％	6	
	频率稳定度	％	±0.01	晶振精度
其他	过载能力	％	120	
	重量	kg	16	
	尺寸	mm	420×310×230	
	效率	％	＞70	

7.4　PWM 整流电路及其控制技术

本教材第 3 章介绍的 AC-DC 变换电路主要是由晶闸管构成的相控整流电路。相控整流电路虽然控制简单、成本较低、技术成熟,但其缺点也很明显,主要包括:交流侧输入电流谐波含量很大,对公用电网产生谐波污染;晶闸管换流引起公用电网电压波形畸变;在控制角较大的深控状态,功率因数因 cosα 减小而急剧降低;闭环控制时动态响应相对较慢。

PWM 控制技术的应用与发展为改进整流电路性能提供了变革性的思路和手段,结合了 PWM 控制技术的新型整流电路称为 PWM 整流电路,它属于斩控电路的范畴。PWM 整流电路具有以下优良性能:

(1)交流侧输入电流为正弦波。

(2)功率因数可以控制为任意值。

(3)电能双向传输,既可实现整流,也可实现逆变。

(4)闭环控制时具有较快的动态响应。

PWM 整流电路根据输出滤波器的不同也分为电压型和电流型。电压型 PWM 整流电路采用电容进行滤波,直流输出电压稳定;电流型 PWM 整流电路采用电感作为滤波元件,直流输出电流稳定。目前研究和应用较多的是电压型 PWM 整流电路。因此,本节主要介绍电压型 PWM 整流电路及其控制技术。

7.4.1 PWM 整流电路

1.PWM 整流电路的基本原理

PWM 整流电路并非传统意义上的整流电路。当 PWM 整流电路从电网吸取能量时,工作在整流状态。当其向电网传输电能时,工作于有源逆变状态。因此,PWM 整流电路实际上是一个能量可双向流动的变换电路。

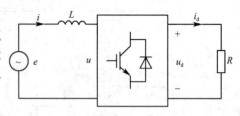

图 7-36 所示为 PWM 整流电路的原理电路。从图中可以看出,PWM 整流电路原理电路由交流

图 7-36   PWM 整流电路的原理电路

回路、电力电子开关器件桥路以及直流回路组成。其中交流回路包括交流电动势 e 以及网侧电感 L 等。电力电子开关器件桥路可由电压源型或电流源型桥路组成。直流回路包括负载电阻 R(为简化分析,假设负载为纯电阻性)。

当不计电力电子开关器件桥路损耗时,由交、直流侧功率平衡关系得

$$ui = u_d i_d \qquad (7\text{-}11)$$

从式(7-11)可以看出,通过对原理电路交流侧的控制,就可以控制其直流侧,反之亦然。下面从原理电路交流侧入手,分析 PWM 整流电路的运行状态和控制原理。

图 7-37 所示为 PWM 整流电路交流侧稳态矢量图。为简化分析,只考虑基波分量而忽略谐波分量。当以电网电动势矢量 $\dot{E}$ 为参考矢量时,通过控制交流侧电压矢量 $\dot{U}$ 即可实现 PWM 整流电路的四象限运行。

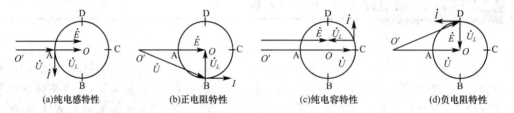

图 7-37   PWM 整流电路交流侧稳态矢量图

$\dot{E}$—交流电网电动热矢量;$\dot{U}$—交流侧电压矢量;$\dot{U}_L$—交流侧电感电压矢量;$\dot{I}$—交流侧电流矢量

若假设 $|\dot{I}|$ 不变,那么 $|\dot{U}_L| = \omega L |\dot{I}|$ 也固定不变。在这种情况下,PWM 整流电路交流电压矢量 $\dot{U}$ 端点运动轨迹构成了一个以 $|\dot{U}_L|$ 为半径的圆。当电压矢量 $\dot{U}$ 端点位于圆轨迹 A 点时,电流矢量 $\dot{I}$ 比电动势矢量 $\dot{E}$ 滞后 $\pi/2$,此时 PWM 整流电路网侧(交流侧)呈现纯电感特性,如图 7-37(a)所示;当电压矢量 $\dot{U}$ 端点运动至圆轨迹 B 点时,电流矢量 $\dot{I}$ 与电动势矢量 $\dot{E}$ 平行且同向,此时 PWM 整流电路网侧呈现正电阻特性,如图 7-37(b)所示;当电压矢量 $\dot{U}$ 的端点运动到圆轨迹 C 点时,电流矢量 $\dot{I}$ 比电动势矢量 $\dot{E}$ 超前 $\pi/2$,此时 PWM 整流电路网侧呈现纯电容特性,如图 7-37(c)所示;当电压矢量 $\dot{U}$ 端点运动到圆轨迹 D 点时,电流矢量 $\dot{I}$ 与电动势矢量 $\dot{E}$ 平行且反向,此时 PWM 整流电路网侧呈现负电阻特性,如图 7-37(d)所示。以上 A、B、C、D 这四点是 PWM 整流电路四象限运行时的四个特殊工作状态点,进一步分析可得 PWM 整流电路四象限运行规律如下:

(1)电压矢量 $\dot{U}$ 端点在圆轨迹 AB 上运动时,PWM 整流电路运行于整流状态。此时,PWM 整流电路需从电网吸收有功及感性无功功率,电能将通过 PWM 整流电路由电网传

输至直流负载。当 PWM 整流电路运行在 B 点时,则实现单位功率因数整流控制;而当在 A 点运行时,PWM 整流电路不从电网吸收有功功率,而只从电网吸收感性无功功率。

(2)当电压矢量 $\dot{U}$ 端点在圆轨迹 BC 上运动时,PWM 整流电路运行于整流状态。此时,PWM 整流电路需从电网吸收有功及容性无功功率,电能将通过 PWM 整流电路由电网传输至直流负载。当 PWM 整流电路运行至 C 点时,PWM 整流电路将不从电网吸收有功功率,而只从电网吸收容性无功功率。

(3)当电压矢量 $\dot{U}$ 端点在圆轨迹 CD 上运动时,PWM 整流电路运行于有源逆变状态。此时 PWM 整流电路向电网传输有功及容性无功功率,电能将从 PWM 整流电路直流侧传输至电网。当 PWM 整流电路运行至 D 点时,便可实现单位功率因数有源逆变控制。

(4)当电压矢量 $\dot{U}$ 端点在圆轨迹 DA 上运动时,PWM 整流电路运行于有源逆变状态。此时,PWM 整流电路向电网传输有功和感性无功功率,电能将从 PWM 整流电路直流侧传输至电网。

显然,要实现 PWM 整流电路的四象限运行,关键在于网侧电流的控制。一方面,可以通过 PWM 整流电路交流侧电压,间接控制其网侧电流;另一方面,也可以通过网侧电流的闭环控制,直接控制 PWM 整流电路的网侧电流。当控制 PWM 整流电路运行在 C 点或 A 点时的电路被称为静止无功功率发生器 SVG(Static Var Generator),一般不再称之为 PWM 整流电路了。当控制 PWM 整流电路运行在 B 点(或 D 点)时,可以使其输入电流非常接近正弦,且和输入电压同相位(或反相位),功率因数近似为 1。这种 PWM 整流电路也可以称为单位功率因数变流器或高功率因数整流器。

2. 单相 PWM 整流电路

图 7-38 所示为最常用的一种单相桥式电压型 PWM 整流电路。图中 u_s 为电网电压,u 为交流侧输入电压,$VT_1 \sim VT_4$ 为全控型器件 IGBT,$VD_1 \sim VD_4$ 为反并联二极管,L 为交流侧电感(也称进线电抗器),其设计至关重要。因为其值不仅影响闭环控制时系统的动、静态响应,而且还制约着 PWM 整流电路的输出功率、功率因数以及输出电压等。电容 C 主要作用是缓冲交直流能量交换、稳定直流侧电压及抑制直流侧谐波等。

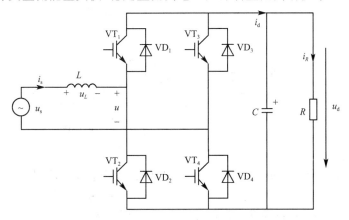

图 7-38　单相桥式电压型 PWM 整流电路

与 SPWM 逆变电路一样,根据调制脉冲的极性,PWM 整流电路分为单极性 PWM 控制和双极性 PWM 控制。

(1)单极性 SPWM 控制

按照正弦信号波和三角波相比较的方法对图 7-38 中的 $VT_1 \sim VT_4$ 进行单极性 SPWM

控制,就可以在桥的交流输入端产生一个 SPWM 波 u,u 中含有和正弦信号波同频率且幅值成比例的基波分量以及和三角载波有关的频率很高的谐波,而不含有低次谐波。由于电感 L 的滤波作用,高次谐波电压只会使交流电流 i_s 产生很小的脉动,可以忽略。这样,当正弦信号波的频率和电源频率相同时,i_s 也为与电源频率相同的正弦波。在交流电源电压 u_s 一定的情况下,i_s 的幅值和相位仅由 u 中基波分量 u_1 的幅值及其与 u_s 的相位差来决定。改变 u_1 幅值和相位,就可以使 i_s 与 u_s 为所需要的角度。图 7-39 给出了 i_s 与 u_s 为同相位时的高功率因数整流器的相量图和波形图。

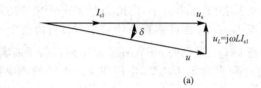

(a)

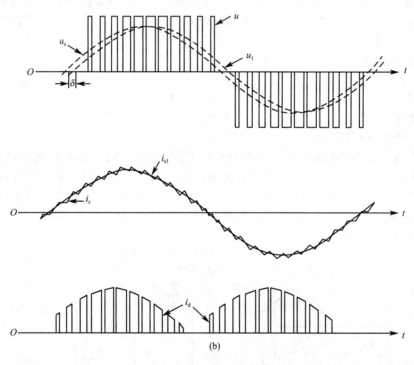

(b)

图 7-39 i_s 与 u_s 为同相位时的高功率因数整流器的相量图和波形图

由波形图中交流输入端 u 产生的 SPWM 波可见:采用单极性调制时,单相桥式电压型 PWM 整流电路交流侧输入电压 u 将在 U_d、0 或 0、$-U_d$ 间切换。其中,在交流侧基波电压正半周,u 将在 U_d、0 间切换;而在交流侧基波电压负半周,u 将在 0、$-U_d$ 间切换。因此,单极性调制时,单相桥式电压型 PWM 整流电路工作过程存在四种开关模式,可采用 3 值逻辑开关函数 s 描述,即

$$s = \begin{cases} 1, & VT_1(VD_1)、VT_4(VD_4) \text{导通} \\ 0, & VT_1(VD_1)、VD_3(VT_3) \text{或 } VT_2(VD_2)、VD_4(VT_4) \text{导通} \\ -1, & VT_2(VD_2)、VT_3(VD_3) \text{导通} \end{cases} \qquad (7\text{-}12)$$

四种开关模式见表 7-2。

表 7-2   单相桥式电压型 PWM 整流电路单极性调制开关模式

开关模式	1	2	3	4
导通器件	VT$_1$(VD$_1$) VT$_4$(VD$_4$)	VT$_2$(VD$_2$) VT$_3$(VD$_3$)	VT$_1$(VD$_1$) VD$_3$(VT$_3$)	VT$_2$(VD$_2$) VD$_4$(VT$_4$)
开关函数 s	1	-1	0	0

(2)双极性 SPWM 控制

当采用双极性调制时,单相桥式电压型 PWM 整流电路交流侧输入电压 u 波形为幅值 U_d、$-U_d$ 间切换的 SPWM 波形。因此,双极性调制时,单相桥式电压型 PWM 整流电路工作过程只存在两种开关模式,并可以用双极性 2 值逻辑开关函数 s 进行描述,即

$$s = \begin{cases} 1, & VT_1(VD_1)、VT_4(VD_4)导通 \\ -1, & VT_2(VD_2)、VT_3(VD_3)导通 \end{cases} \tag{7-13}$$

两种开关模式见表 7-3。

表 7-3   单相桥式电压型 PWM 整流电路双极性调制开关模式

开关模式	1	2
导通器件	VT$_1$(VD$_1$)、VT$_4$(VD$_4$)	VT$_2$(VD$_2$)、VT$_3$(VD$_3$)
开关函数 s	1	-1

3. 三相 PWM 整流电路

图 7-40 所示是三相桥式电压型 PWM 整流电路,这是最基本的 PWM 整流电路之一,其应用也最为广泛。开关管采用六个全控型器件 IGBT,三相输入侧串联三组进线电抗器 L_s,直流输出侧并联电容 C,R_s 为网侧等效电阻,包括外接进线电抗器电阻和交流电源的内阻。电路的工作原理也和前述的单相全桥电路相似,只是从单相扩展到三相。对电路进行 SPWM 控制,在桥的交流输入端 A、B 和 C 可得到三相 SPWM 电压波,对各相电压进行不同的控制,就可以使各相电流 i_a、i_b、i_c 为正弦波且和电压相位相同、相反、超前 90° 或相位差为所需要的角度。

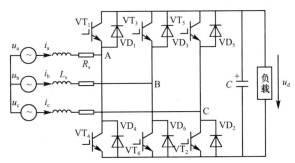

图 7-40   三相桥式电压型 PWM 整流电路

7.4.2   PWM 整流电路的控制方法

根据对 PWM 整流电路的分析可知,为了使 PWM 整流电路在工作时功率因数近似为 1,即要求输入电流为正弦波且和电压同相位,关键在于网侧电流的控制。根据有没有引入电流反馈可以将这些控制方法分为间接电流控制和直接电流控制两种。没有引入交流电流反馈的称为间接电流控制;引入交流电流反馈的称为直接电流控制。下面分别介绍这两种

控制方法的基本原理。

1.间接电流控制

间接电流控制也称为相位和幅值控制。这种方法就是按照图 7-39(a)所示的相量关系（忽略了网侧等效电阻的压降）来控制整流桥交流输入端电压,使得输入电流和电压同相位,从而得到功率因数为 1 的控制效果。

图 7-41 所示为间接电流控制系统结构图。图中的 PWM 整流电路为图 7-40 所示的三相桥式电压型 PWM 整流电路。控制系统的闭环是整流器直流侧电压控制环。直流电压给定信号 u_d^* 和实际的直流电压 u_d 比较后送入 PI 调节器,PI 调节器的输出为一直流电流指令信号 i_d,i_d 的大小和整流器交流输入电流的幅值成正比。稳态时,$u_d = u_d^*$,PI 调节器输入为零,PI 调节器的输出 i_d 和整流器负载电流大小相对应,也和整流器交流输入电流的幅值相对应。当负载电流增大时,直流侧电容 C 放电而使其电压 u_d 下降,PI 调节器的输入端出现正偏差,使其输出 i_d 增大,i_d 的增大会使整流器的交流输入电流增大,也使直流侧电压 u_d 回升。达到稳态时,u_d 仍和 u_d^* 相等,PI 调节器输入仍恢复到零,而 i_d 则稳定在新的较大的值,与较大的负载电流和较大的交流输入电流相对应。当负载电流减小时,调节过程和上述过程相反。若整流器要从整流运行变为逆变运行时,首先是负载电流反向而向直流侧电容 C 充电,使 u_d 抬高,PI 调节器出现负偏差,其输出 i_d 减小后变为负值,使交流输入电流相位和电压相位反相,实现逆变运行。达到稳态时,u_d 和 u_d^* 仍然相等,PI 调节器输入恢复到零,其输出 i_d 为负值,并与逆变电流的大小相对应。

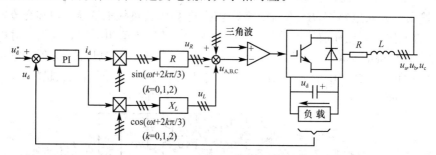

图 7-41   间接电流控制系统结构图

图 7-41 中的两个乘法器均为三相乘法器的简单表示,实际上两者均由三个单相乘法器组成。上面的乘法器是 i_d 分别乘以和 a、b、c 三相相电压同相位的正弦信号,再乘以电阻 R,就可得到各相电流在 R_s 上的压降 u_{Ra}、u_{Rb} 和 u_{Rc};下面的乘法器是 i_d 分别乘以比 a、b、c 三相相电压相位超前 $\pi/2$ 的余弦信号,再乘以电感 L 的感抗,就可得到各相电流在电感 L_s 上的压降 u_{La}、u_{Lb} 和 u_{Lc}。各相电源相电压 u_a、u_b 和 u_c 分别减去前面求得的输入电流在电阻 R 和电感 L 上的压降,就可得到所需要的整流桥交流输入端各相的相电压 u_A、u_B 和 u_C 的信号,用该信号对三角载波进行调制,得到 SPWM 开关信号去控制整流桥,就可以得到需要的控制效果。

从控制系统结构及上述分析可以看出,这种控制方法在信号运算过程中要用到电路参数 L_s 和 R_s。当 L_s 和 R_s 的运算值和实际值有误差时,必然会影响到控制效果。此外,这种控制方法是基于系统的静态模型设计的,其动态特性较差。因此,间接电流控制的系统应用较少。

2. 直接电流控制

直接电流控制是通过运算求出交流输入电流指令值,再引入交流电流反馈,通过对交流电流的直接控制而使其跟踪指令电流值,因此这种方法称为直接电流控制。直接电流控制中有不同的电流跟踪控制方法,图 7-42 给出的是一种最常用的采用电流滞环比较方式的控制系统结构图。

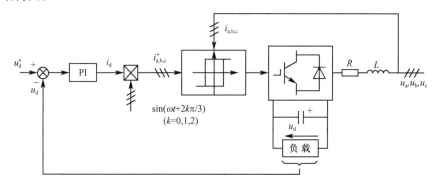

图 7-42　直接电流控制系统结构图

图 7-42 所示的控制系统是一个双闭环控制系统。其外环是直流电压控制环,内环是交流电流控制环。外环的结构、工作原理均和图 7-41 所示的间接电流控制系统相同,前面已进行了详细的分析,这里不再重复。外环 PI 调节器的输出为直流电流信号 i_d,i_d 分别乘以和 a、b、c 三相相电压同相位的正弦信号,就得到三相交流电流的正弦指令信号 i_a^*、i_b^* 和 i_c^*。可知 i_a^*、i_b^* 和 i_c^* 分别和各自的电源电压同相位,其幅值和反映负载电流大小的直流信号 i_d 成正比,这正是整流器作单位功率因数运行时所需要的交流电流指令信号。该指令信号和实际交流电流信号比较后,通过滞环对各开关器件进行控制,便可使实际交流输入电流跟踪指令值,其跟踪误差在由滞环环宽所决定的范围内。

采用滞环电流比较的直接电流控制系统结构简单,电流响应速度快,控制运算中未使用电路参数,系统鲁棒性好,因而获得了较多的应用。

7.5　PWM 控制技术在 AC-AC 变换电路中的应用

PWM 控制技术在 AC-AC 变换电路中的应用主要是斩控式交流调压电路和矩阵式变频电路,其应用都还不多。但矩阵式变频电路因其容易实现集成化,可望有良好的发展前景。本节分别对这两种电路作一简单介绍。

7.5.1　斩控式交流调压电路

PWM 控制技术应用在本教材第 6 章介绍的交流调压电路中即构成斩控式交流调压电路。斩控式交流调压可以克服相控式交流调压的很多缺点,因此相控式电路正逐渐被斩控式电路所取代。

1. 交流斩波调压电路的基本工作原理

交流斩波调压电路的基本工作原理与直流斩波电路类似,均采用斩波控制方式,所不同的是直流斩波电路的输入是直流电压,而交流斩波电路的输入是正弦交流电压。因此,在分析其工作原理时可以将交流电压的正负半周分别当作一个短暂的直流电压。这样就可以利用直流斩波电路的分析方法对交流斩波电路进行分析。

图 7-43(a)所示为交流斩波调压电路的原理图。开关 S_1 称为斩波开关,开关 S_2 是为负载提供续流回路用的,称为续流开关,两者通常在开关时序上互补。由电路图可得输出电压

$$u_o = Gu = \begin{cases} G\sqrt{2}U_1 \sin\omega t & (G=1) \\ 0 & (G=0) \end{cases} \tag{7-14}$$

式中,G 为开关函数,其定义为

$$G = \begin{cases} 1 & (S_1 \text{ 闭合},S_2 \text{ 打开}) \\ 0 & (S_1 \text{ 打开},S_2 \text{ 闭合}) \end{cases} \tag{7-15}$$

设斩波开关 S_1 闭合时间为 t_{on},打开时间为 t_{off},开关周期为 T_c,$\rho = t_{on}/T_c$ 为开关器件的导通占空比,相应交流斩波调压电路工作波形图 7-43(b)所示。可见,调节 ρ,即可调节输出电压大小。而调节 ρ 最常用的就是 PWM 控制方法。

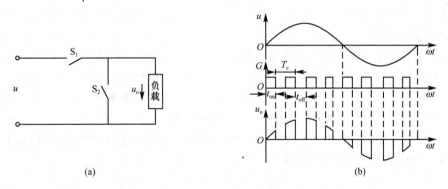

(a)　　　　　　　　　　　　(b)

图 7-43　交流斩波调压电路原理图及工作波形

2. 交流开关的结构形式

交流斩波调压电路所使用的交流开关应为双向可控开关。用晶闸管作为交流开关,需要有强迫关断电路,电路结构复杂,故一般采用全控型器件来构成。但这类器件的静特性均为非对称,反向阻断能力很低,有的甚至不具备反向阻断能力。因而必须根据电路的特点和器件的实际性能来组成开关形式。常用的方法是与快速二极管配合组成复合器件,即利用二极管来提供反向阻断能力。常见交流开关的结构形式如图 7-44 所示。

图 7-44(a)所示的结构,只使用一个全控型器件 VT。当负载电流方向改变时,只是二极管桥中导通桥臂自然换流,而流过开关器件 VT 中的电流方向不变。采用这种结构的双向开关,控制电路简单,无同步要求。

图 7-44(b)和图 7-44(c)所示的结构,两个全控型器件分别控制负载电流的两个方向。控制电路必须有严格的同步要求,两个方向的开关可独立控制,因此控制方式比较灵活。两

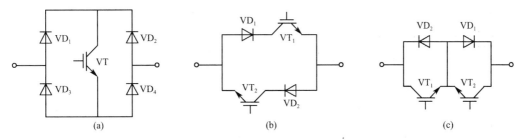

图 7-44　常用交流开关的结构形式

者电路的不同之处：一是图 7-44(c)中两个全控型器件的发射极接在一起，因此门极控制信号可以共地，提高电路的抗干扰能力；二是图 7-44(c)可用带反并联二极管的功率开关模块，使主电路接线简单，减少电路引线电感在高频运行时的影响。

3. 交流斩波调压电路的控制方式

交流斩波调压电路的控制方式与交流开关的结构形式、主电路的结构及相数有关。按照对斩波开关和续流开关的控制时序，可分为互补控制和非互补控制两种。下面，根据图 7-45 所示的单相交流斩波调压电路来分析这两种控制方式。

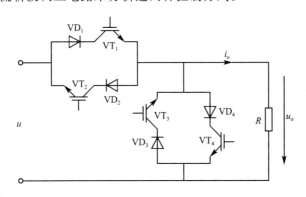

图 7-45　单相交流斩波调压电路

(1)互补控制方式

图 7-46 所示为互补控制方式工作波形。图中 u_p 和 u_n 分别为交流电压正、负半周对应的同步信号，即当 u_p 有效时，VT_1、VT_3 交替施加控制信号，当 u_n 有效时 VT_2、VT_4 交替施加控制信号。

由于实际的开关器件存在导通、关断延时，很可能会造成斩波开关和续流开关直通而短路。为防止短路，可增设死区时间，这样又会造成两者均不导通，使负载电流断续产生过电压现象。因此，为了防止过电压还需采取其他措施，如使用缓冲电路等。这也是互补控制方式的不足之处。

(2)非互补控制方式

非互补控制方式波形如图 7-47 所示。在交流电源的正半周，用 VT_1 进行斩波控制，VT_3 为感性负载提供续流通路；在交流电源的负半周，用 VT_2 进行斩波控制，VT_4 为感性负载提供续流通路。

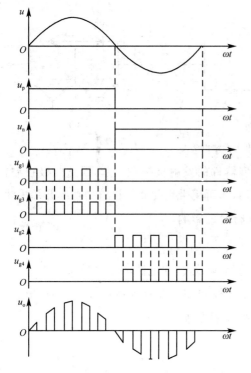

图 7-46　互补控制方式工作波形　　　　　图 7-47　非互补控制方式工作波形

在非互补控制方式下,不会出现电源短路和负载电流断续的情况。以 u 正半周为例, VT_1 进行斩波控制, VT_4 总处于断态不会产生直通; VT_2、VT_3 一直施加控制信号,从而无论负载电流是否改变方向,当斩波开关关断时,负载电流都能维持导通,防止了因斩波开关和续流开关同时关断造成的负载电流断续。

当负载为电感性负载时,由于电压、电流相位不同,若按以上的控制时序,则由于电压正半周时 VT_2、VT_3 一直施加控制信号,在电流负半周时,VT_2 会导通造成 VT_1 反偏,斩波控制失败,即输出电压不受斩波开关控制产生输出电压失真。为了避免出现这种失控现象,在电感性负载下,电路时序控制中应加入电流信号,由电压、电流的方向共同决定控制时序。这里不再赘述,请读者参考有关书籍。

7.5.2　矩阵式变频电路

本教材第 6 章介绍的相控式交-交直接变频电路使用晶闸管作开关器件,只能通过对晶闸管开通时间的控制来实现输出电压和频率的调节,而关断(自然关断)时间不能控制。因而使得输入电流谐波含量大,功率因数低,且只能降频。大功率运行时对电网影响较大,输出电压中含有较多较低频率的谐波,不易滤除。这些缺陷大大限制了它的应用。近年来出现了一种新颖的矩阵式交-交变频电路,它也是一种直接变频电路,电路所用的开关器件是全控型器件,控制方式为 PWM 控制,与传统的变频电路相比具有如下优点:

(1)无中间直流环节及其滤波元件,变换效率高,动态响应快。

(2)输出频率不受输入频率的限制,可以在零到高于输入频率的范围内变化。

（3）可以获得正弦波形的输入电流、输出电压和输出电流。

（4）输入功率因数高，可接近 1，也可控制成所需的功率因数。

（5）能量可以双向流动，实现交流电动机的四象限运行。

因此，这是一种电气性能十分优良、极具应用前景的频率变换电路。目前是学术界研究的热点课题之一。

1. 电路的拓扑结构

图 7-48(a) 所示为三相输入、三相输出的矩阵式变频电路拓扑结构图。三相输入电压为 u_A、u_B、u_C，三相输出电压为 u_a、u_b、u_c。图中共用了 9 个交流双向开关。输入侧的 L_r、C_r 为滤波器，用于抑制开关频率的电流谐波流入输入电源。图中的开关部分可以表示成图 7-48(b) 所示形式。可见，9 个开关器件组成 3×3 矩阵。因此，该电路被称为矩阵式变频电路或矩阵变换器（Matrix Converter，MC）。

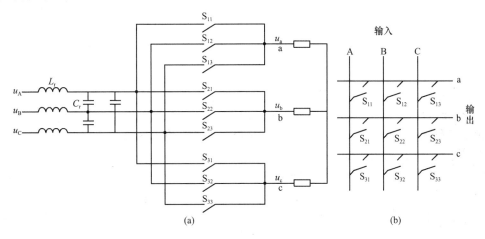

图 7-48　矩阵式变频电路拓扑结构图

2. 换流特点

在矩阵式变频电路中，每个开关器件要经常进行换流。若负载电流的方向不变时，开关之间的换流是自然换流方式，会出现换流重叠过程；若换流前后的负载电流要改变方向时，就会出现换流困难。这是由于交流开关存在开通时间和关断时间，驱动电路也有一定的差异，一个双向开关的导通与另一个双向开关的关断不能瞬间同步完成。这样，矩阵式变频电路双向开关的换流就会产生两个问题：一是对于每相输出电路，当有两个开关同时导通时，可能导致电源短路，产生很大的短路电流，使开关器件损坏；二是对于每相输出电路，当 3 个开关都不导通时，负载电路出现开路现象，感性电流无续流通路而产生很大的感应电动势，可能将开关击穿。

为了解决上述两个问题，矩阵式变频电路在换流时，需要引入换流延时时间和换流重叠时间。

（1）换流延时时间 t_d

换流延时时间用来解决输入端短路问题。当矩阵式变频电路要进行换流时，如果导通开关的方向与关断开关的方向相反时，导通开关的控制信号应延时一定的时间输出，以保证已导通开关的可靠关断，这个时间称为换流延时时间，用 t_d 表示。

（2）换流重叠时间 t_c。

由于引入了换流延时时间，在换流期间可能会出现负载回路的开路现象。为了避免这种现象的发生，在矩阵式变频电路的两个开关换流时，先将要导通的开关接通，接通方向与关断电流方向相同，在 t_c 以后将要关断的开关断开。显然，在换流期间，两个开关的同一方向重叠导通，这个时间称为换流重叠时间，用 t_c 表示。

3. 基本工作原理

矩阵式变频电路的基本工作原理是通过对开关器件进行高频斩波控制，即 PWM 控制，使各相输出电压瞬时值在三相输入电压之间切换，从而得到输出电压的基波幅值及频率均可调的三相交流电。例如，对于 a 相输出电压 u_a 来说，当开关 S_{11} 导通时，$u_a = u_A$；当 S_{12} 导通时，$u_a = u_B$；当 S_{13} 导通时，$u_a = u_C$。通过对 S_{11}、S_{12}、S_{13} 导通时间的控制，可以构造 u_a 所需要的波形。

如果开关频率足够高，输出电压为

$$u_o = \frac{t_{on}}{T_c} u_s = \rho u_s \tag{7-16}$$

式中，u_s 为交流输入电压瞬时值；T_c 为开关周期；t_{on} 为一个开关周期内开关的导通时间；$\rho = t_{on}/T_c$ 为开关器件的导通占空比。

采用斩控式交流调压的方式，可以通过控制开关器件导通占空比的方法来方便地获得三相幅值和频率不同的交流电压。由于输出电压的瞬时值由导通开关及相应的输入电压来决定，因此 a 相的输出电压为

$$u_a = \rho_{11} u_A + \rho_{12} u_B + \rho_{13} u_C \tag{7-17}$$

式中，ρ_{11}、ρ_{12}、ρ_{13} 分别为一个开关周期中 S_{11}、S_{12}、S_{13} 的导通占空比。

由图 7-48 可以看出，为了防止电源短路，S_{11}、S_{12}、S_{13} 在任何时刻只能有一个开关导通。另外，负载一般为电感性负载，为了不使负载回路开路，任何时刻同一输出相中必须有一个开关导通，即在一个开关周期中 S_{11}、S_{12}、S_{13} 的导通时间之和等于开关周期 T_c。即

$$\rho_{11} + \rho_{12} + \rho_{13} = 1 \tag{7-18}$$

在满足式(7-18)的条件下，根据式(7-17)，按照一定的规律周期性地连续调制各个开关器件的导通占空比，即可得到所需要的交流输出电压波形，从而使其基波的幅值和频率满足负载的要求。

用同样的方法可得 b 相和 c 相的输出电压为

$$\begin{cases} u_b = \rho_{21} u_A + \rho_{22} u_B + \rho_{23} u_C \\ u_c = \rho_{31} u_A + \rho_{32} u_B + \rho_{33} u_C \end{cases} \tag{7-19}$$

写成矩阵形式为

$$\begin{bmatrix} u_a \\ u_b \\ u_c \end{bmatrix} = \begin{bmatrix} \rho_{11} & \rho_{12} & \rho_{13} \\ \rho_{21} & \rho_{22} & \rho_{23} \\ \rho_{31} & \rho_{32} & \rho_{33} \end{bmatrix} \begin{bmatrix} u_A \\ u_B \\ u_C \end{bmatrix} \tag{7-20}$$

可缩写为

$$u_o = \rho u_i \tag{7-21}$$

式中

$$u_o = [u_a \quad u_b \quad u_c]^T, u_i = [u_A \quad u_B \quad u_C]^T$$

$$
\rho = \begin{bmatrix} \rho_{11} & \rho_{12} & \rho_{13} \\ \rho_{21} & \rho_{22} & \rho_{23} \\ \rho_{31} & \rho_{32} & \rho_{33} \end{bmatrix}
$$

ρ 称为调制矩阵,它是时间的函数。

在负载一定的情况下,当 9 个开关的通断情况确定后,即 ρ 矩阵中各元素确定后,输入电流 i_A、i_B、i_C 和输出电流 i_a、i_b、i_c 的关系也就确定了。即三相输入电流是由各相输出电流相加而成,其关系为

$$
\begin{cases} i_A = \rho_{11} i_a + \rho_{21} i_b + \rho_{31} i_c \\ i_B = \rho_{12} i_a + \rho_{22} i_b + \rho_{32} i_c \\ i_C = \rho_{13} i_a + \rho_{23} i_b + \rho_{33} i_c \end{cases} \tag{7-22}
$$

写成矩阵形式为

$$
i_i = \begin{bmatrix} i_A \\ i_B \\ i_C \end{bmatrix} = \begin{bmatrix} \rho_{11} & \rho_{21} & \rho_{31} \\ \rho_{12} & \rho_{22} & \rho_{32} \\ \rho_{13} & \rho_{23} & \rho_{33} \end{bmatrix} \begin{bmatrix} i_a \\ i_b \\ i_c \end{bmatrix} = \rho^T i_o \tag{7-23}
$$

式(7-20)和式(7-23)是矩阵式变频电路的基本输入/输出关系式。

对于实际系统来说,输入电压和所需要的输出电流是已知的,设

$$
\begin{bmatrix} u_A \\ u_B \\ u_C \end{bmatrix} = \begin{bmatrix} U_{im} \cos \omega_i t \\ U_{im} \cos \left(\omega_i t - \dfrac{2\pi}{3} \right) \\ U_{im} \cos \left(\omega_i t - \dfrac{4\pi}{3} \right) \end{bmatrix} \tag{7-24}
$$

$$
\begin{bmatrix} i_a \\ i_b \\ i_c \end{bmatrix} = \begin{bmatrix} I_{om} \cos(\omega_o t - \varphi_o) \\ I_{om} \cos \left(\omega_o t - \dfrac{2\pi}{3} - \varphi_o \right) \\ I_{om} \cos \left(\omega_o t - \dfrac{4\pi}{3} - \varphi_o \right) \end{bmatrix} \tag{7-25}
$$

式中,U_{im} 和 I_{om} 分别为输入电压和输出电流的幅值;ω_i 和 ω_o 分别为输入电压和输出电流的角频率;φ_o 为相应于输出频率的负载阻抗角。

变频电路希望的输出电压和输入电流分别为

$$
\begin{bmatrix} u_a \\ u_b \\ u_c \end{bmatrix} = \begin{bmatrix} U_{om} \cos \omega_o t \\ U_{om} \cos \left(\omega_o t - \dfrac{2\pi}{3} \right) \\ U_{om} \cos \left(\omega_o t - \dfrac{4\pi}{3} \right) \end{bmatrix} \tag{7-26}
$$

$$
\begin{bmatrix} i_A \\ i_B \\ i_C \end{bmatrix} = \begin{bmatrix} I_{im} \cos(\omega_i t - \varphi_i) \\ I_{im} \cos \left(\omega_i t - \dfrac{2\pi}{3} - \varphi_i \right) \\ I_{im} \cos \left(\omega_i t - \dfrac{4\pi}{3} - \varphi_i \right) \end{bmatrix} \tag{7-27}
$$

式中,U_{om} 和 I_{im} 分别为输出电压和输入电流的幅值,φ_i 为输入电流滞后于电压的相位角。

当期望的输入功率因数为 1 时,$\varphi_i = 0$。把式(7-24)～式(7-27)代入式(7-20)和式(7-23),

可得

$$
\begin{bmatrix}
U_{\text{om}}\cos\omega_{\text{o}}t \\
U_{\text{om}}\cos\left(\omega_{\text{o}}t - \dfrac{2\pi}{3}\right) \\
U_{\text{om}}\cos\left(\omega_{\text{o}}t - \dfrac{4\pi}{3}\right)
\end{bmatrix} = \rho
\begin{bmatrix}
U_{\text{im}}\cos\omega_{\text{i}}t \\
U_{\text{im}}\cos\left(\omega_{\text{i}}t - \dfrac{2\pi}{3}\right) \\
U_{\text{im}}\cos\left(\omega_{\text{i}}t - \dfrac{4\pi}{3}\right)
\end{bmatrix}
\tag{7-28}
$$

$$
\begin{bmatrix}
I_{\text{im}}\cos\omega_{\text{i}}t \\
I_{\text{im}}\cos\left(\omega_{\text{i}}t - \dfrac{2\pi}{3}\right) \\
I_{\text{im}}\cos\left(\omega_{\text{i}}t - \dfrac{4\pi}{3}\right)
\end{bmatrix} = \rho^{\text{T}}
\begin{bmatrix}
I_{\text{om}}\cos(\omega_{\text{o}}t - \varphi_{\text{o}}) \\
I_{\text{om}}\cos\left(\omega_{\text{o}}t - \dfrac{2\pi}{3} - \varphi_{\text{o}}\right) \\
I_{\text{om}}\cos\left(\omega_{\text{o}}t - \dfrac{4\pi}{3} - \varphi_{\text{o}}\right)
\end{bmatrix}
\tag{7-29}
$$

如果能求得满足式(7-28)和式(7-29)的调制矩阵ρ,就可以得到希望的输出电压和输入电流。要使矩阵式变频电路能够正常地工作,有两个基本问题必须解决:一是如何求取理想的调制矩阵ρ;二是开关器件的换流,如何实现既无交叠,又无死区。

4. 输入电压利用率的改进

如果用开关S_{11}、S_{12}、S_{13}共同作用来构造 a 相输出电压u_{a},就可以利用三相相电压的包络线中所有的阴影部分,如图 7-49 所示。从图中可以看出,理论上所构造输出电压u_{a}的频率可以任意,但如果u_{a}必须是正弦波,则其最大幅值仅为输入相电压u_{A}幅值的 0.5 倍。因为三相相电压包络线的各点幅值为u_{A}幅值的 0.5 倍。可见输入电压的利用率较低,不适于电动机驱动场合的应用。如果利用输入线电压来构造输出线电压,例如用图 7-48 中连接输出 a 相和 b 相的 6 个开关共同作用来构造输出线电压u_{ab},就可以利用三相线电压的包络线中所有的阴影部分。这样,当输出线电压u_{ab}必须为正弦波时,其最大幅值就可达到输入线电压幅值的 0.866 倍,也即输出相电压u_{a}最大幅值增加为输入相电压u_{A}幅值的 0.866 倍,输入电压的利用率得到了提高。

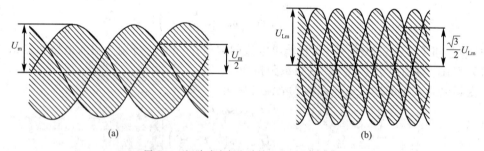

图 7-49　矩阵式变频电路输入电压的利用率

5. 控制策略

矩阵式变频电路的控制策略大致有三种:直接变换法、间接变换法和滞环电流跟踪法。

(1)直接变换法

直接变换法是通过对输入电压的连续斩波来合成输出电压,它又分为坐标变换法、谐波注入法、等效电导法和标量法。所有这些方法虽各有一定的优越性,但也存在一定的问题,具体实现复杂,软件运算量较大,限制了它们的应用范围。

（2）间接变换法

间接变换法是基于空间矢量变换的一种方法，将交-交变换虚拟为交-直-交变换。这样便可采用高频整流和高频逆变 PWM 波形合成技术，变换器的性能可以得到较大改善，而且，具体实施时整流和逆变是一步完成的，低次谐波得到了较好的抑制，具有双 PWM 变换的效果。间接变换法是目前在矩阵式变换器中应用较为成熟的一种方法，具有较好的发展前景。

（3）滞环电流跟踪法

滞环电流跟踪法是将三相输出电流信号与实测的输出电流信号相比较，根据比较结果和当前的开关电源状态决定开关动作。它具有实现简单、响应快以及鲁棒性好等优点。但也有一些不足之处，如开关频率不够稳定、谐波随机分布、输入电流波形不够理想等。

目前矩阵式变频电路仍处于研究阶段，尚未进入实用化。主要是由于电路所用开关器件较多，9 个交流开关共需 18 个全控型器件，使得电路结构复杂，成本较高，控制方法也没有完全成熟，变换复杂。此外，其输出输入最大电压比只有 0.866，用于交流电动机调速时输出电压偏低。但这种电路有非常突出的优点，即体积小、效率高、易于模块化和集成化。随着电力电子技术的不断发展和计算机技术的日益进步，矩阵式变频电路具有很好的发展应用前景。

本 章 小 结

PWM 控制技术是在电力电子领域有着广泛的应用，并对电力电子技术产生十分深远影响的一项技术。

PWM 控制技术在晶闸管时代就已经产生，但是为了使晶闸管通断要付出很大的代价，因而难以得到广泛应用。以 IGBT、电力 MOSFET 等为代表的全控型器件的不断完善给 PWM 控制技术提供了强大的物质基础，推动了这项技术的迅猛发展，使它应用到整流、逆变、直-直、交-交的所有四大类变流电路中。

直接直流斩波电路实际上就是直流 PWM 电路，这是 PWM 控制技术应用较早也成熟较早的一类电路，把直流斩波电路应用于直流电动机调速系统，就构成广泛应用的直流脉宽调速系统。

PWM 控制技术在逆变电路中的应用最具代表性。可以说正是由于 PWM 控制技术在逆变电路中的广泛而成功的应用，才奠定了 PWM 控制技术在电力电子技术中的突出地位。除功率很大的逆变装置外，不用 PWM 控制的逆变电路已十分少见。本章讲述的重点即是 PWM 逆变电路。可以认为，第 4 章讲述的逆变电路因为尚未涉及 PWM 控制技术，因此是不完整的。学完本章，读者才能对逆变电路有一个较为完整的认识。

PWM 控制技术用于整流电路即构成 PWM 整流电路，它属于斩控电路的范畴。这种技术可以看成逆变电路中的 PWM 控制技术向整流电路的延伸。PWM 整流电路已经获得了一些应用，并有良好的应用前景。PWM 整流电路作为对第 3 章内容的补充，可以使我们对整流电路有一个更全面的认识。

交-交变流电路中的斩控式交流调压电路和矩阵式变频电路是 PWM 控制技术在这类电路中应用的代表。目前，其应用都还不多，但矩阵式变频电路因其容易实现集成化，可望有良好的发展前景。

虽然以第 3 章的相控整流电路和第 6 章的交流调压电路为代表的相位控制技术在电力电子电路中仍占据着重要的地位,但以 PWM 控制技术为代表的斩波控制技术正在越来越占据着主导地位。相位控制和斩波控制分别简称相控和斩控。把斩控和相控这两种技术对照起来学习,可使我们对电力电子电路的控制技术有更为清晰的认识。

思考题及习题

7-1　说明 PWM 的含义,简述 PWM 控制的基本原理。

7-2　分别列表说明图 7-4 所示全桥式直流斩波电路单极性调制和双极性调制时的开关模式。

7-3　设图 7-3 半周期的脉冲数为 7,脉冲的幅值为相应的正弦波幅值的 2 倍,试用等效面积法计算各脉冲的宽度。

7-4　单极性和双极性 PWM 调制有什么区别?在三相桥式 PWM 逆变电路中,输出相电压(输出端相对于直流电源中性点的电压)和线电压 SPWM 波形各有几种电平?

7-5　分别列表说明图 7-14 所示单相桥式 PWM 逆变电路单极性调制和双极性调制式时的开关模式。

7-6　什么是异步调制?什么是同步调制?二者各有何特点?分段同步调制有什么优点?

7-7　什么是 SPWM 波形的规则采样法?和自然采样法相比,规则采样法有什么优缺点?

7-8　如何提高 PWM 逆变电路的直流电压利用率?

7-9　什么是电压空间矢量 PWM 控制技术?简述电压空间矢量 PWM 控制的特点。

7-10　什么是电流跟踪型 PWM 变流电路?简述电流滞环跟踪控制的原理。

7-11　什么是 PWM 整流电路?它和相控整流电路的工作原理和性能有何不同?

7-12　在 PWM 整流电路中,什么是间接电流控制?什么是直接电流控制?为什么后者目前应用较多?

7-13　简述矩阵式变频电路的基本工作原理和优缺点。

第8章
软开关技术

【能力目标】 通过本章学习,要求掌握软开关的基本概念、特性及其类型,熟悉准谐振电路、零开关 PWM 电路和零转换 PWM 电路的分析方法,最终达到能够初步掌握分析软开关电力电子变换电路的能力。

【思政目标】 软开关技术是解决电力电子装置小型化、轻量化的重要手段之一。通过本章学习,培养学生发现问题,解决问题的能力。强调技术的发展是无止境的,要寻求矛盾统一,不断创新,以求最优。

【学习提示】 现代电力电子装置的发展趋势是小型化、轻量化,其最直接的途径是电路的高频化。但在提高开关频率的同时,开关损耗也会随之增加,电路效率严重下降,电磁干扰(Electro Magnetic Interference,EMI)也增大了。本章所要介绍的软开关(Soft Switching)技术是近年来出现的一种新型谐振开关技术,它利用以谐振为主的辅助换流手段,解决了电路中的开关损耗和开关噪声问题,使开关频率可以大幅度提高。软开关技术是电力电子装置高频化重要而有效的途径之一。

本章先介绍软开关的基本概念、特性及其类型,然后分别介绍准谐振电路、零开关 PWM 电路和零转换 PWM 电路。

8.1 软开关的基本概念

8.1.1 软开关技术的提出

在本教材前面章节中对电力电子电路进行分析时,总是将电路理想化,特别是将其中的开关理想化,认为开关状态的转换是在瞬间完成的,忽略了开关过程对电路的影响。这样的分析方法便于理解电路的工作原理,但必须认识到,在实际电路中开关过程是客观存在的,一定条件下还可能对电路的工作造成重要影响。

图 8-1 给出了开关管开关时的电压和电流波形。由于开关管不是理想器件,在开通时开关管的电压不是立即下降到零,而是有一个下降时间,同时它的电流也不是立即上升到负载电流,也有一个上升时间。在这段时间里,电流和电压有一个重叠区,产生损耗,我们称之为开通损耗。当开关管关断时,开关管的电压不是立即从零上升到电源电压,而是有一个上升时间,同时它的电流也不是立即下降到零,也有一个下降时间。在这段时间里,电流和电

压也有一个重叠区,产生损耗,我们称之为关断损耗。因此在开关管开关工作时,要产生开通损耗和关断损耗,统称为开关损耗。在一定条件下,开关管在每个开关周期中的开关损耗是恒定的,变换器总的开关损耗与开关频率成正比,开关频率越高,总的开关损耗越大,变换器的效率就越低。具有这样开关过程的开关被称为硬开关(Hard Switching)。

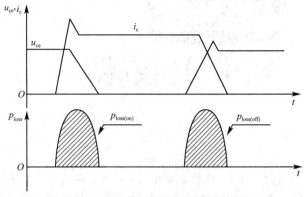

图 8-1   开关管开关时的电压和电流波形

开关管工作在硬开关时电压和电流的变化很快,会产生高的 di/dt 和 du/dt,波形出现了明显的过冲,从而导致了大的开关噪声。

在硬开关过程中会产生较大的开关损耗和开关噪声。开关损耗随着开关频率的提高而增加,使电路效率下降,阻碍了开关频率的提高;开关噪声给电路带来严重的电磁干扰问题,影响了周边电子设备的正常工作。

为了减小变换器的体积和重量,必须实现高频化。要提高开关频率,同时提高变换器的变换效率,就必须减小开关损耗。减小开关损耗的途径就是实现开关管的软开关。因此,软开关技术应运而生。

8.1.2 软开关的特性

通过在原来的开关电路中增加很小的电感 L_r、电容 C_r 等谐振元件,构成辅助换流网络,在开关过程前后引入谐振过程,使开关管关断前其电流为零,实现零电流关断,或开关管开通前其电压为零,实现零电压开通。这样就可以消除开关过程中电压、电流的重叠,降低它们的变化率,从而大大减小甚至消除开关损耗和开关噪声。零电流关断和零电压开通要靠电路中的谐振来实现,我们把这种谐振开关技术称为软开关技术,而具有这种谐振开关过程的开关也就是所谓的软开关。

图 8-2 给出了开关管实现软开关的波形图。从图中可以看出减小开通损耗有以下两种方法:

(1)在开关管开通时,使其电流保持为零,并限制电流的上升率,从而减少电流与电压的重叠区,这就是所谓的零电流开通。由图 8-2(a)可见,开通损耗大大减小。

(2)在开关管开通前,使其电压先下降到零,从而消除开通过程中电压与电流的重叠,这就是所谓的零电压开通。由图 8-2(b)可见,开通损耗为零。

同样,减小关断损耗也有以下两种方法:

(1)在开关管关断前,使其电流先下降到零,从而消除关断过程中电流与电压的重叠,这就是所谓的零电流关断。由图 8-2(a)可见,关断损耗为零。

(2)在开关管关断时,使其电压保持为零,并限制电压的上升率,从而减少电压与电流的重叠区,这就是所谓的零电压关断。由图 8-2(b)可见,关断损耗大大减小。

与开关管相串联的电感能延缓开关管开通后电流上升的速率,从而降低开通损耗,实现了零电流开通;与开关管并联的电容能延缓开关管关断后电压上升的速率,从而降低关断损

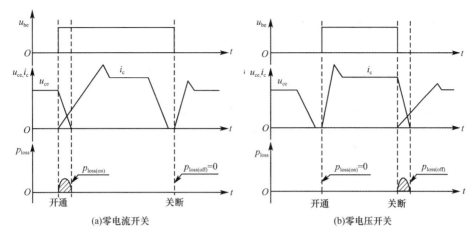

图 8-2　开关管实现软开关的波形图

耗,实现了零电压关断。我们把这种简单的利用串联电感实现零电流开通或利用并联电容实现零电压关断的电路称为缓冲电路,这部分内容本教材在第 2 章中有所介绍。我们知道,在缓冲电路中,为了使电感上的能量在开关管开通前放掉,或电容上的能量在开关管关断前放掉,必须附加电阻和二极管来吸收能量,把这些附加电路自身的损耗也考虑进去,装置整体的损耗还是增加了,所以缓冲电路一般不列为软开关技术。

8.1.3　零电流开关与零电压开关

根据开关管与谐振电感和谐振电容的不同组合,软开关方式分为零电流开关(Zero-Current-Switching,ZCS)和零电压开关(Zero-Voltage-Switching,ZVS)两类。

图 8-3 给出了零电流开关的原理电路,它有两种电路方式:L 型和 M 型,其工作原理是一样的。从图中可以看出,谐振电感 L_r 是与功率开关 S 相串联的。其基本思想是:在 S 开通之前,L_r 的电流为零;当 S 开通时,L_r 限制 S 中电流的上升率,从而实现 S 的零电流开通;而当 S 关断时,L_r 和 C_r 谐振工作使 L_r 的电流回到零,从而实现 S 的零电流关断。相应波形如图 8-2(a)所示。可见,L_r 和 C_r 为 S 提供了零电流开关的条件。

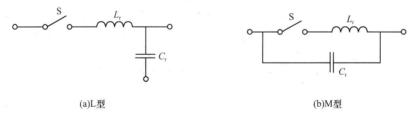

(a)L型　　　　　　　　　　　　　　　(b)M型

图 8-3　零电流开关的原理电路

根据功率开关 S 是单方向导通还是双方向导通,可将零电流开关分为半波模式和全波模式,如图 8-4 所示。图 8-4(a)是半波模式,功率开关 S 由一个开关管 VQ 和一个二极管 VD_Q 相串联构成。二极管 VD_Q 使功率开关 S 的电流只能单方向流动,而且为 VQ 承受反向电压。这样,谐振电感 L_r 的电流只能单方向流动。图 8-4(b)是全波模式,功率开关 S 由开关管 VQ 及其反并联二极管 VD_Q 构成,可以双方向流过电流,VD_Q 提供反向电流通路。谐振电感 L_r 的电流可以双方向流动,L_r 和 C_r 可以自由谐振工作。

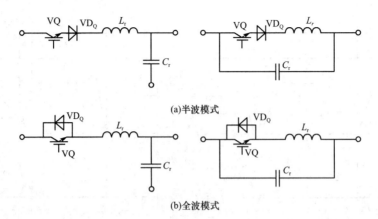

(a)半波模式

(b)全波模式

图 8-4　零电流开关结构图

图 8-5 给出了零电压开关的原理电路,它也有两种电路方式:L 型和 M 型,其工作原理是一样的。从图中可以看出,谐振电容 C_r 是与功率开关 S 相并联的。其基本思路是:在 S 导通时,C_r 上的电压为零;当 S 关断时,C_r 限制 S 上电压的上升率,从而实现 S 的零电压关断;而当 S 开通时,L_r 和 C_r 谐振工作使 C_r 的电压回到零,从而实现 S 的零电压开通。相应波形如图 8-2(b)所示。可见,L_r 和 C_r 为 S 提供了零电压开关的条件。

(a)M型

(b)L型

图 8-5　零电压开关的原理电路

同样,根据功率开关 S 是单方向导通还是双方向导通,可将零电压开关分为半波模式和全波模式,如图 8-6 所示。这里的半波模式和全波模式的定义与零电流开关有所不同。图 8-6(a)是半波模式,功率开关 S 由开关管 VQ 及其反并联二极管 VD_Q 构成,可以双方向流过电流,VD_Q 提供反向电流通路。这样,谐振电容 C_r 上的电压只能为正,不能为负,因为此时 C_r 上的电压被 VD_Q 钳制在零电位。图 8-6(b)是全波模式,功率开关 S 由一个开关管 VQ 和一个二极管 VD_Q 相串联构成,VD_Q 使功率开关 S 的电流只能单方向流动,而且为 VQ 承受反向电压。谐振电容 C_r 上的电压既可以为正,也可以为负,L_r 和 C_r 可以自由谐振工作。

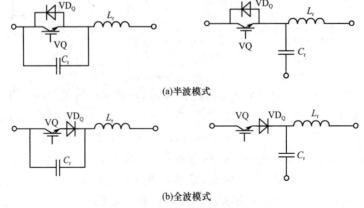

(a)半波模式

(b)全波模式

图 8-6　零电压开关结构图

8.1.4　软开关电路的分类

软开关技术问世以来,经历了不断地发展和完善,前后出现了许多种软开关电路,直到目前为止,新型的软开关拓扑仍不断地出现。由于存在众多的软开关电路,而且各自有不同的特点和应用场合,因此对这些电路进行分类是很必要的。

根据电路中主要的功率开关元件是零电流开关还是零电压开关,可以将软开关电路分成零电流电路和零电压电路两大类。通常,一种软开关电路要么属于零电流电路,要么属于零电压电路。

根据软开关技术发展的历程,可以将软开关电路分成准谐振电路、零开关 PWM 电路和零转换 PWM 电路。这些软开关电路已广泛用于 DC-DC 变换器、功率因数校正(Power Factor Correction,PFC)电路、谐振直流环节(Resonant DC Link)电路等各类高频变换电路中。下面以应用于 DC-DC 变换器中的软开关电路为例,介绍各类软开关电路的构成、工作原理及特点。

8.2　准谐振电路

准谐振电路在基本变换电路中加入谐振电感和谐振电容实现了开关管的软开关。由于谐振元件参与能量变换的某一个阶段,其电压或电流的波形为正弦半波,因此称之为准谐振。准谐振电路可以分为:零电流开关准谐振电路(Zero-Current-Switching Quasi-Resonant Converter,ZCS QRC)、零电压开关准谐振电路(Zero-Voltage-Switching Quasi-Resonant Converter,ZVS QRC)和零电压开关多谐振电路(Zero-Voltage-Switching Multi-Resonant Converter,ZVS MRC)。

8.2.1　零电流开关准谐振电路

图 8-7 给出了 L 型全波模式的 Buck ZCS QRC 的电路图及主要工作波形。

在分析工作原理之前,做出如下假设:

①所有开关管、二极管均为理想器件;

②所有电感、电容和变压器均为理想元件;

③$L_f \gg L_r$;

④L_f 足够大,在一个开关周期中,其电流基本保持不变,为 I_o。这样 L_f 和 C_f 以及负载电阻 R_L 可以看成一个电流为 I_o 的恒流源。

在一个开关周期中,该变换器有四种开关状态,分析如下:

(1)开关状态 1——电感充电阶段[对应图 8-7(b)中 $t_0 \sim t_1$]

在 t_0 时刻之前,开关管 VQ 处于关断状态,输出滤波电感电流 I_o 通过续流二极管 VD

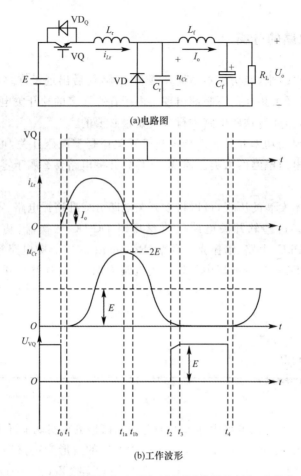

(a)电路图

(b)工作波形

图 8-7 L 型全波模式的 Buck ZCS QRC 的电路图及主要工作波形

续流。谐振电感电流 i_{Lr} 为零,谐振电容电压 u_{Cr} 也为零。

在 t_0 时刻,VQ 开通,加在 L_r 上的电压为 E,其电流从零线性上升,因此 VQ 是零电流开通。

随着 L_r 中电流的上升,二极管 VD 中的电流在下降,两者电流之和为 I_o。

在 t_1 时刻,i_{Lr} 上升到 I_o,此时二极管 VD 中的电流下降到零,VD 自然关断,进入下一个工作状态。

(2)开关状态 2——谐振阶段[对应图 8-7(b)中 $t_1 \sim t_2$]

从 t_1 时刻开始,L_r 和 C_r 开始谐振工作,经过二分之一谐振周期到达 t_{1a} 时刻,i_{Lr} 减小到 I_o,此时 u_{Cr} 达到最大值 $U_{Crmax} = 2E$。

在 t_{1b} 时刻,i_{Lr} 减小到零,此时 VQ 的反并联二极管 VD_Q 导通,i_{Lr} 继续反方向流动。在 t_2 时刻,i_{Lr} 再次减小到零,谐振阶段结束。

在 $[t_{1b}, t_2]$ 时段,VD_Q 导通,VQ 中的电流为零,只有这时关断 VQ,方可实现 VQ 的零电流关断。

(3)开关状态 3——电容放电阶段[对应图 8-7(b)中 $t_2 \sim t_3$]

在此开关状态中,由于 $i_{Lr} = 0$,输出滤波电感电流 I_o 全部流过谐振电容,谐振电容放电。

在 t_3 时刻,u_{Cr} 减小到零,续流二极管 VD 导通,电容放电结束。

（4）开关状态 4——自然续流阶段[对应图 8-7(b) 中 $t_3 \sim t_4$]

在此开关状态中，输出滤波电感电流 I_o 经过续流二极管 VD 续流。

在 t_4 时刻，零电流开通 VQ，开始下一个开关周期。

半波模式的 Buck ZCS QRC 电路的工作原理与全波模式基本类似，读者可自行分析。

8.2.2　零电压开关准谐振电路

图 8-8 给出了 M 型半波模式的 Boost ZVS QRC 的电路图及主要工作波形。在分析工作原理之前，做出如下假设：

①所有开关管、二极管均为理想器件；

②所有电感、电容和变压器均为理想元件；

③$L_f \gg L_r$；

④L_f 足够大，在一个开关周期中，其电流基本保持不变，为 I_i。这样 L_f 和输入电压 E 可以看成一个电流为 I_i 的恒流源。

⑤C_f 足够大，在一个开关周期中，其电压基本保持不变，为 U_o。这样 C_f 和负载电阻 R_L 可以看成一个电压为 U_o 的恒压源。

在一个开关周期中，该变换器有四种开关状态，分析如下：

（1）开关状态 1——电容充电阶段[对应图 8-8(b) 中 $t_0 \sim t_1$]

在 t_0 时刻之前，开关管 VQ 导通，输入电流 I_i 经过 VQ 续流，谐振电容 C_r 上的电压为零。VD 处于关断状态，谐振电感 L_r 的电流为零。

在 t_0 时刻，关断 VQ，输入电流 I_i 从 VQ 中转移到 C_r 中，给 C_r 充电，电压从零开始线性上升，由于 C_r 的电压是缓慢开始上升的，因此 VQ 是零电压关断。

在 t_1 时刻，u_{Cr} 上升到输出电压 U_o，电容充电结束，进入下一个开关状态。

（2）开关状态 2——谐振阶段[对应图 8-8(b) 中 $t_1 \sim t_2$]

从 t_1 时刻起，VD 开始导通，L_r 与 C_r 谐振工作，谐振电感电流 i_{Lr} 从零开始增加，经过二分之一谐振周期到达 t_{1a} 时刻，i_{Lr} 增加到 I_i，此时 u_{Cr} 达到最大值 U_{Crmax}。

$$U_{Crmax} = U_o + I_i \sqrt{\frac{L_r}{C_r}} \tag{8-1}$$

从 t_{1a} 时刻开始，i_{Lr} 大于 I_i，此时 C_r 开始放电，其电压开始下降。在 t_2 时刻，u_{Cr} 下降到零，此时 VQ 的反并联二极管 VD_Q 导通，将 VQ 的电压钳在零位，此后开通 VQ，方可实现 VQ 的零电压开通。

（3）开关状态 3——电感放电阶段[对应图 8-8(b) 中 $t_2 \sim t_3$]

在 t_2 时刻之后，VD_Q 的导通使加在谐振电感两端的电压为 $-U_o$，i_{Lr} 开始线性减小，当 i_{Lr} 减小到 I_i 时，VQ 开通，输入电流 I_i 开始流经 VQ。到 t_3 时刻，i_{Lr} 减小到零，由于 VD 的阻断作用，i_{Lr} 不能反方向流动，输入电流 I_i 全部流入 VQ。

（4）开关状态 4——自然续流阶段[对应图 8-8(b) 中 $t_3 \sim t_4$]

在此开关状态中，谐振电感 L_r 和谐振电容 C_r 停止工作，输入电流 I_i 经过 VQ 续流，负载由输出滤波电容提供能量。

在 t_4 时刻，VQ 零电压关断，开始下一个开关周期。

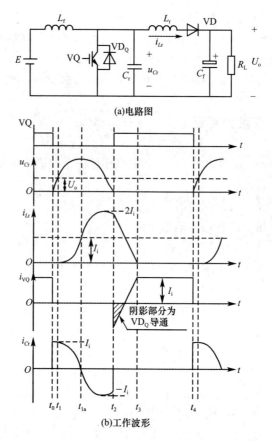

(a)电路图

(b)工作波形

图 8-8   M 型半波模式的 Boost ZVS QRC 的电路图及主要工作波形

8.2.3   零电压开关多谐振电路

1. 多谐振开关

多谐振电路的提出是为了同时实现功率开关 S 和二极管 VD 的软开关,图 8-9 给出了两种多谐振开关的电路结构。

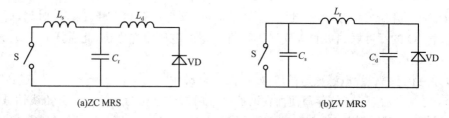

(a)ZC MRS   (b)ZV MRS

图 8-9   多谐振开关的电路结构

图 8-9(a)是零电流多谐振开关(Zero-Current Multi-Resonant Switch,ZC MRS),它的谐振元件构成一个 T 型网络,谐振电感 L_s 和 L_d 分别与功率开关 S 和二极管 VD 相串联,C_r 是谐振电容。图 8-9(b)是零电压多谐振开关(Zero-Voltage Multi-Resonant Switch,ZV MRS),它的谐振元件构成一个 Π 型网络,谐振电容 C_s 和 C_d 分别与功率开关 S 和二极管

VD 相并联,L_r 是谐振电感。从图中可以看出,ZV MRS 与 ZC MRS 是对偶的。从实际应用来看,ZV MRS 比较合理,因为它直接利用了 S 和 VD 的结电容,而 ZC MRS 不太合理,它没有利用 S 和 VD 的结电容,并且这两个结电容的存在会造成它们与谐振电感 L_r 的振荡,影响电路的正常工作。

2. 零电压开关多谐振电路

图 8-10 给出了 Buck ZVS MRC 的电路图及主要工作波形。

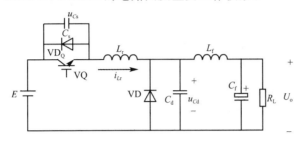

(a)电路图

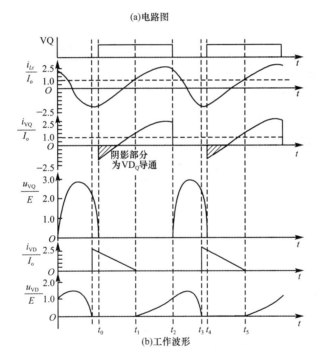

(b)工作波形

图 8-10　Buck ZVS MRC 的电路图及主要工作波形

在分析工作原理之前,做出如下假设:

①所有开关管、二极管均为理想器件;

②所有电感、电容和变压器均为理想元件;

③$L_f \gg L_r$;

④L_f 足够大,在一个开关周期中,其电流基本保持不变,为 I_o。这样 L_f 和 C_f 以及负载电阻 R_L 可以看成一个电流为 I_o 的恒流源。

在一个开关周期中,该变换器有四种开关状态,分析如下:

(1)开关状态 1——线性阶段[对应图 8-10(b)中 $t_0 \sim t_1$]

在 t_0 时刻,开关管 VQ 开通,此时谐振电感电流 i_{Lr} 流经 VQ 的反并联二极管 VD_Q,VQ 两端电压为零,因此 VQ 是零电压开通。在此开关状态中,i_{Lr} 小于输出电流 I_o,其差值 $I_o - i_{Lr}$ 从续流二极管 VD 中流过。加在谐振电感两端的电压为输入电压 E,i_{Lr} 线性增加。

在 t_1 时刻,i_{Lr} 增加到 I_o,续流二极管 VD 自然关断,电路进入下一个开关状态。

(2)开关状态 2——谐振阶段之一[对应图 8-10(b)中 $t_1 \sim t_2$]

在 t_1 时刻,续流二极管 VD 自然关断后,谐振电感 L_r 和谐振电容 C_d 开始谐振工作,电路进入第一个谐振阶段。

(3)开关状态 3——谐振阶段之二[对应图 8-10(b)中 $t_2 \sim t_3$]

在 t_2 时刻,开关管 VQ 关断,谐振电容 C_s 也参与谐振工作,电路进入 C_s、C_d 和 L_r 三个谐振元件共同谐振工作的第二个谐振阶段。因 C_s 与开关管 VQ 相并联,电容上的电压是缓慢上升的,因此 VQ 为零电压关断。

到 t_3 时刻,谐振电容 C_d 电压 $u_{Cd}(=u_{VD})$ 下降到零,续流二极管 VD 再次导通,C_d 退出谐振状态。

(4)开关状态 4——谐振阶段之三[对应图 8-10(b)中 $t_3 \sim t_4$]

在 t_3 时刻,VD 导通后,只有 L_r 与 C_s 谐振工作,电路进入第三个谐振阶段。

到 t_4 时刻,谐振电容 C_s 上的电压下降到零,VQ 的反并联二极管 VD_Q 导通,此时开通 VQ,电路开始另一个开关周期。

从前面的分析中可以知道,在一个开关周期中,变换器有三个谐振阶段,每个谐振阶段中参与谐振工作的元件不同。参与第一个谐振阶段的是谐振电感 L_r 和谐振电容 C_d,参与第二个谐振阶段的是谐振电感 L_r、谐振电容 C_d 和谐振电容 C_s。参与第三个谐振阶段的是谐振电感 L_r 和谐振电容 C_s。每个谐振阶段的谐振频率都不一样。由于存在多个谐振阶段,所以这类变换器被称为多谐振变换器。

8.3 零开关 PWM 电路

前面讨论的准谐振电路,由于谐振的引入使得电路的开关损耗和开关噪声都大大下降了,但也带来了一些负面问题,例如,谐振电压峰值很高,要求器件耐压必须提高;谐振电流的有效值很大,电路中存在大量的无功功率的交换,造成电路导通损耗加大;谐振周期随输入电压、负载变化而改变,因此电路只能采用脉冲频率调制方案,而且不易控制。变化的开关频率使得变换器的高频变压器、输入滤波器和输出滤波器的优化设计变得十分困难。为了能够优化设计这些元件,必须采用恒定频率控制,即 PWM 控制。在准谐振变换器中加入一个辅助开关,就可以得到 PWM 控制的准谐振变换器,即零开关 PWM 电路。零开关 PWM 电路可以分为:零电流开关 PWM 电路(Zero-Current-Switching PWM Converter,ZCS PWM Converter)和零电压开关 PWM 电路(Zero-Voltage-Switching PWM Converter,ZVS PWM Converter)。

8.3.1 零电流开关 PWM 电路

图 8-11 给出了 Buck ZCS PWM 变换器的电路图及主要工作波形,其中输入电源 E、主开关管 VQ(包括其反并联二极管 VD_Q)、续流二极管 VD、输出滤波电感 L_f、输出滤波电容 C_f、负载电阻 R_L、谐振电感 L_r 和谐振电容 C_r 构成全波模式的 Buck ZCS QRC。VQ_a 是辅助开关管,VD_{Qa} 是 VQ_a 的反并联二极管。从中可以看出,Buck ZCS PWM 变换器实际上是在 Buck ZCS QRC 的基础上,给谐振电容 C_r 串联了一个辅助开关管 VQ_a(包括其反并联二极管 VD_{Qa})。

在分析工作原理之前,做出如下假设:

①所有开关管、二极管均为理想器件;

②所有电感、电容和变压器均为理想元件;

③$L_f \gg L_r$;

④L_f 足够大,在一个开关周期中,其电流基本保持不变,为 I_o。这样 L_f 和 C_f 以及负载电阻 R_L 可以看成一个电流为 I_o 的恒流源。

在一个开关周期中,该变换器有六种开关状态,分析如下:

(1)开关状态 1——电感充电阶段[对应图 8-11(b)中 $t_0 \sim t_1$]

在 t_0 时刻之前,主开关管 VQ 和辅助开关管 VQ_a 均处于关断状态,输出滤波电感电流 I_o 通过续流二极管 VD 流过。谐振电感电流 i_{Lr} 为零,谐振电容电压 u_{Cr} 也为零。

在 t_0 时刻,VQ 开通,加在 L_r 上的电压为 E,其电流从零开始线性上升,因此 VQ 是零电流开通。而 VD 中的电流线性下降。

到 t_1 时刻,i_{Lr} 上升到 I_o,续流二极管 VD 中的电流下降到零,VD 自然关断。

(2)开关状态 2——谐振阶段之一[对应图 8-11(b)中 $t_1 \sim t_2$]

从 t_1 时刻开始,辅助二极管 VD_{Qa} 自然导通,L_r 和 C_r 开始谐振工作,经过二分之一谐振周期到达 t_2 时刻,i_{Lr} 经过最大值后又减小到 I_o,此时 u_{Cr} 达到最大值 $U_{Crmax} = 2E$。

(3)开关状态 3——恒流阶段[对应图 8-11(b)中 $t_2 \sim t_3$]

在此开关状态中,辅助二极管 VD_{Qa} 自然关断,谐振电容 C_r 无法放电,其电压保持在最大值 $U_{Crmax} = 2E$。谐振电感电流恒定不变,等于输出电流 I_o,即 $i_{Lr} = I_o$。

(4)开关状态 4——谐振阶段之二[对应图 8-11(b)中 $t_3 \sim t_4$]

在 t_3 时刻,零电流开通辅助开关管 VQ_a。L_r 和 C_r 又开始谐振工作,C_r 通过 VQ_a 放电。

在 t_{3a} 时刻,i_{Lr} 减小到零,此时 VQ 的反并联二极管 VD_Q 导通,i_{Lr} 反方向流动。在 t_4 时刻,i_{Lr} 再次减小到零。在 $[t_{3a}, t_4]$ 时段,由于 i_{Lr} 流经 VD_Q,VQ 中的电流为零,因此可以在该时段中关断 VQ,则 VQ 是零电流关断。

(5)开关状态 5——电容放电阶段[对应图 8-11(b)中 $t_4 \sim t_5$]

在此开关状态中,由于 $i_{Lr} = 0$,输出滤波电感电流 I_o 全部流过谐振电容,谐振电容放电。

到 t_5 时刻,谐振电容电压减小到零,续流二极管 VD 导通。

(6)开关状态 6——自然续流阶段[对应图 8-11(b)中 $t_5 \sim t_6$]

在此开关状态中,输出滤波电感电流 I_o 经过续流二极管 VD 续流,辅助开关管 VQ_a 零电压/零电流关断。

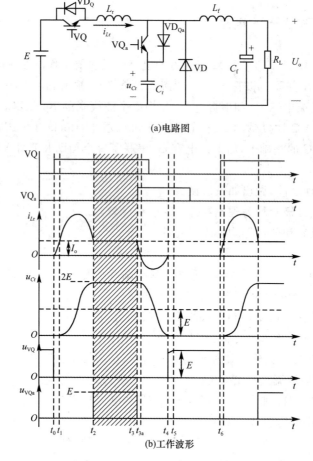

(a)电路图

(b)工作波形

图 8-11 Buck ZCS PWM 变换器的电路图及主要工作波形

在 t_6 时刻,零电流开通 VQ,开始下一个开关周期。

从上面的分析中可以知道,Buck ZCS PWM 变换器是对 Buck ZCS QRC 的改进,它们的区别是:①Buck ZCS PWM 变换器通过控制辅助开关管 VQ$_a$,将 Buck ZCS QRC 的谐振过程拆成两个开关状态,即谐振阶段之一和谐振阶段之二,并且在这两个开关状态之间插入了一个恒流阶段,如图 8-11(b)中的阴影部分所示。这样谐振电感和谐振电容只在主开关管开关时谐振工作,谐振工作时间相对于开关周期来说很短,谐振元件的损耗较小;同时,开关管的通态损耗比 Buck ZCS QRC 小。②Buck ZCS QRC 采用频率调制策略,而 Buck ZCS PWM 变换器可以实现变换器的 PWM 控制。Buck ZCS PWM 变换器与 Buck ZCS QRC 的相同之处是:①主开关管实现零电流开关的条件完全相同。②主开关管和谐振电容、谐振电感的电压和电流应力也是完全一样的。同时,在 Buck ZCS PWM 变换器中,辅助开关管 VQ$_a$ 也实现了零电流开关。

虽然这里是对 Buck ZCS PWM 变换器与 Buck ZCS QRC 进行比较,实际上,Buck ZCS PWM 变换器与 Buck ZCS QRC 的区别和相同之处就是所有 ZCS PWM 变换器与其所对应的 ZCS QRC 的区别和相同之处。只要给零电流开关准谐振电路族中的谐振电容串联一个辅助开关管(包括其反并联二极管),就可以得到一族零电流开关 PWM 电路。

8.3.2　零电压开关 PWM 电路

上面讨论的 ZCS PWM 变换器是在 ZCS QRC 的基础上,给谐振电容串联一个辅助开关管(包括它的反并联二极管)。根据电路对偶原理,如果在 ZVS QRC 的基础上,给谐振电感并联一个辅助开关管(包括它的串联二极管),就可以得到一族 ZVS PWM 变换器。下面以 Buck ZVS PWM 变换器为例来分析它们的工作原理。

图 8-12 给出了 Buck ZVS PWM 变换器的电路图及主要工作波形,其中输入电源 E、主开关管 VQ(包括其反并联二极管 VD_Q)、续流二极管 VD、滤波电感 L_f、滤波电容 C_f、负载电阻 R_L、谐振电感 L_r 和谐振电容 C_r 构成半波模式的 Buck ZVS QRC。VQ_a 是辅助开关管,VD_{Qa} 是 VQ_a 的串联二极管。从中可以看出,Buck ZVS PWM 变换器实际上是在 Buck ZVS QRC 的基础上,给谐振电感 L_r 并联了一个辅助开关管 VQ_a(包括其串联二极管 VD_{Qa})。

在分析工作原理之前,做出如下假设:

①所有开关管、二极管均为理想器件;

②所有电感、电容和变压器均为理想元件;

③$L_f \gg L_r$;

④L_f 足够大,在一个开关周期中,其电流基本保持不变,为 I_o。这样 L_f 和 C_f 以及负载电阻 R_L 可以看成一个电流为 I_o 的恒流源。

在一个开关周期中,该变换器有五种开关状态,分析如下:

(1)开关状态 1——电容充电阶段[对应图 8-12(b)中 $t_0 \sim t_1$]

在 t_0 时刻之前,主开关管 VQ 和辅助开关管 VQ_a 均处于导通状态,续流二极管 VD 处于关断状态,谐振电容电压为零,谐振电感电流等于 I_o。

在 t_0 时刻,主开关管 VQ 关断,其电流立即转移到谐振电容中去,给谐振电容充电。

在此开关状态中,谐振电感电流保持 I_o 不变。因此谐振电容的充电电流为输出电流 I_o,电容电压线性上升。因为 C_r 的电压是从零开始线性上升的,所以 VQ 是零电压关断。

在 t_1 时刻,u_{Cr} 上升到输入电压 E,续流二极管 VD 导通,电容充电阶段结束。

(2)开关状态 2——自然续流阶段[对应图 8-12(b)中 $t_1 \sim t_2$]

在此开关状态中,谐振电感电流 i_{Lr} 通过辅助开关管 VQ_a 续流,其电流值保持不变,依然等于输出电流 I_o。而输出电流 I_o 则通过续流二极管 VD 续流。

(3)开关状态 3——谐振阶段[对应图 8-12(b)中 $t_2 \sim t_3$]

在 t_2 时刻,辅助开关管 VQ_a 关断,谐振电感 L_r 和谐振电容 C_r 开始谐振工作,而输出电流依然通过 VD 续流。由于 C_r 的存在,因此辅助开关管 VQ_a 是零电压关断的。

在 t_3 时刻,u_{Cr} 经过最大值后下降到零,VQ 的反并联二极管 VD_Q 导通,将 VQ 的电压钳在零位,此后开通 VQ,则可实现 VQ 的零电压开通。

(4)开关状态 4——电感充电阶段[对应图 8-12(b)中 $t_3 \sim t_4$]

在此开关状态中,主开关管 VQ 处于开通状态,输出电流 I_o 通过 VD 续流,此时加在谐振电感上的电压为输入电压 E,谐振电感电流 i_{Lr} 线性增加,而 VD 中的电流线性减小。

到 t_4 时刻,i_{Lr} 上升到输出电流 I_o,此时 VD 中的电流减小到零,VD 自然关断。

(5)开关状态 5——恒流阶段[对应图 8-12(b)中 $t_4 \sim t_5$]

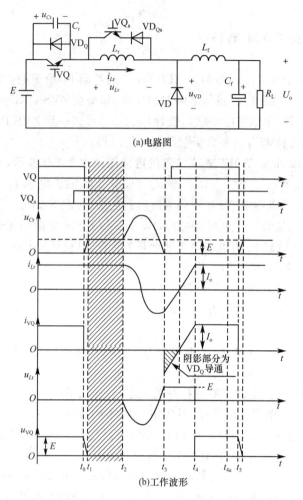

(a)电路图

(b)工作波形

图 8-12　Buck ZVS PWM 变换器的电路图及主要工作波形

在此开关状态中，主开关管 VQ 处于开通状态，VD 处于关断状态，谐振电感电流保持在输出电流 I_o。辅助开关管 VQ_a 在主开关管 VQ 关断之前开通，即在 t_{4a} 时刻开通 VQ_a。由于谐振电感电流不能突变，因此 VQ_a 是零电流开通。

在 t_5 时刻，VQ 零电压关断，开始另一个开关周期。

从上面的分析中可以知道，Buck ZVS PWM 变换器与 Buck ZVS QRC 的区别是：①Buck ZVS PWM 变换器通过控制辅助开关管 VQ_a，在 Buck ZVS QRC 的电容充电阶段和谐振过程插入了一个自然续流阶段，如图 8-12(b)中的阴影部分所示。这样谐振电感和谐振电容只在开关管开关时谐振工作，谐振工作时间相对于开关周期来说很短，谐振元件的损耗较小；同时，开关管的通态损耗比 Buck ZVS QRC 小。②Buck ZVS QRC 采用频率调制策略，而 Buck ZVS PWM 变换器可以实现变换器的 PWM 控制。Buck ZVS PWM 变换器与 Buck ZVS QRC 的相同之处是：①主开关管实现零电压开关的条件完全相同。②开关管和谐振电容、谐振电感的电压和电流应力也是完全一样的。同时，在 Buck ZVS PWM 变换器中，辅助开关管 VQ_a 也实现了零电压开关。

Buck ZVS PWM 变换器与 Buck ZVS QRC 的区别和相同之处就是所有 ZVS PWM 变

换器与它们所对应的 ZVS QRC 的区别和相同之处。

8.4 零转换 PWM 电路

上一节讨论的零开关 PWM 电路通过控制辅助开关管实现了频率固定的 PWM 控制方式,但由于谐振电感串联在主功率回路中,损耗较大。同时,开关管和谐振元件的电压应力和电流应力与准谐振变换器的完全相同。为了克服这些缺陷,提出了零转换 PWM 电路,这是软开关技术的一次飞跃。这类软开关电路也是采用辅助开关管控制谐振的开始时刻,从而实现频率固定的 PWM 控制方式。所不同的是谐振电路与主开关并联,因此输入电压和负载电流对电路的谐振过程影响很小,而且电路中无功功率的交换被削减到最小,这使得电路效率有了进一步提高。零转换 PWM 电路可以分为:零电压转换 PWM 电路(Zero-Voltage-Transition PWM Converter,ZVT PWM Converter)和零电流转换 PWM 电路(Zero-Current-Transition PWM Converter,ZCT PWM Converter)。

8.4.1 零电压转换 PWM 电路

1. 基本型 ZVT PWM 电路的构成及原理

ZVT PWM 变换器的基本思路是:为了实现主开关管的零电压关断,可以给它并联一个缓冲电容,用来限制开关管电压的上升率。而在主开关管开通时,必须要将其缓冲电容上的电荷释放到零,以实现主开关管的零电压开通。为了在主开关管开通之前将其缓冲电容上的电荷释放到零,可以附加一个辅助电路来实现。而当主开关管零电压开通后,辅助电路将停止工作。也就是说,辅助电路只是在主开关管将要开通之前的很短一段时间内工作,在主开关管完成零电压开通后,辅助电路立即停止工作,而不是在变换器工作的所有时间都参与工作。

本节以 Boost ZVT PWM 变换器为例,讨论基本型 ZVT PWM 变换器的工作原理。Boost ZVT PWM 变换器的电路图及主要工作波形如图 8-13 所示。输入直流电源 E、主开关管 VQ、升压二极管 VD、升压电感 L_f 和滤波电容 C_f 组成基本的 Boost 变换器,C_r 是 VQ 的缓冲电容,它包括了 VQ 的结电容,VD_Q 是 VQ 的反并联二极管。虚框内的辅助开关管 VQ_a、辅助二极管 VD_a 和辅助电感 L_a 构成辅助电路。

在分析工作原理之前,做出如下假设:

①所有开关管、二极管均为理想器件;

②所有电感、电容和变压器均为理想元件;

③升压电感 L_f 足够大,在一个开关周期中,其电流基本保持不变,为 I_i;

④滤波电容 C_f 足够大,在一个开关周期中,其电压基本保持不变,为 U_o。

在一个开关周期中,该变换器有七种开关状态,分析如下:

(1)开关状态 1[对应图 8-13(b)中 $t_0 \sim t_1$]

在 t_0 时刻之前,主开关管 VQ 和辅助开关管 VQ_a 处于关断状态,升压二极管 VD 导通。

在 t_0 时刻,开通 VQ_a,此时辅助电感电流 i_{La} 从零开始线性上升,而 VD 中的电流开始线性下降。

到 t_1 时刻,i_{La} 上升到升压电感电流 I_i,VD 中的电流减小到零而自然关断,开关状态 1 结束。

(2)开关状态 2[对应图 8-13(b)中 $t_1 \sim t_2$]

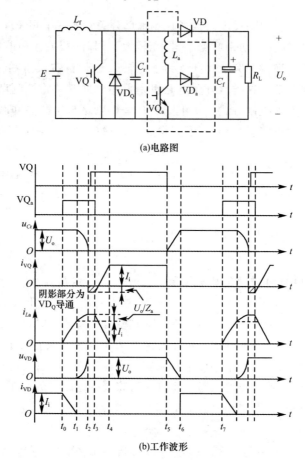

(a)电路图

(b)工作波形

图 8-13　基本型 Boost ZVT PWM 变换器的电路图及主要工作波形

在此开关状态中,VD 关断后,辅助电感 L_a 开始与电容 C_r 谐振,i_{La} 继续上升,而 C_r 上的电压 u_{Cr} 开始下降。当 C_r 上的电压下降到零时,VQ 反并联二极管 VD_Q 导通,将 VQ 的电压钳在零位,电路进入下一个开关状态。

(3)开关状态 3[对应图 8-13(b)中 $t_2 \sim t_3$]

在该开关状态中,VD_Q 导通,L_a 电流通过 VD_Q 续流,此时开通 VQ 就是零电压开通。为了实现 VQ 的零电压开通,VQ 的开通时刻应该滞后于 VQ_a 的开通时刻,滞后时间为

$$t_d > t_{01} + t_{12} = \frac{L_a I_i}{U_o} + \frac{\pi}{2}\sqrt{L_a C_r} \tag{8-2}$$

(4)开关状态 4[对应图 8-13(b)中 $t_3 \sim t_4$]

在 t_3 时刻,关断 VQ_a,由于 VQ_a 关断时其电流不为零,而且当它关断后 VD_a 导通,VQ_a

上的电压立即上升到 U_o，因此 VQ_a 为硬关断。当 VQ_a 关断后，加在 L_a 两端的电压为 $-U_o$，L_a 中的能量转移到负载中去，L_a 中的电流线性下降，VQ 中的电流线性上升。

到 t_4 时刻，L_a 中的电流下降到零，VQ 中的电流上升为 I_i。

(5)开关状态 5[对应图 8-13(b)中 $t_4 \sim t_5$]

在此开关状态中，VQ 导通，VD 关断。升压电感电流流过 VQ，滤波电容给负载供电，其规律与不加辅助电路的 Boost 电路完全相同。

(6)开关状态 6[对应图 8-13(b)中 $t_5 \sim t_6$]

在 t_5 时刻，VQ 关断，此时升压电感电流 I_i 给 C_r 充电，C_r 的电压从零开始线性上升。到 t_6 时刻，C_r 的电压上升到 U_o，此时 VD 自然导通。由于存在 C_r，所以 VQ 是零电压关断。

(7)开关状态 7[对应图 8-13(b)中 $t_6 \sim t_7$]

该开关状态与不加辅助电路的 Boost 电路一样，L_f 和 E 给滤波电容 C_f 和负载提供能量。

在 t_7 时刻，VQ_a 开通，开始另一个开关周期。

2. 基本型 ZVT PWM 电路的优缺点

该电路的优点是：

①实现了主开关管 VQ 和升压二极管 VD 的软开关；

②辅助开关管是零电流开通，但有容性开通损耗；

③主开关管和升压二极管中的电压、电流应力与不加辅助电路时一样；

④辅助电路的工作时间很短，其电流有效值很小，因此损耗小；

⑤在任意负载和输入电压范围内均可实现 ZVS；

⑥实现了恒频工作。

该电路的缺点是：辅助开关管的关断损耗很大，比不加辅助电路时主开关管的关断损耗还要大，因此有必要改善辅助开关管的关断条件，对电路进行改进。

3. 改进型 ZVT PWM 电路

图 8-14 给出了改进型 Boost ZVT PWM 变换器的电路图及主要工作波形。与图 8-13 相比，改进型 Boost ZVT PWM 变换器增加了虚框部分，即一个辅助电容 C_a 和一个辅助二极管 VD_b。

改进型 Boost ZVT PWM 变换器的工作原理与基本型 Boost ZVT PWM 变换器基本相同，不同之处有两点，如图 8-14(b)中的阴影部分所示：①将图 8-13 中的开关状态 4，即[t_3，t_4]开关状态分为[t_3，t_a]和[t_a，t_4]两个开关状态；②开关状态 6，即[t_5，t_6]开关状态工作情况不同。下面来分析一下[t_3，t_a]、[t_a，t_4]和[t_5，t_6]三个开关状态的工作情况，其他开关状态与基本型 Boost ZVT PWM 变换器的开关状态相同。

(1)开关状态 t_{3a}[对应图 8-14(b)中 $t_3 \sim t_a$]

在 t_3 时刻，关断辅助开关管 VQ_a，i_{La} 给 C_a 充电，u_{Ca} 从零开始上升。由于有 C_a，所以改善了 VQ_a 的关断条件，实现了 VQ_a 的零电压关断。

到 t_a 时刻，u_{Ca} 上升到 U_o，VD_a 导通，将 u_{Ca} 钳在 U_o。

(2)开关状态 t_{a4}[对应图 8-14(b)中 $t_a \sim t_4$]

在此开关状态中，加在 L_a 上的电压为 $-U_o$，i_{La} 线性下降，VQ 中的电流线性上升。到 t_4 时刻，L_a 中的电流下降到零，VQ 中的电流上升为 I_i。

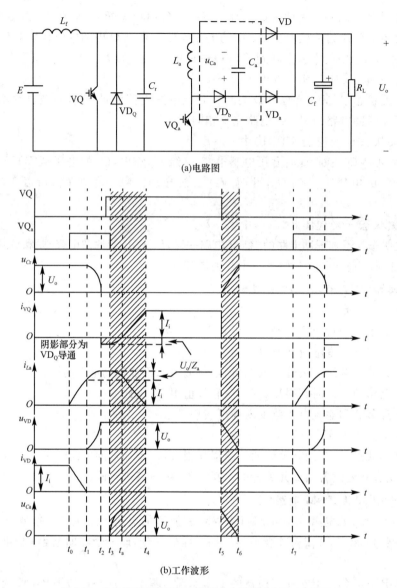

(a)电路图

(b)工作波形

图 8-14　改进型 ZVT PWM 变换器的电路图及主要工作波形

（3）开关状态 t_{56}［对应图 8-14(b)中 $t_5 \sim t_6$］

在 t_5 时刻，主开关管 VQ 关断，升压电感电流 I_i 同时给 C_r 充电、给 C_a 放电，由于有 C_r 和 C_a，VQ 是零电压关断。

到 t_6 时刻，u_{Cr} 上升到 U_o，u_{Ca} 下降到零，VD 自然导通，VD_a 自然关断。

从上面的分析中可以看出，C_a 起到两个作用：①当辅助开关管 VQ_a 关断时，C_a 充电，对 VQ_a 的关断起到缓冲作用；②而当主开关管 VQ 关断时，C_a 放电，对 VQ 的关断起到缓冲作用，因此 VQ 的缓冲电容 C_r 可以很小，只利用其结电容就足够了，不必另加缓冲电容。

可见，改进型 ZVT PWM 变换器不但保留了基本型 ZVT PWM 变换器的所有优点，还带来了以下几个优点：

①辅助开关管是零电压关断的；

②辅助电容既作为主开关管的缓冲电容,又作为辅助开关管的缓冲电容;

③主开关管的缓冲电容直接利用其结电容就可以了,不必另加缓冲电容;

④辅助电感的峰值电流减小了。

8.4.2 零电流转换 PWM 电路

1. 基本型 ZCT PWM 电路的构成及原理

前面我们分析了 ZVT PWM 电路的工作原理,ZCT PWM 电路的工作原理与 ZVT PWM 电路的工作原理基本类似。它的基本思路是,当开关管将要关断时,使其电流减小到零,从而实现主开关管的零电流关断。为了达到这个目的,需在基本的 PWM 变换器中增加一个辅助电路,该电路在主开关管将要关断前工作,使主开关管的电流减小到零,当主开关管零电流关断后,辅助电路停止工作,也就是说辅助电路只是在主开关管将要关断时工作一段时间,其他时间不工作。

现在还是以 Boost ZCT PWM 变换器为例,讨论 ZCT PWM 变换器的工作原理。基本型 Boost ZCT PWM 变换器的电路图及主要工作波形如图 8-15 所示。输入直流电源 E、主开关管 VQ、升压二极管 VD、升压电感 L_f 和滤波电容 C_f 组成基本的 Boost 变换器,VD_Q 是 VQ 的反并联二极管。虚线框内的辅助开关管 VQ_a、辅助二极管 VD_a、辅助电感 L_a 和辅助电容 C_a 构成辅助电路,VD_{Qa} 是 VQ_a 的反并联二极管。

在分析工作原理之前,做出如下假设:

①所有开关管、二极管均为理想器件;

②所有电感、电容和变压器均为理想元件;

③升压电感 L_f 足够大,在一个开关周期中,其电流基本保持不变,为 I_i;

④滤波电容 C_f 足够大,在一个开关周期中,其电压基本保持不变,为 U_o。

在一个开关周期中,该变换器有六种开关状态,分析如下:

(1)开关状态 1[对应图 8-15(b)中 $t_0 \sim t_1$]

在 t_0 时刻之前,主开关管 VQ 处于导通状态,辅助开关管 VQ_a 处于关断状态,升压电感电流 I_i 流过 VQ,负载由输出滤波电容 C_f 提供电能。此时辅助电感电流 i_{La} 等于零,辅助电容电压 u_{Ca} 为 $-U_{Camax}$。

$$U_{Camax} = \sqrt{2E_a/C_a} \tag{8-3}$$

式中,E_a 为 L_a 和 C_a 组成的辅助支路里的能量。

在 t_0 时刻开通辅助开关管 VQ_a,此时加在 L_a 和 C_a 支路上的电压为零,L_a 和 C_a 开始谐振工作,L_a 的电流 i_{La} 从零开始上升,VQ_a 为零电流开通。C_a 被反向放电,u_{Ca} 由负的最大值开始上升,同时主开关管 VQ 中的电流 i_{VQ} 开始下降。

到 t_1 时刻,i_{La} 上升到升压电感电流 I_i,i_{VQ} 电流下降到零。

(2)开关状态 2[对应图 8-15(b)中 $t_1 \sim t_2$]

在 t_1 时刻,主开关管电流 i_{VQ} 下降到零,其反并联二极管 VD_Q 导通,辅助电感和辅助电容继续谐振工作,L_a 的电流继续上升,C_a 继续被反向放电。到 t_{1a} 时刻,辅助电容电荷反向被放到零,即 $u_{Ca}=0$,辅助电感电流上升到最大值,即 $i_{La}=U_{Camax}/Z_a$,此时关断主开关管,由于其反并联二极管 VD_Q 导通,则 VQ 为零电流关断。VQ 关断后,升压二极管 VD 导

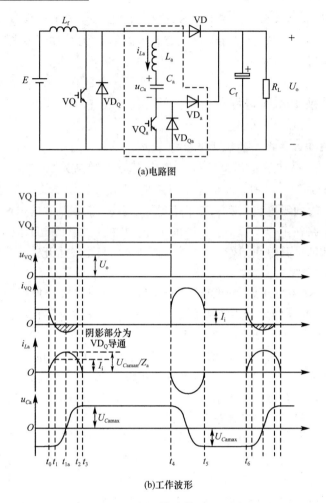

(a)电路图

(b)工作波形

图 8-15　基本型 Boost ZCT PWM 变换器的电路图及主要工作波形

通,升压电感电流 I_i 通过升压二极管 VD 流入负载。

在 t_{1a} 之后,辅助电感和辅助电容继续谐振工作,L_a 的电流开始下降,辅助电容被正向充电,其电压 u_{Ca} 从零开始继续上升,主开关管的反并联二极管 VD_Q 继续导通。

在稳态工作时,由于 L_a 和 C_a 支路的能量具有自我调节功能,在整个开关周期中,L_a 和 C_a 组成的辅助支路是封闭的,与外界没有能量交换。所以,在 t_2 时刻关断辅助开关管 VQ_a,i_{La} 必然减小到 I_i,VD_Q 关断,VD_a 导通,电路进入下一个开关状态。

(3)开关状态 3[对应图 8-15(b)中 $t_2 \sim t_3$]

在 t_2 时刻,VQ 关断后,由于 VD 和 VD_a 均导通,此时加在 L_a 和 C_a 支路上的电压依然为零,L_a 和 C_a 继续谐振工作,L_a 的电流继续减小,C_a 继续被正向充电。

到 t_3 时刻,L_a 和 C_a 的半个谐振周期结束,i_{La} 减小到零,u_{Ca} 上升到最大值 U_{Camax}。

(4)开关状态 4[对应图 8-15(b)中 $t_3 \sim t_4$]

在此开关状态中,辅助电路停止工作,输入直流电压和升压电感同时给负载提供能量,与基本的 Boost 电路工作情况一样。

（5）开关状态 5［对应图 8-15(b) 中 $t_4 \sim t_5$］

在 t_4 时刻，主开关管 VQ 开通，升压二极管 VD 截止，输入电流 I_i 流过 VQ，负载由输出滤波电容提供能量。同时，辅助电路的 L_a 和 C_a 通过 VQ_a 的反并联二极管 VD_{Qa} 开始谐振工作。

由于 VQ 开通之前其电压为输出电压 U_o，当它开通时输入电流 I_i 立即由升压二极管 VD 转移到 VQ，因此 VQ 是硬开通，而 VD 存在反向恢复问题。

在 t_5 时刻，L_a 和 C_a 完成半个谐振周期，此时 i_{La} 减小到零，C_a 被反向充电到最大电压，即 $u_{Ca} = -U_{Camax}$，辅助电路停止工作。

（6）开关状态 6［对应图 8-15(b) 中 $t_5 \sim t_6$］

在此开关状态中，升压电感电流流经 VQ，负载由输出滤波电容提供能量，这与基本的 Boost 电路是完全一样的。

在 t_6 时刻，VQ_a 开通，开始另一个开关周期。

2. 基本型 ZCT PWM 电路的优缺点

该电路的优点是：

① 在任意输入电压范围和负载范围内，均可实现主开关管的零电流关断；

② 辅助支路的能量随着负载的变化而调整，从而减小了辅助支路的损耗；

③ 辅助电路工作时间很短，其损耗小；

④ 实现了恒频控制。

该电路的缺点是：

① 主开关管不是零电流开通；

② 升压二极管存在反向恢复问题。

3. 改进型 ZCT PWM 电路

为了克服 ZCT PWM 电路的缺点，使主开关管既能实现零电流关断，又能实现零电流开通，消除升压二极管的反向恢复，可以对图 8-15 中的 ZCT PWM 变换器作一个小小的改动，同时对辅助开关管的开关时序作适当调整。图 8-16 给出了改进型 Boost ZCT PWM 变换器的电路图及主要工作波形，从图中可以看出，改进型 Boost ZCT PWM 变换器与基本型 Boost ZCT PWM 变换器的区别在于将辅助开关管 VQ_a 和辅助二极管 VD_a 交换了一个位置，而辅助开关管在一个开关周期内开通了两次。

在分析工作原理之前，仍做出如下假设：

① 所有开关管、二极管均为理想器件；

② 所有电感、电容和变压器均为理想元件；

③ 升压电感 L_f 足够大，在一个开关周期中，其电流基本保持不变，为 I_i；

④ 滤波电容 C_f 足够大，在一个开关周期中，其电压基本保持不变，为 U_o。

在一个开关周期中，该变换器有 11 种开关状态，分析如下：

（1）开关状态 1［对应图 8-16(b) 中 $t_0 \sim t_1$］

在 t_0 之前，主开关管 VQ 处于导通状态，升压二极管 VD 截止，I_i 从 VQ 中流过，辅助电路没有工作，L_a 的电流等于零，而 C_a 上的电压为 $-U_{Ca1}$。

$$U_{Ca1} = U_o\left[\sqrt{1+\left(\frac{I_i Z_a}{U_o}\right)^2}-1\right] \tag{8-4}$$

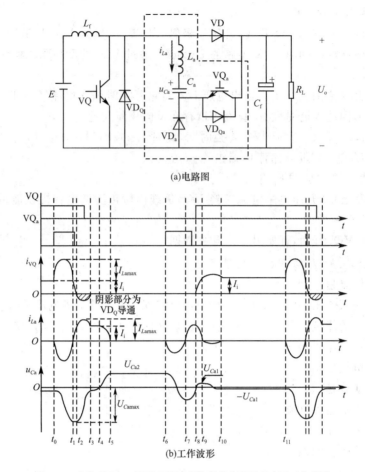

(a)电路图

(b)工作波形

图 8-16 改进型 Boost ZCT PWM 变换器的电路图及主要工作波形

在 t_0 时刻,辅助开关管 VQ_a 开通,加在谐振支路上的电压为 U_o,辅助电感 L_a 和辅助电容 C_a 通过 VQ_a 和 VQ 谐振工作,辅助电感电流 i_{La} 流经 VQ、输出滤波电容 C_f 和负载 R_L 以及 VQ_a,从零开始反向增加,C_a 被反向充电。经过半个谐振周期,到达 t_1 时刻。此时 u_{Ca} 达到负的最大值 $-U_{Camax}$,而 i_{La} 等于零。

$$U_{Camax} = -2U_o + U_{Ca1} \tag{8-5}$$

(2)开关状态 2[对应图 8-16(b)中 $t_1 \sim t_2$]

从 t_1 时刻开始,L_a 和 C_a 继续谐振工作,C_a 被反向放电,而 i_{La} 变为正方向流动,从零开始增加,流经 VQ_a 的反并联二极管 VD_{Qa}。与此同时,VQ 中的电流 i_{VQ} 开始减小。在此开关状态中,辅助开关管 VQ_a 可以零电压关断。

在 t_2 时刻,i_{La} 增加到 I_i,VQ 的反并联二极管 VD_Q 开始导通。

(3)开关状态 3[对应图 8-16(b)中 $t_2 \sim t_3$]

在此开关状态中,谐振支路的等效电路同样没有变化,L_a 和 C_a 继续谐振工作,由于 $I_{La} > I_i$,此时 VD_Q 导通,VQ 可以零电流关断。

在 t_3 时刻,i_{La} 减小到 I_i,VD_Q 自然关断。

(4)开关状态 4[对应图 8-16(b)中 $t_3 \sim t_4$]

在此开关状态中,升压二极管 VD 处于截止状态,I_i 只能通过 L_a、C_a 和 VD_{Qa} 流过,i_{La} 恒

定在 I_i，C_a 被恒流反向放电，C_a 的电压 u_{Ca} 反向线性减小。在 t_4 时刻，u_{Ca} 减小到零。

（5）开关状态 5［对应图 8-16(b) 中 $t_4 \sim t_5$］

t_4 时刻后，u_{Ca} 变为正电压，VD 导通，谐振支路 L_a 和 C_a 通过 VD_{Qa} 和 VD 谐振工作，i_{La} 减小，u_{Ca} 增大。

在 t_5 时刻，i_{La} 减小到零，u_{Ca} 达到正的最大值 $U_{Ca2} = I_i Z_a$，VD_{Qa} 自然关断。

（6）开关状态 6［对应图 8-16(b) 中 $t_5 \sim t_6$］

在此开关状态中，辅助电路停止工作，主电路的工作情况与基本的 Boost 变换器工作情况一样，输入电压和升压电感共同通过 VD 向负载提供能量。

（7）开关状态 7［对应图 8-16(b) 中 $t_6 \sim t_7$］

为了实现主开关管 VQ 的零电流开通，在 t_6 时刻再次开通辅助开关管 VQ_a，由于此时 L_a 上的电流 $i_{La} = 0$，因此 VQ_a 是零电流开通。当 VQ_a 开通后，L_a 和 C_a 通过 VD 和 VQ_a 谐振工作。

经过二分之一谐振周期，到 t_7 时刻，C_a 上的电压从 $+U_{Ca2}$ 变成 $-U_{Ca2}$，L_a 的电流 i_{La} 从零到最大值又减小到零。

（8）开关状态 8［对应图 8-16(b) 中 $t_7 \sim t_8$］

在此开关状态中，L_a 和 C_a 继续谐振工作，但 i_{La} 从零开始增加，已变成正方向流过 VD_{Qa}，而 VQ_a 可以零电流关断。

此时流过 VD 的电流随着 i_{La} 的增加越来越小。在 t_8 时刻，u_{Ca} 减小到零，i_{La} 上升到最大值 I_i，VD 中的电流减小到零而自然关断。

（9）开关状态 9［对应图 8-16(b) 中 $t_8 \sim t_9$］

在 t_8 时刻，由于 i_{La} 等于 I_i，VD 自然关断。而升压电感 L_f 和辅助电感 L_a 的电流不能突变，所以此时开通 VQ，则 VQ 实现了零电流开通。

当 VQ 开通后，i_{La} 继续正向流动，它流经 VD_{Qa}、C_f、R_L 和 VQ，此时 L_a 和 C_a 的谐振支路中串入了输出滤波电容 C_f 和负载 R_L，因此 i_{La} 迅速减小，其能量大部分反馈到负载中去，只有少部分能量存储在电容 C_a 中。

到 t_9 时刻，i_{La} 减小到零，C_a 上的电压为 U_{Ca1}。

（10）开关状态 10［对应图 8-16(b) 中 $t_9 \sim t_{10}$］

从 t_9 时刻开始，L_a 和 C_a 通过 VQ 和 VD_a 谐振工作。经过二分之一谐振周期，到达 t_{10} 时刻，i_{La} 又减小到零，而 C_a 的电压 u_{Ca} 则由 $+U_{Ca1}$ 变为 $-U_{Ca1}$，VD_a 自然关断。

（11）开关状态 11［对应图 8-16(b) 中 $t_{10} \sim t_{11}$］

在此开关状态中，辅助电路停止工作，主电路的工作情况与基本的 Boost 变换器的工作情况完全一样。I_i 流经 VQ，负载由输出滤波电容 C_f 提供能量。

在 t_{11} 时刻，VQ_a 开通，开始另一个开关周期。

从上面的分析中可以知道改进型 ZCT PWM 变换器的优点是：

①在任意输入电压范围和负载范围内，均可实现主开关管的零电流开通和零电流关断；

②辅助开关管工作在软开关状态；

③辅助电路工作时间很短，其损耗小；

④实现了恒频控制。

而该变换器的缺点是在实现主开关管的零电流关断时,辅助电路谐振工作,其电流流过主开关管,主开关管中额外多增加了一个电流,其峰值电流较大。

本 章 小 结

硬开关电路存在开关损耗和开关噪声,随着开关频率的提高这些问题变得更为严重。软开关技术通过在电路中引入谐振改善了开关管的开关条件,在很大程度上解决了这两个问题,推动了电力电子装置的高频化、小型化、轻量化的发展。

软开关技术总的来说可以分为零电流开关和零电压开关两类,被广泛地应用在各类高频变换电路中,出现了各种软开关电路。按照其出现的先后,软开关电路可以分为准谐振电路、零开关 PWM 电路和零转换 PWM 电路三大类。每一类都包含基本拓扑和众多的派生拓扑。

准谐振电路,包括零电流开关准谐振电路、零电压开关准谐振电路和零电压开关多谐振电路。准谐振电路通过在基本变换电路中加入谐振电感和谐振电容实现了开关管的软开关,可以将开关频率提高到几 MHz 甚至几十 MHz。但是由于它们采用频率调制方案,其开关频率是变化的,很难优化设计滤波器,而且电压和电流应力很大,因此一般应用在小功率、低电压而且对体积和重量要求十分严格的场合,比如宇航电源和程控交换机的 DC-DC 电源模块。

零开关 PWM 电路,包括零电流开关 PWM 电路和零电压开关 PWM 电路。ZCS PWM 电路和 ZVS PWM 电路是分别在 ZCS QRC 和 ZVS QRC 的基础上改进而得到的。在 ZCS QRC 的谐振电容上串联一个辅助开关管就可以得到 ZCS PWM 电路,而在 ZVS QRC 的谐振电感上并联一个辅助开关管则可以得到 ZVS PWM 电路。零开关 PWM 电路通过控制辅助开关管的开关来控制谐振电感和谐振电容的谐振工作过程,从而实现变换器的 PWM 控制。零开关 PWM 电路中谐振元件的谐振时间相对于开关周期来说很短,而谐振元件的谐振频率一般为几 MHz,这样零开关 PWM 电路的开关频率为几百 kHz 到 1 MHz,相对于准谐振电路而言低一些。但由于实现了恒定频率工作,输出滤波器可以优化设计,因此零开关 PWM 电路的性能指标和体积重量优于准谐振电路。与准谐振电路一样,零开关 PWM 电路的电压和电流应力很大,因此一般也应用在小功率、低电压而且对体积和重量要求十分严格的场合,比如宇航电源和程控交换机的 DC-DC 电源模块。

零转换 PWM 电路,包括零电压转换 PWM 电路和零电流转换 PWM 电路,二者都有基本型电路和改进型电路。零转换 PWM 电路有一个最大的特点,就是它的辅助网络与主功率电路相并联,而且辅助电路的工作不会增加主开关管的电压应力,主开关管的电压应力很小。这些优点使得它们适用于采用 IGBT 作为主开关管的中大功率场合,这样避免了 IGBT 的电流拖尾现象,从而可以大大提高开关频率。零转换 PWM 电路的出现是软开关技术的一次飞跃。

思考题及习题

8-1　高频化的意义是什么？何谓软开关技术？

8-2　零开关,即零电流开关和零电压开关的含义是什么？

8-3　画出零电流开关的原理电路,说明其工作原理。

8-4　画出零电压开关的原理电路,说明其工作原理。

8-5　画出图 8-7 所示 Buck ZCS QRC 中电感充电阶段$[t_0,t_1]$的等效电路,并解释开关管 VQ 是零电流开通。

8-6　画出图 8-8 所示 Boost ZVS QRC 中谐振阶段$[t_1,t_2]$的等效电路,并解释开关管 VQ 是零电压开通。

8-7　根据图 8-11(a)给出的 Buck ZCS PWM 变换器的电路图,画出 Boost ZCS PWM 变换器的电路图。

8-8　根据图 8-12(a)给出的 Buck ZVS PWM 变换器的电路图,画出 Boost ZVS PWM 变换器的电路图。

8-9　比较图 8-13 所示基本型 ZVT PWM 电路和图 8-14 所示改进型 ZVT PWM 电路,说明两个电路中的辅助开关管是软开关还是硬开关,为什么？

8-10　比较图 8-15 所示基本型 ZCT PWM 电路和图 8-16 所示改进型 ZCT PWM 电路,说明两个电路中的主开关管是软开关还是硬开关,为什么？

第9章
电力电子技术在电气工程中的应用

【能力目标】 了解现代电力电子技术在电气工程领域应用的特点。

【思政目标】 针对近年来我国高新科技领域多项关键技术受到国外技术限制这一现状,围绕 IGBT 技术等实际案例,讲授电力电子技术对直流输电、智能高铁等能源交通领域的重要作用,让学生逐步认识我国当前电力电子技术领域面临的"卡脖子"难题,学生将自我价值实现与服务国家重大战略需求、建设世界科技强国的时代使命结合,为民族复兴贡献力量。

【学习提示】 本章是在前面各章基础上最终落实到本书的应用内容——现代电力电子技术应用。现在它已经渗透到了工业乃至民生的每一个角落。如今,要找到一个完全不用电力电子技术的领域已不太容易。本章讲述了电力电子技术在电气工程领域中即电力传动、各种交直流电源、电力系统等方面的应用。

9.1 运动控制系统

运动控制系统五花八门,但从基本结构上看,主要由三部分组成:控制器、功率驱动装置和电动机,如图 9-1 所示。控制器按照给定值和实际运行的反馈值之差,调节控制量;功率驱动装置一方面按控制量的大小将电网中的电能作用于电动机上,调节电动机的转矩大小,另一方面按电动机的要求把恒压恒频的电网供电转换成电动机所需的交流电或直流电;电动机则按供电大小拖动生产机械运转。可以说大多数运动控制系统都是闭环控制的,只有少数简单的、对控制要求不高的场合采用开环控制(电动机拖动中介绍的系统多数属于开环控制系统)。

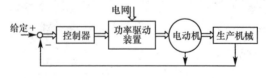

图 9-1　运动控制系统的基本结构

图 9-1 中的三个主要组成部分控制器、功率驱动装置、电动机是构成运动控制系统所必需的,而且也是变化多样的。任何一部分微小的变化都可构成不同的运动控制系统。我们把每一部分可能的变化列于表 9-1 中。

表 9-1　　　　　　　　　　　　　　运动控制系统各部分的组成

控制器	功率驱动装置	电动机
转速/电流/电压调节器	三相桥式晶闸管整流装置	直流电动机
P/PI/PID 调节器	三相半波晶闸管整流装置	交流电动机
模糊控制器	不可控整流＋PWM 斩波器	异步电动机(绕线型/笼型)
自适应控制器	交-交-变频器	同步电动机
标量控制器	交-直-交变频器	永磁同步电动机
矢量控制器	电压型逆变器	开关磁阻电动机
直接转矩控制器	电流型逆变器	无换向器电动机

纵观运动控制的发展历程,交、直流两大电气传动并存于各个工业领域,虽然各个时期科学技术的发展使它们所处的地位、所起的作用不同,但它们始终随着工业技术的发展,特别是电力电子和微电子技术的发展,在相互竞争、相互促进中不断完善并发生着变化。

9.1.1　晶闸管-直流电动机调速系统

改变电枢电压调速是直流调速系统采用的主要方法,调节电枢供电电压或者改变励磁磁通,都需要有专门的可控直流电源,常用的可控直流电源有以下三种:

(1)旋转变流机组。用交流电动机和直流发电机组成机组,以获得可调的直流电压。

(2)静止可控整流器。用静止的可控整流器,如汞弧整流器和晶闸管整流装置,产生可调的直流电压。

(3)直流斩波器或脉宽调制变换器。用恒定直流电源或不控整流电源供电,利用直流斩波或脉宽调制的方法产生可调的直流平均电压。

下面分别对旋转变流机组和静止可控整流器的直流调速系统作概括性介绍。

1. 旋转变流机组

以旋转变流机组作为可调电源的直流电动机调速系统原理图如图 9-2 所示。由变流电动机(称原动机,通常采用三相交流异步电动机)拖动直流发电机 G 实现变流,由 G 给需要调速的直流电动机 M 供电,调节发电机的励磁电流 i_f 的大小,就能够方便地改变其输出电压 U,从而调节电动机的转速 n。这种调速系统叫作发电机-电动机系统,简称 G-M 系统,国际上通称 Ward-Leonard 系统。为了供给直流发电机 G 和电动机 M 励磁,还需专门设置一台并励的直流励磁发电机 GE,可装在变流机组同轴上由原动机拖动,也可另外单用一台交流电动机拖动。

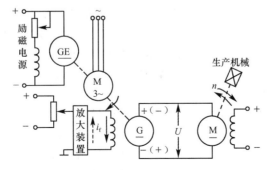

图 9-2　旋转变流机组供电的直流调速系统(G-M 系统)原理图

G-M 系统具有很好的调速性能,在 20 世纪 50 年代曾广泛使用,至今在尚未进行设备更新的地方仍然使用这种系统。但是这种由机组供电的直流调速系统需要旋转变流机组,至少包含两台与调速直流电动机容量相当的旋转电动机(原动机和直流发电机)和一台容量小一些的励磁发电机,因而设备多,体积大,效率低,安装需打地基,运行有噪声,维护不方便。为了克服这些缺点,开始采用静止变流装置来代替旋转变流机组,使直流调速系统进入了由静止变流装置供电的时代。

2. 静止可控整流器

在 20 世纪 50 年代,开始采用汞弧整流器和闸流管这样的静止变流装置来代替旋转变流机组,形成所谓的离子拖动系统。离子拖动系统克服了旋转变流机组的许多缺点,而且缩短了响应时间,但是由于汞弧整流器造价较高,体积仍然很大,维护麻烦,尤其是水银如果泄露,将会污染环境,严重危害身体健康。因此,应用时间不长,到了 20 世纪 60 年代就让位给更为经济可靠的晶闸管整流器。

目前,采用晶闸管整流供电的直流电动机调速系统(晶闸管-电动机调速系统,简称 V-M 系统,又称静止的 Ward-Leonard 系统)已经成为直流调速系统的主要形式。图 9-3 所示为 V-M 系统的原理框图,图中 V 是晶闸管可控整流器,它可以是任意一种整流电路,通过调节触发装置 GT 的控制电压来移动触发脉冲的相位,从而改变整流输出电压平均值 U_{d},实现电动机的平滑调速。和旋转变流机组及离子拖动变流装置相比,晶闸管整流装置不仅在经济性和可靠性上都有很大提高,而且在技术性能上也显示出很大的优越性。晶闸管可控整流器的功率放大倍数在 104～105,控制功率小,有利于微电子技术引入到强电领域;在控制作用的快速性上也大大提高,有利于改善系统的动态性能。

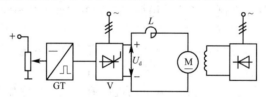

图 9-3　晶闸管-电动机调速系统(V-M 系统)的原理框图

9.1.2　变频器与交流调速系统

过去,调速传动的主流方式是晶闸管-直流电动机传动系统。但是直流电动机本身存在一些固有的缺点:①受使用环境条件制约;②需要定期维护;③最高速度和容量受限制等。与直流调速传动系统相对应的是交流调速传动系统,采用交流调速传动系统除了克服直流调速传动系统的缺点外,还具有交流电动机结构简单、可靠性强、节能、高精度、快速响应等优点。但交流电动机的控制技术较为复杂,对所需的电力电子交换器要求也较高,随着电力电子技术和控制技术的发展,交流调速系统才得到迅速的发展,其应用已在逐步取代传统的直流传动系统。

在交流调速传动的各种方式中,变频调速是应用最多的一种方式。交流电动机的转差功率中转子铜损部分的消耗是不可避免的,采用变频调速方式时,无论电动机转速高低,转差功率的消耗基本不变,系统效率是各种交流调速方式中最高的,因此采用变频调速具有显著的节能效果。例如采用交流调速技术对风机的风量进行调节,可节约电能 30% 以上。

1. 交-直-交变频器

变频调速系统中的电力电子变流器(简称为变频器),除了交-交变频器外,实际应用最广泛的是交-直-交变频器(Variable Voltage Variable Frequency,简称 VVVF 电源)。交-直-交变频器由 AC-DC、DC-AC 两类基本的交流电路组合形成,先将交流电整流为直流电,再将直流电逆变为交流电,因此这类电路又称为间接交流变流电路。交-直-交变频器与交-交变频器相比,最主要的优点是输出频率不再受输入电源频率的制约。

根据应用场合及负载的要求,变频器有时需要具有处理再生反馈电力的能力。当负载电动机需要频繁、快速制动时,通常要求具有处理再生反馈电力的能力。图 9-4 所示的是不能处理再生反馈电力的电压型间接交流变流电路。该电路中整流部分采用的是不可控整流,它和电容之间的直流电压和直流电流极性不变,只能由电源向直流电路输送功率,而不能由直流电路向电源反馈电力。图中逆变电路的能量是可以双向流动的,若负载能量反馈到中间直流电路,将导致电容电压升高,称为泵升电压。由于该能量无法反馈回交流电源,则电容只能承担少量的反馈能量,否则泵升电压过高会危及整个电路的安全。

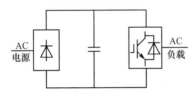

图 9-4　不能处理再生反馈电力的电压型间接交流变流电路

下面讲述电流型间接交流变流电路。图 9-5 给出了可以再生反馈电力的电流型间接交流变流电路,图中用实线表示的是由电源向负载输送功率时中间直流电路电压极性、电流方向、负载电压极性及功率流向等。当电动机制动时,中间直流电路的电流极性不能改变,要实现再生制动,只需调节可控整流电路的触发角,使中间直流电路电压反极性即可,如图中虚线所示。

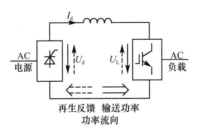

图 9-5　可以再生反馈电力的电流型间接交流变流电路

2. 交流电动机变频调速的控制方式

对于笼型异步电动机的定子频率控制方式,有恒压频比(V/f)控制、转差频率控制、矢量控制和直接转矩控制等,这些方式可以获得各具特长的控制性能。以下就分别对这几种方式进行简要介绍。

(1)恒压频比控制

异步电动机的转速由主要电源频率和极对数决定。改变电源(定子)频率,就可进行电动机的调速,即使进行宽范围的调速运行,也能获得足够的转矩。为了不使电动机因频率变化导致磁饱和而造成励磁电流增大,引起功率因数和效率的降低,需对变频器的电压和频率的比率进行控制,使该比率保持恒定,即恒压频比控制,以维持气隙磁通为额定值。

恒压频比控制是比较简单的控制方式,被大量用于空调等家用电器产品。

图 9-6 给出了使用 PWM 控制交-直-交变频器恒压频比控制方式的例子。转速给定既作为调节加减速度的频率 f 指令值,同时经过适当分压,也被作为定子电压 U_1 的指令值。该 f 指令值和 U_1 指令值之比就决定了 V/f 控制中的压频比。由于频率和电压由同一给定值控制,因此可以保证压频比恒定。

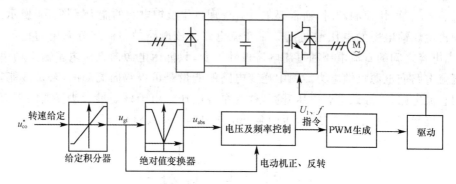

图 9-6　采用恒压频比控制的变频调速系统框图

在图 9-6 中,为防止电动机启动电流过大,在给定信号之后加给定积分器,可将阶跃给定信号 u_{co}^* 转换为按设定斜率逐渐变化的斜坡信号 u_{gt},从而使电动机的电压和转速都平缓地升高或降低。此外,为使电动机实现正反转,给定信号是可正可负的,但电动机的转向由变频器输出电压的相序决定,不需要由频率和电压给定信号反映极性,因此用绝对值变换器将 u_{gt} 变换为绝对值的信号 u_{abs},u_{abs} 经电压及频率控制环节处理之后,得出电压及频率的指令信号 U_1、f,经 PWM 生成环节形成控制逆变器的 PWM 信号,再经驱动电路控制变频器中 IGBT 的通断,使变频器输出所需频率、相序和大小的交流电压,从而控制交流电动机的转速和转向。

（2）转差频率控制

前述转速开环的控制方式——恒压频比控制方式,可满足一般平滑调速的要求,但其静、动态性能均有限,要提高调速系统的动态性能,需采用转速闭环的控制方式。其中一种常用的闭环控制方式就是转差频率控制方式。

从异步电动机稳态模型可以证明,当稳态气隙磁通恒定时,电磁转矩近似与转差角频率 ω_s 成正比,如果能保持稳态转子全磁通恒定,则转矩准确地与 ω_s 成正比。因此,控制 ω_s 就相当于控制转矩。采用转速闭环的转差频率控制,使定子频率 $\omega_1 = \omega_r + \omega_s$,则 ω_1 随实际转速 ω_r 增加或减小,得到平滑而稳定的调速,保证了较高的调速范围和动态性能。

（3）矢量控制

异步电动机的数学模型是高阶、非线性、强耦合的多变量系统。前述转差频率控制方式的动态性能不理想,关键在于采用了电动机的稳态数学模型,调节器参数的设计也只是沿用单变量控制系统的概念,而没有考虑非线性、多变量的本质。

矢量控制方式基于异步电动机的按转子磁链定向的动态数学模型,将定子电流分解为励磁分量和与此垂直的转矩分量,参照直流调速系统的控制方式,分别独立地对两个电流分量进行控制,类似直流调速系统中的双闭环控制方式。该方式需要实现转速和磁链的解耦,控制系统较为复杂,但与被认为是控制性能最好的直流电动机电枢电流控制方式相比,矢量控制方式的控制性能具有同等的水平。随着该方式的实用化,异步电动机变频调速系统的应用范围迅速扩大。

(4)直接转矩控制

矢量控制方式的稳态、动态性能都很好,但是控制复杂。为此,又有学者提出了直接转矩控制。直接转矩控制方法同样是基于电动机的动态模型,其控制闭环中的内环,直接采用了转矩反馈,并采用砰-砰控制,可以得到转矩的快速动态响应,并且控制相对要简单许多。

9.2 电源

9.2.1 不间断电源

不间断电源 UPS(Uninterruptible Power Supply)是一种利用 AC-DC 和 DC-AC 两级电力变换电路及整流器、逆变器,附加大功率半导体开关和储能环节(如蓄电池)所构成的交流恒压恒频电源。如图 9-7 所示,UPS 的作用就是当输入交流电源(市电)发生异常或断电时,它还能继续向负载供电,并能保证供电质量,使负载用电不受影响。

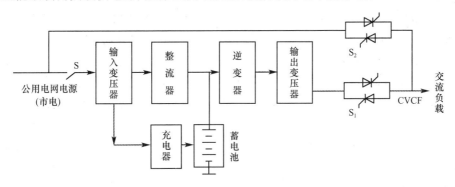

图 9-7　典型的 UPS 电路结构框图

图 9-7 给出一个典型的 UPS 电路结构框图,它由整流器、逆变器、晶闸管开关 S_1 和 S_2、输入变压器、输出变压器、蓄电池及其充电器组成。其工作原理是:当市电正常时,市电经输入变压器到整流器实现 AC-DC 变换,逆变器实现 DC-AC 变换,由逆变器经输出变压器输出恒压恒频交流电经晶闸管开关 S_1 对负载供电。与此同时市电经输入变压器到充电器,由充电器输出可控的直流电压、电流对蓄电池充电,使蓄电池储足能量(蓄电池充满电后处于浮充电状态,其充电电流很小以维持其自身等效的自由放电)。当市电故障停电后整流器停止工作,蓄电池经逆变器给负载供电,当逆变器故障时则由市电经晶闸管旁路开关 S_2 直接向负载供电。

UPS 按其工作方式的不同可分为在线式(on line)和后备式(off line)两大类,但无论是在线式还是后备式,其基本结构都大体相同,只是在工作方式和为负载供电的质量上有一定的差异。

1. 在线式 UPS

市电经开关 S 到输入变压器,一路经整流器实现 AC-DC 变换后提供直流电给逆变器,逆变器实现 DC-AC 变换后经输出变压器,输出恒压恒频的交流电,再经静态开关 S_1 对负载供电;另一路经充电器(充电器是一个小的整流器)输出电压、电流可控的直流电给蓄电池充电,供蓄电池储备电能。在市电正常时,连接市电与负载的旁路开关 S_2 断开,使负载与市电隔离。

当市电供电异常(如过压、欠压、断电等)时,控制系统(图 9-7 未画出)断开输入开关 S,切断市电与 UPS 的联系,蓄电池为逆变器提供直流电能。逆变器继续经输出变压器、晶闸管开关 S_1 向负载供电。因此,在线式 UPS 在市电正常时或市电异常时,都经逆变器、输出变压器对负载供电,如果市电停电时间较长蓄电池容量又不大,则可在蓄电池尚未完全放电的时候,启动一台交流柴油发电机替代市电交流电源。

由于市电尽管是由发电厂输出的"干净"高质量电源,但经过输配电,受天气、用电设备、人为因素损坏等的影响,电压过冲、跌落、中断、共模噪声等电源质量问题相当突出,尤其在工业环境中电源质量一般更差,造成市电质量不好,出现电压波动大、电压波形非正弦、频率稳定度不够等问题。经逆变器、输出变压器可以输出恒压恒频正弦交流电压,所以在线式 UPS 广泛应用于对重要的交流负载供电。

2. 后备式 UPS

典型后备式 UPS 的工作过程为:市电供电正常时,市电一方面经旁路开关 S_2 直接向负载供电,另一方面经输入变压器和充电器给蓄电池充电。一旦市电异常,控制系统立即断开旁路开关 S_2,切断市电与负载的联系,同时晶闸管开关 S_1 立即导通,由蓄电池供电给逆变器,逆变器经输出变压器、开关 S_1 向负载供电。如果市电正常,市电直接经 S_2 向负载供电时,逆变器处于空载运行,只是开关 S_1 是阻断的,使逆变器不向负载供电,这种后备式称为热后备 UPS。如果市电正常,市电直接经 S_2 向负载供电时,逆变器是停机的,只在市电发生故障时在控制系统指令下逆变器才投入工作,再经开关 S_1 向负载供电,这种称为冷后备 UPS。显然,冷后备 UPS 有一定的停电转换时间,但冷后备 UPS 在市电正常时逆变器不工作,减少了损耗,提高了效率。此外,无论是冷后备 UPS 还是热后备 UPS,市电正常时负载均由市电供电,其供电质量不如逆变器。

后备式 UPS,特别是冷后备 UPS 常用于对不太重要的负载供电。在图 9-7 中,整流器既可能是不控整流,也可能是晶闸管相控整流。逆变器一般都是采用自关断器件的 SPWM 恒压恒频逆变器。输入、输出变压器用于电气隔离和交、直流电压匹配,根据使用要求、整流器类型和选用的直流蓄电池电压高低等不同情况,输入、输出变压器可要可不要。有时充电器也可省去,由整流器同时完成对蓄电池的充电任务。

3. UPS 主要技术指标

UPS 有十多项技术指标,如何比较专业地认识 UPS 指标,涉及 UPS 的设计思想。现以国内某公司单相 UPS 为例说明如下:

(1)输入电压。一般为 176～253 V。后备式 UPS 当输入电压低于 176 V 或高于 253 V

就投入后备工作状态。

(2)输出电压。正弦波输出的 UPS 的输出电压一般为 $220 \times (1 \pm 3\%)$V,优于市电。另一方面,由于逆变器内阻比电网大,所以瞬态响应是考核 UPS 逆变器性能比较重要的指标,一般动态电压波动范围为 $220 \times (1 \pm 10\%)$V。瞬态响应恢复时间应小于或等于 100 ms。

(3)电流。输入、输出电流是选用 UPS 的重要指标,输入电流大小和波形反映 UPS 效率和功率因数,输出电流直接反映 UPS 逆变器输出能力。

对相同的功率来说,输入电流越小,效率越高。传统工频在线式 UPS 输入回路采用晶闸管整流,电流峰值高,因而有效电流大,其功率因数仅 $0.6 \sim 0.7$。而新一代 UPS 如 POWERSON MUI 系列等高频 UPS,输入用 IGBT 有源整流,功率因数达 0.98 以上,消除了谐波电流对电网的污染,是新一代绿色电源。

输出电流反映 UPS 输出能力的大小,如 MUI3000UPS,其输入/输出功率为 3000 W/2000 W,输出电流为 13.6 A,输出功率因数为 0.67,峰值因数为 1/3,输入电流为 10.7 A,输入功率因数为 0.98。输出功率因数为 0.67,说明其逆变器带非线性负载能力强,适用于电脑负载。

(4)后备时间。一般 UPS 后备时间设计值为 $5 \sim 10$ min,但由于用户实际使用总会留有一定功率余量,实际后备时间会大于额定值。

9.2.2 全桥直流电源

图 9-8 所示电路为全桥 DC/AC-AC/DC 直流电源。其第一级 DC/AC 是单脉冲调制电路。图中由 4 个开关器件 $V_1 \sim V_4$ 构成单相桥式逆变器,当 V_1、V_4 和 V_2、V_3 交替同时导通时,逆变器输出幅值为 U_{AB}、脉宽可控的单脉冲交流电压,加在变压器一次绕组 N_1 上,二次绕组 N_2 感应的交流方波电压经 4 个二极管桥式整流后得到脉宽可控、幅值可控的直流 PWM 方波,再经 LC 滤波器得到平稳的直流电压 U_o。

如果开关器件 V_1、V_4 和 V_2、V_3 导通时间有差异,则加在 N_1 上的交流电压 U_{AB} 正、负半波电压幅值相等,但脉冲宽度不相等。U_{AB} 中除交流电压分量外,还含有直流电压分量,会在变压器 N_1 绕组中产生很大的直流电流,并可能造成磁路饱和而使变换器不能正常工作。因此,通常在逆变器输出与变压器一次绕组 N_1 之间串入隔直电容(图 9-8 中的 C_0)解决直流偏磁问题。

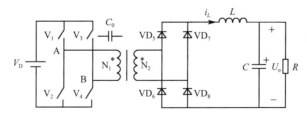

图 9-8 全桥 DC/AC-AC/DC 直流电源

全桥 DC/AC-AC/DC 直流电源变换器中的开关器件承受的最高电压仅为电源电压。这种 DC/AC-AC/DC 两级变换电路适用于直流电源电压较高、输出功率较大,又需要将负载与电源隔离的应用领域。

9.2.3　三级变换直流电源

上面的两级变换电路,如果输入端的直流电源是由交流电网整流得来的,则构成 AC/DC-DC/AC-AC/DC 三级变换直流电源。可采用的电力变换方案有如下两种:

(1)AC/DC 不控整流、DC/AC 高频逆变、AC/DC 不控整流三级变换方案。

如图 9-9(a)所示,第一级为 AC/DC 不控整流,中间级为高频方波逆变,高频变压器将直流负载与交流电网隔离,高频变压器输出接不控整流。直流 LC 滤波器因频率高,重量和体积不大,输出直流电压纹波小,动态性能也好,缺点是交流输入电流谐波仍严重,功率因数也不高。

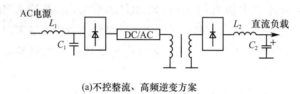

(a)不控整流、高频逆变方案

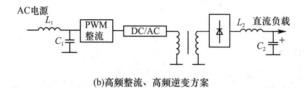

(b)高频整流、高频逆变方案

图 9-9　AC/DC-DC/AC-AC/DC 三级变换直流电源方案

(2)AC/DC 高频 PWM 整流、DC/AC 高频逆变、AC/DC 不控整流三级变换方案。

如图 9-9(b)所示,第一级是高频 PWM 整流,第二级是高频 PWM 逆变,经高频变压器隔离后到第三级不控整流。这种三级电力变换直流电源,能将负载与交流电网隔离。逆变环节采用单脉冲高频 PWM 逆变,因此,逆变电路及控制并不复杂,控制系统可以采用集成控制芯片构成。采用较高的逆变频率可以使变压器、滤波电感、电容的重量及体积减小,且输出电压纹波小,动态性能好。后级整流电路,在输出直流电压不高的情况下,可采用双半波不控整流,这时整流电压降和功耗都比全桥整流电路小一半;若输出功率较大、电压较高时可采用全桥不控整流。

9.2.4　开关电源

在各种电子设备中,需要多路不同电压供电,如数字电路需要 5 V、3.3 V、2.5 V 等,模拟电路需要 ±12 V、±15 V 等。这就需要专门设计电源装置来提供这些电压,通常要求电源装置能达到一定的稳压精度,还要能够提供足够大的电流。

这个电源装置实际上起到电能变换的作用,它将电网提供的交流电(220 V)变换为各路直流输出电压。有两种不同的方法可以实现这一变换,分别如图 9-10 和图 9-11 所示。

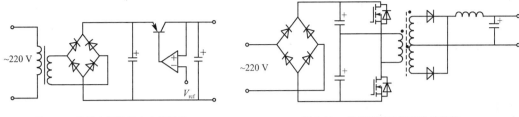

图 9-10　线性电源的基本电路结构　　　　　图 9-11　半桥开关电源的电路结构

图 9-10 所示电路先用工频变压器降压,然后经过整流滤波,再由线性调压得到稳定的输出电压,这种电源称为线性电源。

图 9-11 所示电路采用先整流滤波、后经高频逆变得到高频交流电压,然后由高频变压器降压、再整流滤波的办法,这种采用高频开关方式进行电能变换的电源称为开关电源。

开关电源在效率、体积和重量等方面都远远优于线性电源,因此已经基本取代了线性电源,成为电子设备供电的主要电源形式。只有在一些功率非常小或者要求供电电压纹波非常小的场合,还在使用线性电源。

1. 开关电源的结构

交流输入、直流输出的开关电源将交流电转换为直流电,其典型的能量变换过程如图 9-12 所示。

图 9-12　交流输入、直流输出的开关电源的能量变换过程

整流电路普遍采用二极管构成的桥式电路,直流侧采用大电容滤波,该电路结构简单,工作可靠,成本低,效率也比较高,但存在输入电流谐波含量大、功率因数低的问题,因此较为先进的开关电源采用有源的功率因数校正(Power Factor Correction,PFC)电路。高频逆变-变压器-高频整流电路是开关电源的核心部分,具体电路采用的是隔离型直流-直流变流电路。针对不同的功率等级和输入电压,可以选择不同的电路;针对不同的输出电压等级,可以选择不同的高频整流电路。

随着微电子技术的不断发展,电子设备的体积不断减小,与之相适应,要求开关电源的体积和重量也不断减小,提高开关频率并保持较高的效率是主要的途径。为了达到这一目标,高性能开关电源中普遍采用了软开关技术,其中的移相全桥电路就是开关电源中常用的一种软开关拓扑。

2. 开关电源的应用

开关电源广泛应用于各种电子设备、仪器以及家电等,这些电源功率通常仅有几十瓦至几百瓦。手机等移动电子设备的充电器也是开关电源,但功率仅有几瓦。通信交换机、巨型计算机等大型设备的电源也是开关电源,但功率较大,可达数千瓦至数百千瓦。工业上也大量应用开关电源,如数控机床、自动化流水线中,采用各种规格的开关电源为其控制电路供电。

上述开关电源最终的供电对象基本都是电子电路,电压多为 3.3 V、5 V、12 V 等。除了这些应用之外,开关电源还可以用于蓄电池充电,电火花加工,电镀、电解等电化学过程等,功率可达几十至几百千瓦。在 X 光机、微波发射机、雷达等设备中,大量使用的是高压、小电流输出的开关电源。

9.3 有源电力滤波器

电力电子技术在给人类带来方便、高效和巨大利益的同时,它的谐波、非线性、冲击性和不平衡用电的特性也给市电电网的供电质量带来严重的污染,给市电电网注入大量的谐波和无功功率。

传统的谐波抑制和无功功率补偿采用无源滤波技术,即用电容和电感构成无源滤波器,与需要补偿的非线性负载并联,为谐波提供一个低阻抗通道的同时,也为负载提供所需的无功功率。无源滤波器具有简单、方便、可靠等优点,但同时存在以下不可忽略的缺点:

(1)无源滤波器只能抑制若干个固定次数的谐波,对波动和快速变化的谐波无能为力,并使某次谐波在一定条件下可能产生谐振,且使谐波放大。

(2)只能补偿静态的无功功率,对于变化的无功负载,不能进行精确的补偿。

(3)滤波特性受系统参数影响较大,不能适应系统频率变化或运行方式改变的工况。

(4)体积较大,重量较重。

由于无源滤波器不尽如人意,20 世纪 70 年代有人提出用 PWM 逆变器构成"有源电力滤波器"。80 年代后期,电力电子器件与技术以及瞬时无功功率理论和 PWM 技术的飞速发展,使有源电力滤波器 APF(Active Power Filter)得到大力发展,现已进入工业实用阶段,成为电力电子技术应用于电力系统进行谐波抑制和无功波长抑制的一个研究热点。

9.3.1　有源电力滤波器的分类

有源电力滤波器概括起来有三种分类方法:

1. 按 PWM 逆变器的性质分

按 PWM 逆变器的性质,有源电力滤波器可分为电压型和电流型两种。

电压型有源电力滤波器采用的是电压型 PWM 逆变器,直流侧接有大电容,在正常工作时,直流电压基本保持不变,可以看成是电压源,它的输出电压是 PWM 波。

电流型有源电力滤波器采用的是电流型 PWM 逆变器,直流侧接有大电感,在正常工作时,其电流基本保持不变,可以看成是电流源,它的输出电流是 PWM 波。由于电流型有源电力滤波器的直流侧大电感上始终有电流流过,损耗较大,因此目前很少用。

2. 按接入电网的方式分

按接入电网的方式,有源电力滤波器可分为并联型和串联型两类。

并联型有源电力滤波器主要用于补偿可以看作是电流源的谐波源。例如,直流负载为电感性负载的整流电路。工作时,有源电力滤波器向电网注入补偿电流,以抵消谐波源(负载)产生的谐波,使电源电流成为正弦波。在这种情况下,并联型有源电力滤波器本身表现出电流源的特性。

串联型有源电力滤波器主要用于补偿可以看作是电压源的谐波源。例如,采用电容滤波的整流电路。针对这种谐波源,串联型有源电力滤波器输出补偿电压以抵消由负载产生的谐波电压,使供电点电压波形成为正弦波。串联型与并联型可以看作是对偶的关系。

在并联型和串联型有源电力滤波器中又可分为单独使用方式和与 LC 无源滤波器混合使用方式两种。混合使用的目的主要是减少有源电力滤波器的容量。LC 无源滤波器的优点是结构简单,容易实现且成本低,而有源电力滤波器的优点是补偿特性好,两者结合起来,既可以克服有源电力滤波器容量大、成本高的缺点,又可以使整个系统有良好的性能。

3. 按电力系统的情况分

按电力系统的情况,有源电力滤波器可分为三相和单相两种。在实际应用中,三相有源电力滤波器占多数。

9.3.2　并联型有源电力滤波器

在实际应用中,电压型有源电力滤波器约占 93.5%,电流型有源电力滤波器只占 6.5%。在各种有源电力滤波器中单独使用的并联型有源电力滤波器是最基本的一种,也是工业实际中应用最多的一种,它集中体现了有源电力滤波器的特点,因此在本节主要介绍单独使用的并联型有源电力滤波器。串联型有源电力滤波器由于损耗大,保护电路复杂等,应用较少,仅作简介。

1. 单独使用的并联型有源电力滤波器

图 9-13 是单独使用的并联型有源电力滤波器电路原理图。由于有源电力滤波器的主要电路与负载并联接入电网,故称其为并联型。又由于其补偿电流基本上由有源电力滤波器提供,为与其方式相区别,称之为单独使用方式。图中,负载为谐波源,是由交流电源通过整流变压器 T_1 供电的三相桥式全控整流器,整流器的直流侧为电感性负载,这是一种典型谐波源。变压器 T_2(通常为降压变压器)的设置主要为调节有源电力滤波器交流测电压之用。与有源电力滤波器并联的小容量一阶高通滤波器(或采用二阶高通滤波器),用于滤除有源电力滤波器(APF)所产生的补偿电流中开关频率附近的谐波。

有源电力滤波器系统由两大部分组成:①指令电流运算电路;②补偿电流发生电路(由电流跟踪控制电路、驱动电路和主电路三部分构成)。其中,指令电流运算电路的核心是检测出补偿对象(负载)电流中的谐波和无功等电流分量。补偿电流发生电路的作用是根据指令电流运算电路得出的补偿电流的指令信号,产生实际的补偿电流。主电路现在均采用 PWM 变流器。

作为主电路的 PWM 变流器,在产生补偿电流时,作为逆变器工作,而在电网向有源电力滤波器直流侧储能元件充电时,它就作为整流器工作。也就是说,它既工作于逆变状态,也工作于整流状态,因此一般称之为变流器。

图 9-13 所示有源电力滤波器的工作原理是:检测补偿对象的电压和电流,经指令电流运算电路计算得出补偿电流的指令信号,该信号经过补偿电流放大电路放大后得补偿电流,补偿电流与负载电流中要补偿的谐波与无功等电流相抵消,最终得到期望的电源电流。

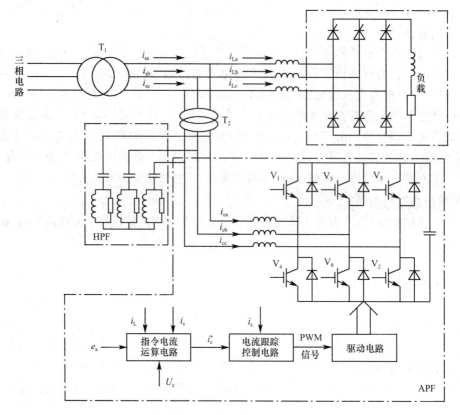

图 9-13　单独使用的并联型有源电力滤波器电路原理图

2. 与 *LC* 无源滤波器混合使用方式

　　上述单独使用的并联型有源电力滤波器,由于交流电源的基波电压直接(或经变压器)施加到 PWM 变流器上,且补偿电流基本上由变流器提供,故要求变流器具有较大的容量。为了克服这一缺点而提出与 *LC* 无源滤波器混合使用方式。其基本思想是利用 *LC* 无源滤波器来分担有源电力滤波器的部分补偿任务。由于 *LC* 无源滤波器结构简单,易实现且成本低,而有源电力滤波器补偿性能好。两者结合同时使用,既可克服 APF 容量大、成本高的缺点,又可使整个系统获得良好性能。所以,从经济角度出发,就当前技术水平而言,采用小容量的有源电力滤波器与大容量的 *LC* 无源滤波器相结合的方式,是切实可行的。

　　并联型有源电力滤波器(APF)与 *LC* 无源滤波器混合使用的方式又可分为两种:一种是有源电力滤波器与 *LC* 无源滤波器并联,另一种是有源电力滤波器与 *LC* 无源滤波器串联。

　　图 9-14 所示为并联型有源电力滤波器(APF)与 *LC* 无源滤波器并联方式的原理图。在这种方式中,*LC* 无源滤波器包括多组单调调谐滤波器与高通滤波器,承担了绝大部分补偿谐波和无功的任务。APF 的作用是改善整个系统的性能,其所需的容量与单独使用方式相比可大幅度降低。

　　从理论上讲,凡使用 *LC* 无源滤波器均存在与电网阻抗发生谐振的可能,因此在 APF 与 *LC* 无源滤波器并联使用方式中,需对 APF 进行有效的控制,以抑制可能发生的谐振。

　　图 9-15 所示为并联型有源电力滤波器与 *LC* 无源滤波器串联方式的原理图。该方式中,谐波和无功功率主要由 *LC* 无源滤波器补偿,而 APF 的作用是改善 *LC* 无源滤波器的滤波特性,克服 *LC* 无源滤波器易受电网阻抗的影响和易与电网阻抗发生谐振等缺点。在这种方式中有源电力滤波器不承受交流电源的基波电压,因此装置容量小。由于 APF 与

LC 无源滤波器一起仍是与负载并联接入电网,故仍归入并联型。

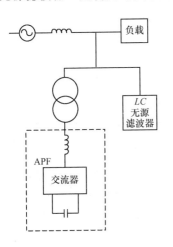

图 9-14 并联型有源电力滤波器与 LC 无源
         滤波器并联方式的原理图

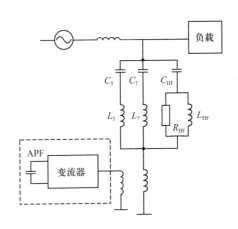

图 9-15 并联型有源电力滤波器与 LC 无源
         滤波器串联方式的原理图

目前已大量使用的 LC 无源滤波器,均可采用图 9-14 或图 9-15 所示的方式进行改进和提高性能。

9.3.3 串联型有源电力滤波器

串联型有源电力滤波器由于其使用还较少,研究也不够充分,故不进行过多介绍。

图 9-16 所示为单独使用的串联型有源电力滤波器电路原理图。图中,e_{sa}、e_{sb}、e_{sc} 为三相电源,L_{sa}、L_{sb}、L_{sc} 为电源及线路的电感;负载为电容滤波型整流电路,是具有电压源特性的谐波源;高通滤波器用于滤除有源滤波器中开关通断所产生的毛刺;APF 主电路采用电压型 PWM 变流器;U_c 为有源电力滤波器产生的补偿电压。图中未画出有源电力滤波器的控制电路,实际上它与并联型有源电力滤波器类同,还包括谐波检测电路、PWM 控制和驱动电路等。

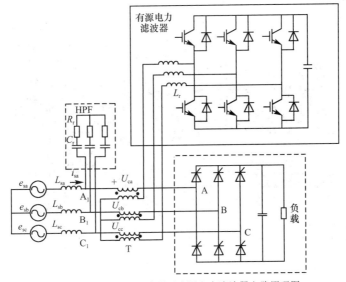

图 9-16 单独使用的串联型有源电力滤波器电路原理图

对三相全控桥 6 个开关器件进行实时的通、断控制,使其交流侧输出三相谐波电压,经变压器 T 从变压器二次绕组输出谐波补偿电压串联在电网线路上,补偿电网上的谐波电压。由于这种谐波补偿电压串联在电路中,故称之为串联型有源电力滤波器。

9.4　灵活交流输电系统

众所周知,在电力系统中,绝大部分负载基本上都是电感性的,即为滞后功率因数。而在理想情况下,应尽量使功率因数保持为"1",这样就能够使线路中的电流只存在有功分量,因而可完全消除线路中无功电流分量所造成的线路损耗,使电能得到充分利用。从广义上来讲,灵活(柔性)交流输电系统 FACTS(Flexible AC Transmission System)技术的出现,大大改善了输配电系统的控制手段和控制策略。这种控制形式,不但能完成传统的无功功率补偿、提高功率因数、减少线损耗率的功能,同时,它还具有稳定节点电压、阻尼系统振荡、改善系统动静态性能等功能。它标志着现代的电力系统控制功能已由单一型向综合型方向发展,其控制也变得越来越复杂。

9.4.1　简介

灵活(柔性)交流输电系统 FACTS 的核心环节就是采用大功率电子器件作为大功率高压开关,与其他电力设备组成 FACTS,以实现更灵活的调控,从而大幅度提高输电线路传输能力,提高电力系统稳定水平,降低输电损耗。

目前已研制成的设备主要有可控串联补偿器 TCSC(Thyristor Controlled Series Capacitor)、静止无功补偿器 SVC(Static Var Compensator)、静止调相机 STATCON(Static Condenser)、制动电阻 TCBR(Thyristor Controlled Braking Resistor)、统一潮流控制器 UPFC(Unified Power Flow Controller)等。图 9-17 所示是国外的 TCSC 装置。

图 9-17　国外的 TCSC 装置

交流输电系统利用高功率电子技术为基础的控制器及其他静止型控制器改善可控性,并且增加输送功率的容量。

直流输电已有几十年的历史,采用晶闸管以后,其输送功率的可控性良好,这是过去交流输电系统所没有的。而由晶闸管制成的静止无功补偿器有快速跟踪补偿无功的可控性,能用有效的控制方法调节系统电压和无功功率潮流。这两项技术使电力工作者认识到,采用电力电子技术使交流系统更加可控在技术上是可行的。由于电力电子技术的进展,计算机控制技术和现代通信技术的高度发展,使它们共同构成灵活交流输电系统的技术基础。

9.4.2　FACTS 控制器的分类

FACTS 控制器根据变换器的换相类型和与被控交流输电电网的连接方式分类见表9-2。

表 9-2　　　　　　　　　FACTS 控制器类型

换相类型	与电网连接方式	FACTS 控制器名称
自然换流	串联	晶闸管控制移相器(TCPR)
		晶闸管控制串联电容器(TCSC)
		晶闸管控制串联电抗器(TCSR)
		晶闸管控制制动电阻器(TCBR)
		晶闸管控制电压限制器(TCVL)
	并联	静止无功补偿器(SVC)
		静止同步补偿器(STATCOM)
强迫换流	串联	静止同步串联补偿器(SSSC)
	并联	超导蓄能器(SMES)
		电池蓄能器(BESS)
	串并联	统一潮流控制器(UPFC)
		可转换静止补偿器(CSC)

在表9-2中,STATCOM、SSSC 及 UPFC 是 FACTS 控制器中最关键的设备,特别是STATCOM,其外回路不需要大型的电力设备,借助于门极可关断晶闸管这类全控型器件,以电子回路模拟出电抗器或电容器的作用,以控制线路阻抗,提高输送能力。图9-18 为一台国产 STATCOM 的原理接线图,直流侧经整流器获得直流输出,交流侧通过升压变压器与电网相连,通过调节逆变器网侧电压与电网电压之间的相角差来达到向电网发送或吸收无功的目的。

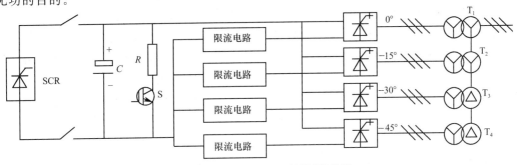

图 9-18　国产 STATCOM 的原理接线图

若将 STATCOM 与电网并联的变压器改为与电网串联的变压器,则构成了 SSSC,功能是实现对线路的电流快速控制。若将两台或多台控制器复合成一组 FACTS 装置,并使其具有一个共同的统一控制系统就构成了第三代 FACTS 控制器,其典型代表就是由 STATCOM 和 SSSC 复合而成的 UPFC,它可以实现电压的无功补偿、谐波抑制以及抑制故障电流等功能。图 9-19 即为 STATCOM 与 SSSC 的直流侧并联连接,构成的一组 UPFC 的电路原理图。

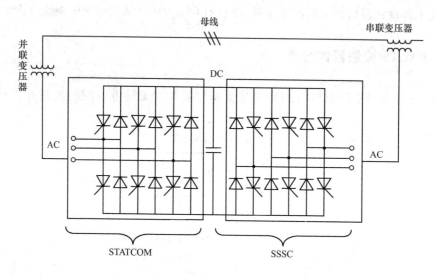

图 9-19   UPFC 的电路原理图

9.4.3 SVC 的基本连接方式及控制

就目前实际使用来看,静止无功补偿器(SVC)一般有两种基本连接方式,第一种连接方式称为晶闸管投切电容器(Thyristor Switched Capacitor,TSC)。这种方式只能分级控制,可调节进相无功,补偿速度也可以做得很高。如图 9-20(a)所示,它是通过晶闸管开关开闭多组电容、分阶段提供超前相位无功的方式。理论上讲,最高响应速度为 1/2 周期,所以不适合用于抑制闪变的场合。但它的优点是损耗小,不会产生自身的高次谐波。第二种连接方式称为晶闸管控制电抗器(Thyristor Controlled Reactor,TCR),这种方式一般与固定电容补偿相结合,如图 9-20(b)所示。通常情况下,先投入固定电容,当出现过补现象时,再投入可控电感,以抵消部分过补电容电流,这种补偿方式在用电低谷期是非常有效的,能够实现由滞后到超前无功电流补偿的连续控制。TCR 的响应速度一般在 1/4 周期以内,速度较高,所以广泛用于由负荷引起的电压波动、闪变及电力系统稳定控制等方向。

现以 TSC 的控制为例来说明 SVC 的控制。如图 9-21 所示,实际的 TSC 系统是由若干组电容所组成,三相系统则由三个电容组构成。每个电容组包括若干电容,每个电容的具体数值和每组电容的个数则需根据补偿容量和补偿精度的要求来确定。图中已假定每个电容组均由三个电容组成,同时认为 C_1、C_2 和 C_3 互不相同,这样可在一定程度上保证补偿精度。TSC 中的每个电容,均由两个反并联的晶闸管相连,它们主要是起无触点开关的作用,只要控制电路发出触发控制信号,就可以将所在支路的电容投入补偿运行。TSC 的控制器

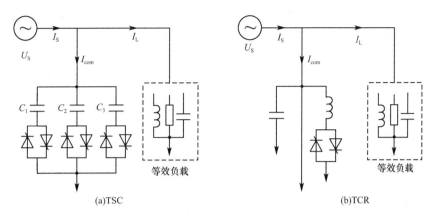

(a)TSC　　　　　　　　　　　　　　　(b)TCR

图 9-20　SVC 的两种基本连接方式

一般由单片机系统组成,它应能根据负载电流、电压、功率因数角等计算出系统所需的补偿容量,同时确定哪个开关器件触发导通,以提高系统的功率因数。控制模块中的控制计算可以有很多种,主要是以快速、有效和安全为目标。一般来讲,TSC 的控制大致有三种模式:根据无功给定值确定的无功控制、根据电压给定值确定的恒定电压控制、按照有功电力与系统频率变化增量确定的稳定度控制。借助计算机与通信系统,上述控制都可数字化,并具备多重化处理的功能。

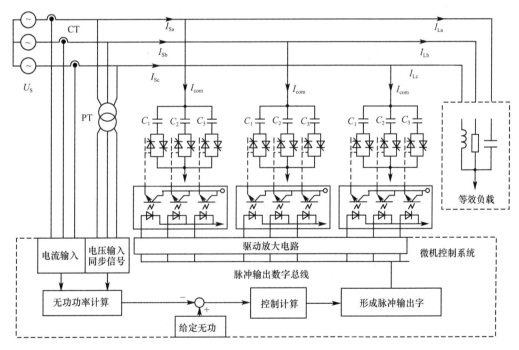

图 9-21　SVC 控制系统的构成框图

至于 TCR 的工作原理,与 TSC 基本相似,只是它的输出补偿电流为滞后性质,且输出电流的谐波较大,一般需采取相应的消谐措施。在通常情况下,TSC 应与固定电容(Fixed Capacitor,FC)一起使用,以补偿用电低峰的固定电容过补现象。此外,这种电抗器在电力系统中的应用前景和潜力是十分广阔和巨大的,主要体现在以下几个方面:

（1）在超高压电网中作为调相调压设备。

（2）在远距离输电系统中用于抑制系统过电压、提高系统稳定性、增大输电能力、抑制系统功率振荡等。

（3）在直流输电系统中用于无功补偿、调整电压、减小过电压等，进而降低绝缘要求。

（4）在有冲击负荷的电力用户和变电站中用于抑制电压闪变，提高功率要求，平衡负载。

（5）在谐振接地配电网中用于可调消弧线圈，使之具有可靠性高、响应速度快、谐波小等一系列优点，同时能快速准确补偿单相接地电流，提高供电可靠性。

（6）单相可控电抗器接入三相整流电路的零序回路中，可根据负荷变化而自动调节，使功率因数得到有效提高。

表 9-3 给出了 TSC 和 TCR 的补偿电流波形，要达到规定的要求，控制电路必须准确触发或关断相应的开关元件，这也是电力电子技术应用的一个关键问题。

表 9-3 　　　　　　　　　　　SVC 的两种基本结构与工作波形

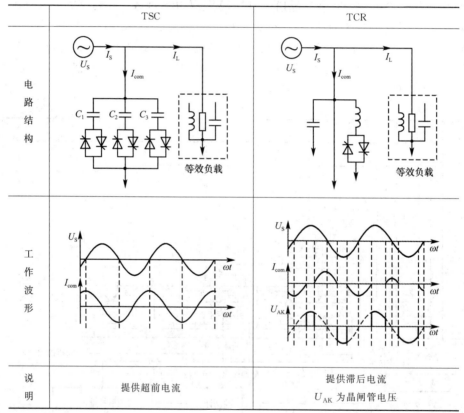

	TSC	TCR
电路结构	等效负载 提供超前电流	等效负载
工作波形		
说明	提供超前电流	提供滞后电流 U_{AK} 为晶闸管电压

电池蓄能器是现在被广泛采用的一种 FACTS 装置，它可将蓄能装置中顺时抽取或注入的电能经逆变器再接入电力系统，其原理是将接入电网的电压源逆变器，或者直流至交流的换流器与蓄能装置的多相斩波器在两者的直流母线处复合在一起，整体装置采用一个闭环控制系统，以协调直流换流器和逆变器的运行，实现电网、直流母线和蓄能装置之间瞬时有功和无功功率的变换。

虽然 FACTS 技术在提高线路输送能力、保证系统稳定性、快速调节系统功率等方面表现出卓越的性能，但是在现阶段仍有不少技术问题急需解决，如 FACTS 控制器电力系统的数学建模问题,FACTS 控制器在稳态、暂态中的控制策略问题,多个 FACTS 控制器如何实现互相协调并保证运行可靠性的问题等。同时,由于 FACTS 技术并没有广泛推广和应用,因此缺乏丰富的现场运行数据资料,更缺乏熟悉 FACTS 技术的维护检修人员,在实际应用中受到了一定限制。

9.5 高压直流输电技术

9.5.1 直流输电系统的结构

直流输电系统由整流站、直流线路和逆变站三部分组成,如图 9-22 所示。图中交流电力系统 1 和 2 通过直流输电系统相连。交流电力系统 1、2 分别是送、受端交流系统,送端交流系统送出交流电经换流变压器和整流器换成直流电,然后由直流线路把直流电输送给逆变站,经逆变器和换流变压器再将直流电换成交流电送入受端交流系统。图 9-22 中完成交、直流变换的站称为换流站,将交流电换为直流电的换流站称为整流站,而将直流电变换为交流电的换流站称为逆变站。

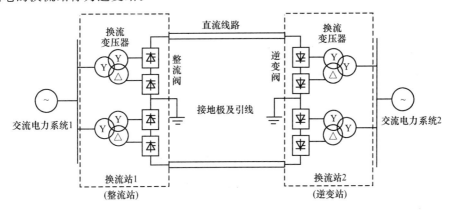

图 9-22　直流输电系统原理接线图

直流输电系统按照其与交流系统的接口数量分为两大类,即两端(或端对端)直流输电系统和多端直流输电系统。两端直流输电系统是只有一个整流站和一个逆变站的直流输电系统,是世界上已运行的直流输电工程普遍采用的方式。多端直流输电系统与交流电力系统有三个及以上的接口,它有多个整流站和逆变站,以实现多个电源系统向多个受端交流系统的输电。目前只有意大利—撒丁岛(三端)和魁北克—新英格兰(五端)直流输电工程为多端直流输电系统。

两端直流输电系统又可分为单极(正极或负极)、双极(正、负两极)和背靠背直流输电系统(无直流输电线路)三种类型。

9.5.2 单极直流输电系统

单极直流输电系统中换流站出线端对地电位为正的称为正极,为负的称为负极。与正极或负极相连的输电导线称为正极导线或负极导线,或称为正极线路或负极线路。单极直流架空线路通常多采用负极性(正极接地),这是因为正极导线电晕的电磁干扰和可听噪声均比负极性导线的大。同时由于雷电大多为负极性,使得正极导线雷电闪络的概率也比负极导线的高。单极直流输电系统运行的可靠性和灵活性不如双极直流输电系统好,因此,单极直流输电工程不多。

单极直流输电系统的接线方式可分为单极大地(或海水)回线方式和单极金属回线方式两种。另外,当双极直流输电工程在单极运行时,还可以接成双导线并联大地回线方式运行。图 9-23(a)、(b)、(c)分别给出了这三种接线方式的示意图。

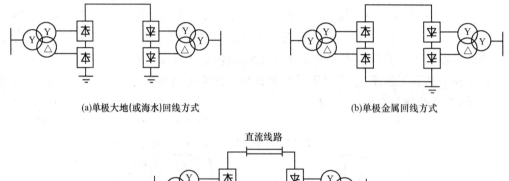

(a)单极大地(或海水)回线方式   (b)单极金属回线方式

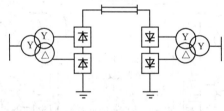

(c)单极双导线并联大地回线方式

图 9-23   单极直流输电系统接线示意图

1.单极大地(或海水)回线方式

单极大地(或海水)回线方式是两端换流器的一端通过极导线相连,另一端接地,利用大地(或海水)作为直流的回流电路,如图 9-23(a)所示。这种方式的线路结构简单,利用大地(或海水)作为回线,省去一根导线,线路造价低。但地下(或海水)长期有大的直流电流通过,大地电流所经之处,将引起埋设在地下或放置在地面的管道、金属设施发生电化学腐蚀,使中性点接地变压器产生直流偏磁而造成变压器磁饱和等问题。因此这种方式主要用于高压海底电缆直流工程,如瑞典—丹麦的康梯—施堪工程、瑞典—芬兰的芬梛—施堪工程、瑞迪—德国的波罗的海工程、丹麦—德国的康特克工程等。

2. 单极金属回线方式

单极金属回线方式如图 9-23(b)所示,采用低绝缘的导线(也称金属返回线)代替单极大地(或海水)回线方式中的大地(或海水)回线。在运行中,地中无电流流过,可以避免由此产生的电化学腐蚀和变压器磁饱和等问题。为了固定直流侧的对地电压和提高运行的安全性,金属返回线的一端接地,其不接地端的最高运行电压为最大直流运行电流在金属返回线上的压降。这种方式的线路投资和运行费用均较单极大地(或海水)回线方式的高,通常只在不允许利用大地(或海水)为回线或选择接地极较困难以及输电距离又较短的单极直流输电工程中采用,但在双极运行方式中需要单极运行时可以采用。

3. 单极双导线并联大地回线方式

单极双导线并联大地回线方式如图 9-23(c)所示。这种方式是双极运行方式中需要单极运行时采用的特殊方式,与单极大地(或海水)回线方式相比,由于极导线采用两极导线并联,极导线电阻减小一半,因此,线路损耗减小一半。

9.5.3 双极直流输电系统

双极直流输电系统接线方式是直流输电系统工程中普遍采用的接线方式,可分为双极两端中性点接地方式、双极一端中性点接地方式和双极金属中性线方式三种类型。图 9-24 所示为双极直流输电系统接线示意图。

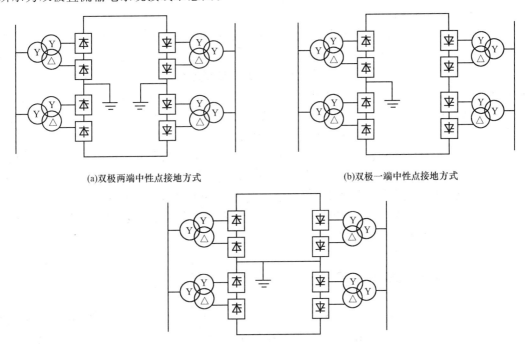

(a)双极两端中性点接地方式   (b)双极一端中性点接地方式

(c)双极金属中性线方式

图 9-24   双极直流输电系统接线示意图

1. 双极两端中性点接地方式

双极两端换流器中性点接地方式(简称双极方式)的正、负两极通过导线相连,双极两端换流器的中性点接地,如图 9-24(a)所示。实际上它可看成是两个独立的单极大地回线方式。正、负两极在回路中的电流方向相反,地中电流为两极电流的差值。双极对称运行时,地中无电流流过,或仅有少量的不平衡电流流过,通常小于额定电流的 1%。因此,在双极对称方式运行时,可消除由于地中电流所引起的电腐蚀等问题。当需要时,双极可以不对称运行,这时两极中的电流不相等,地中电流为两电流之差。运行时间的长短由接地极寿命决定。

双极两端中性点接地方式的直流输电工程,当一极故障时,另一极可正常并过负荷运行,可减小送电损失。双极对称运行时,一端接地极系统故障,可将故障换流器的中性点自动转换到换流站内的接地网临时接地,并同时断开故障的接地极,以便进行检查和检修。当一极设备故障或检修停运时,可转换成单极大地回线方式、单极金属回线方式或单极双导线并联大地回线方式运行。由于此方式运行方式灵活、可靠性高,大多数直流输电工程都采用此种接线方式。

2. 双极一端中性点接地方式

这种接线方式只有一端换流器的中性点接地,如图 9-24(b)所示。它不能利用大地作为回路。当一极故障时,不能自动转为单极大地回线方式运行,必须停运双极,在双极停运以后,可以转换成单极金属回线方式运行。因此,这种接线方式的运行可靠性和灵活性均较差。其主要优点是可以保证在运行中地中无电流流过,从而可以避免由此所产生的一系列问题。这种系统构成方式在实际工程中很少采用,只在英法海峡直流输电工程中得到应用。

3. 双极金属中性线方式

双极金属中性线方式是在两个换流器中性点之间增加一条低绝缘的金属返回线。它相当于两个可独立运行的单极金属回线方式,如图 9-24(c)所示。为了巩固直流侧各种设备的对地电位,通常中性线的一端接地,另一端中性点的最高运行电压为流经金属线中最大电流时的电压降。这种方式在运行中地中无电流流过,它既可以避免由于地电流而产生的问题,又具有比较高的可靠性和灵活性。当一极线路发生故障时,可自动转为单极金属回线方式运行。当换流站的一个极发生故障停运时,可首先自动转为单极金属回线方式运行,然后还可以转为单极双导线并联金属回线方式运行。其运行的可靠性和灵活性与双极两端中性点接地方式相类似。由于采用三根导线组成输电系统,其线路结构较复杂,线路造价较高。通常是当不允许地中流过直流电流或接地极极址很难选择时才采用。例如,英国伦敦的金斯诺斯地下电缆直流工程、日本纪伊直流工程以及加拿大一美国魁北克一新英格兰多端直流工程的一部分是采用这种系统构成方式。

9.5.4 背靠背直流输电系统

背靠背直流输电系统是输电线路长度为零(无直流输电线路)的两端直流输电系统,它主要用于两个异步运行(不同频率或频率相同但异步)的交流电力系统之间的联网或送电,也称为异步联络站。如果两个被联电网的额定频率不相同(如 50 Hz 和 60 Hz),也可称为变频站。背靠背直流输电系统的整流站和逆变站的设备装设在一个站内,也称为背靠背换流站。在背靠背换流站内,整流器和逆变器的直流侧通过平波电抗器相连,而其交流侧则分别与各自的被联电网相连,从而形成两个交流电网的联网。两个被联电网之间交换功率的大小和方向均由控制系统进行快速方便地控制。为降低换流站产生的谐波,通常选择12脉动换流器作为基本换流单元。图9-25所示为背靠背换流站的原理接线图。换流站内的接线方式有换流器组的并联方式和串联方式两种。

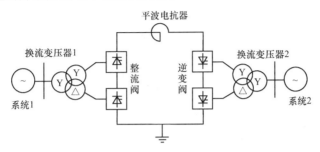

图9-25 背靠背换流站的原理接线图

背靠背直流输电系统的主要特点是直流侧可选择低电压、大电流(因无直流输电线路,直流侧损耗小),可充分利用大截面晶体管的通流能力,同时直流侧设备如换流变压器、换流阀(图9-26)、平波电抗器等也因直流电压低而使其造价相应降低。由于整流器和逆变器均装设在一个阀厅内,直流侧谐波不会造成对通信线路的干扰,因此可省去直流滤波器,减小平波电抗器的电感值。由于上述因素使得背靠背换流站的造价比常规换流站的造价降低约15%～20%。

图9-26 换流阀

9.5.5 多端直流输电系统

多端直流输电系统是由三个及以上换流站,以及连接换流站之间的高压直流输电线路组成的,它与交流系统有三个及以上接口。多端直流输电系统可以解决多电源供电或多落点受电的问题,它还可以联系多个交流系统或者将交流系统分成多个孤立运行的电网。在多端直流输电系统中的换流站,可以作为整流站运行,也可以作为逆变站运行,但作为整流站运行的换流站总功率与作为逆变站运行的总功率必须相等,即整个多端直流输电系统的输入和输出功率必须平衡。根据换流站在多端直流输电系统之间的连接方式可以将其分为并联方式和串联方式,连接换流站之间的输电线路可以是分支形或闭环形,如图 9-27 所示。

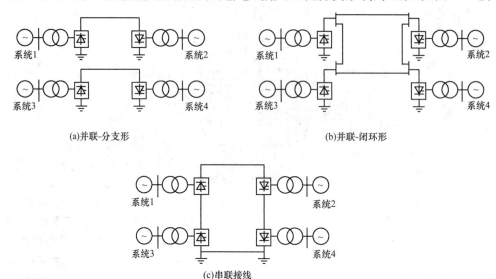

(a)并联-分支形　　　　　　　　　　　　　　(b)并联-闭环形

(c)串联接线

图 9-27　多端直流输电系统原理接线图

1. 串联方式

串联方式的特点是各换流站均在同一个直流电流下运行,换流站之间的有功调节和分配主要是靠改变换流站的直流电压来实现的。串联方式的直流侧电压较高,在运行中的直流电流也较大,因此其经济性能不如并联方式好。当换流站需要改变潮流方向时,串联方式只需改变换流器的触发角,使原来的整流站(或逆变站)变为逆变站(或整流站)运行,不需改变换流器直流侧的接线,潮流反转操作快速方便。当某一换流站发生故障时,可投入其旁通开关,使其退出工作,其余的换流站经自动调整后,仍能继续运行,不需要用直流断路器来断开故障。当某一段直流线路发生瞬时故障时,需要将整个系统的直流电压降到零,待故障消除后,直流输电系统可自动再启动。当一段直流线路发生永久性故障时,则整个多端直流输电系统需要停运。

2. 并联方式

并联方式的特点是各换流站在同一个直流电压下运行,换流站之间的有功调节和分配主要是靠改变换流站的直流电流来实现。由于并联方式在运行中保持直流电压不变,负荷的减小是用降低直流电流来实现的,因此其系统损耗小,运行经济性也好。

由于并联方式具有上述优点,因此目前已运行的多端直流输电系统均采用并联方式。并联方式的主要缺点是当换流站需要改变潮流方向时除了改变换流器的触发角,使原来的整流站(或逆变站)变为逆变站(或整流站)以外,还必须将换流器直流侧两个端子的接线倒换过来接入直流网络才能实现。因此,并联方式对潮流变化频繁的换流站是很不方便的。另外,在并联方式中当某一换流站发生故障需退出工作时,需要用直流断路器来断开故障的换流站。在目前高电压、大功率直流断路器尚未发展到实用阶段的情况下,只能借助于控制系统的调节装置与高速自动隔离开关两者的配合操作来实现。也就是在事故时,将整流站变为逆变站运行,从而使直流电压和电流均很快降到零,然后用高速自动隔离开关将故障的换流站断开,最后对健全部分进行自动再启动,使直流系统在新的工作点恢复工作。

多端直流输电系统比采用多个两端直流输电系统要经济,但其控制保护系统以及运行操作较复杂。今后随着具有关断能力的换流阀(如 IGBT、IGCT 等)的应用及在实际工程中对控制保护的改进和完善,采用多端直流输电系统的工程将会更多。

9.6 电力电子技术在新能源发电系统中的应用

我国发电量大,但电能使用效率低,以火力发电为主,火电占总发电量的 75.67%。像煤炭、石油等不可再生能源已经接近枯竭。我国可再生能源开发利用远远不能满足经济社会持续发展的需要,必须加快可再生能源与新能源产业化进程。可再生能源是最理想的能源,常规的可再生能源有太阳能、风能、水能、潮汐能、生物质能。

风能是一种无污染和可再生的新能源,有着巨大的发展潜力,风力发电原理为:利用风力带动风车叶片旋转,再通过增速机(齿轮)将旋转的速度提升,来促使发电机发电。风力发电在新能源和可再生能源行业中增长最快,年增长率达 35%。预测 2050 年前后,中国风电装机容量可以达到甚至超过 4 亿千瓦,相当于 2004 年全国的电力装机容量,风电将成为第二大主力发电电源。

太阳能发电系统由太阳能电池组、太阳能控制器、蓄电池、逆变器等组成。太阳能发电具有无枯竭危险、绝对干净、不受资源分布地域的限制、可在用电处就近发电、能源质量高、使用者从感情上容易接受、获取能源花费的时间短等众多优势。近 10 年来,全球太阳能光伏电池年产量增长约 6 倍,年均增长 50% 以上。2010 年,全球太阳能光伏电池年产量 1600万千瓦,其中我国年产量 1000 万千瓦。并网光伏发电站和与建筑结合的分布式并网光伏发电系统是光伏发电的主要利用方式。2010 年,全球光伏发电总装机容量接近 4000 万千瓦,主要应用市场在德国、西班牙、日本、意大利,其中德国 2010 年新增装机容量 700 万千瓦。随着太阳能光伏发电规模、转换效率和工艺水平的提高,全产业链的成本快速下降。太阳能光伏电池组件价格已经从 2000 年每瓦 4.5 美元下降到 2010 年的 1.5 美元以下,太阳能光伏发电的经济性明显提高。

9.6.1 在风力发电系统中的应用

从 1957 年第一台风力发电装置产生到现在,风力发电系统已经从传统的恒速恒频风力发电系统发展到现在的变速恒频风力发电系统,出现的主要结构如图 9-28 所示。图 9-28(a)为基于普通异步电动机的恒速恒频风力发电系统,其结构简单,设计成熟,在现在的风电厂中还广泛应用,但需额外安装无功补偿装置,存在机械应力大等缺点。图 9-28(b)是变速恒频风力发电系统,基于调节绕线型电动机转子侧电阻来实现小范围转速的调节,其调速范围是同步转速以上 0～10%。图 9-28(c)是现在风电厂的主流机型变速恒频双馈风力发电系统,该系统转子侧通过变流器与电网相连,变流器容量为发电容量的 30%,定子侧直接与电网相连。定子和转子都可以向电网输送能量,可以工作在同步转速的 ±30% 的范围之内,在并网发电时都能够实现最大功率点的跟踪控制,有效地提高了风能利用率。同时能够对定子侧的有功功率和无功功率实现独立控制,在电网产生电压跌落故障时可以给电网提供无功支撑。图 9-28(d)为变速恒频直驱风力发电系统,代表了风力发电系统未来的发展方向,这种结构显著的优点是可以简化齿轮箱或者取消齿轮箱,因此能够显著减少机械故障,也可以方便实现无功支撑。

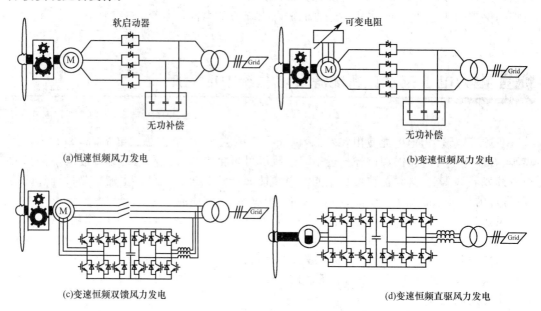

(a)恒速恒频风力发电　　　　　　　　　　　　　　　　　　　　(b)变速恒频风力发电

(c)变速恒频双馈风力发电　　　　　　　　　　　　　　　　　　(d)变速恒频直驱风力发电

图 9-28　风力发电系统结构

过去,电网故障时一般采取风力发电装置脱离电网进行保护的方案,但随着风力发电电容量的比重日益增长,这种处理方法可能造成电力系统故障的扩大,危害电力系统的安全运行。针对这种情况,德国、丹麦等一些风力发电成熟的国家都出台了风电并网的规范,要求风力发电装置在电网跌落时,具有电网无功支撑功能,即低电压穿越(LVRT)。ABB、GE 等公司制造的双馈变流器具备低电压穿越功能。

随着近期国家新能源振兴计划的提出,风电装机容量在未来将大幅度增长,将在全国电力容量中占有客观的比重,因此我国也必然要制订风电低电压穿越规范。低电压穿越技术的研究开发已引起国内同行的重视。

直驱式风电系统原理图如图 9-29 所示,双馈式风电系统原理图如图 9-30 所示。在双馈风力发电中,从电力电子设备提高整机效率的环节主要有两个方面:通过对双馈电动机的优化控制,减小电动机损耗,进而实现整机效率的提高;通过对变流器结构的优化选择,使用高效率的变流拓扑结构来提高整机的效率。

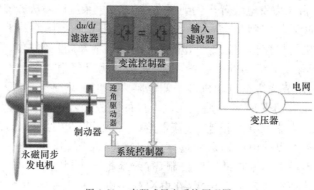

图 9-29　直驱式风电系统原理图

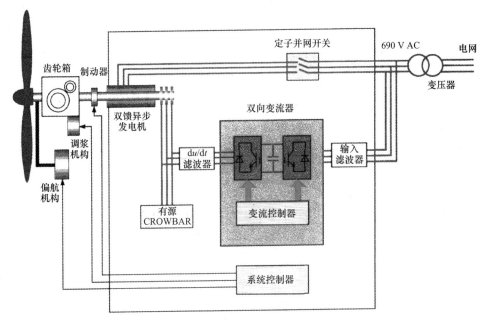

图 9-30 双馈式风电系统原理图

9.6.2 在太阳能发电系统中的应用

太阳能光伏发电是当今备受瞩目的热点之一,光伏产业正以年均增长 50％的速率发展。并网光伏发电系统结构图如图 9-31 所示。

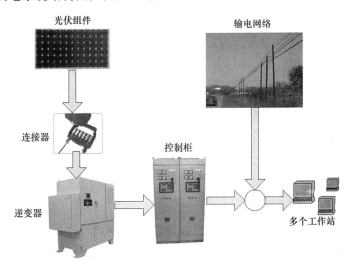

图 9-31 并网光伏发电系统结构图

太阳能光伏发电装置主要由光伏电池模块和光伏逆变器构成。当光伏并网发电时,并网逆变器需具有快速的动态响应。逆变器除了要保证并网所要求的电能品质和条件外,还要实现太阳能最大功率输出跟踪控制,这就要求其主电路拓扑结构有功、无功功率解耦可调,且有高的变换效率。光伏逆变器按是否采用隔离方式,可分为工频隔离的光伏逆变器、高频隔离的光伏逆变器和非隔离光伏逆变器。工频隔离的光伏逆变器是目前较常用的结构,安全性高,可以防止逆变器输出的直流偏置电流注入电网,但存在工频变压器体积大、笨重的问题。工频隔离的光伏逆变器效率约在94%～96%之间。

高频隔离的光伏逆变器一般通过前级 DC-DC 变换器实现高频分离,如图 9-32(a)所示。它具有高频隔离变压器体积小、重量轻的特点。隔离 DC-DC 变换器电路有全桥移相 DC-DC 变换器、双正激 DC-DC 变换器。由于引入隔离 DC-DC 变换器,将引起3%～4%效率损耗。

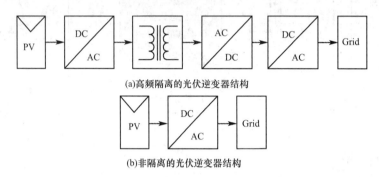

(a)高频隔离的光伏逆变器结构

(b)非隔离的光伏逆变器结构

图 9-32　并网光伏逆变器结构

高频隔离的光伏逆变器整体效率在93%～95%。

非隔离的光伏逆变器结构如图 9-32(b)所示。非隔离的光伏逆变器具有功率密度高、整体密度高的特点。目前,非隔离的光伏逆变器效率高达98.8%。

非隔离的光伏逆变器又可分为单级结构、双级结构。单级结构中,光伏模块的输出电压必须与电网电压相匹配,因此单级结构对光伏阵列的额定电压等级有较苛刻的要求,但在大功率光伏系统中不成为问题。双级结构中,光伏模块的输出首先通过前级 DC-DC 变压器升压,再送入逆变器。双级结构对光伏模块的额定电压等级的要求比较宽松,因此在小功率光伏系统中较受青睐。非隔离的光伏逆变器的应用越来越广泛,在欧洲约占80%的市场,在日本约占50%的市场。

9.6.3　在风光互补发电系统中的应用

风光互补发电系统由光伏电池组件、风力发电机组、蓄电池组、控制器、逆变器等几部分组成。风电机组的额定功率与光伏电池的峰值功率之和为风光互补系统的混合功率,它们共同向蓄电池组充电;电力送入风光互补控制器中,在控制器内先转换成直流电,根据控制需要直流电可向蓄电池组充电再逆变成交流电,通过输电线路送到用户负载处,由控制器控制风电和光电最大程度地发挥效能,同时稳定电压,使系统在恒压充电状态下工作。该系统无污染、无噪声,不产生废弃物,是一种自然、清洁的可再生能源。其系统图如图 9-33 所示。

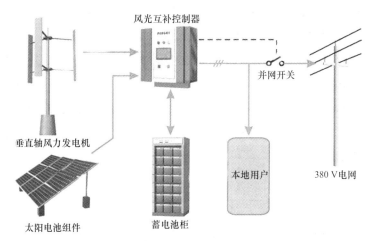

图 9-33 风光互补发电系统图

风光互补发电系统利用风能和太阳能天然的互补性,实现了全天候的发电功能。由于风力发电机和太阳电池方阵两种发电设备共同发电,弥补了风电和光电系统独立工作时的不足,夜间和阴雨天无阳光时由风能发电,晴天由太阳能发电,在既有风又有太阳的情况下两者同时发挥作用,实现了在昼夜、季节、天气上的互补,比单独使用风电和光电系统更加经济实用,并且利用风、光天然的互补性,提升了系统供电的稳定性。风光互补发电系统实物如图 9-34。

图 9-34 风光互补发电系统实物图

9.6.4 在燃料电池发电系统中的应用

燃料电池是一种将存在于燃料和氧化剂中的化学能连续不断地转化为电能的发电装置。相对于传统的火力发电站,燃料电池具有以下优势:燃料电池发电直接将化学能转化为电能,能量转换效率高,发电效率可达 65%;积木性强,可根据需求选择燃料电池的供电容量,实现灵活供电;无须燃烧,洁净、无污染、噪声低。因此燃料电池被称为是继水力、火力、核能之后第四代发电装置和替代内燃机的动力装置。

在燃料电池发电系统中,由于受到燃料电池内阻的影响,系统输出电压随着输出电流的变化而变化,这样的输出电压是不能直接应用的,并且输出电压随着温度的增加而增加。对于直流负载而言,一般只需一个恒定不变的供电电压,而对于交流负载,还需要将直流电逆变为所需要的交流电,因此燃料电池的发电系统必须要有功率调节系统才能正常工作。燃料电池并网发电功率调节系统如 9-35 所示,系统由燃料电池、蓄电池或超级电容、升压变换器、双向直流变换器和并网逆变器构成。由于目前燃料电池发电成本还比较高,因此对功率调节系统的转换效率要求较高。

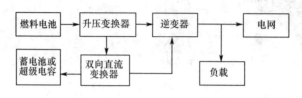

图 9-35　燃料电池并网发电功率调节系统

9.6.5　电力电子技术在并网检测技术上的应用

随着分散式并网发电系统的增多,当电网失电后,并网发电系统与本地负载处于独立运行状态,发电系统和周围的负载形成一个自给式供电孤岛,即"孤岛"效应。由于"孤岛"效应的出现,会严重影响电力系统的安全、正常运行,危及线路维修人员的人身安全,近年来"孤岛"效应检测技术在可再生能源发展较快的国家和地区引起了人们的广泛重视。为了解决此问题,主动检测法应运而生。主动检测法是通过在并网逆变器的控制信号中加入很小的电压、频率或相位扰动信号,然后检测逆变器的输出。当"孤岛"发生时,扰动信号的作用就会显现出来,当输出变化超过规定的门限值就能预报"孤岛"的发生。

本 章 小 结

本章是在前面各章基础上最终落实到本书的应用内容,也就是电力电子技术在当前的热点技术,或者说是电力电子当代应用技术。电力电子技术的应用十分广泛,本章精选了一些最典型的应用加以介绍。直流调速系统是电力电子技术早期的主要应用领域,交流调速系统是在直流调速系统的基础上发展起来的,学过直流调速系统后再学交流调速系统就方便了。不间断电源即 UPS,它也是一种重要的间接交流变流装置,在各种重要场合都有十分重要的用途。由于开关电源技术的不断发展和广泛应用,才使得电力电子技术的应用如此广泛,我们才能得到体积小、重量轻、效率高的各种直流电源,各种电子设备、办公和家用电器以及消费电子产品等的整体性能也得以迅速提高。电力电子技术在电力系统中的应用,其中涉及高压直流输电、无功补偿和新能源发电等。

思考题及习题

9-1 什么是变频调速系统的恒压频比控制?

9-2 何谓 UPS? 试说明 UPS 系统的工作原理。

9-3 在线式 UPS 与后备式 UPS 最根本的区别是什么? 这是否影响到对用户的供电质量?

9-4 试解释为什么开关电源的效率高于线性电源。

9-5 提高开关电源的工作频率,会使哪些元件体积减小? 会使电路中什么损耗增加?

9-6 与高压交流输电相比,高压直流输电有哪些优势? 高压直流输电的系统结构是怎样的?

9-7 试简述静止无功补偿器 SVC 的基本原理。

9-8 试简述并联型有源电力滤波器的基本原理。与传统的 LC 调谐滤波器相比,有源电力滤波器有哪些更优越的性能?

9-9 试简述高压直流输电系统的构成和优缺点。

9-10 试简述直流输电的优缺点,并说明当前直流输电工程应用主要是在哪些方面。

9-11 风力发电系统结构是怎样的?

9-12 光伏发电系统结构是怎样的?

教 学 实 验

实验1 SCR(单向和双向)特性与触发实验

1. 实验目的
熟悉晶闸管和双向晶闸管的基本特性,掌握其导通和关断的方法。

2. 实验内容
(1)熟悉实验图1所示的实验电路,其中实验图1(a)为晶闸管基本特性实验电路,实验图1(b)为双向晶闸管基本特性实验电路,并根据器件的电流定额和电压情况估算负载参数,选择负载。

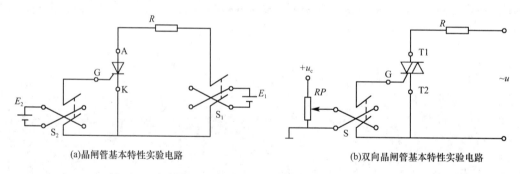

(a)晶闸管基本特性实验电路　　　　　(b)双向晶闸管基本特性实验电路

实验图1　SCR(单向和双向)特性与触发实验电路

(2)晶闸管的基本特性研究。

①给晶闸管加上直流12 V的反向阳极电压,然后分别对门极开路、施加+5 V和−5 V直流电压,观察晶闸管的导通情况,用万用表测量负载两端电压。

②给晶闸管加上直流12 V的正向阳极电压,然后分别对门极开路、施加+5 V和−5 V直流电压,观察晶闸管的导通情况。

③晶闸管导通后,去掉门极电压,或给门极加−5 V直流电压,观察晶闸管的导通情况。

④晶闸管导通后,去掉阳极电压,观察晶闸管导通情况;然后,断开门极的控制电压,再给晶闸管施加正向阳极电压,观测晶闸管导通情况。

(3)双向晶闸管的基本特性研究。

给双向晶闸管的主电极加交流50 Hz、15 V的电压,T1极为正,T2极为负,然后进行以下测试：

①给门极和 T2 极之间分别施加 0 V(或开路)、+5 V 和－5 V 直流电压,用示波器测量负载两端波形,或用万用表测量负载两端电压,观察晶闸管的导通情况。

②在门极和 T2 极之间施加+5 V 直流电压,双向晶闸管导通后,将门极和 T2 极之间控制电压由+5 V 减少至 0 V,观察双向晶闸管导通情况。

③选择在门极和 T2 极之间施加+5 V 直流电压,并且在双向晶闸管导通后的情况下,将主电极断电,同时将门极和 T2 极之间的控制电压断开,间隔数秒之后,再次给主电极通电,观察双向晶闸管导通情况,用示波器观测全过程。

3.实验报告

(1)根据实验结果,分析晶闸管的导通与关断条件。

(2)根据实验结果,分析双向晶闸管的导通与关断条件。

实验 2　单相半波相控整流电路

1.实验目的

掌握单相半波相控整流电路的基本组成和工作原理,熟悉单相半波相控整流电路的基本特性,掌握触发脉冲移相和移相范围的概念。

2.实验内容

(1)单相半波相控整流电路的主电路如实验图 2(a)所示,图中负载为电阻性负载也可以为电感性负载,实验图 2(b)为触发电路,该触发电路由 1 片集成触发电路芯片 KJ004 辅以外围电路组成。

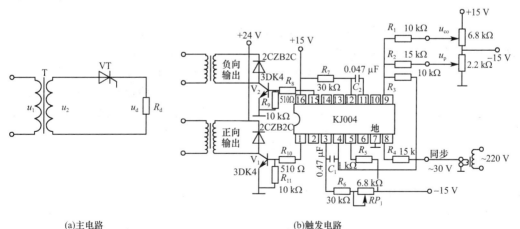

(a)主电路　　　　　　　　　　　(b)触发电路

实验图 2　单相半波相控整流电路

(2)熟悉触发电路,用示波器观测同步信号、锯齿波和触发脉冲,改变控制电压 u_{co},观察触发脉冲移相的情况。

(3)电阻性负载时,调整偏移电压 u_p,使控制电压 $u_{co}=0$ 时触发脉冲为 $\alpha=180°$,然后调

整 u_{co}，观察 α 角从 $180°\sim0°$ 变化时负载电压 u_d 的变化情况，记录 α 为 $0°$、$30°$、$60°$、$90°$、$120°$ 时的负载电压 u_d 波形及负载电压值。

（4）电感性负载时，调整 α 角，使其从 $0°$ 逐渐增大，观察负载电压波形的变化，记录 α 为 $0°$、$30°$、$90°$ 时的负载电压 u_d 波形及负载电压值。

3. 实验报告

（1）根据实验结果，分析单相半波相控整流电路不同负载时的工作特性，说明触发脉冲移相的作用，指出电阻性负载和电感性负载时触发脉冲的移相范围。

（2）分析实验中获得的波形，与教材中的波形进行比较，有无差异，分析原因。

（3）画出电阻性负载 α 为 $0°$、$30°$、$60°$、$90°$、$120°$ 时的负载电压 u_d 波形。

（4）画出电感性负载 α 为 $0°$、$30°$、$90°$ 时的负载电压 u_d 波形。

实验 3　三相桥式全控整流电路

1. 实验目的

掌握三相桥式全控整流电路的基本组成和工作原理，熟悉三相桥式全控整流电路的基本特性。

2. 实验内容

（1）熟悉实验设备，按实验图 3 接线，其中实验图 3（a）为主电路，图中为电感性负载，实验中也可以接电阻性负载或反电动势负载，实验图 3（b）为触发电路，由 3 片集成触发电路芯片 KJ004 和 1 片集成双脉冲发生器芯片 KJ041 组成。

（2）根据晶闸管电流定额和直流输出电压情况，估算负载参数，选择负载。

（3）熟悉触发电路，用示波器观测同步信号、锯齿波及双窄脉冲的情况，并改变 u_{co} 大小，观察触发脉冲移相的情况。

（4）接电阻负载时，调节偏置电压 u_p，使得当控制电压 $u_{co}=0$ 时对应 $u_d=0$。调节 u_{co}，观察 α 从 $120°\sim0°$ 变化时，输出电压 u_d 的波形及晶闸管 VT_1 两端的电压波形。记录触发角 α 分别为 $0°$、$30°$、$60°$、$90°$、$120°$ 时 u_{co} 和 u_d 的电压值以及 u_d 的波形。

（5）接电感性负载时，将 u_{co} 调到零，然后调节 u_p，使 $\alpha=90°$，即初始脉冲对应电感性负载输出电压为零的位置。改变 u_{co}，观察当 α 角从 $0°\sim90°$ 变化时，输出电压 u_d 的波形变化情况，记录 α 角分别为 $0°$、$30°$、$60°$、$90°$ 时 u_d、输出电流 i_d、晶闸管 VT_1 两端电压 u_{VT_1} 波形。

（6）接反电动势（电动机）负载时，负载端接平波电抗器。使 $u_{co}=0$、$\alpha\approx90°$ 和 $u_d\approx0$，然后逐步调节 u_{co}，观察 u_d、i_d 和电动机电枢端电压 u_D 的波形，适量加载，并分别观察有平波电抗器和无平波电抗器时 i_d 的波形，注意电流断续时的现象。

3. 实验报告

（1）通过实验，分析三相桥式全控整流电路的工作特性及工作原理。

（2）分析实验中获得的波形、数据，与教材对照是否一致，有差异的地方，分析原因。

（3）绘制有关实验波形。

（4）做出电阻性负载、电感性负载和反电动势负载时的 u_d—u_{co} 曲线，观测是否为线性。

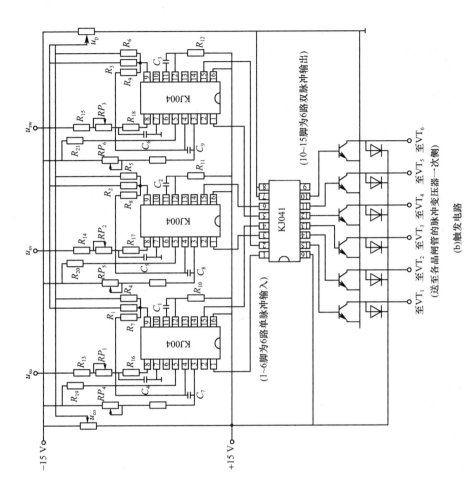

(b)触发电路

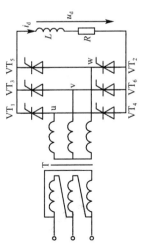

(a)主电路

实验图3　三相桥式全控整流电路

实验 4　Boost-Buck 变换电路研究

1. 实验目的

掌握 Boost-Buck 变换电路的基本组成和工作原理,熟悉 Boost-Buck 变换电路的基本特性。

2. 实验内容

(1)Boost-Buck 变换电路主电路如实验图 4(a)所示。实验图 4(b)为控制和驱动电路的原理框图。控制电路由三角波发生器的输出和可调的直流电压 u_c 相比较,经延时变换后,产生 PWM 波,PWM 波经功率放大后,驱动主电路中的开关器件 V,进行调压控制。改变 u_c 的电压幅值,可以得到不同占空比的 PWM 波形。

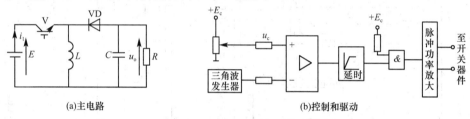

(a)主电路　　　　　　　　　　　(b)控制和驱动

实验图 4　Boost-Buck 变换电路

(2)将 E 调为 24 V,调整控制电路的 u_c,使 PWM 波形的占空比为 0.5,测量负载两端的电压值和负载电压 u_o 极性,并将该值记录下来。

(3)E 不变,将 PWM 波形的占空比由 0 开始逐渐增大至 1,观测负载电压 u_o 的变化情况。

(4)适当增大或减小 E 值,通过改变 PWM 波形占空比的方法,观测在负载两端能否获得上述情况(2)条件下的负载电压值,记录此时的 E 值和 PWM 波形的占空比。

3. 实验报告

(1)通过实验数据,分析 Boost-Buck 变换电路的工作原理。

(2)根据实验结果,如果将该 Boost-Buck 变换电路作为开关电源,其稳压指标为多少?

实验 5　三相交流调压电路

1. 实验目的

掌握三相交流调压电路的基本构成和工作原理,熟悉三相交流调压电路的基本特性。

2. 实验内容

(1)三相交流调压电路如实验图 5 所示,本实验仅对三相交流调压电路带电阻性负载的基本特性进行研究。实验图 5(a)为主电路,采用三对晶闸管反并联接于三相线中,电阻性负载采用星形接法。实验图 5(b)为触发电路,由 3 片集成触发电路芯片 KJ004 和 1 片集成双脉冲发生器芯片 KJ041 组成。

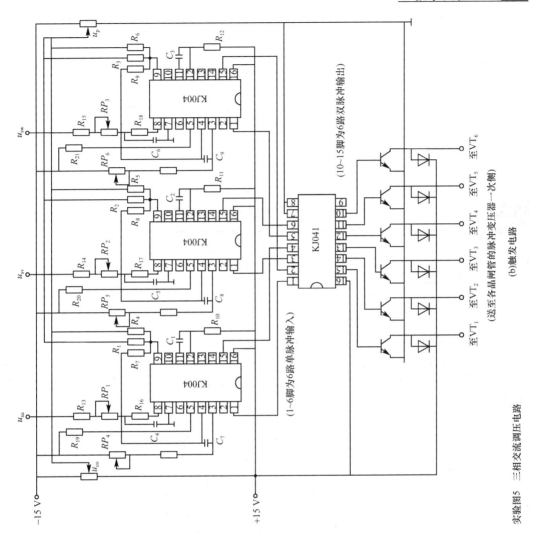

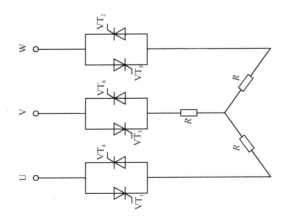

实验图5　三相交流调压电路

(2)以 U 相为例,用示波器观测触发角 α 为 $0°$、$30°$、$60°$、$90°$、$120°$、$150°$时的 U 相负载电压波形。

(3)验证 $\alpha = 120°$时,一个周期内器件的导通情况。

3.实验报告

(1)以 U 相为例,画出 $\alpha = 0°$、$30°$、$60°$、$90°$、$120°$时的 U 相负载电压 u_{RU} 波形。

(2)以 U 相为例,分析 α 为 $0°$、$30°$、$60°$、$90°$、$120°$、$150°$时各开关器件导通情况。

(3)分析该电路的移相范围是多少。

实验 6 单相 SPWM 电压型逆变电路研究

1.实验目的

掌握单相 SPWM 电压型逆变电路的基本组成,熟悉单相 SPWM 电压型逆变电路的基本特性。

2.实验内容

(1)单相 SPWM 电压型逆变电路如实验图 6 所示,图中载波 u_c 为三角波,信号波 u_r 为正弦波,改变正弦波的频率和幅值,通过调制电路驱动主电路的开关器件,在负载上可以获得相应的 SPWM 波形。

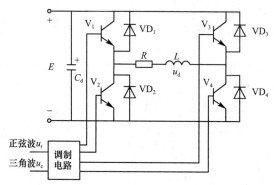

实验图 6 单相 SPWM 电压型逆变电路

(2)选择信号波 u_r 的频率为 50 Hz,改变 u_r 的电压幅值,用示波器观测负载上的 SPWM 波形的变化。

(3)固定信号波 u_r 的幅值,改变 u_r 的频率,使其由 $5 \sim 50$ Hz 变化,用示波器观测负载上的 SPWM 波形的变化,并分析是采用哪种调制方式。

(4)观察负载上获得的是单极性还是双极性 SPWM 波形。

3.实验报告

(1)根据实验结果,分析单相 SPWM 电压型逆变电路的调压原理和调频原理。

(2)根据所使用的实验电路,分析输出的 SPWM 波形是单极性还是双极性,是采用同步调制还是异步调制方式。

(3)绘制有关实验波形。

参 考 文 献

1. 王兆安,黄俊.电力电子技术[M].4 版.北京:机械工业出版社,2000

2. 王兆安,刘进军.电力电子技术[M].5 版.北京:机械工业出版社,2009

3. 徐德鸿,马皓.电力电子技术[M].北京:科学出版社,2006

4. 王兆安,张明勋.电力电子设备设计和应用手册[M].2 版.北京:机械工业出版社,2002

5. 张兴.电力电子技术[M].北京:科学出版社,2010

6. 张润和.电力电子技术及应用[M].北京:北京大学出版社,2008

7. 李先允,陈刚.电力电子技术习题集[M].北京:中国电力出版社,2007

8. 李宏,王崇武.现代电力电子技术基础[M].北京:机械工业出版社,2009

9. 樊立萍,王忠庆.电力电子技术[M].北京:北京大学出版社,2006

10. 李宏.电力电子设备用器件与集成电路应用指南(第 1 册)[M].北京:机械工业出版社,2001

11. 李宏.电力电子设备用器件与集成电路应用指南(第 4 册)[M].北京:机械工业出版社,2001

12. 王云亮.电力电子技术.北京:电子工业出版社,2004

13. 刘志刚,电力电子学.北京:清华大学出版社,北京交通大学出版社,2004

14. 李雅轩,杨秀敏,李艳萍.电力电子技术(第二版).北京:中国电力出版社,2007

15. 赵良炳.现代电力电子技术基础[M].北京:清华大学出版社,1995

16. 陈坚.电力电子学——电力电子变换和控制技术[M].北京:高等教育出版社,2002

17. 李序葆,赵永健.电力电子器件及其应用[M].北京:机械工业出版社,1996

18. 张立.现代电力电子技术基础[M].北京:高等教育出版社,1999

19. 张一工,肖湘宁.现代电力电子技术原理与应用[M].北京:科学出版社,1999

20. 王维平.现代电力电子技术及应用[M].南京:东南大学出版社,2001

21. 应建平.电力电子技术基础[M].北京:机械工业出版社,2003

22. 贺益康,潘再平.电力电子技术[M].北京:科学出版社,2004

23. 叶斌.电力电子应用技术[M].北京:清华大学出版社,2006

24. 陈伯时.电力拖动自动控制系统[M].北京:机械工业出版社,1999

25. Jia P. Agrawal.电力电子系统——理论与设计[M].北京:清华大学出版社,培生教育出版集团,2001

26. 正田英介.电力电子学[M].北京:科学出版社,2001

27. 林渭勋.现代电力电子技术[M].北京:机械工业出版社,2005

28. 陈国呈.PWM 逆变技术及应用[M].北京:中国电力出版社,2007

29. 姜齐荣,赵东元,陈建业.有源电力滤波器——结构·原理·控制[M].北京:科学出版社,2005

30. 陈道炼.DC/AC 逆变技术及其应用[M].北京:机械工业出版社,2003

31. 周志敏,周纪海,纪爱华.开关电源功率因数校正电路设计与应用[M].北京:人民邮

电出版社,2004

32. 徐政. 基于晶闸管的柔性交流输电控制装置[M]. 北京:机械工业出版社,2005

33. 杨旭,裴元庆,王兆安. 开关电源技术[M]. 北京:机械工业出版社,2004

34. 王云亮. 电力电子技术[M]. 北京:电子工业出版社,2004

35. 贾正春,马志源. 电力电子学[M]. 北京:中国电力出版社,2002

36. 浣喜明,姚为正. 电力电子技术[M]. 北京:高等教育出版社,2004

37. 张崇巍,张兴. PWM 整流器及其控制[M]. 北京:机械工业出版社,2003

38. 栗书贤,石玉. 晶闸管变流技术题例及电路设计[M]. 北京:机械工业出版社,1992

39. 王庆斌. 电磁干扰与电磁兼容技术[M]. 北京:机械工业出版社,1999

40. 王兆安,杨君,刘进军等. 谐波抑制和无功功率补偿[M]. 2 版. 北京:机械工业出版社,2006

41. J. Arrillaga,D. A. Bradley,D. S. Bodger. 电力系统谐波[M]. 容健纲,张文亮,译. 武汉:华中理工大学出版社,1994

42. 罗安. 电网谐波治理和无功补偿技术及装备[M]. 北京:中国电力出版社,2006

43. 李金鹏,尹华杰. 直流开关电源的软开关技术及其新发展[J]. 电工技术,2004(7):75-79

44. 刘峰,孙艳萍. 电力电子技术[M]. 大连:大连理工大学出版社,2006

45. 洪乃刚. 电力电子技术基础[M]. 北京:清华大学出版社,2008

46. 程汉湘. 电力电子技术[M]. 北京:科学出版社,2007

47. 尔桂花,窦曰轩. 运动控制系统 [M]. 北京:清华大学出版社,2002

48. 刘振亚. 特高压直流输电理论 [M]. 北京:中国电力出版社,2009

49. 李建林,许洪华. 风力发电中的电力电子变流技术 [M]. 北京:机械工业出版社,2008